普通高等教育“计算机类专业”系列教材

Java程序设计实用教程（第2版）

高　飞　陆佳炜　赵小敏　徐　俊　编著

清華大學出版社
北京

内 容 简 介

本书主要介绍Java语言概述，Java基础语法，类和对象，类的封装、继承、多态性及接口，数组、字符串和枚举，Java常用类及接口，异常处理，流和文件，图形用户界面编程，多线程，网络编程，数据库编程，XML及程序打包等内容，知识点新，重点突出，实例翔实。

本书既可作为高等院校计算机科学与技术、软件工程、物联网工程、数据科学与大数据技术、网络空间安全、人工智能等相关专业的本科生和研究生的教学用书，又可作为软件开发人员知识培训与继续教育的参考用书。

图书在版编目(CIP)数据

Java程序设计实用教程/高飞等编著. —2版. —北京：清华大学出版社，2022.7 (2024.7重印)
普通高等教育"计算机类专业"系列教材
ISBN 978-7-302-61020-5

Ⅰ. ①J…　Ⅱ. ①高…　Ⅲ. ①JAVA语言－程序设计－高等学校－教材　Ⅳ. ①TP312.8

中国版本图书馆CIP数据核字(2022)第095402号

责任编辑：白立军
封面设计：常雪影
责任校对：胡伟民
责任印制：刘海龙

出版发行：清华大学出版社
网　　址：https://www.tup.com.cn，https://www.wqxuetang.com
地　　址：北京清华大学学研大厦A座　　**邮　　编**：100084
社 总 机：010-83470000　　**邮　　购**：010-62786544
投稿与读者服务：010-62776969，c-service@tup.tsinghua.edu.cn
质量反馈：010-62772015，zhiliang@tup.tsinghua.edu.cn
课件下载：https://www.tup.com.cn，010-83470236
印 装 者：三河市铭诚印务有限公司
经　　销：全国新华书店
开　　本：185mm×260mm　　**印　　张**：29.75　　**字　　数**：743千字
版　　次：2013年6月第1版　2022年8月第2版　　**印　　次**：2024年7月第3次印刷
定　　价：79.00元

产品编号：082180-01

前　言

本书自2013年出版以来，得到了广大读者的喜爱，特进行改版，并修订了部分内容。

Java技术具有卓越的通用性、高效性、平台移植性和安全性。经过20多年的发展，目前Java已广泛应用于PC、数据中心、游戏控制台、超级计算机、移动电话和互联网，同时拥有全球最大的开发者专业社群。在全球云计算和移动互联网的产业环境下，Java更具备了显著优势和广阔前景。可以说，Java是互联网时代目前最强势、最具代表性的语言之一。

本书作者所在的浙江工业大学每年约有1500名学生会在课堂上学习Java语言程序设计，Java语言的发展以及知识点的更新迭代给教学工作提出了新的挑战，这是本书编写的初衷。在本书编写过程中，作者团队结合多年从事Java程序设计教学和科研项目开发的经验，尽量使本书的内容重点突出，文字浅显易懂，力求提供尽可能丰富翔实的实例和较全面的注释，注重知识点的更新，摒弃Applet等过时的知识，力争做到让读者知其然且知其所以然。

本书共分为13章。第1章Java语言概述，主要介绍程序设计语言的发展史、Java语言的发展史，以及Java开发环境的配置等。第2章Java基础语法，主要介绍标识符和关键字、基本数据类型、常量与变量、运算符、语句等。第3章类和对象，主要介绍面向对象编程的基本概念，类的定义，成员变量与成员方法，构造方法，对象的生成与使用，对象的内存分配机制，方法参数的传递及对象的清除，关键字this、static、final、import和包。第4章类的封装、继承、多态性及接口，主要介绍Java类面向对象的三大特性、接口、抽象类以及特殊的类。第5章数组、字符串和枚举，主要介绍一维和多维数组的声明、实例化、初始化及其内存分配原理，不可变字符串String与可变字符串的概念、方法与内存分配的原理及它们之间的异同，枚举的概念与应用。第6章Java常用类及接口，主要介绍Java API类库中位于java.lang包中的Object类、Math类、System类、Runtime类，java.util包中的Date类、Calendar类、Random类以及各类集合，for循环在数组、集合中的应用。第7章异常处理，主要介绍异常处理的动机、异常处理的try-catch-finally模式、throws和throw语句及异常处理原则。第8章流和文件，主要介绍字节流和字符流的概念、常用的字节流和字符流类、字节流和字符流的异同、文件类、对象序列化、Java中的乱码问题。第9章图形用户界面编程，主要介绍java.swing包、容器组件、菜单和工具条、基本组件、组件常用方法、布局管理器、事件处理模型、鼠标事件处理、键盘事件处理以及事件适配器类。第10章多线程，主要介绍继承Thread类与实现Runable接口两种多线程编程方法、线程互斥与同步、后台线程。第11章网络编程，主要介绍网络编程基础概念、URL编程、Socket编程、IntelAddress类。第12章数据库编程，主要介绍JDBC概述、JDBC API、JDBC编程实例。第13章XML及程序打包，主要介绍XML的概念、XML在Java程序中的应用、Java程序的发布。

全书由高飞负责策划、组织、整理和统稿，参与编写的老师包括陆佳炜、徐俊、赵小敏等。书中内容虽为作者多年从事教学和科研工作的总结和体会，但由于Java仍在不断发展之中，新知识日新月异，作者的理论与实践水平有限，难免存在错误和不足之处，敬请读者批评指正。

此外,本书还配有专门的网站,读者可通过该网站找到课件、所有程序、在线测试等相关资料,上述资料和专门的网站地址将同时在清华大学出版社网站(http://www.tup.com.cn)上提供。

高　飞

2022 年 3 月

目　录

第 1 章　Java 语言概述 …… 1

1.1　程序设计语言的发展史 …… 1

1.2　Java 语言的发展史 …… 5

1.3　Java 开发环境的配置 …… 7

1.4　Java 程序开发过程及常用工具介绍 …… 11

1.4.1　Java 程序的工作原理 …… 11

1.4.2　用记事本开发 …… 11

1.4.3　用 Eclipse 开发 …… 13

1.4.4　用 JCreator 开发 …… 17

第 2 章　Java 基础语法 …… 19

2.1　标识符和关键字 …… 19

2.2　基本数据类型 …… 21

2.2.1　布尔型 …… 21

2.2.2　字符型 …… 22

2.2.3　整数型 …… 23

2.2.4　浮点型 …… 25

2.2.5　类型转换 …… 26

2.3　常量与变量 …… 30

2.4　运算符 …… 33

2.4.1　算术运算符 …… 33

2.4.2　关系运算符 …… 35

2.4.3　逻辑运算符 …… 37

2.4.4　位运算符 …… 38

2.4.5　赋值运算符 …… 40

2.4.6　条件运算符 …… 40

2.4.7　对象运算符 …… 41

2.5　语句 …… 41

2.5.1　分支语句 …… 42

2.5.2　循环语句 …… 45

2.5.3　跳转语句 …… 48

2.5.4　注释语句 …… 53

2.6　输入参数方式 …… 54

第 3 章 类和对象 …… 60
3.1 面向对象技术基础 …… 60
3.1.1 面向对象基本概念 …… 60
3.1.2 面向对象基本特征 …… 62
3.2 类 …… 64
3.2.1 类的定义 …… 64
3.2.2 成员变量与成员方法 …… 66
3.2.3 构造方法 …… 67
3.2.4 main 方法 …… 70
3.3 对象 …… 70
3.3.1 对象的生成与使用 …… 70
3.3.2 变量的作用域 …… 72
3.3.3 对象的内存分配机制 …… 73
3.3.4 方法参数的传递 …… 76
3.3.5 对象的清除 …… 80
3.4 this 关键字 …… 80
3.5 static 关键字 …… 82
3.6 final 关键字 …… 88
3.7 import 和包 …… 90

第 4 章 类的封装、继承、多态性及接口 …… 94
4.1 封装 …… 94
4.1.1 类的访问控制方式 …… 94
4.1.2 类成员的访问控制方式 …… 94
4.1.3 封装的设计原则 …… 96
4.2 继承 …… 96
4.2.1 extends 关键字 …… 96
4.2.2 super 关键字 …… 100
4.2.3 构造方法的继承 …… 102
4.3 多态性 …… 106
4.3.1 方法重载 …… 106
4.3.2 方法覆盖 …… 108
4.4 抽象类 …… 112
4.5 接口 …… 116
4.5.1 接口的定义 …… 116
4.5.2 接口的实现 …… 117
4.5.3 接口的作用 …… 120
4.5.4 接口与抽象类的区别 …… 124
4.6 特殊的类 …… 125

4.6.1 实名内部类 …… 125
4.6.2 匿名内部类 …… 129
4.6.3 泛型类 …… 132
4.6.4 Class 类 …… 136

第 5 章 数组、字符串和枚举 …… 138
5.1 数组 …… 138
5.1.1 一维数组 …… 138
5.1.2 二维数组 …… 141
5.1.3 数组的注意事项 …… 143
5.1.4 数组的应用 …… 143
5.2 字符串 …… 146
5.2.1 不可变字符串 String …… 146
5.2.2 可变字符串 StringBuffer …… 153
5.2.3 String 与 StringBuffer 的异同 …… 155
5.3 字符串与其他数据类型的转换 …… 158
5.3.1 将其他数据转换成字符串 …… 158
5.3.2 将字符串转换成其他数据 …… 160
5.4 枚举 …… 162
5.4.1 枚举定义 …… 162
5.4.2 枚举变量和常量 …… 163
5.4.3 枚举的常见用法 …… 164

第 6 章 Java 常用类及接口 …… 167
6.1 Java API 类库 …… 167
6.2 java.lang 包 …… 168
6.2.1 Object 类 …… 170
6.2.2 Math 类 …… 171
6.2.3 System 类 …… 172
6.2.4 Runtime 类 …… 176
6.3 java.util 包 …… 178
6.3.1 Date 类 …… 180
6.3.2 Calendar 类 …… 181
6.3.3 Random 类 …… 184
6.3.4 无序集合：Collection 接口和 Collections 类 …… 187
6.3.5 有序集合：List 接口和 ArrayList、LinkedList 和 Vector 类 …… 188
6.3.6 非重复集合：Set 接口和 HashSet、TreeSet 及 LinkedHashSet 类 …… 195
6.3.7 映射集合：Map 接口和 TreeMap 类 …… 196
6.3.8 for 循环简化写法在集合、数组中的应用 …… 198

第 7 章　异常处理 ······ 202
7.1　为什么要进行异常处理 ······ 202
7.2　Java 中的异常类 ······ 203
7.3　异常处理模式 ······ 205
7.3.1　try-catch-finally 语句 ······ 205
7.3.2　异常类成员方法 ······ 207
7.3.3　异常捕获与处理 ······ 207
7.4　重新抛出异常 ······ 209
7.4.1　throws 语句 ······ 209
7.4.2　throw 语句 ······ 210
7.5　异常处理原则 ······ 211

第 8 章　流和文件 ······ 212
8.1　流的基本概念 ······ 212
8.2　字节流 ······ 213
8.2.1　输入字节流 ······ 213
8.2.2　输出字节流 ······ 214
8.3　字符流 ······ 216
8.3.1　输入字符流 ······ 216
8.3.2　输出字符流 ······ 217
8.3.3　字符缓冲流 ······ 220
8.3.4　字节流和字符流的异同 ······ 222
8.4　文件 ······ 222
8.4.1　文件属性类 ······ 222
8.4.2　随机访问文件类 ······ 226
8.4.3　文件过滤接口 ······ 228
8.5　对象序列化 ······ 230
8.5.1　序列化是什么 ······ 231
8.5.2　什么情况下需要序列化 ······ 231
8.5.3　对象序列化时发生了什么 ······ 231
8.5.4　实现序列化的步骤 ······ 231
8.5.5　序列化对象的条件 ······ 232
8.5.6　反序列化 ······ 232
8.5.7　序列化注意事项 ······ 236
8.6　Java 中的乱码问题 ······ 237
8.6.1　Java 中字符的表达 ······ 237
8.6.2　Unicode 简介 ······ 238
8.6.3　Unicode 编码方式 ······ 239

8.6.4 Unicode 实现方式 …… 240
8.6.5 字节序 …… 245
8.6.6 其他编码方式 …… 246
8.6.7 Java 中的 Unicode …… 248
8.6.8 如何处理中文乱码问题 …… 255

第 9 章 图形用户界面编程 …… 259
9.1 AWT 与 Swing …… 259
9.1.1 AWT …… 259
9.1.2 Swing …… 260
9.2 容器组件 …… 263
9.2.1 JFrame …… 263
9.2.2 JPanel …… 268
9.2.3 JScrollPane …… 269
9.2.4 JSplitPane …… 270
9.3 菜单和工具条 …… 272
9.3.1 菜单组件 …… 272
9.3.2 工具栏组件 …… 274
9.4 基本组件 …… 276
9.4.1 标签 …… 276
9.4.2 单行文本框 …… 278
9.4.3 按钮 …… 280
9.4.4 下拉框 …… 282
9.4.5 列表框 …… 284
9.4.6 多行文本框 …… 286
9.4.7 表格组件 …… 287
9.4.8 树形组件 …… 291
9.4.9 进度条组件 …… 299
9.5 组件常用方法 …… 302
9.5.1 颜色 …… 302
9.5.2 透明性 …… 303
9.5.3 边框 …… 303
9.5.4 字体 …… 303
9.5.5 大小与位置 …… 307
9.5.6 激活与可见性 …… 308
9.6 布局管理器 …… 309
9.6.1 流式布局 …… 309
9.6.2 边界布局 …… 310
9.6.3 盒式布局 …… 311

9.6.4 网格布局 …… 313
9.6.5 卡片布局 …… 315
9.6.6 网格包布局 …… 317
9.6.7 布局基本原则及复杂布局举例 …… 322
9.6.8 界面风格的选择 …… 325
9.7 事件处理模型 …… 327
9.7.1 事件处理机制 …… 327
9.7.2 事件对象 …… 328
9.7.3 监听器接口 …… 329
9.7.4 编写事件处理程序 …… 331
9.8 鼠标事件处理 …… 335
9.9 事件适配器类 …… 337
9.10 键盘事件处理 …… 338

第 10 章 多线程 …… 342
10.1 线程简介 …… 342
10.1.1 进程与线程 …… 342
10.1.2 线程生命周期 …… 342
10.2 编写线程程序 …… 344
10.2.1 第一种方法：继承 Thread 类 …… 344
10.2.2 第二种方法：实现 Runable 接口 …… 345
10.2.3 两种方法比较 …… 347
10.2.4 线程基本控制方法 …… 348
10.3 线程互斥与同步 …… 353
10.3.1 多线程同步的基本原理 …… 355
10.3.2 多线程同步实例 …… 355
10.4 后台线程 …… 358

第 11 章 网络编程 …… 360
11.1 网络编程基础 …… 360
11.1.1 网络编程的两个基本问题 …… 360
11.1.2 网络编程相关的基本概念 …… 360
11.2 URL 编程 …… 361
11.2.1 URL 简介 …… 361
11.2.2 URL 类 …… 362
11.2.3 从 URL 读取万维网资源 …… 363
11.2.4 网络编程的乱码问题 …… 365
11.2.5 利用 URLConnection 实现双向通信 …… 366
11.3 Socket 编程 …… 368

11.3.1 Socket 编程的过程 …… 368
11.3.2 利用 Socket 实现断点续传 …… 370
11.3.3 利用 Socket 实现聊天程序 …… 380
11.4 IntelAddress 类 …… 384
11.4.1 获取本机的计算机名与 IP 地址 …… 385
11.4.2 获取 Internet 上主机的 IP 地址 …… 386

第 12 章 数据库编程 …… 389
12.1 JDBC 概述 …… 389
12.1.1 JDBC 模型 …… 389
12.1.2 JDBC 驱动方式 …… 390
12.2 JDBC API …… 392
12.3 JDBC 编程实例 …… 394
12.3.1 JDBC 驱动程序设置 …… 394
12.3.2 建立数据库连接 …… 395
12.3.3 添加记录 …… 404
12.3.4 查询记录 …… 408
12.3.5 删除记录 …… 412
12.3.6 修改记录 …… 415
12.3.7 数据库操作综合实例 …… 419
12.3.8 SQL 数据库常用命令 …… 430

第 13 章 XML 及程序打包 …… 433
13.1 XML 简介 …… 433
13.2 XML 在 Java 程序中的应用 …… 437
13.2.1 DOM 编程 …… 438
13.2.2 加载 XML 文件 …… 441
13.2.3 访问 XML 元素和属性 …… 443
13.2.4 利用 XML 文件存储信息 …… 445
13.3 Java 程序的发布 …… 451
13.3.1 利用 cmd 工具打包 …… 452
13.3.2 利用 Eclipse 打包 …… 457

第1章　Java语言概述

1.1　程序设计语言的发展史

计算机语言的发展是一个不断演化的过程，其根本的推动力就是对抽象机制更高的要求，以及对更好的支持程序设计思想的追求。具体地说，就是把机器能够理解的语言提升到能够很好地模仿人类思考问题的高度。计算机语言的演化过程是从最开始的机器语言到汇编语言，再到各种结构化的高级语言，最后到支持面向对象技术的面向对象语言。

1. 机器语言

电子计算机所使用的是由0和1组成的二进制数，二进制是计算机语言的基础。计算机发明之初，人们通过写出一串串由0和1组成的指令序列交由计算机执行，这就是机器语言。使用机器语言是十分痛苦的，特别是在程序有错需要修改时更是如此。而且，由于每台计算机的指令系统往往各不相同，所以，在一台计算机上执行的程序，要想在另一台计算机上执行，必须另编程序，造成了重复工作。但由于使用的是针对特定型号计算机的语言，故运算效率是所有语言中最高的。机器语言是第一代计算机语言。

2. 汇编语言

为了减轻使用机器语言编程的痛苦，人们进行了一种有益的改进：用一些简洁的英文字母、符号串来替代一个特定的指令的二进制串，例如，用ADD代表加法，MOV代表数据传递等。这样，人们很容易读懂并理解程序在干什么，纠错及维护都变得方便了。这种程序设计语言称为汇编语言，即第二代计算机语言。然而计算机是不认识这些符号的，所以这就需要一个专门的程序，专门负责将这些符号翻译成二进制数的机器语言，这种翻译程序被称为汇编程序。

汇编语言同样十分依赖于机器硬件，移植性不好，但效率仍十分高。针对计算机特定硬件而编制的汇编语言程序，能准确发挥计算机硬件的功能和特长，程序精练而质量高，所以汇编语言至今仍是一种常用而强有力的软件开发工具。

3. 高级语言

从最初与计算机交流的痛苦经历中，人们意识到，应该设计这样一种语言，既接近于数学语言或人的自然语言，同时又不依赖于计算机硬件，即用该语言编出的程序能在所有机器上通用。经过努力，1954年，第一个完全脱离机器硬件的高级语言——FORTRAN问世了。60多年来，共有几百种高级语言出现。

高级语言的发展也经历了从早期语言到结构化程序设计语言，从面向过程语言到非过程化程序语言的过程。相应地，软件的开发也由最初的个体手工作坊式的封闭式生产，发展为产业化、流水线式的工业化生产。

20世纪60年代中后期，软件越来越多，规模越来越大，而软件的生产基本上是人自为战，缺乏科学规范的系统规划与测试、评估标准，其恶果是大批耗费巨资建立起来的软件系统，由于含有错误而无法使用，造成巨大损失。软件给人的感觉是越来越不可靠，几乎没有不出错的软件。这一切,极大地震动了计算机界,史称“软件危机”。人们认识到:大型程序的编制不同于小程序的编写,它是一项新的技术,应该像处理工程一样处理软件研制的全过程。程序的设计应易于保证正确性,也便于验证正确性。1969 年,计算机学家们提出了结构化程序设计方法。1970 年,第一个结构化程序设计语言——Pascal 语言出现,标志着结构化程序设计时期的开始。

20 世纪 80 年代初,人们对于软件设计思想又发起了一次革命,最终成果就是提出了面向对象的程序设计。在此之前的高级语言,几乎都是面向过程的,程序的执行是流水线式的,在一个模块被执行完成前,人们不能干别的事,也无法动态地改变程序的执行方向。这和人们日常处理事情的方式是不一致的。对人而言是希望发生一件事就处理一件事,也就是说,不能仅仅面向过程,而应是面向具体的应用功能,也就是对象(Object)。面向对象的程序设计方法就是软件的集成化,如同硬件的集成电路一样,生产一些通用的、封装紧密的功能模块,称之为软件集成块,它不能单独实现具体应用,但能通过相互组合来完成具体的应用功能,同时,软件集成块还可以重复使用。使用者只需要关心它的接口(输入量、输出量)及能实现的功能,至于如何实现的,那是它内部的事,使用者完全不用关心。C++、Java、C#、Python 是面向对象编程语言的典型代表。

4. 几种常见的高级语言

1) C 语言

C 语言是由 UNIX 的研制者丹尼斯·里奇(Dennis Ritchie)于 1970 年在由肯·汤普森(Ken Thompson)所研制出的 B 语言的基础上发展和完善起来的。目前,C 语言编译器普遍存在于各种不同的操作系统中,例如,UNIX、MS-DOS、Microsoft Windows 及 Linux 等。C 语言的设计影响了许多后来的编程语言,例如,C++、Objective-C、Java、C# 等。

C 语言是一种通用的、过程式的编程语言,具有高效、灵活、功能丰富、表达力强和可移植性较高等特点,在程序员中备受青睐,被广泛用于系统与应用软件的开发。C 语言的设计目标是提供一种能以简易的方式编译、处理低阶内存、产生少量的机械码以及不需要任何执行环境支持便能执行的编程语言。C 语言也很适合搭配汇编语言来使用。尽管 C 语言提供了许多低阶处理的功能,但仍然保持着良好跨平台的特性,以一个标准规格写出的 C 语言程序可在许多计算机平台(甚至包含一些嵌入式处理器以及超级计算机等作业平台)上进行编译。

2) C++

贝尔实验室的比雅尼·斯特劳斯特鲁普博士在 20 世纪 80 年代发明并实现了 C++。起初,这种语言被称为 C with Classes(包含类的 C 语言),作为 C 语言的增强版出现。随后,C++ 不断增加新特性。虚函数(Virtual Function)、操作符重载(Operator Overloading)、多重继承(Multiple Inheritance)、模板(Template)、异常处理(Exception)、RTTI(Runtime Type Information)、命名空间(Namespace)逐渐纳入标准。1998 年国际标准化组织(ISO)颁布了 C++ 程序设计语言的国际标准 ISO/IEC 14882—1998。

C++ 是一种使用非常广泛的计算机程序设计语言。它是一种静态数据类型检查的、支持多范型的通用程序设计语言。C++ 支持程序化程序设计、数据抽象化、面向对象程序设计、泛型程序设计、基于原则设计等多种程序设计风格。

C++ 语言发展大概可以分为三个阶段:第一阶段从 20 世纪 80 年代到 1995 年。这一阶段C++语言基本上是传统意义上的面向对象语言,并且凭借着接近C语言的效率,在工业界使用的开发语言中占据了相当大份额。第二阶段从1996年到2000年。这一阶段由于标准模板库(STL)和后来的Boost等程序库的出现,泛型程序设计在C++中占据了越来越大的比重。当然,同时由于Java、C#等语言的出现和硬件价格的大幅度下降,C++受到了一定的冲击。第三阶段从2001年至今。由于以Loki、MPL等程序库为代表的产生式编程和模板元编程的出现,C++出现了发展历史上又一个新的高峰。这些新技术的出现以及和原有技术的融合,使C++成为当今主流程序设计语言中最复杂的一员。

3) Visual Basic(VB)

VB是由微软公司开发的包含协助开发环境的事件驱动编程语言。它源自于BASIC编程语言。1991年4月,Visual Basic 1.0 for Windows版本发布,它可是第一个"可视"的编程软件。这使得程序员欣喜之极,都尝试在VB的平台上进行软件创作。VB拥有图形用户界面(GUI)和快速应用程序开发(RAD)系统,可以轻易地使用DAO、RDO、ADO连接数据库,也可以轻松地创建ActiveX控件。程序员可以轻松地使用VB提供的组件快速建立一个应用程序。

VB的中心思想就是要便于程序员使用,无论是新手或者专家。VB使用了可以简单建立应用程序的GUI系统,但是又可以开发相当复杂的程序。VB的程序是一种基于窗体的可视化组件安排的联合,并且可通过增加代码来指定组件的属性和方法。因为默认的属性和方法已经有一部分定义在了组件内,所以程序员不用写多少代码就可以完成一个简单的程序。

4) Delphi

Delphi最早由美国Borland(宝兰)公司于1995年开发。Delphi是一个集成开发环境(IDE),使用的核心是由传统Pascal语言发展而来的Object Pascal,以图形用户界面(Graphical User Interface,GUI)为开发环境,通过IDE、VCL工具与编译器,配合连接数据库的功能,构成一个以面向对象程序设计为中心的应用程序开发工具。Delphi所编译的可运行档,虽然容量较大,但因为产生的是真正的原生机器码,效能上比较高效。除了使用数据库的程序之外,Delphi程序不需安装即可运行,在使用上相当方便。

Delphi在本质上应该归类为软件开发工具,而非程序语言,但Delphi几乎是市场上唯一使用Pascal,并持续推出新版本的商业产品,因此,有时人们会把Delphi视为Object Pascal的代名词。Borland公司因而把Object Pascal改称为Delphi。

5) Java

Java拥有跨平台、面向对象、泛型编程等特性,于1995年5月由SUN公司正式对外发布。Java伴随着互联网的迅猛发展而发展,逐渐成为重要的网络编程语言。

Java编程语言的风格十分接近C++语言。Java继承了C++语言面向对象技术的核心,舍弃了C++语言中容易引起错误的指针,改以引用取代;同时移除多重继承特性,改用接口取代;另外,还增加垃圾回收功能。在Java SE 1.5版本中引入了泛型编程、类型安全的枚举、不定长参数和自动装/拆箱特性。SUN公司对Java语言的解释:"Java编程语言是一个简单、面向对象、分布式、解释性、健壮、安全、与系统无关、可移植、高性能、多线程和动态的语言。"

Java不同于一般的编译语言和直译语言。它首先将源代码编译成字节码(Bytecode),

然后依赖各种不同平台上的虚拟机来解释执行字节码,从而实现了“一次编译、到处执行”的跨平台特性。在早期的 JVM 中,这在一定程度上降低了 Java 程序的运行效率。但在 J2SE 1.4.2 发布后,Java 的执行速度有了大幅提升。

与传统公司做法不同,SUN 公司在推出 Java 时就将其作为开放的技术。全球数以万计的 Java 开发公司被要求所设计的 Java 软件必须相互兼容。“Java 语言靠群体的力量而非公司的力量”是 SUN 公司的口号之一,并获得了广大软件开发商的认同,这与微软公司所倡导的注重精英和封闭式的模式完全不同。

6) C#

C#(C Sharp)是微软(Microsoft)公司为.NET 框架量身定做的程序语言,是微软公司在 2000 年 6 月发布的一种面向对象编程语言,其语言本身深受 Java、C 和 C++ 的影响,拥有 C/C++ 的强大功能以及 Visual Basic 简易使用的特性,是第一个组件导向(Component-oriented)的程序语言,和 C++ 与 Java 一样也为面向对象(Object-oriented)程序语言,但是 C# 程序只能在 Windows 下运行。

C# 使得程序员可以快速地编写各种基于 Microsoft .NET 平台的应用程序,正是由于 C# 面向对象的卓越设计,使它成为构建各类组件的理想之选——无论是高级的商业对象还是系统级的应用程序。使用简单的 C# 语言结构的组件可以方便地转换为 XML 网络服务,从而使它们可以由任何语言在任何操作系统上通过 Internet 进行调用。

7) Ruby

Ruby 是一种为简单快捷面向对象编程而创的脚本语言,在 20 世纪 90 年代由日本人松本行弘开发,它的灵感与特性来自于 Perl、Smalltalk、Eiffel、Ada 以及 Lisp 语言。由 Ruby 语言本身还发展出了 JRuby(Java 平台)、IronRuby(.NET 平台)等其他平台的 Ruby 语言替代品。

Ruby 是完全面向对象的:任何数据都是对象,包括在其他语言中的基本类型(如整数、布尔逻辑值),每个过程或函数都是方法。Ruby 的设计原则是减少编程时不必要的琐碎时间,其次是良好的界面设计,强调系统设计必须人性化,而不是一味从机器的角度设想。

8) Python

Python,英国发音为/ˈpaɪθən/,美国发音为/ˈpaɪθɑːn/,可以读作“拍森”,是一种面向对象的解释型计算机程序设计语言,由荷兰人 Guido van Rossum 于 1989 年发明,第一个公开发行版发行于 1991 年。Python 源代码和解释器 CPython 遵循 GPL(GNU General Public License)协议,其语法简洁清晰,特色之一是强制用空白符(white space)作为语句缩进。

Python 又称为胶水语言,易与其他语言的模块(尤其是 C/C++)集成,通常的做法是采用 Python 快速生成程序的原型或最终界面,而其中对算法要求比较高的部分采用更合适的语言来写,例如 3D 图形渲染、视频图像中的目标检测与跟踪等采用 C/C++ 编写,然后在 Python 程序中进行调用。

因 Python 语言的简洁性、易读性和可扩展性,许多知名大学如卡内基梅隆大学、麻省理工学院等开始在编程基础、计算机导论等课程中教授 Python 语言。此外,众多开源的科学计算软件包如计算机视觉库 OpenCV、三维可视化库 VTK、医学图像处理库 ITK 等均为 Python 提供了调用接口。当然,Python 拥有丰富的专用科学计算扩展库,如快速数组处理、数值运算、绘图、制作图表等,由于其免费的特点,相对于传统的科学计算工具

MATLAB的优势越来越明显。

Python语言是一种解释型语言，它在执行前，首先会将.py文件中的源代码编译成Python的byte code(字节码)，然后再由Python虚拟机来执行这些编译好的byte code，该机制的思想与Java、Microsoft .NET基本一致，但Python虚拟机更加远离机器的硬件。

Python能做什么呢？通常而言，包括如下几个方面的应用。

(1) 系统编程，编写可移植的维护操作系统的管理工具和部件。

(2) 开发GUI程序，基于C++平台的工具包wxPython GUI API可以使用Python构建可移植的GUI。

(3) Internet服务器端或客户端的开发，目前有许多第三方面向Python的Web开发工具包，如Django、TurboGears、Pylons、Zope和WebWare等，可快速构建功能完善和高质量的网站。

(4) 用于游戏、图像、人工智能、XML、机器人等诸多领域。

10款常用的Python IDE包括Vim、Eclipse with PyDev、Sublime Text、Emacs、Komodo Edit、PyCharm、Wing、PyScripter、The Eric Python IDE和Interactive Editor for Python。

9) Go

Go语言是谷歌公司2009年发布的第二款开源编程语言，它专门针对多处理器系统应用程序的编程进行了优化，2010年1月10日，Go语言摘得了TIOBE公布的2009年年度大奖。该奖项授予在2009年市场份额增长最多的编程语言。

为什么要学习Go语言？总体而言，它具有如下特点。

(1) Go具有比C/C++低得多的学习成本。

(2) 运行速度可以媲美C/C++。

(3) 更加安全，从语言层面支持并行。

(4) 内置runtime，支持垃圾回收。

(5) 可直接编译成机器码，不依赖其他库，部署一个文件即可。

(6) 支持大多数在其他语言见过的特性：继承、重载、对象等。

(7) 网络库强大，gofmt工具可自动格式化代码，团队开发的代码格式一模一样。

(8) 跨平台编译，若Go代码不包含cgo，那么就可以做到Window系统编译Linux的应用。如何做到的呢？Go引用了plan9的代码，这就是不依赖系统的信息。

Go语言目前适合用于：①服务器编程，如处理日志、数据打包、虚拟机处理、文件系统等；②分布式系统，数据库代理器等；③网络编程，这一块目前应用最广，包括Web应用、API应用、下载应用等；④组建云平台，目前国外很多云平台在采用Go开发，如CloudFoundy的部分组件，VMare开发的apcera云平台。

Go语言专用的IDE包括LiteIDE(用QT编写)、Gogland，它们均支持Windows、Linux和macOS等主流操作系统。

1.2 Java语言的发展史

1982年，SUN Microsystems公司诞生于美国斯坦福大学校园，事实上SUN是Stanford University Network的缩写。SUN公司在行业中被认为是最具创造性的企业，是极少数几个同时拥有自己微处理器、计算机系统、操作系统的公司之一。

1990 年的一天，SUN 公司的总裁麦克尼利(McNealy)听说他最好的一个工程师詹姆斯·高斯林(James Gosling，见图 1-1)打算离职，他感觉事态很严重。直觉告诉他优秀的员工的离去意味着公司正在出大麻烦。McNealy 必须找 Gosling 和其他员工好好谈谈，看看问题出在哪里。

图 1-1　James Gosling

这些员工的意见很一致。SUN 公司本来是硅谷极为特殊的一个公司，以充满活力、富于创新著称。SUN 公司一直很尊重员工，尽量发挥他们的创造力和热情。但是，近年来，公司却越来越像成熟的大公司了。连 Gosling 这样的人，公司也安排他去做一些为老系统写升级软件这种琐碎的工作。这一切正在扼杀 SUN 公司员工的创新思想和工作热情。Gosling 他们想做一些伟大的、革命性的事情，但在 SUN 公司现在的状况中是不可能实现的。

随后，McNealy 采取了一个大胆的举动，他让 Gosling 自己组建一个完全独立于公司的小组，由小组成员自己决定工作目标和进度。McNealy 对 Gosling 说："我不管你们要做什么，要多少钱、多少人，也不管你们花多长时间做出来，公司都无条件支持。"

这个后来取名为"绿色小组"所要研究的产品就是十年后风靡 IT 界的数字家电、后 PC 设备和家庭网。事实证明，"绿色小组"的研究并不十分成功。直到 2001 年，SUN 公司在数字家电方面的业绩并不很突出。但是，"绿色小组"的一个副产品，McNealy 发明的 Java 程序设计语言，却深深改变了这个世界。

"绿色小组"成立之初只有 4 个人。他们有一个很模糊的想法，甚至连最终的目标产品是硬件还是软件也不知道。但是他们知道必须发明一些技术或者产品让 SUN 公司赶上信息领域的下一波大浪潮。

当时人类已经发明了很多种消费电子产品，包括微机、手机、手持电脑、录像机、电视机、洗衣机、冰箱、微波炉等。他们认为要将这些设备数字化并用网络互联将是今后的方向。"绿色小组"将这个需求归结成两个产品原型目标，即发明一种手持遥控设备来实现所有家电设备的互联(硬件)；发明一种程序设计语言，用它来编写能在这些设备上运行的小巧程序(软件)。

Gosling 当时设计了一种运行在虚拟机中的面向对象的语言，起名叫 Oak(橡树，Gosling 家门前的一棵树，如图 1-2 所示)。

图 1-2　Gosling 家门前的橡树

在申请注册商标时，Gosling 发现 Oak 被其他公司注册了，不得不重新起名。当时他们正在咖啡馆里喝着印尼爪哇(Java)岛出产的咖啡，有一个人灵机一动说就叫 Java 怎么样，并得到了其他人的赞赏，于是他们就将这种程序语言命名为 Java。

"绿色小组"的成员每周工作七天，平均每天工作 12～14 小时，后期工程师们几乎住在实验室，没日没夜地干，只是每隔几天回家洗澡换衣服。三年以后他们制作出了第一台样机，尽管实现了基本功能，但造价在一万美元以上。尽管市场前景不明朗，技术上也还有很多问题，SUN公司的管理层还是用奖金和股权大大奖励了“绿色小组”的成员，并加大投入，努力实现产品化。

但是公司内外对其产品都不看好，市场也并不认可。“绿色小组”的成员在沮丧和失望中度过了1993年和1994年。在士气最低落的时候，大部分成员都离开了绿色小组，有的甚至离开了SUN公司。留下来的人也失去了工作热情。不少人每天早上11点钟上班，下午4点钟就离开了。有些人一天到晚只是玩游戏，还有的人则只顾着写学术论文。

在黑暗的日子里他们都期待着上天能眷顾他们这些苦命的人，期待着某种奇迹出现……

当时互联网已经出现了20年左右，但FTP和Telnet的方式无法在科研人员之外的人群普及和应用，1994年网景公司推出了Netscape浏览器，加速了互联网的普及，Gosling他们意识到互联网是一个今后的发展方向。开始制作针对互联网的Java应用，希望会有所斩获。

1995年初的一天，Gosling和以往一样不停地参加各种会议以期让人们认可他们的产品，这次他参加的是“硅谷-好莱坞”互联网及娱乐业的研讨会。演讲刚开始时，大家对Gosling的讲解意兴阑珊，直到他将鼠标移向一个分子模型，这个分子模型动起来了，而且会随着鼠标的移动上下翻滚！场面立刻发生了逆转，会场一下子沸腾起来，人们惊叹不已、啧啧称奇。刹那间，人们对互联网的潜力进行了一番新的审视！也就在刹那间，这一批有影响力的人成了Gosling最忠实也是最有力的说客，随后Java成为计算机行业的热点。

经过10多年的发展，目前Java技术具有卓越的通用性、高效性、平台移植性和安全性，广泛应用于PC、数据中心、游戏控制台、科学超级计算机、移动电话和互联网，同时拥有全球最大的开发者专业社群。在全球云计算和移动互联网的产业环境下，Java更具备了显著优势和广阔前景。可以说，Java是互联网时代目前最强势、最具代表性的语言。

1.3 Java开发环境的配置

学习Java的第一步就是要搭建Java开发环境，即JDK(Java Development Kit)的安装和环境变量的配置。JDK是Java开发工具包，可以在http://www.oracle.com/technetwork/java/javase/downloads/网站上免费下载。登录网站后，根据JDK的版本、操作系统的类型(Linux、macOS、Windows等)、操作系统的位数(32位、64位)选择相应的JDK进行下载。鉴于目前国内最流行的操作系统是Windows系列，本书以64位的Windows 7操作系统、JDK 10.0.2版本为例来介绍配置工作。

1. 下载相应的JDK版本

安装包为jdb-10.0.2 windows-x64_bin.exe。

2. 安装JDK 10.0.2

系统会提供一个默认的JDK安装目录，本书设置的安装路径为C:\JD K10.0.2。安装JDK后，软件还会安装JRE(Java Runtime Environment)，可以采用默认路径也可以自定义。安装完成后，还需要手动配置相关的环境变量才能进行Java开发。

3. 环境变量配置

(1) 右击桌面的“计算机”图标并选择“属性”→“高级系统设置”，进入“高级”选项卡，单击右下角的“环境变量”按钮,打开环境变量编辑窗口。环境变量分为系统变量和用户变量,系统变量针对整个系统,对所有用户有效,而用户变量只针对于当前用户。需要在“系统变量”中做修改和添加。

(2) 配置 JAVA_HOME 变量。在“系统变量”中单击“新建”按钮来新建一个环境变量,变量名为 JAVA_HOME,值为 JDK 安装所在目录,根据前文的安装路径,其值就是 C:\JDK10.0.2,如图 1-3 所示。

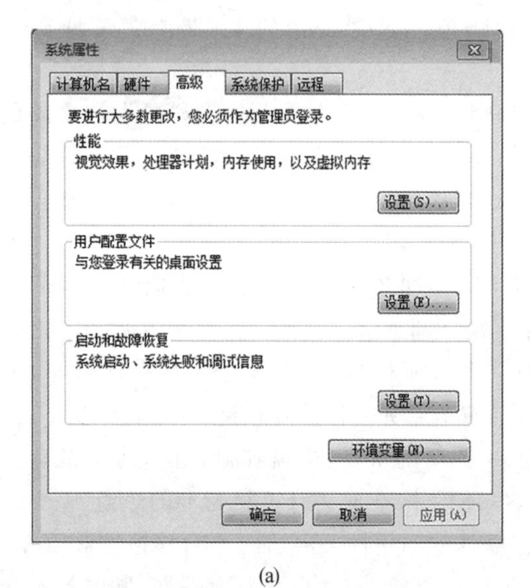

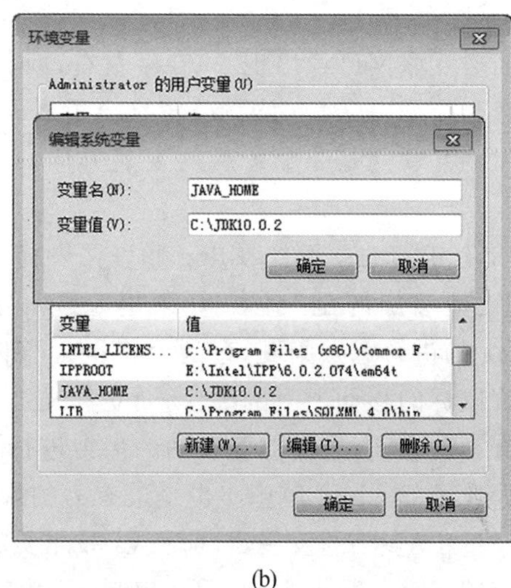

(a) (b)

图 1-3 JAVA_HOME 环境变量的配置

(3) 配置 Path 环境变量。在“系统变量”中找到 Path,单击“编辑”按钮,如图 1-4 所示。在 Path 变量的值域最前面添加 JDK 的可执行文件所在目录(即编译器所在目录)bin(bin

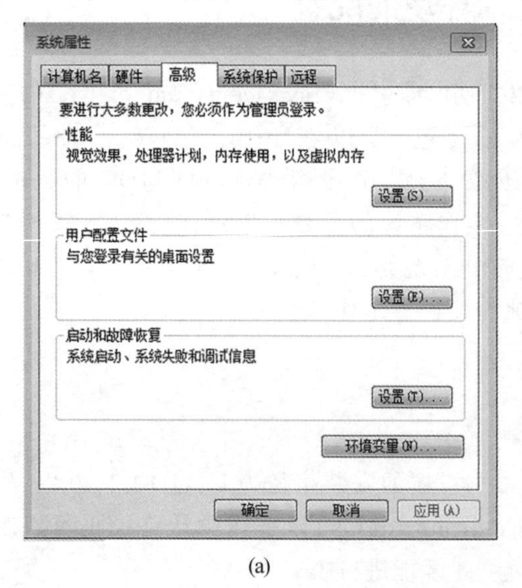

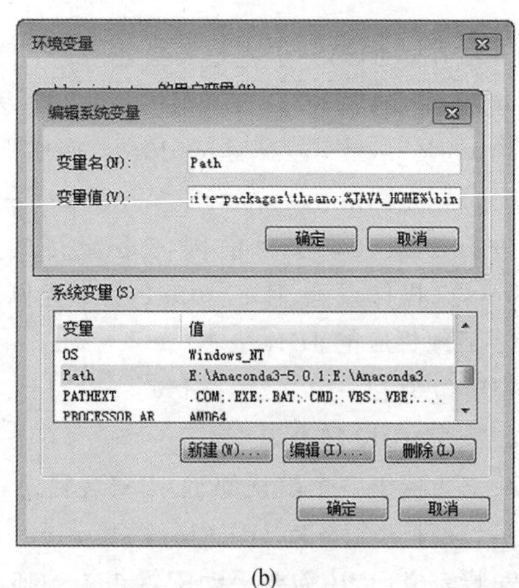

(a) (b)

图 1-4 Path 环境变量的配置

是 binary 的缩写，二进制文件的意思，即可执行文件）路径，根据第（2）步的配置，得到 Path 变量的值域添加的内容为%JAVA_HOME%\bin，特别注意 Path 环境变量是多值的，各个值之间以英文状态下的分号隔开。

（4）classpath 变量的配置。初学者开发过程中容易出现的很多问题都是因为 classpath 变量的配置，classpath 变量最基本的配置需要两个内容：一是 JDK 的库所在包，即 tools.jar；二是当前路径。本文实例配置内容为“.\;%JAVA_HOME%\lib\tools.jar”，其中注意第一个分号前面的小圆点代表当前路径，如图 1-5 所示。

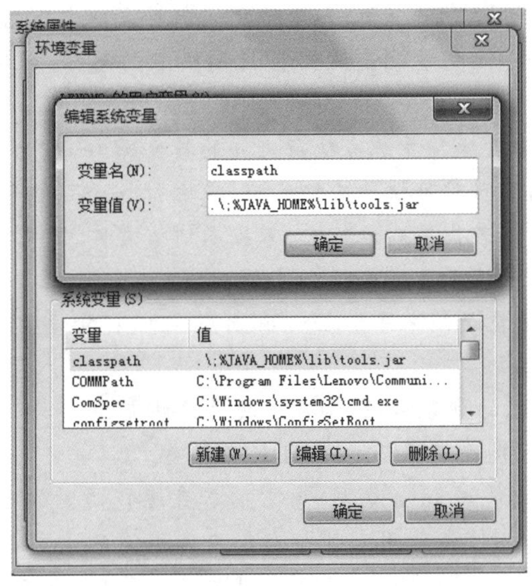

图 1-5 classpath 环境变量的配置

（5）检查环境变量是否正确配置完毕。执行“运行”命令，在弹出的对话框中输入 cmd 命令并按 Enter 键，打开 Windows 的命令行窗口后，在窗口中输入 javac，如图 1-6 所示，则说明配置完成。

```
C:\Windows\system32\cmd.exe
Microsoft Windows [版本 6.1.7601]
版权所有 (c) 2009 Microsoft Corporation。保留所有权利。

C:\Users\LENOVO>java
用法: java [-options] class [args...]
           (执行类)
   或  java [-options] -jar jarfile [args...]
           (执行 jar 文件)
其中选项包括:
    -d32          使用 32 位数据模型 (如果可用)
    -d64          使用 64 位数据模型 (如果可用)
    -server       选择 "server" VM
    -hotspot      是 "server" VM 的同义词 [已过时]
                  默认 VM 是 server.

    -cp <目录和 zip/jar 文件的类搜索路径>
    -classpath <目录和 zip/jar 文件的类搜索路径>
                  用 ; 分隔的目录, JAR 档案
                  和 ZIP 档案列表, 用于搜索类文件。
    -D<name>=<value>
                  设置系统属性
    -verbose[:class|gc|jni]
                  启用详细输出
    -version      输出产品版本并退出
    -version:<value>
```

图 1-6 通过命令行窗口进行配置检查

小贴士

(1) 在安装过程中,既要安装 JDK,又要安装 JRE,两者是什么关系? 究竟有什么区别?

JDK 是开发工具包,提供了 Java 的开发环境和运行环境,包括类库、编译程序等内容。JRE 是 Java 运行环境,相当于 JVM 虚拟机。JDK 开发出来的 Java 程序必须在 JVM 中运行,JRE 就提供了这么一个环境。

(2) 什么是环境变量? JAVA_HOME、Path、classpath 设置后各有什么作用?

环境变量是指在操作系统中用来指定操作系统运行环境的一些参数,环境变量一般是多值的,即一个环境变量可以有多个值,各个值之间以英文状态下的分号(;)分隔开来。

JAVA_HOME 变量:该变量就是设置 JDK 所安装的路径,以便告知操作系统 JDK 安装在了哪里。

Path 变量:该变量告诉操作系统可执行文件的搜索路径,即可以在哪些目录下找到要执行的那个可执行文件,其只对可执行文件有效;当运行一个可执行文件时,Windows 会先在当前目录中搜索该文件,若找到则运行它;若找不到该文件,则根据 Path 变量所设置的路径,按顺序逐条地在目录中搜索该可执行文件。

classpath 变量:该变量是用来告诉 Java 解释器可以在哪些目录下寻找到所需要执行的 Class 文件,即 Java 程序。

(3) 观察 JDK 与 JRE 的安装目录,浏览里面的文件夹,思考为什么在 Java\JDK 安装目录下有 JRE 文件夹,而在 Java 目录下也有 JRE 文件夹。

JDK 目录内的文件都是用 Java 编写的,它们本身运行的时候也需要一套 JRE。因此,Java\JDK 目录下的 JRE 文件夹是用来执行人们自己编写的 Java 程序。而 Java 目录下的 JRE 文件夹是面向 Java 程序的使用者,而不是开发者。因此,如果仅仅是想方便使用 Java 程序而不在自己的计算机上开发 Java 程序的话,只需要安装 JRE,无须安装 JDK。

(4) 进一步了解 Java 环境变量配置参数。

配置 classpath 变量时,用一个小圆点代表当前路径,使 Java 解释器能解释执行当前路径的文件。举例来说,如果编译一个名为 Java1.java 的程序,编译后的 class 文件是在 D:\JavaExam 目录下,那么在命令行窗口中需要定位到 D:\ JavaExam 目录下之后执行 -java Java1 就可以运行 class 文件了,就是说环境变量里面的这一小圆点在这时就表示 D:\JavaExam,所以 Java 编译器在输入-java Java1 之后寻找那个名为 Java1 的 class 文件时就会将当前目录(D:\ JavaExam)纳入它的搜索范围,进而就能找到这个名为 Java1 的 class 字节码文件来执行了。因此,少了该小圆点,会导致找不到这个 class 文件,就会提示 Could not find or load main class Java1 错误。

错误提示说无法找到或加载 Java1 这个 class,但是使用 javac 编译该程序是没有问题的,这是因为 javac 编译时是从 Path 里面找到 JDK 的安装路径,进而找到 javac 编译器,与 classpath 环境变量无关。而在使用 Java 命令解释执行 Java1 class 文件时,操作系统同时搜索了 Path 和 classpath 环境变量,搜索 Path 环境变量找到 Java 解释器,然后搜索 classpath 来搜索 Java1 class 文件,在找不到这个 class 时就报错了;而在 classpath 中添加英文状态下的小圆点之后问题就解决了。

1.4 Java 程序开发过程及常用工具介绍

通过 1.3 节的学习，在了解 Java 开发环境的配置后，本节将介绍如何利用各种工具来编写第一个经典 HelloWorld 程序。

1.4.1 Java 程序的工作原理

开发 Java 程序需要经过三个基本步骤：编写程序、编译程序与运行程序。编写程序即用编辑器编写 Java 源代码，可以通过记事本或其他开发工具完成。编写完的程序需要用 Java 编译器编译为 class 文件，该文件以字节码的方式进行编码，最后再用 Java 解释器运行 class 文件来得到执行结果。

SUN 公司设计 Java 语言的目的是让 Java 程序不必经过修改就可以在各种各样的计算机上运行。因此，Java 中有一种 Java 虚拟机(Java Virtual Machine，JVM)机制。JVM 是软件模拟的计算机，可以在任何处理器上(无论是在计算机中还是在其他电子设备中)安全并且兼容地执行保存在.class 文件中的字节码。Java 程序的跨平台主要是指字节码文件可以在任何具有 JVM 的计算机或者电子设备上运行。Java 源程序需要通过编译器编译成为.class 文件(字节码文件)，由 Java 解释器负责把该类文件解释成为机器码后再执行。

1.4.2 用记事本开发

Java 是面向对象的语言，所有的功能都是通过类来实现的。现在打开记事本，来编写第一个 Java 程序——HelloWorld 类。

【程序 1-1】 HelloWorld.java。

```
public class HelloWorld{
    public static void main(String argv[]){
        System.out.println("Hello World");
    }
}
```

把程序 1-1 的代码输入记事本内，然后保存。保存时，要把文件名(*. txt)改成 HelloWorld.java，包括大小写相同(注意 Java 是区别英文字母大小写的)，文件扩展名必须以 java 结尾。这样第一个 Java 程序就写完了，如图 1-7 所示。

```
HelloWorld.java - 记事本
文件(F) 编辑(E) 格式(O) 查看(V) 帮助(H)
package chap1;

//例1.1
//HelloWorld.java
public class HelloWorld
{
    public static void main(String argv[])
    {
        System.out.println("Hello World");
    }
}
```

图 1-7 记事本编写第一个 Java 程序

Java 程序编写完成后，根据 1.4.1 节所述，JVM 并不能理解这些程序所要执行的是什么命令，JVM 只能够认识以.class 结尾的文件，那什么是.class 文件呢?.class 文件是 Java 字节码文件。JVM 可以加载这些文件，然后去执行。.class 文件就是以 java 为扩展名的文件转变过来的，需要通过 Java 编译器来进行编译，具体操作如下。

(1) 单击 Windows 操作系统的左下角"开始"→"运行"命令，在对话框中输入 cmd 命令并按 Enter 键，打开 Windows 的命令行窗口。

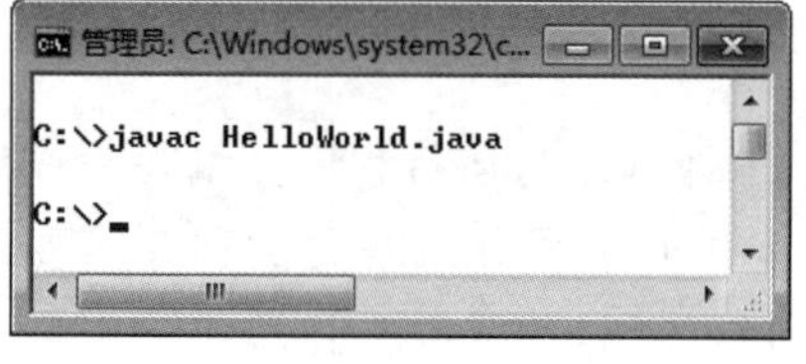

图 1-8　编译 Java 程序

(2) 通过命令打开 Java 文件所存放的位置(本书以保存在 C 盘根目录下为例)，然后输入 javac HelloWorld.java，如图 1-8 所示。如果窗口中没有任何错误提示且在源代码目录中生成了一个 HelloWorld.class 文件，如图 1-9 所示，表示编译成功。

(3) 编译成功后，再输入 java HelloWorld，如果在命令提示符窗口出现 Hello World 的话，恭喜你，第一个 Java 程序运行成功了，如图 1-10 所示。

图 1-9　生成 HelloWorld.class 文件

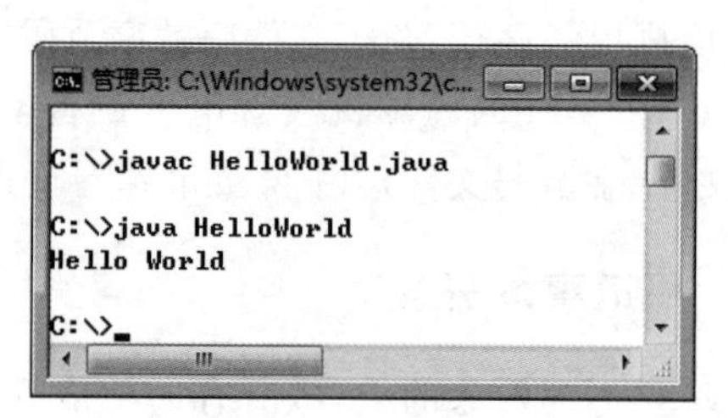

图 1-10　执行第一个 Java 程序

javac 命令是 JDK 的编译器，刚才输入 javac HelloWorld.java时是把 HelloWorld.java 这个源文件编译成了字节码，就是 HelloWorld.class 文件。

java 命令是 Java 的解释器，java HelloWorld 的意思是将编译后的字节码放在解释器上执行。从中也可以看到 Java 语言的执行过程，是先编译后解释的。

接下来看看从第一个 Java 程序还能学到 Java 语言的哪些特性。

① Java 文件的扩展名为 java。

② Java 使用//来实现单行注释。

③ 在 Java 中，程序都是以类的方式组织的，每个可运行的程序(Java Application)都是一个类文件，例如：

```
public class HelloWorld
```

关键字 class 代表这是一个类，关键字 public 代表这个类可以被外界调用，HelloWorld 是该类的类名。

④ 可执行的类中必须包含主方法——main 方法，程序的执行是从 main 方法开始的，方法头的格式是确定不变的：

```
public static void main(String argv[])
```

其中,关键字 public 意味着该方法可以由外界调用。main 方法的参数是一个字符串数组 argv,虽然在本程序中没有用到,但是必须列出来。

⑤ 方法内只有一行代码:

```
System.out.println("Hello World");
```

System 是 Java 提供的一个类,out 是该类的成员变量,System.out.println 方法用于在控制台窗口中输出字符串,每对双引号内部的内容通常称为要输出的字符串内容,上面语句中输出内容则为 Hello World。

目前,对于程序 1-1,只需要大概了解这 5 点知识就可以了,在后面章节的学习中将会对 Java 语法进行更详尽的介绍。

小贴士

(1) 解释程序时,使用命令"java HelloWorld"时一定不能含有任何后缀,即"java HelloWorld"不能写成"java HelloWorld.java",而在编译程序时,则需要加上后缀。

(2) 本节涉及在命令行窗口中输入命令来编译执行 Java 程序,而在编译前需要在命令行窗口先定位 Java 文件的路径,因此再介绍几个命令行窗口中目录跳转的常用命令:

cd.. 上移一级目录。

x: 直接跳入相应盘符,如 C:,窗口目录即可直接定位到 C 盘。

cd 路径 指定默认目录,当进入该目录相应盘符后,会自动跳转到默认目录中,如目前目录定位在 D 盘,输入"cd E:/abc",然后输入 E:,则目录会自动定位在 E:/abc 目录中。

1.4.3 用 Eclipse 开发

古人云:工欲善其事,必先利其器。同样道理,掌握一个好的开发工具,对学好 Java 语言来说也能起到事半功倍的效果。Java 的开发工具很多,包括 JCreator、Eclipse、NetBeans、JBuilder、JDeveloper 等。本节重点介绍目前最流行的 Java 开发工具 Eclipse,并指导大家如何通过 Eclipse 完成自己的第一个 Java 程序。

Eclipse 是替代 IBM Visual Age for Java(以下简称 IVJ)的新一代 IDE 开发环境,根据 Eclipse 的体系结构,通过开发插件,它能扩展到任何语言的开发,甚至能成为图片绘制的工具。更难能可贵的是,Eclipse 是一个开放源代码的项目,任何人都可以下载 Eclipse 的源代码,并且在此基础上开发自己的功能插件,同时可以通过开发新的插件扩展(可以无限扩展)现有插件的功能,而且有着统一的外观、操作和系统资源管理,这也正是 Eclipse 的潜力所在。

www.eclipse.org 提供了 Eclipse 最新版本的免费下载,下载安装 Eclipse 之后,在安装路径的下一层路径中会有一个 workspace 文件夹。每当在 Eclipse 中新生成一个项目,默认情况下都会在 workspace 中产生和项目同名的文件夹以存放该项目所用到的全部文件,可以使用 Windows 资源管理器直接访问或维护这些文件。

Eclipse 开发环境被称为 Workbench,它主要由三部分组成:视图(Perspective)、编辑窗口(Editor)和观察窗口(View),如图 1-11 所示。所有文件的显示和编辑都包含在编辑窗口中。默认情况下打开的多个文件是以标签(TagTable)方式在同一个窗口中排列,可以用拖动方式将这些文件排列成各种布局。方法是拖动某一个文件的标签(Tag)到编辑窗口的边框,当光标有相应的变化时再释放。当文件被加入项目后,在资源浏览或 Java 包浏览窗口双击文件,Eclipse 会试图打开这个文件。Eclipse 内嵌的编辑器能默认打开一些文件,如 *.java、*.txt、*.class 等。如果是其他类型的文件,Eclipse 会调用操作系统相应的默认编辑器打开,如 Word 文件、PDF 文件等。

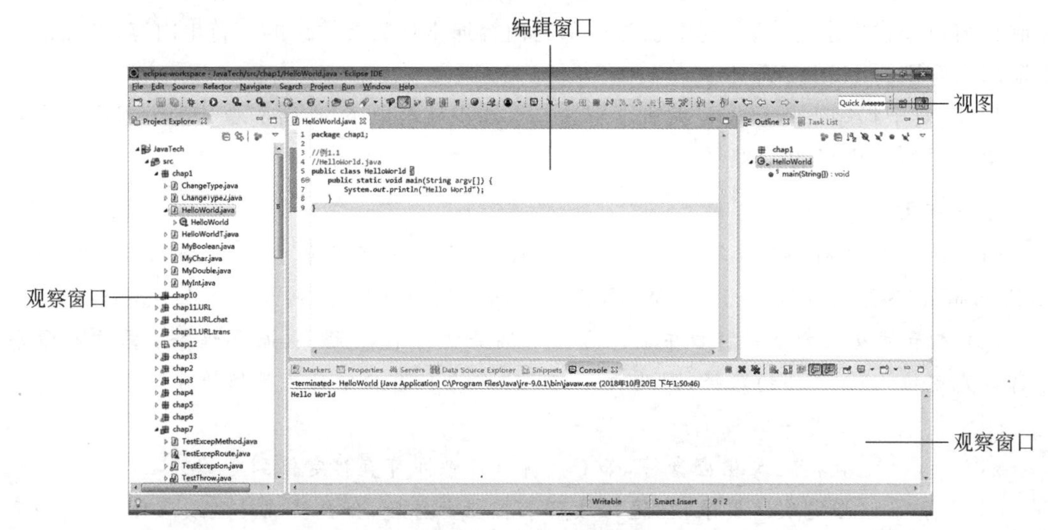

图 1-11　Eclipse 界面

观察窗口配合编辑窗口提供了多种的相关信息和浏览方式。常用的观察窗口有资源浏览窗口(Navigator)、Java 包浏览窗口(Packages)、控制台(Console)、任务栏(Task)等。

视图包括一个或多个编辑窗口和观察窗口。在开发环境的上侧的快捷栏中显示的就是当前所打开的视图图标。视图是 Eclipse 的最灵活的部分,可以自定义每个视图中包含的观察窗口种类,也可以自定义一个新视图。这些功能都被包括在 Perspective 菜单中。在 Eclipse 的 Java 开发环境中提供了几种默认视图,如资源视图(Resource Perspective)、Java 视图(Java Perspective)、调试视图(Debug Perspective)、团队视图(Team Perspective)等。每一种视图都对应不同种类的观察窗口。可以从菜单 Window→Show View 看到该视图对应的观察窗口。当然,每个视图的观察窗口都是可配置的,可以在菜单栏中的 Perspective Customize 进行配置。多样化的视图不但可以帮助程序员以不同角度观察代码,也可以满足不同的编程习惯。

现在使用 Eclipse 来编写 HelloWorld 程序。

(1) 新建一个项目,选择 File→New→Java Project(如果目录中没有 Java Project,就选择 Project,然后在弹出的窗口中选择 Java→Java Project 命令)命令。然后填入项目名称,本书以 Java Teach 为例,其他选项采用默认值,如图 1-12 所示,直接单击 Finish 按钮。左边观察窗口会有如图 1-13 所示的一个工程。

(2) 在工具条中选择 New Java Class 按钮或右击刚刚新建的项目,选择 New→Class 命令来创建一个 Java 类,如图 1-14 所示,在 Name 栏目中输入类名,如本例的 HelloWorld。因为本例包含一个 main 方法,可以勾选“public static void main(String[] args)”复选框,让

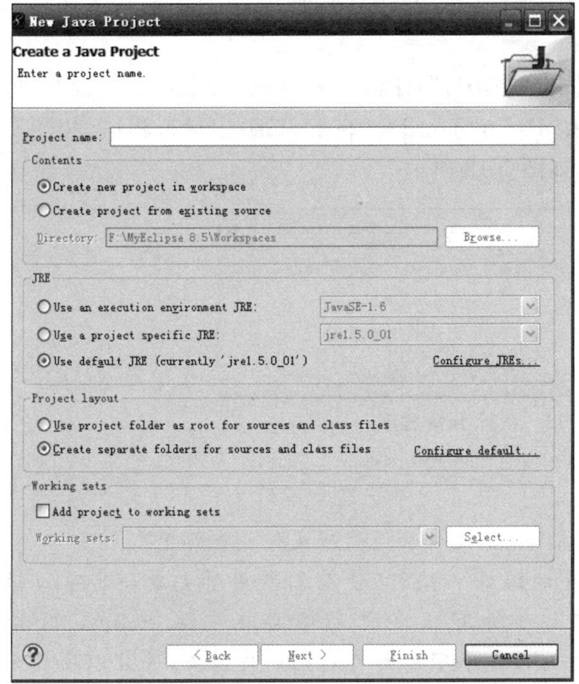

图 1-12　创建一个 Java 项目

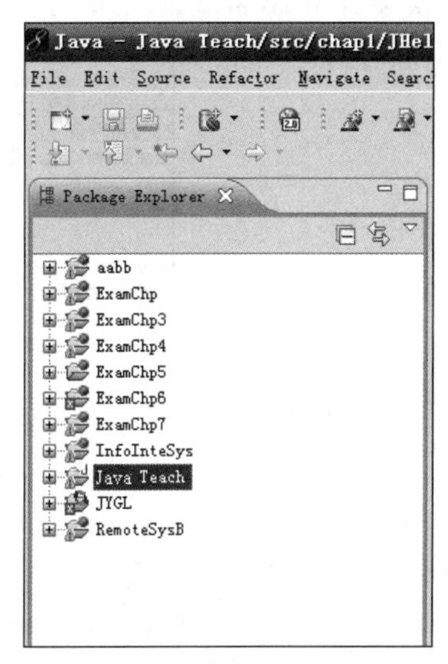

图 1-13　显示新建 Java 项目

图 1-14　创建一个 Java 类

Eclipse 自动创建 main 方法，单击 Finish 按钮完成 HelloWorld 类的创建。

（3）Eclipse 已经为新建的 HelloWorld 类编写了部分代码，接下来只需要在 main 方法中输入“System.out.println("Hello World");”语句即可。

(4) 单击 Save 按钮,Eclipse 会自动编译 HelloWorld.java,相当于使用“javac HelloWorld.java”命令对程序进行编译。

(5) 单击 Run 按钮,也可以在编辑窗口右击选择 Run As→Java Application 命令,即可在下方的 Console 窗口中看到输出结果"Hello World"。在 Eclipse 中运行程序,相当于使用“java HelloWorld”命令执行了程序,如图 1-15 所示。

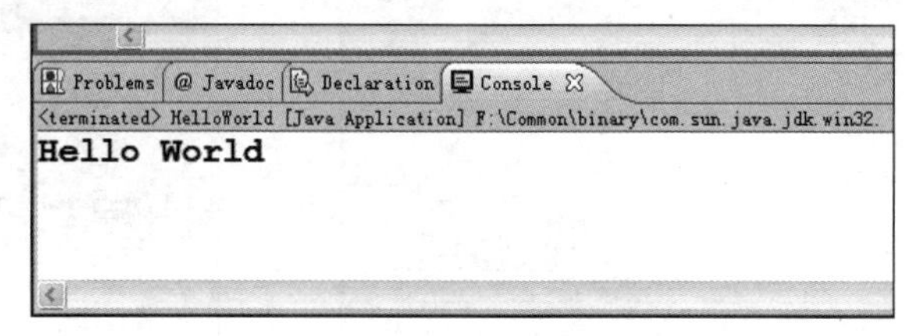

图 1-15　运行 Java 程序

小贴士

(1) 通过 Eclipse 编译的 Java 程序的 class 文件和源代码文件放在哪里?

通过 Eclipse 隐式完成了 Java 程序的编译和执行,使人们不用再去命令行窗口输入 javac、java 命令,简化了编程者的工作。所有程序自动保存在安装 Eclipse 时指定 workspace 目录下,在 workspace 目录中,每一个项目都有自己的文件夹,并且以项目名称为名,Java 程序源代码被放置在项目目录的 src 文件夹下,而编译后的 class 则被放置在 bin 文件夹下。

(2) Eclipse 具有强大的智能排错功能,这对很多新手来说非常有用,以程序 1-1 HelloWorld 程序为例,如果把代码“System.out.println("Hello World");”误打为“System.ot.println("Hello World");”,使得 System 类的 out 对象变成了 ot,将会导致程序无法正常编译。但通过使用 Eclipse 可以非常快捷地解决这类问题。

在 Eclipse 中所有程序有错误的地方都会通过波浪线标示,如图 1-16 所示,并在该行的行号前会有一个叉,无论鼠标定位到波浪线还是叉上,Eclipse 都会跳出相应提示,根据提示就能修正大量的错误。当然,也可以使用 Ctrl+1 组合键,该组合键能提供 Eclipse 的自动修复功能,能智能分析错误,并给出若干种可行的纠错方案供代码编写者考虑,如图 1-17 所示。

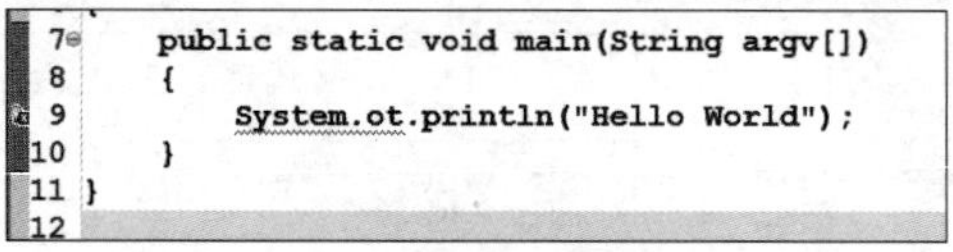

```
7   public static void main(String argv[])
8   {
9       System.ot.println("Hello World");
10  }
11 }
12
```

图 1-16　Eclipse 出错提示

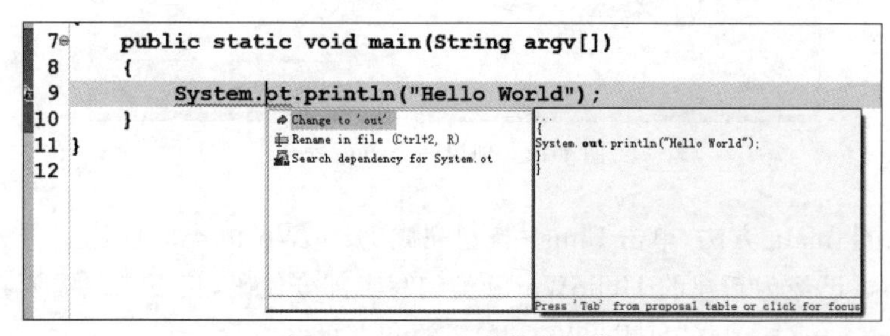

图 1-17　Eclipse 的智能纠错

(3) Eclipse 编辑窗口中如果出现黄色感叹号小灯泡，表示 Eclipse 对该行代码有一些善意提示，可以忽略它，对程序运行没有任何影响。

(4) Eclipse 提供了大量组合键，并可以自定义这些组合键，以加快代码的编写速度，本书提供一些常用的组合键。

Ctrl+D	快速删除当前行代码
Alt+/	代码编写快速提示
Ctrl+Alt+↓	复制当前行到下一行
Ctrl+S	保存源文件
Ctrl+Z	回溯到上一步操作
Shift+Enter	在当前行的下一行插入空行
Shift+Ctrl+Enter	在当前行插入空行

Eclipse 还有许多特色和强大的功能，但不在本书的介绍范围内，有兴趣的读者可以去 www.eclipse.org 查阅该开发工具的详尽资料。

1.4.4 用 JCreator 开发

Eclipse 是一种功能强大的重量级 Java 开发工具，本书再介绍一种轻量级的开发工具 JCreator 以供读者选择。它非常小巧，容量几乎只有 Eclipse 的 1/10，占用内存小，但同样也提供了丰富的 Java 开发环境。

JCreator 是 Xinox Software 公司开发的一个用于 Java 程序设计的集成开发环境，具有编辑、调试、运行 Java 程序的功能。当前最新版本是 JCreator 5.0，它又分为 LE 和 Pro 版本。LE 版本功能上受一些限制，是免费版本。Pro 版本功能最全，但这个版本是一个共享软件。这个软件比较小巧，对硬件要求不是很高，完全用 C++ 编写，速度快、效率高，具有语法着色、代码自动完成、代码参数提示、工程向导、类向导等功能。第一次启动时提示设置 JavaJDK 主目录及 JDKJavaDoc 目录，软件自动设置好类路径、编译器及解释器路径，还可以在帮助菜单中使用 JDKHelp。图 1-18 显示的是这个软件的应用实例。

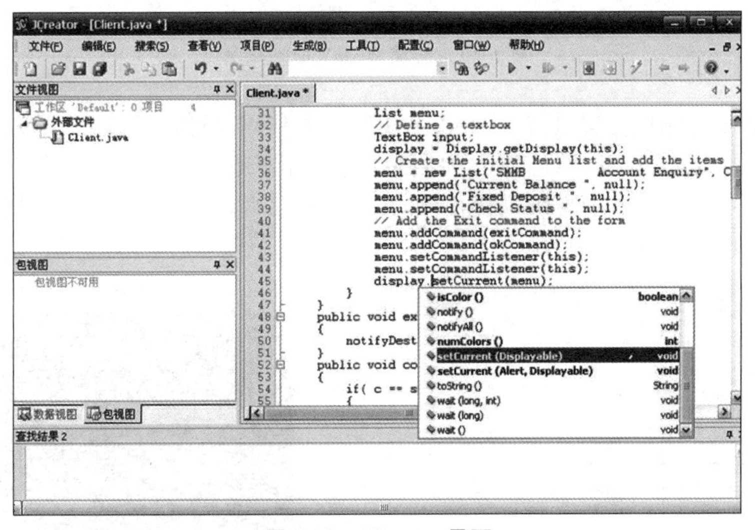

图 1-18 JCreator 界面

通过 JCreator 编写 HelloWorld 程序,同 Eclipse 类似,需要先新建一个项目,然后在这个项目中编辑自己的 Java 程序;按 JCreator 的菜单顺序,创建方法如下:选择 Files→New→Projects→EmptyProject 命令;输入项目名称,然后在主界面左侧,单击该新建的项目,如图 1-19 所示。单击工具栏中的 New 按钮,选择 Java File,输入类名 HelloWorld,单击“确定”按钮,完成 HelloWorld 程序的创建,如图 1-20 所示。

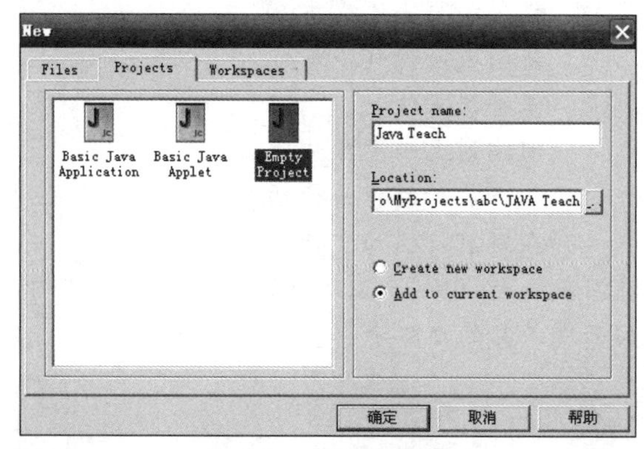

图 1-19 创建新项目

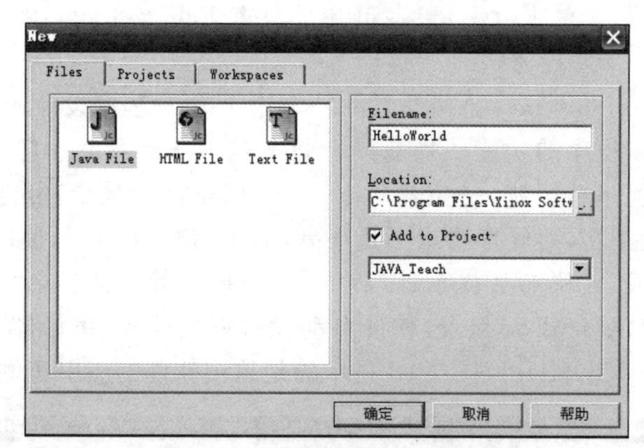

图 1-20 创建 HelloWorld 程序

在 JCreator 右侧代码窗口输入 HelloWorld 的源代码,单击工具栏的 Compile File 按钮进行编译,如果程序能正常编译,下方控制台将会输出“Process completed.”的提示。随后单击工具栏的 Execute File 按钮执行程序,JCreator 会自动调用 Windows 的命令行窗口,跳出执行后的内容,如图 1-21 所示。

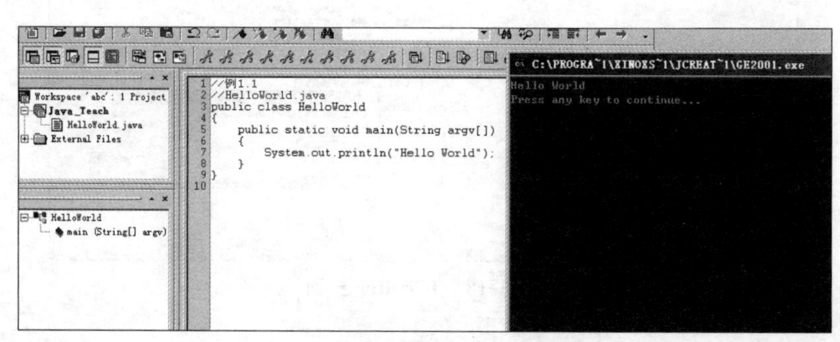

图 1-21 执行 HelloWorld 程序

第2章 Java基础语法

2.1 标识符和关键字

Java语言中，变量、常量、函数、语句块也有名字，称之为Java标识符。因此，标识符是用来给类、对象、方法、变量、接口和自定义数据类型命名的。

标识符的命名规则如下。

(1) 标识符的组成：①字母；②数字；③下画线“_”；④美元符号 $ 。

(2) 首字符必须是：①字母；②下画线“_”；③美元符号 $ 。

(3) 由于Java是区分大小写的，所以所有标识符是区分大小写的。

(4) Java关键字不能当作Java标识符，如public、private和package等。

(5) Java语言中定义的字母是一种广义字母，并不单指英文的26个字母，还包括其他语言中相当于“字母”的字符，中文也可以作为Java的标识符。

因此，以下标识符是合法的：

myStudent、name、Name、A_Number、_name、$ name、你好

以下标识符是非法的：

#name	首字符出错
2name	首字符不能是数字
A&ge	不能有字符 &
A * b	不能有字符 *
if	if是Java关键字
Abc efd	不能有空格

关键字是计算机语言里事先定义的、有特别意义的标识符。Java的关键字对Java的编译器有特殊的意义，它们用来表示一种数据类型，或者表示程序的结构等，关键字不能用作变量名、方法名、类名、包名。在Java中有50个关键字，其中const和goto两个关键字目前在Java语言中并没有具体含义，但在其他某些计算机语言中是使用频繁的关键字，因此作为保留字以备扩充。表2-1列出了所有Java的关键字。

小贴士

在用Java语言编程时，一般遵循的命名约定如下。

① 类和接口名。一般用若干个名词或名词性词组组成名称，每个单词的首字母大写。例如，MyClass、HelloWorld、JavaBook等。

② 方法名。一般用动词和名词词组搭配的形式组成名称，首字符用小写字母，其余单词的首字母大写，尽量少用下画线。例如，setName、getAge等。

③ 常量名。一般用若干个名词或名词性词组组成名称，全部使用大写字母，字与字之间用下画线分隔。例如，HIGE_NAME、FRIEND_ID等。

④ 变量名。一般用若干个名词或名词性词组组成名称，首字符用小写字母，其余单词的首字母大写，如authorName、timeSleep等。

表 2-1　Java 的关键字

名　称	含　义
abstract	用在类或方法前,具有抽象属性
assert	用来进行程序调试
boolean	布尔类型,值只有 true 或者 false
break	跳出本层循环
byte	基本数据类型,字节,8b(位),也就是 8 个 1/0 表示
case	用来定义一组分支选择,如果某个值和 switch 中给出的值一样,就会从该分支开始执行
catch	用来声明当 try 语句块中发生运行时错误或非运行时异常时运行的一个块
char	基本数据类型,字符
class	类
const	作为保留字以备扩充
continue	用来打断当前循环过程,从当前循环的最后重新开始执行
default	配合 switch 与 case 使用,但 case 中没有找到匹配时,则输出为 default 后面的语句
do	用来声明一个循环,这个循环的结束条件可以通过 while 关键字设置
double	基本数据类型,双精度浮点数类型
else	如果 if 语句的条件不满足,就会执行该语句
enum	枚举
extends	表明一个类型是另一个类型的子类型
final	只能定义一个实体一次,以后不能改变它或继承它
finally	用来执行一段代码,不管在前面定义的 try 语句中是否有异常或运行时错误发生
float	基本数据类型,单精度浮点数类型
for	用来声明一个循环
goto	作为保留字以备扩充
if	用来生成一个条件测试,如果条件为真,就执行 if 后面的语句
implements	用来指明当前类实现的接口
import	在源文件的开始部分指明后面将要引用的一个类或整个包
instaceof	用来测试第一个参数的运行时类型是否和第二个参数兼容
int	基本数据类型,整数类型
interface	接口,用来定义一系列的方法和常量。它可以通过 implements 关键字被类实现
long	基本数据类型,长整数类型
native	声明一个方法是由与计算机相关的语言实现的
new	用来创建一个新实例对象

续表

名　称	含　义
package	包
private	用在方法或变量的声中，表示这个方法或变量只能被这个类的其他元素访问
protected	表示这个方法或变量只能被同一个类中的、子类中的或者同一个包的类中的元素访问
public	在方法和变量的声明中使用，表示这个方法或变量能够被其他类中的元素访问
return	用来结束一个方法的执行。它后面可以跟一个方法声明中要求的值
short	基本数据类型，短整数类型
static	表明具有静态属性
strictfp	用来声明 FP-strict（单精度或双精度浮点数）表达式遵循 IEEE754 算术规范
super	表明当前对象的父类型的引用或者父类型的构造方法
switch	是一个选择语句，与 case、default、break 一起使用
synchronized	线程同步
this	可以用来访问当前类的变量和方法
throw	允许用户抛出一个 exception 对象或者任何实现 throwable 的对象
throws	用在方法的声明中来说明哪些异常这个方法是不处理的，而是提交到程序的更高一层
transient	用来表示一个域不是该对象串行化的一部分
try	尝试一个可能抛出异常的程序块
void	表明当前成员方法没有返回值
volatile	表明两个或多个变量必须同步发生变化
while	一种循环结构

2.2　基本数据类型

Java 中的数据类型分为两大类：基本数据类型和引用数据类型。基本数据类型一共有 8 种：字节型（byte）、短整型（short）、整型（int）、长整型（long）、字符型（char）、单精度浮点型（float）、双精度浮点型（double）、布尔型（boolean），这些类型又可分为 4 组。

（1）布尔型：该组包括布尔型（boolean），它是一种特殊的类型，表示真/假值。

（2）字符型：该组包括字符型（char），它代表字符集的符号，例如，字母和数字。

（3）整数型：该组包括字节型（byte）、短整型（short）、整型（int）、长整型（long）。

（4）浮点型：该组包括单精度浮点型（float）、双精度浮点型（double），它们代表有小数精度要求的数字。

引用数据类型是一种对象类型，将会在后面的章节进行详细介绍。

2.2.1　布尔型

Java 有一种表示逻辑值的简单类型，称为布尔型。它的值只能是真或假这两个值中的一个(即 false 和 true),用来判断逻辑条件。注意,这两个值不能与整型进行转换。布尔型对 if、for 这样的控制语句的条件表达式来说是必需的。

布尔型的各种特征如表 2-2 所示。

表 2-2　布尔型的各种特征

类型	内容	默认值	位数	取值范围
boolean	true/false	false	8	true/false

表 2-2 的位数表示该类型占用二进制的位数。基本数据类型有明确的范围,而且有数学特性。像 C++ 语言,整数大小根据执行环境的规定而变化。然而,Java 不是这样。因为 Java 可移植性的要求,所有的数据类型都有一个严格的定义范围。例如,不管是基于什么平台,整型(int)总是 32 位。这样写的程序在任何机器体系结构上保证都可以运行。当然,严格地指定一个整数的大小在一些环境上可能会损失性能,但为了达到可移植性,这种损失是必要的。

程序 2-1 说明了布尔型变量的使用(其中//后面的语句为注释说明语句)。

【程序 2-1】　MyBoolean.java。

```
public class MyBoolean{
    public static void main(String argv[]){
        boolean a=true;                    //定义一个布尔型变量,值为 true
        System.out.println("a is "+a);
        boolean b=false;                   //定义一个布尔型变量,值为 false
        System.out.println("b is "+b);
        if (a)                             //if 语句来判断变量 a 的值是否是 true
            System.out.println("It's true");
        else
            System.out.println("It's false");
    }
}
```

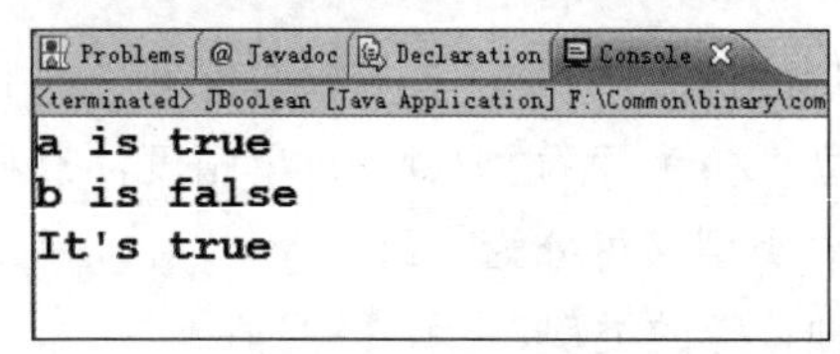

图 2-1　程序 2-1 的输出结果

输出结果如图 2-1 所示。

观察程序 2-1,有以下 3 个注意点。

(1) 使用 boolean 来创建布尔型变量。

(2) System.out.println 语句中,输出内容既有固定值(双引号中的内容),又有变量(如 a),通过+可以把它们串联起来输出。

(3) 本书第一次出现 if 语句,该语句表明如果 a 的值是 true,则执行"System.out.println("It's true");"语句,否则执行 else 后面的语句。另外,布尔型变量 a 的值本身就足以用来控制 if 语句,因此没有必要将 if 语句写成"if(a==true)"。

2.2.2　字符型

在 Java 中,存储字符的数据类型是 char。但是,C/C++ 程序员要注意:Java 的 char 与

C 或 C++ 中的 char 不同。在 C/C++ 中，char 的位数是 8 位。但 Java 使用 Unicode 码代表字符。Unicode 定义的国际化的字符集能表示迄今为止人类语言的所有字符集。它是几十个字符集的统一，例如，拉丁文、希腊语、阿拉伯语、古代斯拉夫语、希伯来语、日文片假名、匈牙利语等，因此它要求 16 位。这样，Java 中的 char 类型是 16 位，其范围是 0～65 535，没有负数的 char。人们熟知的标准字符集 ASCII 码的范围仍然是 0～127，扩展的 8 位字符集 ISO-Latin-1 的范围是 0～255。既然 Java 被设计为允许其开发程序在世界范围内使用，因此需要使用 Unicode 码代表字符。

字符型的各种特征如表 2-3 所示。

表 2-3　字符型的各种特征

类型	内容	默认值	位数	取 值 范 围
char	Unicode	\u0000	16	\u0000～\uFFFF(即 0～65 535)

程序 2-2 说明了字符型变量的使用。

【程序 2-2】 MyChar.java。

```
public class MyChar{
    public static void main(String[] args){
        char char1='a';                               //定义一个字符型变量,值用' '表示
        System.out.println("char 1 is "+char1);
        char1++;                                      //对变量 char1 自增 1
        System.out.println("Now char 1 is "+char1);   //输出新的 char1 值
    }
}
```

输出结果如图 2-2 所示。

```
Problems  @ Javadoc  Declaration  Console
<terminated> MyChar [Java Application] F:\Common\binary\com.sun.jav
char 1 is a
Now char 1 is b
```

图 2-2　程序 2-2 的输出结果

在 Java 中，使用关键字 char 来创建字符型变量，同时字符型变量的值需要加上''。通过程序 2-2，创建字符型变量 char1，并赋值为字母 a。这里特别要注意的是，英文字母都是用 ASCII 码(是 Unicode 字符集的一部分，占用了前 127 个值)来代表字母的值，ASCII 码的范围是 0～127，其中 65～90 为 26 个大写英文字母，97～122 为 26 个小写英文字母。可以将程序语句“char char1＝'a';”替换为“char char1＝97;”，由于 97 在 ASCII 码中代表小写字母 a，因此替换后整个程序并没有任何影响。

同理，尽管字符类型不是整数，但在许多情况中可以对它们进行如同整数的运算操作。程序 2-2 使用自增运算符＋＋，让变量 char1 自增 1，由于 char1 的值原来为 a，即 97，自增 1 后变为 98，所有 char1 的值成为 b。关于自增运算符“＋＋”将会在后面的内容中阐述。

2.2.3　整数型

Java 定义了 4 个整数型：字节型(byte)、短整型(short)、整型(int)、长整型(long)。这些都是有符号的值，正数或是负数。整数有八进制(以 0 开头的整数)、十进制、十六进制(以

0x 或 0X 开头的整数)三种写法表示。

整数型的各种特征如表 2-4 所示。

表 2-4 整数型的各种特征

类型	内容	默认值	位数	取值范围
byte	整数	0	8	－128～＋127
short	整数	0	16	－32 768～＋32 767
int	整数	0	32	－2 147 483 648～＋2 147 483 647
long	整数	0L	64	－9 223 372 036 854 775 808～＋9 223 372 036 854 775 807

1. 字节型

最小的整数类型是字节型(byte)。它是有符号的 8 位类型,数的范围是－128～127。当从网络或文件处理数据流时,字节型的变量特别有用。当处理可能与 Java 的其他内置类型不直接兼容的未加工的二进制的数据时,它们也非常有效。

通过使用关键字 byte 可以定义字节型变量,例如:

```
byte a;
```

2. 短整型

短整型(short)是有符号的 16 位类型,数的范围是－32 768～32 767。它可能是 Java 中使用得最少的类型。这种类型主要适用于 16 位计算机,现在这种计算机已经很少见了。

通过使用关键字 short 可以定义短整型变量,例如:

```
short a;                    //定义 short 型变量 a
short b,c;                  //定义 short 型变量 b 和 c
```

3. 整型

整型(int)是最常用的整数类型。它是有符号的 32 位类型,数的范围是－2 147 483 648～2 147 483 647。int 类型的变量通常被用来控制循环及作为数组的下标。任何时候整数表达式包含 byte、short、int,在进行计算以前,所有表达式的类型被提升到整型。

程序 2-3 给出了一个定义整型变量并进行计算的例子。

【程序 2-3】 MyInt.java。

```
public class MyInt{
    public static void main(String[] args){
        int a=10;
        int b=20;
        int c=a+b;
        System.out.println("c="+c);
    }
}
```

输出结果如图 2-3 所示。

通过使用关键字 int 可以定义整型变量，如程序 2-3 中的“int a;”。整型与整型变量间可通过运算符进行计算。整型是最通用并且有效的类型，当想用数组下标或进行整数计算时，应该使用整型数据。虽然使用字节型数据和短整型数据可以节约空间，但是不能保证 Java 不会内部把那些类型提升到整型。记住，类型决定行为，而不是大小(唯一的例外是数组，字节型数据保证每个数组元素只占用 1B，短整型使用 2B，整型将使用 4B。关于数组将于后面的章节介绍)。

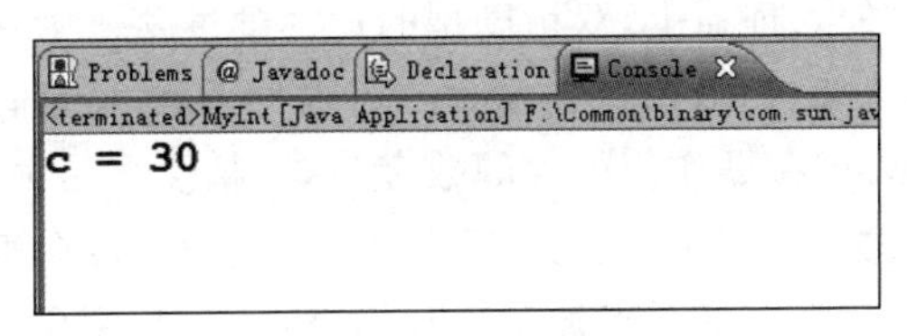

图 2-3 程序 2-3 的输出结果

4. 长整型

长整型(long)是有符号的 64 位类型，它对于那些整型不足以保存所要求的数值时是有用的。长整型数的范围是相当大的，因此用在一些科学计算领域非常方便。在 Java 程序中默认的整数类型是 int，如果想要使用长整型，可在数字后面加 l 或 L(小写 l 容易被误认为 1，不推荐用)。

通过使用关键字 long 可以定义长整型变量，例如：

```
long a=10L;                    //定义 long 型变量 a,并初始化值为 10L
```

2.2.4 浮点型

当计算的表达式有精度要求时将使用浮点数。例如，计算平方根、正弦和余弦等，它们的计算结果的精度要求使用浮点型。Java 实现了标准(IEEE 754)的浮点型和运算符集。有两种浮点型：单精度浮点型(float)及双精度浮点型(double)，参见表 2-5。

表 2-5 浮点型的各种特征

类型	内容	默认值	位数	取 值 范 围
float	浮点	0.0f	32 位	±3.402 823 47E+38～±1.402 398 46E−45
double	浮点	0.0d	64 位	±1.797 693 134 862 315 70E+308～±4.940 656 458 412 465 44E−324

1. 单精度浮点型

单精度浮点型(float)专指占用 32 位存储空间的单精度值。单精度在一些处理器上比双精度更快而且只占用双精度一半的空间，但是当值很大或很小时，它将变得不精确。当需要小数部分并且对精度的要求不高时，单精度浮点型的变量是有用的。单精度浮点型可以精确到 7 位有效数字，第 8 位的数字是第 9 位数字四舍五入上取得的。

以下给出声明单精度浮点型变量的例子：

```
float a, b;
float c=0.7f;
```

2. 双精度浮点型

双精度浮点型(double)占用 64 位的存储空间，在一些现代被优化用来进行高速数学计算的处理器上，双精度型的运算速度实际上比单精度型的快。所有超出人类经验的数学函数，如 sin()、cos()、sqrt()均返回双精度的值。当需要保持多次反复迭代的计算的精确性时，或在操作值很大的数字时，双精度型是最好的选择。双精度浮点型可以精确到 16 位有效数字，第 17 位的数字是第 18 位数字四舍五入上取得的。

默认的浮点类型是双精度浮点型，要想要一个单精度浮点型必须在浮点数后面加 F 或者 f。如“float x=1.23;”是错误的。因为 1.23 默认是双精度浮点型，而变量 x 是单精度浮点型。

通过使用关键字 double 可以定义双精度浮点型，例如：

```
double a;            //定义 double 型变量 a
double b=3.2;        //定义 double 型变量 b,初始化值为 3.2
double c=3.3d;       //定义 double 型变量 c,初始化值为 3.3
```

程序 2-4 是双精度浮点型变量的一个实例程序。

【程序 2-4】 MyDouble.java。

```
public class MyDouble{
    public static void main(String[] args){
        double pi, r, area;
        pi=3.1415926;
        r=1.5;
        area=pi * r * r;
        System.out.println("area="+area);
    }
}
```

输出结果如图 2-4 所示。

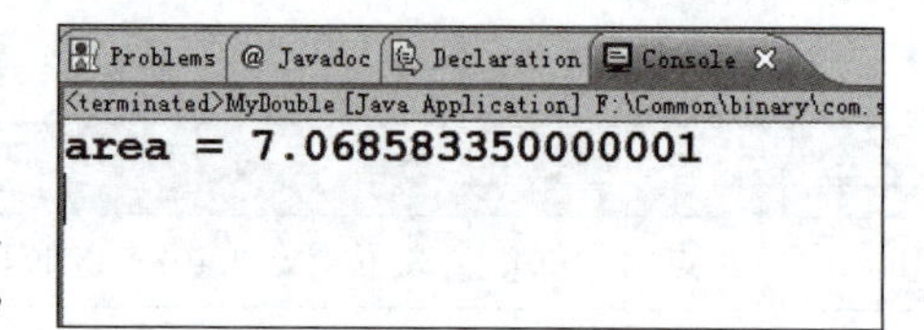

图 2-4　程序 2-4 的输出结果

小贴士

虽然浮点数表示的数值已经足够大，但如果计算量还是太大出现溢出或出错的情况怎么办？例如，1/0 或者负数开平方等。

对于这些特殊情况，Java 中定义了三个常量 Double.POSITIVE_INFINITY（正无穷大）、Double.NEGATIVE_INFINITY（负无穷大）、Double.NaN（Not a Number）。如正整数/0＝正无穷大，0/0＝NaN。测试一个结果是不是 NaN：不能用语句 if(x==Double.NaN)进行判断，而应该使用 Double 类的 isNaN 方法，如 if(Double.isNaN(x))。

2.2.5　类型转换

Java 语言是一种强类型语言，这意味着每个变量和表达式都有类型，而且每种类型是严格定义的。所有的数值传递，不管是直接的还是通过方法调用经由参数传递的都要先进行类型相容性的检查。任何类型的不匹配都是错误的，在编译器完成编译以前，必须改正错误。

注意：如果读者有C或C++的背景，一定要记住Java对数据类型兼容性的要求比大部分语言都要严格。例如，在C/C++中能把浮点型值赋给一个整数，但在Java中则不能。Java的强制类型检查虽然有点烦琐，但是从长远来看，保障了Java语言的安全性。

前文介绍的基本数据类型之间是可以转换的，并且基本数据类型在数据类型转换中都存在强弱关系，但有以下两点特殊规则。

(1) 布尔型(boolean)与其他基本数据类型之间不可互相转换。

(2) 字符型(char)与字节型(byte)、短整型(short)之间可以进行数据类型转换，但没有强弱关系之分。

各个基本数据类型的强弱关系如图2-5所示。

```
byte  <  short ┐
               }  <  int  <  long  <  float  <  double
         char  ┘
```

图2-5 基本数据类型的强弱关系

基本数据类型间的转换有两种方式：自动转换(隐式转换)和强制转换(显式转换)，通常发生在表达式中或方法的参数传递时。

1.自动转换

弱的基本数据类型可以直接转换为强的基本数据类型称为自动类型转换(注意这里所有的强弱关系都是相对的，即int型相对short型是强类型，但对于long型则变成了弱类型)。

例如：

```
byte a=3;
int b=a;      //byte 相对 int 是弱数据类型,因此直接可以将 byte 型的变量 a 转换成 int 型
long c=b;     //int 相对 long 是弱数据类型,因此直接可以将 int 型的变量 b 转换成 long 型
float d=c;    //long 相对 float 是弱数据类型,因此直接可以将 long 型的变量 c 转换成 float 型
double e=d;
    //float 相对 double 是弱数据类型,因此直接可以将 float 型的变量 d 转换成 double 型
```

如果是char型向强的基本数据类型转换，会转换为对应ASCII码值，例如：

```
char a='a';
int x=a;
System.out.println("x="+x);
```

输出结果为

```
x=97
```

在实际情况中，当一种弱的基本数据类型与一种强的基本数据类型一起运算时，系统将自动将弱的基本数据类型转换成强的基本数据类型，再进行运算。另外，在方法调用时，实际参数是弱的基本数据类型，而被调用的方法的形式参数数据是强的基本数据类型，系统也将自动将弱的基本数据类型转换成强的基本数据类型，再进行方法的调用。程序2-5对这两种情况进行了示范。

【程序 2-5】 ChangeType.java。

```
public class ChangeType{
    public static void main(String[] args){
        byte a=10;                          //定义 byte 型变量 a
        short b=20;                         //定义 short 型变量 b
        int c=a+b;                          //a 和 b 在运算中自动转换为 int 型
        System.out.println("c="+c);
        testType(c);                        //执行 testType 方法,并将变量 c 传入
    }

    //方法 testType 接收一个 long 类型的参数
    public static void testType(long c){
        long d=c;                           //变量 c 的值被赋予 long 类型的变量 d
        System.out.println("d="+d);
    }
}
```

```
Problems  @ Javadoc  Declaration  Console
<terminated> ChangeType [Java Application] F:\Common\binary\com.
c = 30
d = 30
```

图 2-6　程序 2-5 的输出结果

输出结果如图 2-6 所示。

下面对程序 2-5 进行详尽分析。

(1) byte 型变量 a 和 short 型变量 b 相加后赋值到 int 型的变量 c 上，因为 byte 和 short 相对 int 来说都是弱的基本数据类型，系统会自动进行转换。

(2) 本程序出现了第二个方法 testType，该方法接收一个 long 类型的输入参数，并将输入参数的值赋予方法内部变量 d。由于 testType 方法是 static 属性的，因此可以在 main 方法中直接调用（关于 static 和 void 属性将会在第 3 章介绍）。程序将 int 型变量 c 作为输入参数传入方法 testType 中，但要注意到，方法 testType 接收的形参要求是 long 型，由于 int 相对 long 是弱类型，因此系统也会自动进行转换。

2. 强制转换

很多情况下只靠自动类型转换并不能满足所有的编程需要。因为自动转换适用于弱的基本数据类型直接转换为强的基本数据类型。如果需要把强的基本数据类型转换为弱的基本数据类型，或者为完成两种没有强弱关系的类型间的转换（如字符型（char）与字节型（byte）），就必须进行强制类型转换。

当从强的基本数据类型转换到弱的基本数据类型，需要用“（目标类型）”的方式来指定转换的弱类型，例如：

```
int a=100;
byte b=(byte)a;     //从强类型 int 转换为弱类型 byte,需要用(byte)来指定转换的弱类型
double c=3.2;
float d=(float)c; //从强类型 double 转换为弱类型 float,需要用(float)来指定转换的弱类型
```

如果上例写成：

```
int a=100;
byte b=a; //缺少(byte),程序就会编译错误,因为系统无法自动把强类型数据转换为弱类型数据
```

需要注意的是,从强的基本数据类型转换到弱的基本数据类型时,由于强类型数据的取值范围肯定比弱类型数据的取值范围大,如果转换的强类型数据值原本就超出了弱类型数据的取值范围,会造成数据丢失。例如:

```
short x=128;
byte y=(byte) x;    //byte 型数据的取值范围为-128~+127,因此变量 x 的值 128 超出了 byte
                    //的取值范围,虽然程序不会编译出错,但是变量 y 的值无法取到 128
```

字符型(char)与字节型(byte)、短整型(short)间没有强弱关系之分,因此它们之间也无法自动转换,需要进行强制类型转换。例如:

```
char x='x';
short y=(short) x;                  //char 型转换为 short 型
byte a=100;
char b=(char) a;                    //byte 型转换为 char 型
```

一个强制类型转换的例子如程序 2-6 所示。

【程序 2-6】 ChangeType2.java。

```
public class ChangeType2{
    public static void main(String[] args){
        int a=10;                   //定义 int 型变量 a
        short b=20;                 //定义 short 型变量 a
        byte c=(byte) (a+b);        //a 和 b 在运算中强制转换为 byte
        System.out.println("c="+c);

        testType((byte)a);     //执行 testType 方法,并将变量 a 传入,这里也用到了强制转换
}

    //方法 testType 接收一个 byte 类型的参数
    public static void testType(byte a){
        long d=a;                   //变量 a 的值被赋予 long 类型的变量 d
        System.out.println("d="+d);
    }
}
```

输出结果如图 2-7 所示。

程序 2-6 需要注意两点。

(1) “byte c=(byte)(a+b);”。由于 a 和 b 的类型都比 byte 型强,所以这里在运算时需要进行强制转换,否则编译出错。

(2) “testType((byte)a);”和“public

```
Problems  @ Javadoc  Declaration  Console
<terminated> ChangeType2 [Java Application] F:\Common\binary\com.
c = 30
d = 10
```

图 2-7 程序 2-6 的输出结果

static void testType(byte a);"。由于方法 testType 指明传递的形参是 byte 型,而在 main 方法中传递的变量 a 是 int 型,需要对 a 进行强制转换,否则编译出错。

小贴士

(1) Java 语言为什么要把数据类型分为基本数据类型和引用数据类型?

Java 语言是面向对象的语言,但基本数据类型却不是对象,反而类似于其他大多数非面向对象语言的简单数据类型。在 Java 设计之初,Java 设计者考虑让所有的数据类型都面向对象,但后来出于效率方面的考虑,由于基本数据类型在编程中使用频率极高,因此将基本数据类型设计为非对象的类型,将其存储在栈中,使它们的存取速度要快于存储在堆中的对应包装类的实例对象。Java 虚拟机可以完成基本数据类型和它们对应包装类之间的自动转换。因此在赋值、参数传递以及数学运算时像使用基本数据类型一样使用它们的包装类,但这并不意味着可以通过基本数据类型直接调用它们的包装类才具有的方法。另外,所有基本数据类型的包装类都使用了 final 修饰,因此无法继承它们扩展新的类,也无法重写它们的任何方法。

(2) 把浮点型数据强制转换为整数型数据,由于整数是没有小数部分的。因此,无论浮点型数据的值有没有超出整型的数据范围,它所带的小数部分必定会被舍去。

(3) 进一步了解 Java 语言中基本数据类型和引用数据类型的内存分配机制差异。

基本数据类型的变量会存放在栈内存中,而引用数据类型的变量产生的对象会保存在堆内存中。栈内存是一种特别快、特别有效的数据保存方式,栈内存中数据的读取效率要高于堆内存中的数据读取效率。但为什么 Java 语言还是把对象保存在堆内存而不是栈内存中呢?

这是因为用堆保存对象时会得到更大的灵活性。Java 程序是先编译后运行的,而保存在堆中的对象除非进入运行期,否则系统根本不需要知道到底有多少个对象,也不知道它们的存在时间有多长,以及准确的类型是什么,这些参数都在程序正式运行时才决定的。更大的灵活性对于面向对象的程序设计语言是至关重要的。

2.3 常量与变量

1. 常量

恒定不变的量称为常量,Java 常量包括基本数据类型常量、字符串(String)常量和 null(空引用值)。

基本数据类型常量包含了 2.2 节介绍的字节型(byte)、短整型(short)、整型(int)、长整型(long)、字符型(char)、单精度浮点型(float)、双精度浮点型(double)、布尔型(boolean)这 8 种基本数据类型的取值范围,例如:

布尔型(boolean)常量只有两个:true 和 false。

字符型(char)常量包含'a'、'b'、'c'等。

整型(int)常量包含 10、20、50 等。

长整型(long)常量包含 10L、20L、50L 等。

单精度浮点型(float)常量包含 1.5f、18.9f、392.3f 等。

双精度浮点型(double)常量包含 1.5、18.9、392.3d 等。

字符串(String)常量是用双引号括起来的Java字符序列,例如:

```
"Hello World!"
"study"
```

字符串的数据类型是类java.lang.String,是一种引用数据类型,在后面章节会进一步介绍。

null是引用类型的数据,表示引用值为空,即该引用不指向任何对象。

2. 变量

在2.2节就已经出现变量,变量是Java程序的一个基本存储单元,而且总是具有某种数据类型:基本数据类型或引用数据类型,每个变量均具有4个基本属性:名字、类型、一定大小的存储单元以及值,每个变量都有一个作用域,定义变量的可见性、生存期。

(1) 变量名:变量名是一个合法的标识符,它由字母、数字、下画线(_)和美元符号($)组成,遵循标识符的规定(见2.1节),程序通过变量名访问变量的值,变量名应具有一定的含义,以增加程序的可读性。

(2) 变量类型:变量类型由程序员显式地声明,类型决定了变量对应存储区域的大小以及如何解释存储在其中的二进制串。类型一旦定义,就不能存储其他类型的数据。

(3) 存储单元:一个变量与内存中某一区域相关联,存储单元即指该内存区域的起始地址。存储单元大小由变量类型决定,如字符型(char)变量占用16个二进制位的存储单元,整型(int)变量占用32个二进制位的存储单元。

(4) 值:变量对应的内存区域中存放的数据即为变量的值。在程序运行的不同时刻,变量的值可能不同。

变量总是具有与其数据类型相对应的值,当定义一个变量时,第一次赋值称之为变量的初始化。定义变量的格式如下:

```
数据类型  变量名或带初始化的变量名列表
```

数据类型表明变量的类型是基本数据类型还是引用数据类型,变量名需要是合法的标识符,多个变量名间需要用逗号隔开。带初始化的变量名的含义是包含赋值运算的:在等号左侧是需要定义的变量名称,等号右侧是一个表达式,该表达式的值将成为等号左侧变量的值,例如:

```
int a;                          //定义 int 型变量 a
a=10;                           //给变量 a 赋值 10
char b='b';                     //定义 char 型变量 b,并初始化,赋值'b'
long c,d;                       //定义 long 型变量 c 和 d
```

程序运行时,创建的变量被存储到内存中,内存中有6个地方都可以保存数据。

(1) 寄存器(Registers)。这是最快的保存区域,因为它位于处理器内部。然而,寄存器的数量十分有限,所以寄存器是根据需要由编译器分配。我们对此没有直接的控制权,也不可能在自己的程序里找到寄存器存在的任何踪迹。

(2) 栈(Stack)。驻留于常规RAM(随机访问存储器)区域,但可通过它的“栈指针”获得处理的直接支持。栈指针若向下移,会创建新的内存;若向上移,则会释放那些内存。这是一种特别快、特别有效的数据保存方式,仅次于寄存器。创建程序时,Java 编译器必须准确地知道堆栈内保存的所有数据的"长度"以及"存在时间"。这是由于它必须生成相应的代码,以便向上和向下移动指针。这一限制无疑影响了程序的灵活性,所以尽管有些 Java 数据要保存在栈里,但 Java 对象并不放到其中。

(3) 堆(Heap)。一种常规用途的内存池(也在 RAM 区域),其中保存了 Java 对象。和栈不同,堆最吸引人的地方在于编译器不必知道要从堆里分配多少存储空间,也不必知道存储的数据要在堆里停留多长的时间。因此,用堆保存数据时会得到更大的灵活性。要求创建一个对象时,只需用 new 命令编制相关的代码即可。执行这些代码时,会在堆里自动进行数据的保存。当然,为达到这种灵活性,必然会付出一定的代价:在堆里分配存储空间时会花掉更长的时间!

(4) 静态存储(Static Storage)。这里的"静态"是指"位于固定位置"(尽管也在 RAM 中)。程序运行期间,静态存储的数据将随时等候调用。在 Java 中,可用 static 关键字指出一个对象的特定元素是静态的。

(5) 常数存储(Constant Storage)。常数值通常直接置于程序代码内部。这样做是安全的,因为它们永远都不会改变。有的常数需要严格地保护,所以可考虑将它们置入只读存储器(ROM)。

(6) 非 RAM 存储。若数据完全独立于一个程序之外,则程序不运行时仍可存在,并在程序的控制范围之外。如对象保存在磁盘中,即使程序中止运行,它们仍可保持自己的状态不变。

特别需要注意的是栈(Stack)和堆(Heap)。变量创建后,会保存在内存的栈(Stack)中,由于数据类型分基本数据类型和引用数据类型,根据变量的数据类型不同会导致其内存分配机制的差异。

① 变量的数据类型是基本数据类型:变量的存储单元里存放的是变量具体的值,如布尔型数据,则值是 true 或 false;整型数据,则是在整型范围内的值等。例如:

```
int id=10000;                //定义一个 int 型变量 id,初始化值为 10000
```

对变量 id 的内存分配如图 2-8 所示。

变量 id 的数据类型是 int 型,因此栈中为新创建的变量 id 划分了一块 32 个二进制位空间作为存储单元,在存储单元内放置的值是变量 id 具体的值 10000。

② 变量的数据类型是引用数据类型:变量的存储单元里存放的是引用值,引用值一般用来指向某个具体的对象。例如,字符串数据类型 String 就是一种引用数据类型。

```
String s=new string("Hello World");
                               //定义一个 String 型变量 s,初始化值为 Hello World
```

对变量 s 的内存分配如图 2-9 所示。

变量 s 的数据类型是 String 型,由于 String 是引用数据类型,因此栈中为新创建的变量 s 划分了一块空间作为存储单元,同时在堆内存中创建 String 型对象并将值"Hello World"放置到对象内。在栈的存储单元内放置的值不是"Hello World",而是一个内存地

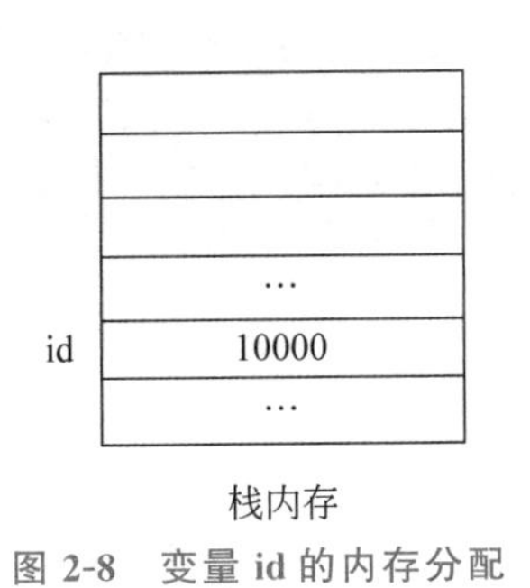

图 2-8 变量 id 的内存分配

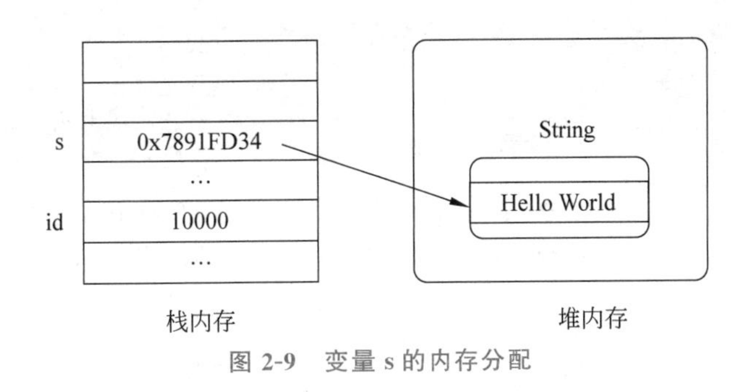

图 2-9 变量 s 的内存分配

址，该地址指向堆内存中的 String 型对象。

2.4 运 算 符

对基本数据类型的常量与变量进行加工的过程称为运算，表示各种不同运算的符号称为运算符，参与运算的数据称为操作数。例如：

```
int a=5;
int b=10;
int c;
c=a+b;          //c=a+b 就是一个运算，其中=和+都是运算符，而 a、b、c 都是操作数
```

按照运算功能划分，Java 语言的运算符主要可分为 7 类，下面各节将分别介绍这 7 类运算符。

2.4.1 算术运算符

算术运算符有 7 种，包括＋、－、*、/、%、＋＋、－－，也就是数学中学到的加、减、乘、除等运算。这些操作可以对几种不同数据类型的数字进行混合运算，为了保证操作的精度，系统在运算的过程中会进行相应的转换。

符号"＋"：表示正值和加法两个含义。例如：

```
int a=1;        //赋予变量 a 的值为 1，也可以写成"int a=+1;"，表示正值的"+"是可以省略的
int b=a+1;      //变量 b 的值是通过变量 a 和 1 的加法运算得到的，此处的"+"表示加法
```

符号"－"：表示负值和减法两个含义。例如：

```
int a=-1;       //赋予变量 a 的值为-1，此处的"-"表示负值
int b=a-1;      //变量 b 的值是通过变量 a 和 1 的减法运算得到的，此处的"-"表示减法
```

符号"*"：表示乘法。例如：

```
int a=3*3;
```

符号"/"：表示除法。特别注意对整数进行除法运算时，得到的结果也是一个整数，另外当除数是 0 时，程序可能会中断运算，抛出除数为 0 的异常。例如：

```
int a=1/2;                      //结果是 0
int a=3/2;                      //结果是 1
int a=3/0;                      //系统运行时抛出除数为 0 的异常
```

符号“%”(取模):表示进行除法运算,然后取出余数。注意在进行两个整数除法时,会将所得的结果的小数部分截去,而不会自动四舍五入。例如:

```
int a=6%5;                      //结果是 1
double a=10.25%0.5;             //结果是 0.25
double a=10.25%-0.5;            //结果也是 0.25
double a=-10.25%-0.5;           //结果是-0.25
```

由上面的例子可知,在取模运算中,运算结果与第一个操作数的符号是相同的。

符号“++”(自增)和“--”(自减):要求操作数必须是变量,“++”使变量的当前值每次增加 1,而“--”使变量的当前值每次减少 1。例如:

```
int a=10;               //定义变量 a,初始化的值为 10
a++;                    //a 自增 1,a 的值变为 11
a--;                    //a 自减 1,a 的值变为 10
```

“++”(自增)和“--”(自减)运算包含前置运算和后置运算两种变化,前置运算需要把运算符放置在操作数前,规则是先运算,再使用操作数变量值,例如:

```
int n=3;
int k=++n;              //前置运算,变量 n 先自增,变为 4,然后再赋值给变量 k,k 的值为 4
```

后置运算需要把运算符放置在操作数后,规则是先使用操作数变量值,再进行自增或自减运算,例如:

```
int n=3;
int k=n++;              //后置运算,变量 n 先赋值给变量 k,k 的值为 3,然后 n 再自增,变为 4
```

++(自增)和--(自减)的前置运算和后置运算让很多初学者容易混淆,程序 2-7 是一个混合了前置运算与后置运算的例子。

【程序 2-7】 IncrementDecrement.java。

```
public class IncrementDecrement{
    public static void main(String[] args){
        int i=0;
        System.out.println(i++);
        System.out.println(++i);
        System.out.println(i--);
        System.out.println(--i);
    }
}
```

输出结果如图 2-10 所示。

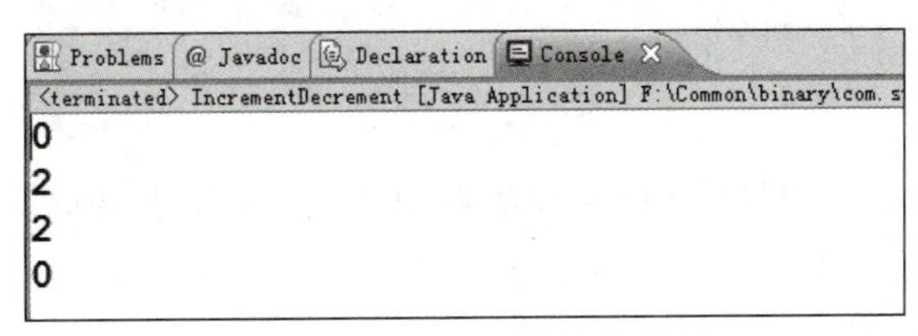

图 2-10　程序 2-7 的输出结果

程序流程分析如下。

(1) 先定义了 int 型变量 i,初始值为 0。

(2) 第一个“System.out.println(i＋＋);”语句向控制台输出 i 的值,由于圆括号内的是 i＋＋,属于后置运算,因此是先把 i 的值打印在控制台上,然后再对 i 自增 1。于是第一次打印出 i 的值为 0。

(3) 打印完毕后,程序执行 i＋＋,i 从 0 变为 1。

(4) 执行“System.out.println(＋＋i);”语句,由于圆括号内的是＋＋i,属于前置运算,因此先执行＋＋i,让 i 自增 1,i 从 1 变为 2。

(5) 再执行 System.out.println,把 i 的值打印出来。控制台上第二次打印出来的 i 的值为 2。

(6) 执行“System.out.println(i－－);”语句,由于圆括号内的是 i－－,属于后置运算,因此是先把 i 的值打印在控制台上,然后再对 i 自减 1。于是第三次打印出的 i 值仍旧为 2。

(7) 打印完毕后,程序执行 i－－,i 从 2 变为 1。

(8) 执行“System.out.println(－－i);”语句,由于圆括号内的是－－i,属于前置运算,因此先执行－－i,让 i 自减 1,i 从 1 变为 0。

(9) 再执行 System.out.println,把 i 的值打印出来。控制台上第四次打印出来的 i 的值为 0。

2.4.2　关系运算符

关系运算符有 6 种,包括＞、＞＝、＜、＜＝、＝＝、！＝。关系运算符用来比较两个数值类型数据的大小,它同数学中的关系运算符是一致的,运算结果是布尔型的值。

符号＜表示小于,符号＜＝表示小于或等于,例如:

```
1<2;                //true
3<=2;               //false
```

符号＞表示大于,符号＞＝表示大于或等于,例如:

```
100>50;             //true
50>=10;             //true
```

符号＝＝表示等于,符号！＝表示不等于,例如:

```
24==3*8;              //true
1!=2;                 //true
boolean x=(3==4)      //x=false,因为 3==4 的值为 false
```

其中，＞、＞＝、＜、＜＝只能用来比较基本数据类型（除了 boolean 型）数值的大小，不能用于比较引用数据类型（如 String、array 等类型）和 boolean 型的数据。＝＝和！＝则可以用于基本数据类型和引用数据类型上。

若有两个变量 x 与 y 要比较是否相等，应该是写成 x＝＝y，而不是写成 x＝y，后者的作用是将 y 的值指定给 x，而不是比较 x 与 y 是否相等。即 Java 语言和 C、C++ 一样，在比较是否相等时用的运算符是两个等号，而不是 1 个（单等号用作赋值运算符）。

小贴士

Java 语言中＝＝和 equals()方法的区别是什么？

当把＝＝用于引用数据类型的对象（第 3 章针对对象会有更详细的描述）时，比较的只是两个对象引用（Object Reference）是否指向了同一个对象，而不是比较其值。如果想知道两个对象的值是否相等，就需要使用 equals()方法，如程序 2-8 所示。

【程序 2-8】 StringEqual.java。

```
public class StringEqual{
    public static void main(String[] args){
        String str1=new String("welcome");
                              //创建一个 String 型对象 str1,初始化值为 welcome
        String str2=new String("welcome");
                              //创建一个 String 型对象 str2,初始化值为 welcome
        String str3=str1;
                       //创建一个 String 型对象 str3,并将对象 str1 的地址赋值给 str3
        System.out.println(str1==str2);            //false
        System.out.println(str1==str3);            //true
        System.out.println(str1.equals(str2));     //true
        System.out.println(str1.equals(str3));     //true
    }
}
```

```
Problems @ Javadoc Declaration Console
<terminated> StringEqual [Java Application] F:\Common\binary\com
false
true
true
true
```

图 2-11 程序 2-8 的输出结果

输出结果如图 2-11 所示。

根据程序 2-8，可以画出对象的内存分配图（见图 2-12），“str1＝＝str2”比较的是该两者对象引用是否指向同一个对象，参考图 2-12 可知，str1 和 str2 的值虽然一样，但分别指向了堆内存中不同的对象，因此值为 false。而语句“String str3＝str1;”使得栈内存中变量 str3 的值（对象引用）和 str1 的值（对象引用）相同，此例中都是 0x7891FD34，意味着它们都是指向堆中同一个对象的内存地址，因此“str1＝＝str3”的值为 true。语句 str1.equals(str2)和 str1.equals(str3)相对就比较好理解，表示对象的值是否相等，由于 str1、str2、str3

的值都是 welcome，结果都是 true。如果对该知识点有疑问的读者，可以在学习完与对象有关的章节后，再重温此节，相信会有更加深刻的理解。

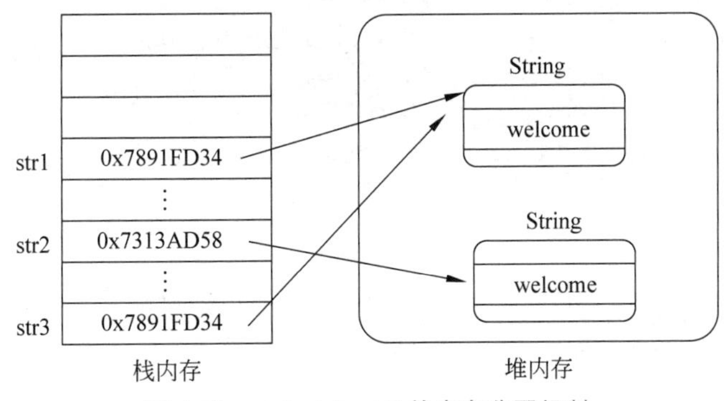

图 2-12 str1、str2、str3 的内存分配机制

2.4.3 逻辑运算符

逻辑运算符也可称为布尔逻辑运算符，共有 6 种，包括 &（逻辑与 AND）、|（逻辑或 OR）、^（逻辑异或 OR）、!（逻辑非 NOT）、&&（条件与 AND）、‖（条件或 OR）。逻辑运算符的运算数只能是布尔型，而且逻辑运算的结果也是布尔型，各个逻辑运算符的运算结果如表 2-6 所示。

从表 2-6 可以看出，‖（条件或）与|（逻辑或）；&&（条件与）与 &（逻辑与）在运算上具有相同的结果，那么它们的区别究竟在哪里？其实主要区别就是‖（条件或）和 &&（条件与）具有“短路规则”。

表 2-6 逻辑运算符的运算结果

A	B	A|B A‖B	A&B A&&B	A^B	!A
false	false	false	false	false	true
true	false	true	false	true	false
false	true	true	false	true	true
true	true	true	true	false	false

短路规则指的是在运算中，如果从第一个操作数就可以推导出结果，就会省略掉第二个操作数的计算。例如：‖（条件或）的运算中，如果第一个操作数 A 取得的是 true 值，那么‖（条件或）的运算结果必定是 true 值，系统会自动省略掉 B 的计算。

&&（条件与）的运算中，如果第一个操作数 A 取得的是 false 值，那么 &&（条件与）的运算结果必定是 false 值，系统会自动省略掉 B 的计算。

但是|（逻辑或）和 &（逻辑与），无论第一个操作数的结果是什么，系统都会对第二个操作数进行计算，因此在某些复合运算中，可能会导致与‖（条件或）和 &&（条件与）运算的差异。

【程序 2-9】 BooleanOperate.java。

```
public class BooleanOperate{
    public static void main(String[] args){
        int a=10;
        if((a>0) || (a/0>0))  //如果把(a>0) || (a/0>0)替换为(a>0) | (a/0>0)就会运行出错
            System.out.println("a 大于 0");
        else
            System.out.println("a 小于或等于 0");
    }
}
```

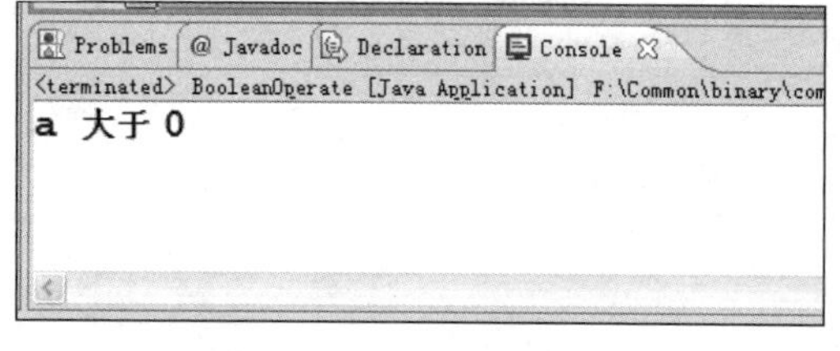

图 2-13　程序 2-9 的输出结果

输出结果如图 2-13 所示。

在语句“if((a>0) ∥ (a/0>0))”中，(a>0)相当于操作数 A，(a/0>0)相当于操作数 B，采用 ∥ (条件或)运算，(a>0)取得的是 true 值，因此运算结果必定是 true 值，系统会自动省略(a/0>0)的计算，并执行 if 后面的语句。

如果将语句“if((a>0) ∥ (a/0>0))”改为“if((a>0) | (a/0>0))”，|(逻辑或)的运算需要计算两个操作数，因此(a/0>0)必定会被执行，但除数不能为 0，因此程序执行出错，如图 2-14 所示。

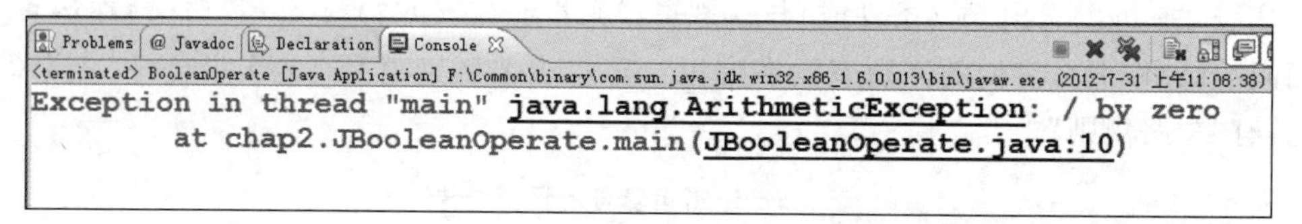

图 2-14　程序 2-9 ∥ (条件或)被替换为 | (逻辑或)后的输出结果

2.4.4　位运算符

在 Java 代码中，直接书写和输出的数值默认是十进制，Java 代码中无法直接书写二进制数值，在进行二进制运算时，Java 语言的执行环境(JRE)首先将十进制的数字转换为二进制，然后进行运算。不过 Java 语言中提供了直接操作二进制的运算符，这就是位运算符。

位运算符直接对整数类型的位进行操作，这些整数类型包括 long、int、short、char、byte。位运算符有 &(按位与 AND)、|(按位或 OR)、^(按位异或 XOR)、~(按位取反 NOT)、<<(左移)、>>(带符号右移)、>>>(无符号右移)。使用位运算符，可以直接在二进制的基础上对数字进行操作，执行的效率比一般的数学运算符高得多，该类运算符大量适用于网络编程、硬件编程等领域。位运算符根据功能又可以细分为位逻辑运算符和移位运算符。

1. 位逻辑运算符

位逻辑运算符包括 &(按位与)、|(按位或)、^(按位异或)、~(按位取反)。与 2.4.3 节的逻辑运算符在运算结果上其实是相同的，只不过用 1 来表示 true，0 来表示 false，而且位

运算是对每一位都分别进行运算的。表2-7给出了各个位逻辑运算符的运算结果。

表2-7 位逻辑运算符的运算结果

<table>
<tr><th>A</th><th>B</th><th>A|B</th><th>A&B</th><th>A^B</th><th>~A</th></tr>
<tr><td>0</td><td>0</td><td>0</td><td>0</td><td>0</td><td>1</td></tr>
<tr><td>1</td><td>0</td><td>1</td><td>0</td><td>1</td><td>0</td></tr>
<tr><td>0</td><td>1</td><td>1</td><td>0</td><td>1</td><td>1</td></tr>
<tr><td>1</td><td>1</td><td>1</td><td>1</td><td>0</td><td>0</td></tr>
</table>

～(按位取反)是对其运算数的每一位取反。例如,数字42的二进制代码为00101010,经过～(按位取反)运算成为11010101。

&(按位与)运算规则是:如果两个运算数都是1,则结果为1。其他情况下,结果均为0。例如,00101010(数字42)与00001111(数字15)进行&(按位与)运算后,得到00001010(数字10)。

|(按位或)运算规则是:任何一个运算数为1,则结果为1。例如,00101010(数字42)与00001111(数字15)进行|(按位或)运算后,得到00101111(数字47)。

^(按位异或)运算规则是:只有在两个比较的位不同时其结果是1,否则结果是0。例如,00101010(数字42)与00001111(数字15)进行^(按位异或)运算后,得到00100101(数字37)。

2. 移位运算符

移位运算符就是在二进制的基础上对数字进行移位操作,即先将整数写成二进制形式,然后按位操作,最后产生一个新的数。按照平移的方向和填充数字的规则分为三种:＜＜(左移)、＞＞(带符号右移)和＞＞＞(无符号右移)。

＜＜(左移)运算符是将运算符左边的对象向左移动运算符右边指定的位数,舍弃移出的高位,并将右端的低位补0。例如:

```
15<<2
```

计算过程:15的二进制形式为00001111,将位数左移2位,高位的最前面的两个数字被移出,在右端低位补0,则得到的最终结果是00111100。转换为十进制是60。

＞＞(带符号右移)是将运算符左边的运算对象向右移动运算符右侧指定的位数。它使用了"符号扩展"机制。也就是说,如果值为正,在高位补0;如果值为负,则在高位补1。例如:

```
35>>2
```

计算过程:35的二进制形式为00100011,将位数右移2位,然后把低位的最后两个数字移出,因为该数字是正数,所以在高位补0,则得到的最终结果是00001000。转换为十进制是8。

＞＞＞(无符号右移)同＞＞(带符号右移)的移动规则是一样的,唯一的区别就是:＞＞＞(无符号右移)采用了"零扩展",也就是说,无论值为正负,都在高位补0。例如:

```
8>>>2
```

计算过程：8 的二进制形式为 00001000，将位数右移 2 位，然后把低位的最后两个数字移出，并在高位补 0，则得到的最终结果是 00000010。转换为十进制是 2。

2.4.5 赋值运算符

赋值运算符包括=、+=、-=、*=、/=、%=、&=、^=、|=、<<=、>>=、>>>=。赋值运算符是程序中最常用的运算符了，只要有变量的声明，就要有赋值运算。如“int a = 10;”，根据前面对变量的定义，可以知道 a 实际上就是存放在栈内存空间的一个变量名字，它对应的是一段内存存储单元，并要在该存储单元放入 10 这个值。这个放入的过程就实现了赋值的过程。

赋值运算符(=)与在其他计算机语言中的运算一样，其通用格式如下：

```
var=expression
```

其中，var 代表变量，expression 表示表达式，使用赋值运算符则变量的类型必须与表达式的类型一致。另外，赋值运算符允许对一连串变量赋值。例如：

```
int x,y,z;              //同时定义 x、y、z 三个变量
x=y=z=10;               //同时给 x、y、z 赋值，赋值的数据类型必须符合 int 型
```

但要注意：

```
int a,b,c=10;  //同时定义 a、b、c 三个变量，但只有变量 c 赋值 10，a 和 b 并没有被赋值
```

其他赋值类运算可以认为是相应的运算与赋值运算的结合。赋值运算符如表 2-8 所示。

表 2-8 赋值运算符

运算符	一般表示法	Java 语言表示法	运算符	一般表示法	Java 语言表示法
+=	a=a+b	a+=b	|=	a=a|b	a|=b
-=	a=a-b	a-=b	^=	a=a^b	a^=b
*=	a=a*b	a*=b	<<=	a=a<<b	a<<=b
/=	a=a/b	a/=b	>>=	a=a>>b	a>>=b
%=	a=a%b	a%=b	>>>=	a=a>>>b	a>>>=b
&=	a=a&b	a&=b			

2.4.6 条件运算符

条件运算符(?)是一个三元运算符，即它有三个运算对象。其表达式形式为“op1?op2:op3”。op1 是一个布尔表达式，如果 op1 的值为 true，条件运算结果取 op2 的值；如果 op1 的值为 false，条件运算结果取 op3 的值。例如：

```
int a=10;
int b=((a>=0)?1:-1);
```

上例的 op1 是“(a>=0)”,如果为 true,则得出 b 值为 1;如果为 false,则得出 b 的值为 −1。因为 a 为 10,所以最后 b 的取值为 1。

条件运算符也可以使用 if-else 语句来等价替代,但相比较而言,使用条件运算符更显精练,而使用等价的 if-else 语句则表达更清晰,更易阅读。

2.4.7 对象运算符

Java 语言中的对象运算符有 new 和 instanceof。

new 用于创建一个新的对象或数组。例如,对程序 2-9 的类 BooleanOperate 实例化后创建一个对象。

```
BooleanOperate s1=new BooleanOperate();
        //使用 new 关键字,得到一个名为 s1 的对象,它是 BooleanOperate 类实例化后创建的
```

instanceof 运算符是二元运算符,左面的操作元是一个对象,右面是一个类。当左面的对象是右面的类或子类创建的对象时,该运算符运算结果是 true,否则是 false。仍以程序 2-9 的类 BooleanOperate 为例。

```
BooleanOperate s1=new BooleanOperate();
System.out.println(s1 instanceof BooleanOperate);           //控制台打印出 true
```

关于对象运算符本节只做简单介绍,从第 3 章开始,将会围绕“对象”这个概念进行详细说明。

小贴士

Java 语言中的其他运算符介绍。

其他运算符包括“(类型)”、“.”、[]、()。

其实前面也介绍过运算符“(类型)”,是用来进行强制类型转换的。例如:

```
long c=100;
int b=(int)c;                                       //将 long 型转换为 int 型
```

运算符“.”用来访问对象实例或者类的成员方法。

运算符()的优先级是所有运算符中最高的,它可以改变表达式运算的先后顺序。在有些情况下,它可以表示方法的调用。

运算符[]用来作为数组运算符。

2.5 语　　句

编程语言使用控制语句来产生执行流,从而完成程序状态的改变,如程序顺序执行和分支执行。Java 的程序控制语句分为以下几类:选择、重复和跳转。根据表达式结果或变量

状态选择语句来使程序选择不同的执行路径。重复语句使程序能够重复执行一个或一个以上语句。跳转(Jump)语句允许程序以非线性的方式执行。事实上,Java 的控制语句与 C/C++ 中的语句几乎完全相同。

2.5.1 分支语句

Java 支持两种选择语句:if 语句和 switch 语句。这些语句允许只有在程序运行时才能知道其状态的情况下,控制程序的执行过程。

1. if-else 语句

if-else 语句根据判定条件的真假来执行两种操作中的一种。它的格式如下:

```
if (布尔表达式){
    语句 1;
}
[else{
    语句 2;
}]
```

其中,用[]括起的 else 子句部分是可选的(即可有可无的)。

当有 else 子句部分时,if 语句的执行过程如下:如果布尔表达式的条件为真,就执行语句 1;否则,执行语句 2。任何时候语句 1 和语句 2 都不可能同时执行。

当没有 else 子句部分时,if 语句的执行过程如下:如果布尔表达式的条件为真,就执行语句 1;否则,执行程序后续语句。

需要注意的是,else 子句不能作为语句单独使用,它必须是 if 语句的一部分,与 if 配对使用。if-else 语句可以嵌套使用,但 else 总是与离它最近的那个 if 配对。

【程序 2-10】 IfTest.java。

```
public class IfTest{
    public static void main(String[] args){
            int englishScore=60;
            int mathScore=95;
            //第一个 if-else 语句
        if (englishScore>90){
                System.out.print("1. 你的英语成绩优秀!");
        }
        else{
                System.out.print("1. 你的英语成绩合格!");
        }
        //第二个 if-else 语句,没有 else 子句
        if (mathScore>90){
                System.out.print("2. 你的数学成绩优秀!");
        }
        //第三个 if-else 语句,if-else 的嵌套使用
        if (englishScore>90){
            if (mathScore>90)
```

```
                System.out.print("3. 你的英语和数学成绩都是优秀!");
            else
                System.out.print("3. 你只有英语成绩是优秀!");
        }
        else if (mathScore>90){
            System.out.print("3. 你只有数学成绩是优秀!");
        }
        else
            System.out.print("3. 你的英语和数学成绩都是合格!");
        }
    }
```

输出结果如图 2-15 所示。

```
Problems | @ Javadoc | Declaration | Console
<terminated> IfTest [Java Application] F:\Common\binary\com.sun.java.jdk.win32.x86_1.6.0.013\bin\javaw.exe (2012-8
1. 你的英语成绩优秀! 2. 你的数学成绩优秀! 3. 你的英语和数学成绩都是优秀!
```

图 2-15　程序 2-10 的输出结果

程序 2-10 使用 System.out.print 语句在控制台上打印内容,该语句与 System.out.println 的区别是不会自动换行,即用 System.out.println 打印输出内容后,系统会自动换行。而使用 System.out.print,下一次的输出结果会紧接着之前的内容。

本例中用到了 if-else 语句的嵌套,因此第三个 if-else 语句中出现了四种分支情况。

(1) englishScore 和 mathScore 的值都大于 90。

(2) englishScore 的值大于 90,mathScore 的值小于或等于 90。

(3) mathScore 的值大于 90,englishScore 的值小于或等于 90。

(4) englishScore 和 mathScore 的值都小于或等于 90。

如果把变量 englishScore 的初始值改为 60,mathScore 的值不变,运行程序后得到的输出结果如图 2-16 所示。

```
Problems | @ Javadoc | Declaration | Console
<terminated> IfTest [Java Application] F:\Common\binary\com.sun.java.jdk.win32.x86_1.6.0.013\bin\javaw.e
1. 你的英语成绩合格! 2. 你的数学成绩优秀! 3. 你只有数学成绩是优秀!
```

图 2-16　修改后的输出结果

2. switch 语句

switch 语句是 Java 的多路分支语句,能根据表达式的结果来执行多个操作中的一个,它的语法形式如下(用[]括起的内容是可选的):

```
switch (表达式){
   case 常量 1: 语句 1;
     [break;]
   case 常量 2: 语句 2;
```

```
        [break;]
            ⋮
      case 常量 n: 语句 n;
          [break;]
    [default: 默认处理语句
          break;]
}
```

使用 switch 语句时,首先对表达式进行计算,得出的值再与每个 case 子句中的常量值相比较。如果匹配成功,则执行该 case 子句中常量值后的语句,直到遇到 break 语句为止。break 关键字是用来终止 switch 语句块,使程序跳出 switch 语句,执行 switch 语句的后续语句。default 子句是可选的,当表达式的值与任一 case 子句中的值都不匹配时,就执行 default 后的语句。

程序 2-11 是一个 switch 语句的实例。

【**程序 2-11**】 SwitchTest.java。

```
public class SwitchTest{
    public static void main(String[] args){
        int Score=85;
        switch (Score / 10){
        case 10:                                    //此处没有使用 break
        case 9:
            System.out.println("成绩优秀");
            break;                                  //值为 10 和 9 时的操作是相同的
        case 8:
            System.out.println("成绩良好");
            break;
        case 7:
            System.out.println("成绩中等");
            break;
        case 6:
            System.out.println("成绩及格");
            break;
        default:
            System.out.println("成绩不及格");
            break;
        }
    }
}
```

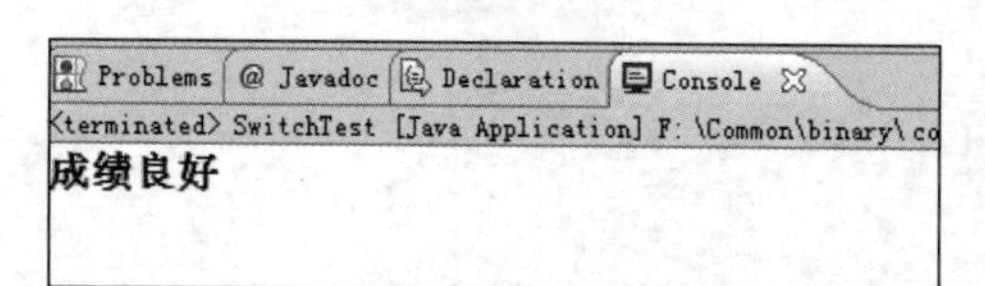

图 2-17 程序 2-11 的输出结果

观察本例,语句 switch (Score/10)中的 Score/10 是一个表达式,变量 Score 和常量 10 都是整型,因此 85/10 的计算结果也是整型数据 8,恰好匹配“case 8:System.out.println("成绩良好");”这条语句。因此输出结果如图 2-17

所示。

使用 switch 语句还需要注意以下几点。

(1) 要注意表达式必须是符合 byte、char、short、int 类型的表达式，而不能使用浮点类型或 long 类型，也不能为一个字符串。例如：

```
float a=8.5f;
switch (a/10)            //编译出错,表达式是单精度浮点数据类型
```

(2) case 子句中常量的类型必须与表达式的类型相容，而且每个 case 子句中常量的值必须是不同的。例如，在上例的 switch 语句块中增加：

```
case 'a':
System.out.println("成绩为 a");
break;
```

程序没有问题，可以正常执行，因为字符型相对整数型为弱类型数据，编译器会自动把 char 型的'a'转换成 int 型。但如果再添加以下代码：

```
case "aa":
System.out.println("成绩为 a");
break;
```

程序编译出错，"aa"是字符串型，无法与表达式的整型相容。

(3) 在一些特殊的情况下，例如，多个不同的 case 值要执行一组相同的操作，可以写成如下形式(程序 2-11 已有示范)：

```
⋮
case 常量 n:
case 常量 n+1: 语句
[break;]
⋮
```

(4) 通过 if-else 语句可以实现 switch 语句所有的功能。在分支情况繁多时通常使用 switch 语句更简练，且可读性强，程序的执行效率也高；不过 if-else 语句可以基于一个范围内的值或一个条件来进行不同的操作，而 switch 语句的缺点是每个 case 子句都必须对应一个单值。

2.5.2 循环语句

Java 的循环语句有 while、do-while 和 for。这些语句创造了循环：重复执行同一套指令直到一个结束条件出现。

1. while、do-while 语句

while 语句是 Java 最基础的循环语句之一，while 语句的语法形式如下：

```
while (布尔表达式){
    语句
}
```

while 语句用于在布尔表达式的值为 true 时反复地执行其中的内嵌语句(一般叫作循环体)。当布尔表达式的值为 false 时,程序控制就会跳过 while 语句转至后续语句。

【程序 2-12】 WhileTest.java。

```
public class WhileTest{
    public static void main(String[] args){
        int i, sum;
        sum=0;                  //sum 的初始值为 0
        i=1;                    //i 的初始值为 1
        while (i<=100){
            sum+=i;
            i++;
        }
        System.out.println("sum="+sum);
    }
}
```

程序 2-12 展示了如果计算 1～100 的和,变量 i 是一个循环变量,既表示目前循环得到的数字又表示循环体的执行次数,变量 sum 表示每次循环后累加的值。当 i 大于 100 时,循环结束。输出结果如图 2-18 所示。

```
Problems  @ Javadoc  Declaration  Console
<terminated> WhileTest [Java Application] F:\Common\binary\com.su
sum=5050
```

图 2-18　程序 2-12 的输出结果

如果 while 循环一开始的布尔表达式值为 false,那么循环体就根本不被执行。然而,有时需要在开始时布尔表达式值为 false, while 循环至少也要执行一次。也就是说,需要在一次循环结束后再测试中止表达式,Java 就提供了这样的循环: do-while 循环。do-while 循环总是执行它的循环体至少一次,因为它的表示条件的布尔表达式放在了循环的尾部。

do-while 语句的语法形式如下:

```
do{
        语句;
    } while (布尔表达式);
```

把程序 2-12 用 do-while 语句进行改写,并一开始就把 i 的初始值从 0 设为 101,使布尔表达式"(i<=100)"的取值为 false。

【程序 2-13】 DoWhileTest.java。

```
public class DoWhileTest{
    public static void main(String[] args){
        int i, sum;
```

```
        sum=0;                        //sum 的初始值为 0
        i=101;                        //i 的初始值为 101
        do{
            sum+=i;
            i++;
        } while (i<=100);
        System.out.println("sum="+sum);
    }
}
```

第一次循环仍旧会被执行，因此输出结果如图 2-19 所示。

```
Problems  @ Javadoc  Declaration  Console
<terminated> DoWhileTest [Java Application] F:\Common\binary\com.sun
sum=101
```

图 2-19　程序 2-13 的输出结果

2. for 语句

for 循环语句是一个功能强大且形式灵活的结构。

for 语句的语法形式如下：

```
for (表达式 1;表达式 2;表达式 3) {
    循环体语句;
}
```

例如，要循环执行某一段代码 1000 次，可以表达为：

```
for (int number=0; number<1000; number++) {
    …                             //一段代码
}
```

for 语句的执行过程如下。

第一步：当循环启动时，先执行其初始化部分，即表达式 1。通常，这是设置循环控制变量值的一个表达式，作为控制循环的计数器。注意，起初始化作用的表达式 1 仅被执行一次。

第二步：计算表达式 2 的值。表达式 2 必须是布尔表达式。它通常将循环控制变量与目标值相比较。如果这个表达式的值为真，则执行第三步；如果为假，则循环终止。

第三步：执行循环体语句，然后计算表达式 3 的值，表达式 3 是增加或减少循环控制变量的一个表达式。接下来程序又跳转到第二步，在第二步和第三步间重复循环，直到表达式 2 的值变为假，循环终止。

可能经常需要为 for 语句声明和初始化超过一个的变量，Java 允许在 for 语句的表达式中声明多个变量，每个变量之间须用逗号分开。例如：

```
for (int a=0, b=1; a<100 && b>-10; a++, b--)
```

程序 2-14 是一个使用 for 语句实现 1～100 求和的程序。

【程序 2-14】 ForTest.java。

```
public class ForTest{
    public static void main(String[] args){
        int i, sum;
        sum=0;
        for (i=1; i<=100; i++){
            sum+=i;
        }
        System.out.println("sum="+sum);
    }
}
```

下面对 for 语句常见的几种错误进行总结。

(1) 表达式 3 是循环体循环后计算的,一旦碰到复杂的 for 语句,很多新手会混淆,错以为是先计算表达式 3 的值再执行循环体。

(2) 控制 for 循环的变量经常只是用于该循环在这种情况下,可以在循环的初始化部分中声明变量。当在 for 循环中声明变量时,必须记住重要的一点:该变量的作用域在 for 语句执行后就结束了。因为该变量的作用域就局限于 for 循环内,在 for 循环外,变量就不存在了。如果在程序的其他地方需要使用循环控制变量,就不能在 for 循环中声明它。例如:

```
for(int i=1,sum=0;i<=100;i++)        //在 for 语句的表达式中声明变量 i
    sum+=i;                          //只能在 for 语句中使用 i,离开 for 循环,变量 i 就不存在
```

另一个例子:

```
int i;                               //在 for 语句外声明变量 i
for(i=1,sum=0;i<=100;i++)            //在 for 语句中对变量 i 进行初始化
    sum+=i;                          //在 for 语句中使用 i
⋮
程序其他代码                           //离开 for 循环,变量 i 仍旧可以使用
```

(3) 循环体如果超过 1 行,需要使用花括号,例如:

```
for(int i=1,sum=0;i<=100;i++)
    sum+=i;
System.out.println("i="+i+",+sum="+sum);
```

编程者的原意是最后的打印语句也是 for 循环的一部分,但因为忘记使用{ },程序默认 for 语句的循环体只有"sum+=i",又因为这里的 i 是在 for 语句中声明的,所以语句"System.out.println("i="+i+",+sum="+sum);"将会找不到 i,导致程序编译出错。

2.5.3 跳转语句

Java 支持三种跳转语句:break、continue 和 return。这些语句能够把控制转移到程序

的其他部分。

1. break 语句

break 语句有三种作用。

(1) 被用来终止 switch 语句。

(2) 对于 Java 中的 while、do-while、for 循环来说，正常退出循环的方法是当表示条件的布尔表达式变为 false。但有时即使布尔表达式为 true，也希望循环立即终止，这时可以用 break 语句实现此功能。

(3) 跳出带标号的语句块。

程序 2-15 是使用 break 终止循环的实例。

【程序 2-15】 BreakTest.java。

```
public class BreakTest{
    public static void main(String[] args){
        int index=0;
        while (index<=100){
        index+=10;
        if (index==40)
            break;
        //当 index 的值大于 100 时,循环将终止。但有一种特殊的情况,如果 index 的值等
        //于 40,循环也将立即终止
        System.out.println("The index is "+index);
        }
    }
}
```

输出结果如图 2-20 所示。

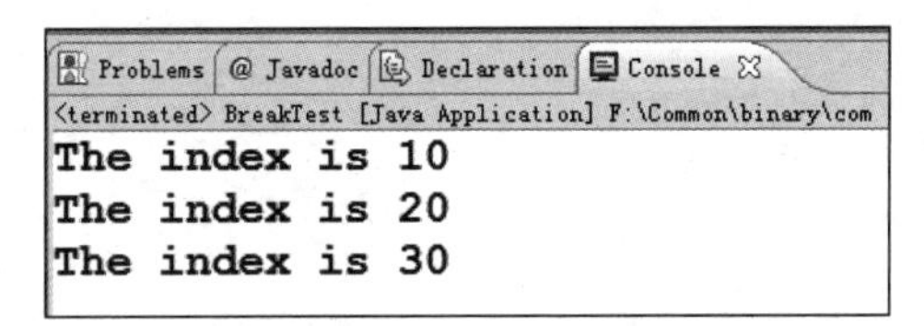

图 2-20 程序 2-15 的输出结果

带标号的语句块格式如下：

```
语句块标号:{
    语句
}
```

使用 break 语句跳出带标号的语句块的一般语法格式如下：

```
break  [语句块标号];
```

程序 2-16 是使用 break 跳出带标号的语句块的实例。

【程序 2-16】 BreakTest2.java。

```
public class BreakTest2{
    public static void main(String[] args){
        int index=0;
            tag:{                          //标识 tag 语句块
                while (index<=100){
                index+=10;
                if (index==40)
                    break tag;             //if 语句如果执行,跳出整个 tag 语句块
                System.out.println("The index is "+index);
                }
                System.out.println("break the tag ! ");
        }                                  //tag 语句块结束
    }
}
```

tag 语句块包含了一个 while 循环和一条输出语句"System.out.println("break the tag ! ");",由于当 index 等于 40 时,"break tag;"被执行,程序跳出整个 tag 语句块,因此语句"System.out.println("break the tag !");"根本没有被执行,最后的输出结果和图 2-20 所示完全一样。

2. continue 语句

continue 语句是 break 语句的补充,它和 break 语句的区别是 continue 语句只结束本次循环,而不是终止整个循环的执行;而 break 语句则是结束整个循环语句的执行。程序 2-17 是使用了 continue 语句的实例。

【程序 2-17】 ContinueTest.java。

```
public class ContinueTest{
    public static void main(String[] args){
        int index=0;
        while (index<=99){
                index+=10;
                if (index==40)
                continue;
                System.out.println("The index is "+index);
        }
    }
}
```

```
Problems  @ Javadoc  Declaration  Console
<terminated> ContinueTest [Java Application] F:\Common\binary\
The index is 10
The index is 20
The index is 30
The index is 50
The index is 60
The index is 70
The index is 80
The index is 90
The index is 100
```

图 2-21　程序 2-17 的输出结果

当 index 的值等于 40 时,执行 continue 语句使循环回到 while 语句处,而不像正常处理那样去执行后面的输出语句。因此控制台不会输出 The index is 40。最后的输出结果如图 2-21 所示。

continue 也可以和带标号的循环语句块结合使用,带标号的循环语句块的语法格式如下:

```
语句块标号:
循环语句
```

这里的循环语句可以是 while、do-while 和 for 中的一种。结合带标号的循环语句块后，continue 语句的格式如下：

```
continue[语句块标号];
```

程序 2-18 是一个结合带标号的循环语句块的 continue 语句的例子。

【程序 2-18】 ContinueTest2.java。

```
public class ContinueTest2{
    public static void main(String[] args){
        int i, index=0;
        tag1:
        for (i=1; i<3; i++){
            while (index<=99){
                index+=10;
                if (index==40)
                continue tag1;
                System.out.println("The index is "+index);
            }
            System.out.println("for语句循环次数"+i);
        }
    }
}
```

在上例中，tag1 包含了一个嵌套循环(for 循环内嵌套 while 循环)，当 index 的值等于 40 时，程序跳出 while 循环，变量 i 从 1 变为 2，然后进入第二次 for 循环，index 的值这时变为了 50，因此 continue 语句最终只执行了一次。输出结果如图 2-22 所示。

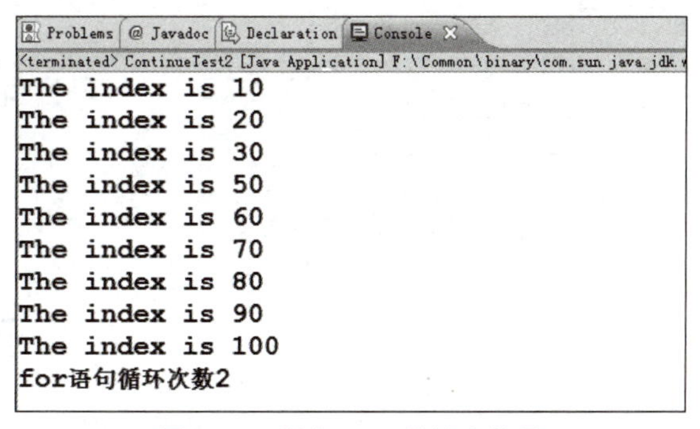

图 2-22 程序 2-18 的输出结果

3. return 语句

return 语句的作用是终止当前方法的执行，返回到这个方法的调用者，在一个方法的任何时间，return 语句可被用来使正在执行的分支程序返回到调用它的方法。程序 2-19 通过

return 语句使程序执行返回到 Java 运行系统。

【程序 2-19】 ReturnTest.java。

```
public class ReturnTest{
    public static void main(String[] args){
        int a=10;
        System.out.println("Hello");
        if (a>5)
            return;
        System.out.println("world");
    }
}
```

执行后，控制台打印出 Hello，但最后的“System.out.println("world");”没有被执行，因为“(a > 5)”的值为 true，致使 return 语句被执行，程序控制传递到它的调用者。

需要注意的是，在上面的程序中，if (a>5)这样的语句是必要的。Java 的编译器非常聪明，没有它，编译器知道最后的 println()语句将永远不会被执行，因此会给出“执行不到的代码”(Unreachable Code)的错误。为了阻止这个错误，也为了这个例子能够执行，在这里使用 if 语句来“蒙骗”编译器。

Java 类中的所有非 void 方法必须包含一个 return 语句作为方法最后执行的语句，该语句停止方法的执行，并返回指定类型的值。关于类中方法的返回类型将在第 3 章进行更详细介绍，这里简单介绍其语法格式：

```
return [expression];
```

expression 的类型应与方法的返回类型一致。

【程序 2-20】 ReturnTest2.java。

```
public class ReturnTest2{
    public static void main(String[] args){
        int a=getNumber();
        System.out.println("Hello");
        if (a>5)
            return;
        System.out.println("world");
}

    public static int getNumber(){
        int number=10;
        return number;
    }
}
```

和程序 2-19 的区别是本例多了 getNumber 方法，此方法的返回类型是 int，这里的“return number;”是正确的，因为 number 变量本身就是 int 型的，因此符合 return 语句的语法。然后程序在 main 方法中调用 getNumber 方法,把 getNumber 方法返回的 number 变量的值赋给 a,最后的输出结果和程序 2-19 一样,都是 Hello。

2.5.4 注释语句

注释是帮助理解程序的最重要手段之一,简洁明了的代码注释对于软件本身和软件开发人员尤为重要,能改善软件的可读性,可以让开发人员尽快而彻底地理解新的代码,从而最大限度地提高团队开发的合作效率;还可以让开发人员养成好的编码习惯,甚至锻炼出更加严谨的思维。Java 主要提供了三种注释语句。

```
//注释一行
/* ...*/注释若干行
/** ...*/文档注释
```

单行注释以//为首,直至行末。例如:

```
String a="abc";  //定义一个字符串变量 a
```

多行注释以/*为首,*/结尾,在程序编译时,*中间的内容都会被编译器认为是注释语句而自动忽略。例如,以下两行都会作为注释语句:

```
/* String a="abc";
定义一个字符串变量 a*/
```

很多时候需要有相关文档对程序进行说明,但若文档与代码分离,那么每次改变代码后都要改变文档,这无疑会变成相当麻烦的一件事情。Java 的解决方案是:将代码同文档相关联。为达到这个目的,最简单的就是将关联的文档都置于同一个程序文件中。然而,为标记出程序中包含的文档,还必须使用一种特殊的注释语法,另外还需要一个工具,用于提取这些注释,并按有价值的形式将其展现出来。注释语法用的就是/** …*/,而用于提取注释的工具叫作 javadoc。

javadoc 采用了部分来自 Java 编译器的技术,查找程序中的特殊注释标记。它不仅提取由这些标记指示的信息,也将毗邻注释的类名或方法名提取出来。注释文档能用来生成 HTML 格式的代码报告,所以注释文档必须书写在类、域、构造函数、方法、定义之前,注释文档由两部分组成——描述、块标记。对程序 2-19 使用文档注释如下:

```
/**
 *此程序为程序 2-19
 *程序名 ReturnTest.java
 *@author 陆佳炜 高飞 徐俊
 *@version 1.0
 *@see #main(String[] args)
 */
public class ReturnTest{
    ⋮
}
```

上例的文档注释中，前两行为描述该程序的相关信息，描述完毕后，由@符号起头则为块标记注释，常见的 javadoc 块标记注释语法如下：

@author　　对类的说明，标明开发该类模块的作者
@version　　对类的说明，标明该类模块的版本
@see　　对类、属性、方法的说明
@param　　对方法的说明，对方法中某参数的说明
@return　　对方法的说明，对方法返回值的说明
@exception　　对方法的说明，对方法可能抛出的异常进行说明

由于 Eclipse 开发工具内部集成了 javadoc，因此可以非常方便地生成 HTML 文档，操作方法主要有三种。

(1) 在程序所在的项目列表中右击，选择 Export→Java→javadoc，进入 Javadoc Generation 对话框，其中的 Destination 选项为生成文档的保存路径，可自由选择，然后单击 finish 按钮即可开始生成文档。

(2) 在上方的菜单栏内选择 File→Export→Java→javadoc，后面的步骤和第一种方法相同。

(3) 单击要生成文档的项目，然后在上方的菜单栏内选择 Project→Generate Javadoc，后面的步骤和第一种方法相同。

图 2-23 是程序 2-19 输出的 HTML 文档。

程序包　类　使用　树　已过时　索引　帮助
上一个类　下一个类　　框架　无框架　　所有类
您的浏览器已禁用 JAVASCRIPT。
概要：嵌套 | 字段 | 构造器 | 方法　　详细资料：字段 | 构造器 | 方法

程序包 chap2
类 ReturnTest

java.lang.Object
　　chap2.ReturnTest

public class **ReturnTest**
extends java.lang.Object

此程序为程序2-19 程序名ReturnTest.java

版本:
1.0
作者:
陆佳炜 高飞 徐俊
另请参阅:
main(String[] args)

构造器概要

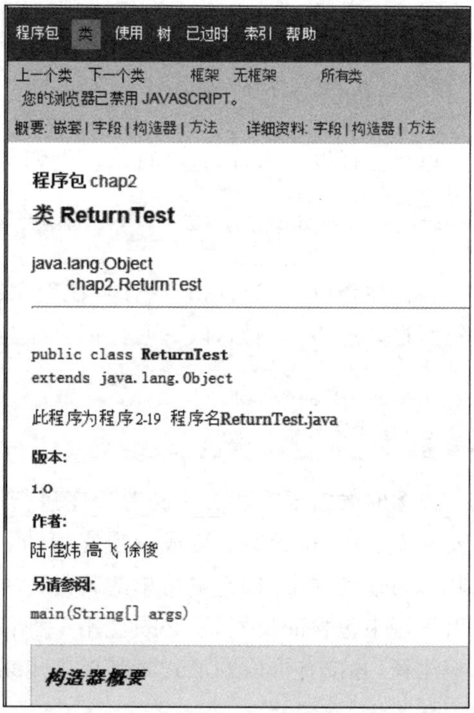

图 2-23　程序 2-19 输出的 HTML 文档

小贴士

Eclipse 如何实现对 Java 程序的自动注释？

Eclipse 具有对 Java 程序的自动注释功能，在上方的菜单栏内选择 Window→Preference→Java→Code Style→Code Templates→Comments，可以开启自动注释，并对代码注释的通用模板进行编辑，以减轻注释工作量。注释类别包括 Files(新建文件时的注释)、Type(类的注释)、Field(变量的注释)、Constructors(构造函数的注释)、methods(一般方法的注释)等。

2.6　输入参数方式

许多学过 C++ 的读者可能会对 Java 中如何输入参数有疑问，本节将列举几种常见的输入参数方式。

1. 通过 main 方法来输入参数

通过使用 public static void main(String[] args)方法，从命令行接收多个参数，这些参数被自动存入由 main 方法首部定义的 String 类型的数组 args 中。下面对例 1-1 的

HelloWorld程序进行改写，使之能接收从命令行传来的多个参数。

【程序2-21】 HelloWorld2.java。

```
public class HelloWorld2{
    public static void main(String[] args){
        System.out.println("第一个参数: "+args[0]+" 第二个参数: "+args[1]+"
        第三个参数: "+args[2]);
    }
}
```

main方法内只有一条System.out.println语句，用来向控制台打印相关内容。双引号中的内容是要输出的字符串内容，会原样输出。args[0]、args[1]、args[2]分别代表着args这个数组里的第1、2、3个元素，注意数组的第一个元素是从下标0开始的(关于数组的知识详见第5章)。数组变量和字符串内容之间需要用“+”进行关联，否则编译器无法识别。

接下来要做的工作是需要输入args数组的内容，那么该从哪里开始输入参数呢？Java程序需要先编译后解释执行，让我们回顾1.4.2节，再用记事本编程，对HelloWorld2程序进行编译得到class文件后，执行命令“java HelloWorld2”时，可以加入输入参数，即把“java HelloWorld2”改为“java HelloWorld2 a bc edf”。这样系统就知道a、bc、edf就是初始输入的args数组的3个参数。注意参数和参数之间需要用空格隔开，如图2-24所示。

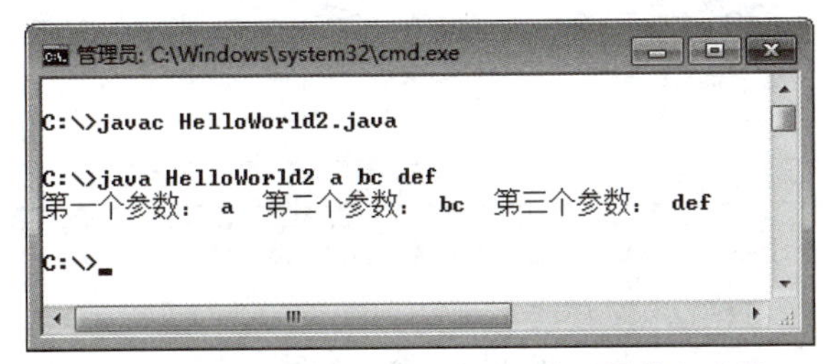

图2-24 编译执行HelloWorld2并设置输入参数

如果使用Eclipse，设置输入参数的方法也非常简单，右击HelloWorld2程序文件后，选择Run As—Run Configurations—Arguments，在Program arguments一栏中依次输入参数，以空格隔开每个参数(见图2-25)。这些输入的参数都将成为args数组的元素。

输出结果如图2-26所示。

2. 在main方法内直接设置参数

程序写完后，一般都需要进行测试。测试就是程序员输入一些值，并运行程序，看能否得出预期的结果。为了简化工作，很多情况下都可以直接在main方法内写好输入的参数。

【程序2-22】 HelloWorld3.java。

```
public class HelloWorld3{
    public static void main(String[] args){
        String[]  array={"abc","d","ef"};
                              //不使用args数组,改为初始参数直接在内部定义
```

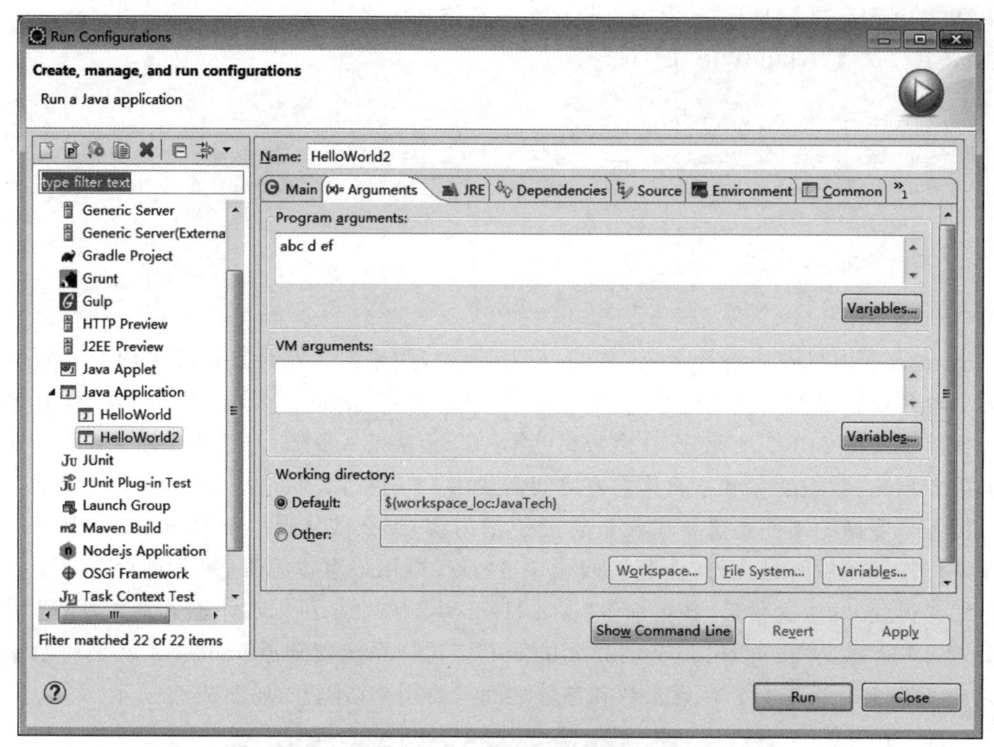

图 2-25　Eclipse 中的输入参数配置

图 2-26　输出结果

```
        System.out.println("第一个参数:  "+array[0]+"  第二个参数:  "+array[1]+
        "  第三个参数:  "+array[2]);
    }
}
```

3. 使用 JOptionPane 类进行输入

Java 自带的 javax.swing.JOptionPane 类提供了 showInputDialog 方法,该方法会弹出一个对话框提示用户输入数据。程序 2-23 是 JOptionPane 类的使用演示。

【程序 2-23】　HelloWorld4.java。

```
import javax.swing.JOptionPane;                          //导入 JOptionPane 类

public class HelloWorld4{
    public static void main(String[] args){
        String ss=JOptionPane.showInputDialog("请输入一个数", "");
```

```
        System.out.println("输入参数为:  "+ss);
    }
}
```

执行程序后,会跳出图2-27所示的对话框。

使用JOptionPane类的showInputDialog方法,必须先导入JOptionPane类,因此程序需包含语句"import javax.swing.JOptionPane;"。

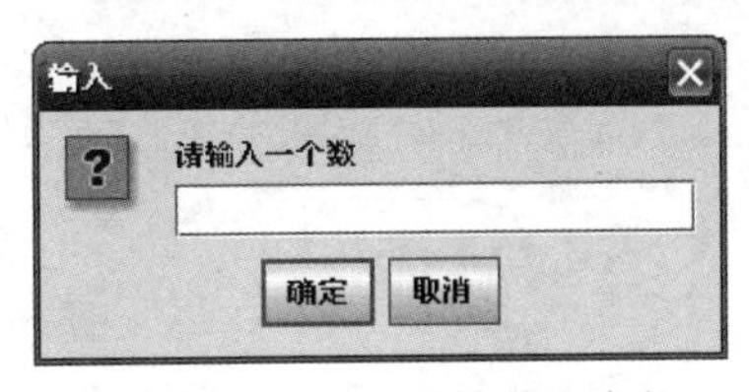

图2-27 通过对话框输入参数

4. 使用输入流进行输入

输入流能将数据从外界加载到内存中,对应Java中的抽象类java.io.InputStream及其子类。由于输入流的使用有一定的复杂度,这里只做简单讲解,将在第8章做详细介绍。

(1) 使用System.in.read()方法:System.in是字节输入流InputStream类的一个对象,它包含的read方法是一个控制台输入方法,能从键盘读入数据。程序2-24能实现从控制台上记录用户输入的数据并打印出来。

【程序2-24】 SysteminReadTest.java。

```
import java.io.IOException;

public class SysteminReadTest {
    public static void main(String[] args) throws IOException{
        byte[] b=new byte[100];
        int count=System.in.read(b);
        for (int i=0; i<=count-1; i++)
            System.out.print((char) b[i]);
    }
}
```

运行程序后,结果如图2-28所示,其中阴影的数据是用户输入的,第二行黑色数据是控制台打印出来的。

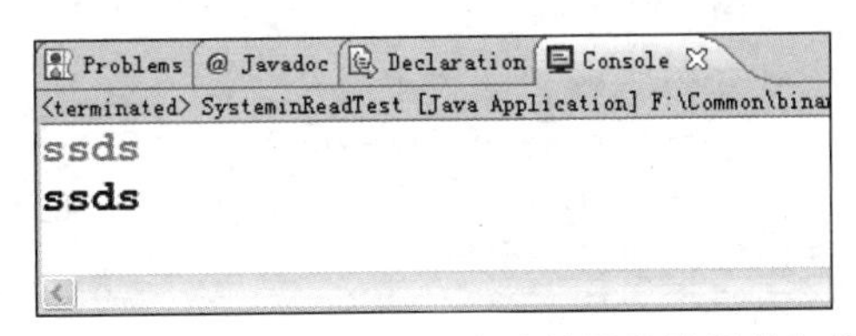

图2-28 使用System.in.read()方法读取从键盘输入的数据

(2) 使用BufferedReader实现输入:BufferedReader是字符缓冲输入流,能以缓冲区方式对数据进行输入。程序2-25同样实现了从控制台上记录用户输入的数据并打印出来的功能。

【程序2-25】 BufferedReaderTest.java。

```
import java.io.BufferedReader;
import java.io.IOException;
import java.io.InputStreamReader;

public class BufferedReaderTest{
    public static void main(String[] args) throws IOException{
        String ss;
        int a;
        BufferedReader buf=new BufferedReader(new InputStreamReader(System.in));
        System.out.println("请输入一个数: ");
        ss=buf.readLine();
        a=Integer.parseInt(ss);
        System.out.println("输入的数为: "+a);
    }
}
```

输出结果如图 2-29 所示。

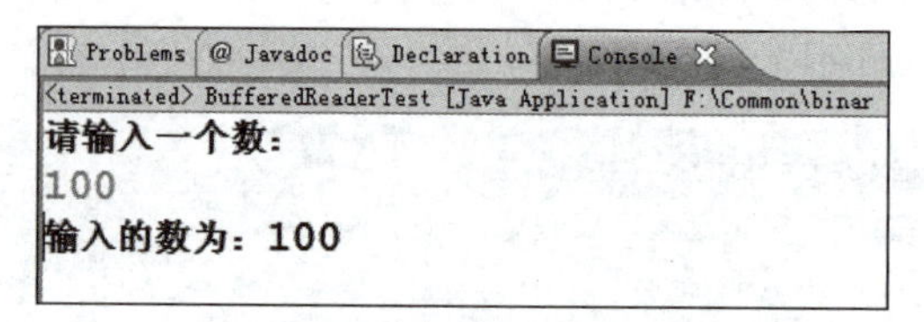

图 2-29　使用 BufferedReader 实现输入

5. 使用 Scanner 类进行输入

Scanner 类是一个用于扫描输入文本的实用程序,可以对字符串和基本类型的数据进行分析和处理。程序 2-26 是 Scanner 类的使用演示。

【程序 2-26】　ScannerTest.java。

```
import java.util.Scanner;                //导入 Scanner 类

public class ScannerTest{
    public static void main(String[] args){
        Scanner scan=new Scanner(System.in);
        int a;
        System.out.println("请输入数据:");
        a=scan.nextInt();
        System.out.println("输入的数据是: \n"+a);
    }
}
```

执行程序后的结果如图 2-30 所示。

在 Java 控制台内默认的标准输入是按行进入缓冲区的,因此要将在控制台输入的任何数据送到程序的话,则必须按 Enter 键才能发送。目前大多数现实的 Java 程序都具有图形界面并且是基于窗口或网页式的。因此,从控制台输入数据的情况并不多,从教学的角度

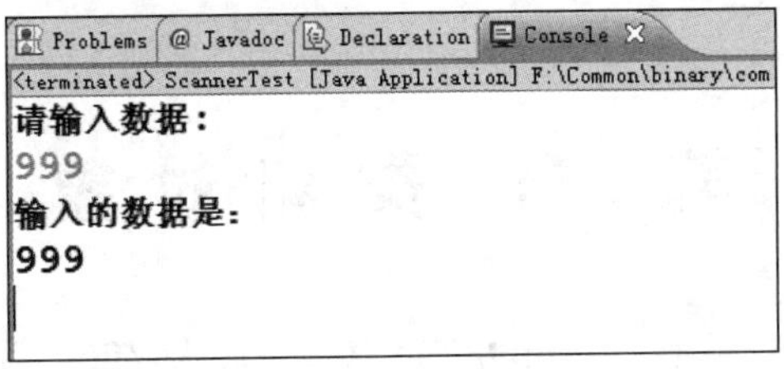

Problems @ Javadoc Declaration Console
<terminated> ScannerTest [Java Application] F:\Common\binary\com
请输入数据：
999
输入的数据是:
999

图 2-30　使用 Scanner 类进行输入

讲，本书的绝大部分例子也都是采用了第二种数据输入方式，以方便读者更好地理解程序。

第3章 类和对象

3.1 面向对象技术基础

3.1.1 面向对象基本概念

Java语言是基于面向对象技术的一种高级程序语言。面向对象技术强调在软件开发过程中面向客观世界或问题域中的事物,采用人类在认识客观世界的过程中普遍运用的思维方法,直观、自然地描述客观世界中的有关事物。

在面向对象技术出现之前,程序员用面向过程的方法开发程序。面向过程的方法把密切相关、相互依赖的数据和对数据的操作相互分离,这种实质上的依赖与形式上的分离使得大量程序不但难以编写,而且难以调试和修改。面向对象技术则是一种以对象为基础,以事件或消息来驱动对象执行处理的程序设计技术。它以数据为中心而不是以功能为中心来描述系统,数据相对于功能而言具有更强的稳定性。

面向对象技术中提到的"对象"代表的是客观世界中的某个具体事物,对象的概念是面向对象技术的核心,是现实世界中某个具体的物理实体在计算机逻辑中的映射和体现,它可以是有形的,也可以是无形的。以现实世界为例,人们日常生活中用的笔记本电脑就是一种具体存在的物理实体,它拥有外形、尺寸、颜色等外部特性,并且具有开、关等功能。

那么如何把笔记本电脑这样的物理实体转化为面向对象技术中的对象呢?这里需要介绍"类"的概念。面向对象技术将数据和对数据的操作封装在一起,作为一个整体来处理,采用数据抽象和信息隐蔽技术,将这个整体抽象成一种新的数据类型——类。考虑不同类之间的联系和类的重用性,面向对象的程序设计方法将客观事物抽象成为"类",并通过类的"封装""继承"和"多态"等特性实现软件的可扩充性和可重用性。

概括来讲,**类是同种对象的集合与抽象**。在面向对象的程序设计中,定义类的概念来表述同种对象的公共属性和特点。类是一种抽象的数据类型,它是具有一定共性的对象的抽象,而属于类的某一对象则被称为是类的一个实例,是类的一次实例化的结果。

因此,可以创建一个笔记本电脑类(见程序3-1),用类中的变量来表示笔记本电脑的各项属性(如外形、尺寸、颜色),用类的方法来表示笔记本电脑能执行的各项行为或功能(如开和关等)。笔记本电脑类是所有笔记本电脑对象的集合,同时又具有所有笔记本电脑都拥有的基本属性和基本行为功能。

【程序3-1】 NotebookPC.java。

```
public class NotebookPC{
    double measurement;                          //定义尺寸
    String color;                                //定义颜色
    String shape;                                //定义形状
```

```
        public void turnOn(){
            …//执行开机功能
    }

        public void turnOff(){
            …//执行关机功能
        }
    }
```

上面建立了 NotebookPC 类，由于它是具有一定共性的对象的抽象，所以它还仅仅是一个抽象概念，但是通过这个类，可以实例化对象，产生一个笔记本电脑的具体实例。例如，某台在商场销售的笔记本电脑：黑色、14 英寸、宽屏。该笔记本电脑在现实中是一个具体存在的物理实体，并且属性也是具体的，因此通过 NotebookPC 类可以实例化一个对象，来代表该笔记本电脑。可在程序 3-1 中增加 main 方法，来实例化该对象：

```
    public static void main(String[] args){
        NotebookPC MyPC1=new NotebookPC();                  //实例化对象
        MyPC1.color="black";                                //分配各项具体属性
        MyPC1.shape="width";
        MyPC1.measurement=14;
    }
```

实例化 MyPC1 对象后，就可以对其进行操作，如执行 MyPC1 的方法，使用 MyPC1 的变量，或者与其他对象进行交互。同时系统会给对象分配内存空间，但注意，无论类写得多么庞大，系统都不会给类分配内存空间，因为类是抽象的描述，系统不可能给抽象的东西分配空间，而对象是具体的，实际存在的。

综上所述，用面向对象程序设计思想解决实际问题可以归纳为三步。

(1) 将实际存在的实体对象抽象成概念世界的抽象数据类型，这个抽象数据类型里面包括了实体中与需要解决的问题相关的属性和功能。如前文提到的把笔记本电脑进行抽象概括，得到相关的属性(如外形、尺寸、颜色)和功能(如开和关)。

(2) 再用面向对象的工具，如 Java 语言，将这个抽象数据类型用计算机逻辑表达出来，即构造计算机能够理解和处理的类，如程序 3-1 的 NotebookPC 类。

(3) 将类实例化，就得到了现实世界实体的映射——对象，在程序中对对象进行操作，就可以模拟现实世界中的实体上的问题并解决之。如实例化 NotebookPC 类，得到对象 MyPC1。

下面再来分析一个典型案例，以加深对面向对象技术的理解与运用。

某高校要求开发一套简单的学生成绩管理系统，该系统功能如下。

① 教师登录系统后可输入授课课程的成绩供学生查询。

② 教师能统计学生的平均成绩和各等级的学生人数。

③ 学生登录系统后可查询自己的各门课程成绩。

结合面向对象程序设计思想来分析该系统需求，首先要确定问题域中的对象。有些对象有鲜明存在的，如学生、教师；有些对象是隐含的，如课程、成绩。一个系统的设计，有时并不需要使用全部的对象,要思考对象是否在问题陈述的界限之内、系统是否必须有此对象才能完成任务、在用户与系统的交互中是否必须有此对象等相关问题。系统的设计并不是使用越多对象越好,要考虑到对象间可以是相关的,但仍是独立存在的实体。

在查找对象的过程中,需要确定每个对象都是有属性和功能的。属性是对象的特征,属性可以是数据,也可以是另一种对象。如对学生对象来说,属性可以包括学号和选修课程。功能是对象执行的动作行为,可以是对象做出的或施加给对象的动作,这些行为往往会影响对象的属性。如对教师对象来说,可能是上报成绩和修改成绩。

学生成绩管理系统研究中的对象可能的属性和功能如下。

1. 学生

属性:姓名、性别、学号、班级、专业、院系、学校、登录名和密码等。

功能:登录、查询成绩和聊天等。

2. 教师

属性:姓名、性别、工号、院系、学校、登录名和密码等。

功能:登录、上报成绩、统计成绩、查询成绩、修改成绩等。

3. 课程

属性:课程名、课程编号、学时、学分、学期、授课教师和选修学生等。

功能:设置授课教师、获取授课教师、设置选修学生和获取选修学生等。

4. 成绩

属性:课程、学生和分数等。

功能:设置课程编号、获取课程编号、设置学生编号、获取学生编号、设置分数和获取分数等。

图 3-1 为学生、教师、课程、成绩四种对象进行了建模,模型描述了对象的各种属性和功能。

用 Java 语言实现模型,编写 Score 类、Course 类、Teacher 类和 Student 类。根据实际情况实例化对象,如学生张三使用系统,系统实例化 Student 类才产生"张三"这个对象:

```
Student  stu1=new Student();                //实例化对象
stu1.name="张三";                            //分配各项具体属性
stu1.sex="男";
stu1.stuID="201209196868";
…                                           //剩余代码略
```

3.1.2 面向对象基本特征

面向对象程序设计的特征主要包括抽象、封装、继承、多态性。本节将简单介绍这些特征,并在本章和第 4 章中详细讲解 Java 语言是如何运用这些特征,以使面向对象的思想得到具体的体现。

1. 抽象

"物以类聚,人以群分"就是分类的意思,分类所依据的原则是抽象。抽象就是忽略事物中与当前目标无关的非本质特征,更充分地注意与当前目标有关的本质特征,从而找出事物

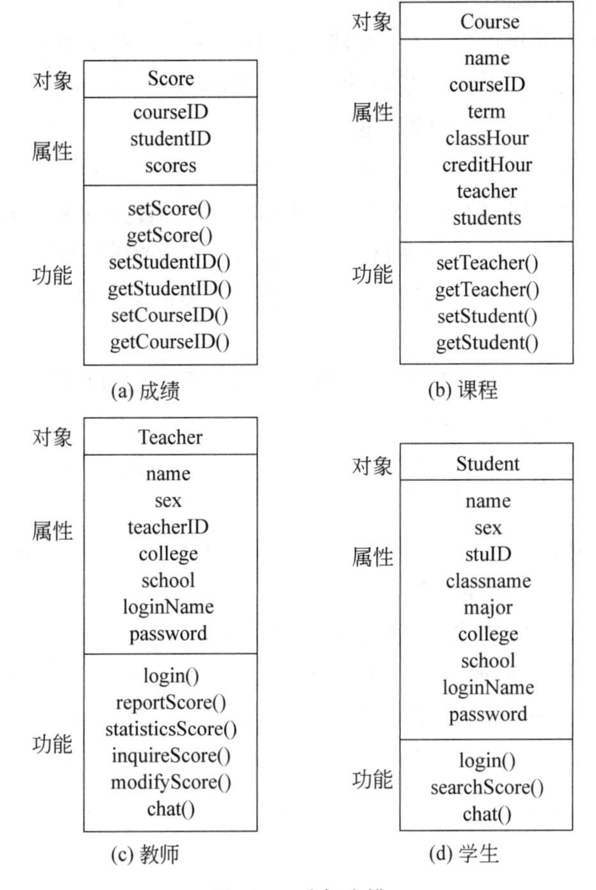

图 3-1 对象建模

的共性,并把具有共性的事物划为一类,得到一个抽象的概念。

一个类定义了一组对象。类具有行为功能,它描述一个对象能够做什么以及做的方法,它们是可以对这个对象进行操作的程序和过程,类是对象的抽象。一个对象是一个类的一个实例,它代表一个现实物理“事件”。

例如,在学生成绩管理系统中,考查学生张三这个对象时,只关心与设计系统相关的信息,如他的班级、学号、成绩等,而忽略他的兴趣、身高等信息。因此,抽象性是对事物的抽象概括描述,实现了客观世界向计算机世界的转换。将客观事物抽象成对象及类是比较难的过程,也是面向对象方法的第一步。

2. 封装

封装有两个含义:一是把对象的全部属性和功能结合在一起,形成一个不可分割的独立单位。对象的属性值一般只能由这个对象的功能来读取和修改。二是尽可能隐蔽对象的内部细节,对外形成一道屏障,与外部的联系只能通过外部接口实现。程序员只需要关心它对外所提供的接口,而不需要注意其内部细节,即怎么提供这些服务。

例如,Score 类对课程的成绩、设置成绩、读取成绩等属性和功能进行了封装,教师和学生对象都需要查询成绩,Score 类的 getScore 方法提供了能根据不同的对象查询成绩的功能,而教师和学生对象不需要了解系统是如何执行成绩查询的细节,只要在自身对象相应方法中调用 Score 类的 getScore 方法即可。

封装将对象的使用者与设计者分开,使用者不必知道对象功能实现的细节,只需要用设计者提供的外部接口就可以去执行某个功能。封装的结果实际上隐蔽了复杂性,并提供了代码重用性,从而降低了软件开发的难度。

3. 继承

客观事物既有共性,又有特性。运用抽象的原则就是舍弃对象的特性,提取其共性,从而得到适合一个对象集的类。如果在这个类的基础上,再考虑抽象过程中各对象被舍弃的那部分特性,则可形成一个新的类,这个类具有前一个类的全部特征,又有自己的特性,从而形成一种层次结构,即继承结构。

继承是一种连接类与类的层次模型。继承是指特殊类的对象拥有其一般类的属性和功能。继承意味着"自动地拥有",即特殊类中不必重新定义已在一般类中定义过的属性和功能,而它却自动地、隐含地拥有其一般类的属性与功能。因此,继承是传递的,体现了大自然中特殊与一般的关系。

例如,学生对象中有留学生,为方便管理,需要记录留学生的国籍。可以设计一个 ForeignStudent 类来继承 Student 类,这样 ForeignStudent 类就拥有 Student 类中定义过的属性和功能,并且可以增加自己独有的属性国籍。如果不采用继承,重新写一个 ForeignStudent 类,那么就不得不在类中重新定义姓名、性别、学号、班级等属性和功能。

在软件开发过程中,继承实现了软件模块的可重用性、独立性,缩短了开发周期,提高了软件开发的效率,同时使软件易于维护和修改。这是因为要修改或增加某一属性或行为,只需在相应的类中进行改动,而它派生的所有类都自动地、隐含地做了相应的改动。

4. 多态性

面向对象设计借鉴了客观世界的多态性,体现在收到不同的对象发来的消息时能产生多种不同的行为方式,即指类中同一方法名的方法能实现不同的功能,且可以使用相同的调用方式来调用这些具有不同功能的同名方法。

例如,Score 类可以编写两个 getScore 方法:一个为教师对象提供查询全班学生成绩的服务;另一个则为学生对象提供查询该学生成绩的服务。这两个方法名虽然相同,但系统能根据请求对象的不同而调用正确的 getScore 方法。

3.2 类

3.2.1 类的定义

类是同种对象的集合与抽象。一旦定义了类,就可以用这种类来创建对象。因此,也常说类就是对象的模板,而对象就是类的一个实例。类的定义分为类首声明和类主体两部分。

类首声明定义类的名字、访问权限以及与其他类的关系等。类首声明的格式([]中的内容表示可选)如下:

```
[<修饰符>] class<类名>[extends<超类名>] [implements<接口名>]
```

修饰符:表示类的访问权限(public、默认方式等)和一些其他特性(abstract、final 等);

一个类可以同时有多个修饰符(任意排序),但不能有相同的修饰符。关于修饰符将在4.1节中进行阐述。

class：类定义的关键字,一般定义一个类都需要用到该关键字。

extends：表示类和另外一些类(超类)的继承关系。将在4.2节中进行阐述。

implements：表示类实现了某些接口。将在4.5节中进行阐述。

类主体定义类的成员,包括变量和方法。类主体的格式如下：

```
{
    <成员变量的声明>
    <成员方法的声明及实现>
}
```

成员变量即类的数据,反映了对象的属性和状态。成员方法即类的行为,实现对数据的操作,反映了对象的功能。

现在定义一个Triangle类(见程序3-2),来回顾类中的各元素。

【程序3-2】 Triangle.java。

```
public class Triangle {                             //类首声明
    double length=10.0;                             //定义变量
    double height=5.0;                              //定义变量

    //定义方法
    double area(){
        return length * height/2.0;
}

    //定义main方法
    public static void main(String args[]){
        double s;                                   //定义变量
        s=(new Triangle()).area();
        System.out.println("该三角形的面积是: "+s);
    }
}
```

类的开始和结束用{}来标示,类中的变量用于存放数据。由于数据有相应的类型,所以存放数据的变量也要规定类型。类中的方法用来对数据进行处理,从而实现程序的功能。方法名后面都有括号,括号中可能包括参数。方法的开始和结束也用{}来标示。main方法是Java中非常特殊的一个成员方法,Java程序是从main方法开始执行的。包含main方法的类叫作主类。

小贴士

Java文件的命名规则是什么?

修饰符public代表该类能被所有的类访问,修饰符public表明所定义的类为公共类。注意一个Java文件可以包含多个类,但最多只能包含一个公共类,Java程序的文件不能随便命名,要求公共类必须与其所在的文件同名。许多新手都喜欢在编程时自己定义文件名

称,结果因为与文件内的公共类名称不符,导致程序出错。回顾程序 1-1 的 HelloWorld 程序:

```
//程序 1-1HelloWorld.java
public class HelloWorld{
    ...                                     //代码省略
}
```

由于 HelloWorld 类前面有 public 修饰符,因此这是一个公共类,在保存文件时,文件名必须是 HelloWorld.java。要注意 Java 程序的文件名必须和里面的公共类名完全对应,不然程序无法执行。假设 HelloWorld.java 程序中再写一个类 HelloWorld2。

【程序 3-3】 HelloWorld.java。

```
public class HelloWorld{
    public static void main(String argv[]){
        System.out.println("Hello World");
    }
}

class HelloWorld2{                          //定义第二个类
    public static void main(String argv[]){
        System.out.println("Hello World2");
    }
}
```

文件名为 HelloWorld.java,程序没有任何问题。但如果把"public class HelloWorld"改成"class HelloWorld",把"class HelloWorld2"改为"public class HelloWorld2"。即把第一个类的修饰符 public 移至第二个类上。程序就会编译出错。更正的方法除了恢复原状,还可以更改文件名为 HelloWorld2.java。

如果把"class HelloWorld2"改为"public class HelloWorld2",也会导致编译出错,因为文件中出现了两个公共类。

总之,记住 Java 文件命名最重要的两条原则:一个 Java 文件最多只能包含一个公共类;Java 文件要求与其内部的公共类同名。

3.2.2 成员变量与成员方法

成员变量定义的格式([]中的内容表示可选)如下:

```
[<修饰符>]<变量类型><变量名>
```

修饰符:表示类访问权限(public、默认方式等)和一些其他特性(static、final、transient 等)。

变量类型:变量的数据类型,可以是基本数据类型或引用数据类型。

变量名:该变量的名称。

如程序 3-2 中的语句"double length=10.0;":double 表明变量的类型为双精度浮点型,length 是变量名称,初始值为 10.0。

成员方法定义的格式([]中的内容表示可选)如下：

```
[<修饰符>]<返回类型><方法名>([<参数列表>]) [throws<异常类>]{
    方法体
}
```

修饰符：表示类访问权限(public、默认方式等)和一些其他特性(static、final、abstract 等)。

返回类型：执行该方法后返回的数据类型，如果该方法没有返回值，则返回类型必须写为 void。

方法名：该方法的名称。

参数列表：该方法接收的参数。

throws：表示抛出异常，将在第 7 章进行具体阐述。

方法体：方法的具体执行代码。

如程序 3-2 中的语句 double area()：double 表明该方法返回的数据类型是双精度浮点型，area 是方法名称，()是方法的参数列表，即使一个方法没有任何参数，()也是必需的。

定义在类内部方法外的变量称为全局变量，全局变量的作用域是整个类，即在整个类中都能使用该变量。而定义在类内部方法内的变量称为局部变量，该变量的作用域仅限于方法内部。如程序 3-2 中的 length、height 变量都是全局变量，而定义在 main 方法内的变量 s 则是局部变量。如果在另一个方法 area()中，是无法使用变量 s 的，但可以使用全局变量 length 和 height。

3.2.3 构造方法

类的成员方法简称方法，用来实现类的各种功能。另外，Java 语言还提供了一种特殊的方法——构造方法，用来在创建对象时让 Java 系统调用构造方法去初始化新建对象的成员变量。

每次用类来实例化对象时，经常要对类中的变量进行初始化。能在一个对象最初被实例化时就把相应的变量都设置好，程序将更简单并且更简明。Java 语言允许对象在被创建时初始化成员变量，而这种自动初始化的过程就是通过使用构造方法来完成。

构造方法必须有名称，不然编译器无法自动调用构造方法初始化变量。但是在设计构造方法命名问题上，存在着不小的麻烦，原因是构造方法使用的任何名字都可能与类成员方法的名字冲突，所以在 Java 采用构造方法的名字与类名相同。这样一来，可保证构造方法会在对象初始化期间的自动调用。

构造方法的格式([]中的内容表示可选)如下：

```
[<修饰符>] <类名>([<参数列表>]){
    方法体
}
```

修饰符：可以有表示方法访问权限的修饰词(public、protected、private 和默认方式等)，但不能有以下非访问性质的修饰词：abstract、final、native、static 或 synchronized。

类名：类名即构造方法名。

参数列表：构造方法接收的参数，可以是 0 个、1 个或多个。

比较成员方法的格式，可以看到两者间差异最大的就是构造方法没有返回类型。在成员方法中，如果没有返回类型，需要把返回类型标为 void，但构造方法连 void 都不需要。

下面来看一个简单的例子(见程序 3-4)，学习如何通过构造方法初始化新建对象的成员变量。

【程序 3-4】 Student.java。

```
public class Student{
    String name;
    char sex;
    int stuID;

    //构造方法 1
    public Student(String stuName, char sex, int stuID){
        name=stuName;
        this.sex=sex;
        this.stuID=stuID;
    }

    //构造方法 2
    public Student(){}

    //定义 main 方法
    public static void main(String args[]){
        //通过构造方法 1 初始化变量
        Student s1=new Student("张三", '男', 20130301);
        //通过构造方法 2 初始化变量
        Student s2=new Student();
    }
}
```

name、sex、stuID 是 Student 类的 3 个成员变量，本例提供了两个构造方法：public Student(String stuName, char sex, int stuID)和 public Student()。可以看到构造方法的名称和类名是相同的，都是 Student。这两个构造方法的唯一区别就是参数列表不同，第一个构造方法接收 3 个参数(stuName、sex、stuID)，第二个构造方法没有任何输入参数，这也是 Java 语言多态性的一种体现，即同一名称的方法能根据参数的不同实现不同的功能。

创建类的实例对象可以通过 new 运算符和构造方法进行，格式如下：

```
new 构造方法名(构造方法参数列表)
```

在定义的 main 方法中，对 Student 类实例化，得到了两个对象 s1 和 s2(即变量 s1 和 s2，它们分别指向相应的两个对象)。观察语句“Student s1 = new Student("张三", '男', 20130301);”，“Student s1”表明创建的对象是 Student 类型，对象名字叫 s1，在等号右边的语句“new Student("张三", '男', 20130301)”中，new 运算符用来表明要创建某个类的实例对象，"Student（"张三"，'男'，20130301）"表明调用了例中的"public Student（String stuName，char sex，int stuID）"这个构造方法，stuName的值为"张三"，sex的值为"男"，stuID的值为20130301。随后程序执行构造方法中的语句：

```
name=stuName;
this.sex=sex;
this.stuID=stuID;
```

执行完毕后，对象s1中的变量name的值变为"张三"，变量sex的值变为"男"，变量stuID的值变为20130301。至此，新建对象的成员变量自动初始化完毕。对象s2的实例化过程原理和s1相同，只不过它调用的构造方法不需要任何参数传入，因此最后并没有对变量进行赋值。

构造方法在每个类实例化对象时都会用到，因此非常重要。构造方法具有如下三大特点。

（1）类的构造方名必须和类名相同，这是区别它与成员方法的第一条准则。

（2）构造方法没有返回值（在构造方法名字前连void也不要加），这是区别它与成员方法的第二条准则。

（3）如果在类中没有自定义构造方法，则Java调用类的默认构造方法，将使用默认值来初始化成员变量。

下面通过改编程序3-4了解这一特点。

【程序3-5】 Student2.java。

```
public class Student2{
    String name;
    char sex;
    int stuID;

    public static void main(String args[]){
        //下面语句删除注释后会发生编译错误
        //Student2 s1=new Student2("张三", '男', 20130301);
        Student2 s2=new Student2();            //通过默认构造方法初始化变量
    }
}
```

在本例中没有写一个构造方法，但是语句"Student2 s2＝new Student2()；"仍旧能够正常执行，这是因为当系统发现没有为某个类定义构造方式时，它会智能地定义一个默认的构造方法，默认定义的构造方法是不含任何参数的。这也就是程序正常执行的原因。如果这时调用含参数的构造方法（如程序3-5中注释掉的语句），系统无法智能定义一个含参数的构造方法，因此程序编译出错。

特别需要注意的是，如果类中已经有了构造方法，系统就再也不会创建这个默认的无参构造方法了。

关于更多构造方法的用法，将在4.2节进行介绍。

3.2.4 main 方法

main 方法是一种特殊的成员方法,是所有 Java 应用程序执行的入口,如果编写的程序希望能单独执行,则必须含有 main 方法。main 方法的写法如下：

```
public static void main (String args[])
```

public 修饰符：public 修饰符表明所有能访问该方法所在类的对象,都能使用该方法。因为 main 方法是 JVM(Java 虚拟机)自动调用的,需要让 JVM 可见,所以 main 方法需要 public 修饰。

static 修饰符：如果一个方法被声明为 static,它就能够在它的类的任何对象被创建之前访问,而不必引用任何对象。由于 main 方法是所有程序的入口,也就是 main 被调用时没有任何对象创建,不通过对象调用某一方法,只有将该方法定义为 static 方法,所以 main 方法是一个静态方法,需要 static 修饰。

void 返回值：JVM 对于 Java 程序来说已经是系统的最底层,由它调用的方法的返回值已经没有任何地方可去,因此,main 方法返回值为空,需用 void 修饰。

String args[]参数：能够接收命令行传入的参数,参数是一个 String 类型的数组。

回顾程序 3-5 的 main 方法,可知通过执行程序,生成了 s1 和 s2 这两个对象。如果把 main 方法注释掉,那么程序 3-5 将无法执行。

3.3 对　　象

3.3.1 对象的生成与使用

当创建一个类时,就可以实例化该种类型的对象。实例化就是为对象分配存储空间,并同时对对象进行初始化,通过用 new 运算符和类的构造方法共同来完成。

实例化的过程可分两步。

第一步,必须声明该类类型的一个变量,这个变量没有定义一个对象。实际上,它只是一个能够引用对象的简单变量。例如：

```
Student s;    //声明一个 Student 类的变量 s,此时 s 的值为 null,没有引用任何对象
```

第二步,创建一个对象的实际的物理副本,并把对于该对象的引用赋给该变量。这是通过使用 new 运算符实现的。new 运算符为对象动态分配内存空间,并返回对它的一个引用值。引用值就是系统分配给对象的内存地址,由于类是一种引用数据类型,因此变量中存储的值不是对象本身,而是引用值。例如：

```
s=new Student();
                    //实例化对象,并把引用值存储在变量 s 中,以后通过调用 s 就可以得到该对象
```

对象内存分配机制如图 3-2 所示。

当然,可以把两步合并成一步,格式如下：

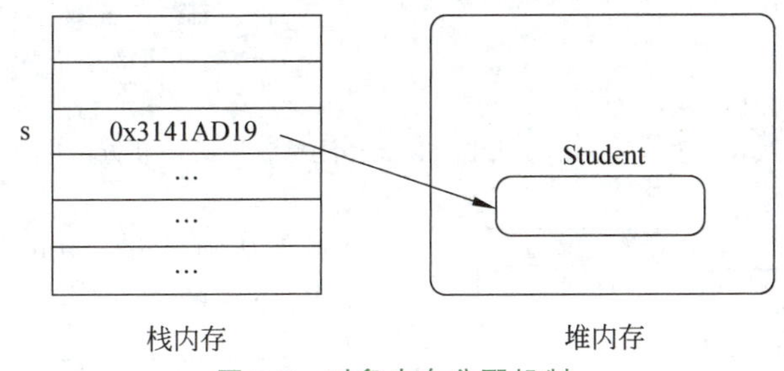

图 3-2　对象内存分配机制

```
<类名><对象名>=new<构造方法名/类名>(参数);
```

例如：

```
Student s=new Student();                    //构造方法名和类名都是相同的
```

类具有变量和方法，实例化后的对象当然也包含类中的变量和方法。

成员变量的引用格式如下：

```
引用对象名.变量名
```

成员方法的调用格式如下：

```
引用对象名.方法名([实际参数列表])
```

阅读程序 3-6 的 Student3 程序代码。

【程序 3-6】 Student3.java。

```
public class Student3{
    String name;
    char sex;
    int stuID;

    public void setName(String stuName){
        name=stuName;
    }

    public static void main(String args[]){
        Student3 s1=new Student3();
        s1.name="张三";
        System.out.println("变量 name 的值为: "+s1.name);
        s1.setName("李四");
        System.out.println("变量 name 的值现在为: "+s1.name);
    }
}
```

分析下列语句可知：

```
Student s1=new Student();                        //得到对象变量 s1
s1.name="张三";                                  //为对象 s1 的变量 name 直接赋值
s1.setName("李四");
        //直接调用对象 s1 的方法 setName,注意参数必须和方法中的参数个数、类型要匹配
```

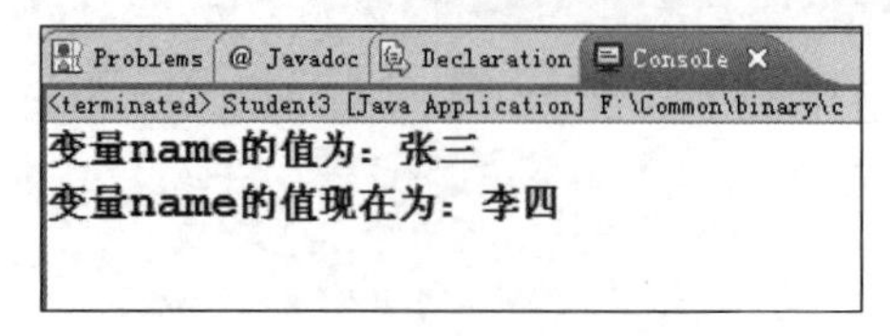

图 3-3　程序 3-6 的输出结果

本例两次对变量 name 进行赋值,第一次通过对象名.变量的方式,第二次通过对象名.方法的方式,setName 方法接收参数 stuName,并把 stuName 的值赋予变量 name。程序输出结果如图 3-3 所示。

下面再次复习类和对象之间的区别。类是一个逻辑构造,是一种新的数据类型,该种类型能被用来创建对象,而对象有物理的真实性,对象占用真正的内存空间。真正了解类和对象的概念与区别是非常重要的。

3.3.2　变量的作用域

3.2.2 节简单讨论了类中全局变量和局部变量的作用范围,本节将结合实例进行更详细讨论。

【程序 3-7】　Student4.java。

```
public class Student4{
    String name;
    char sex;
    int stuID;

    public JStudent4(){}

    public JStudent4(String stuName, char sex, int stuID){
        name=stuName;
        this.sex=sex;
        this.stuID=stuID;
    }

    public void setName(String stuName){
        name=stuName;
    }

    public void setSex(char sex){
        this.sex=sex;
    }

    public void setStuID(int stuID){
        this.stuID=stuID;
    }

    public static void main(String args[]){
```

```
        Student4[] s=new Student4[30];
        for (int i=0; i<s.length; i++){
            s[i]=new Student4();
        }
    }
}
```

分析语句：

```
String name;
char sex;
int stuID;
```

这三个成员变量都是全局变量，它们的作用范围是整个类。

```
public void setName(String stuName)
```

变量 stuName 作为 setName 方法的参数存在，因此它是一个局部变量，仅仅作用于 setName 方法内部。

```
public void setSex(char sex){
    this.sex=sex;
}
```

成员变量 sex 与方法中的局部变量 sex 同名时，成员变量在该方法中被隐藏，因此如果在该方法中出现变量 sex，系统均认为是局部变量 sex，若要引用成员变量，则用 this 关键字。

```
for (int i=0; i<s.length; i++)
```

for 语句块中的变量 i 也是局部变量，作用域仅局限于该 for 语句块中。

程序 3-7 在 main 方法中使用了数组，语句“Student4[] s=new Student4[30];”创建了一个数组对象 s，s 内部包含 30 个元素，每个元素的类型都是 Student4，但这时 s 的值为 null，还没有引用任何对象。通过 for 循环和“s[i]=new Student4();”来创建 Student4 对象，为数组中的每一个元素都进行赋值。

3.3.3 对象的内存分配机制

在 Java 语言中，当将一个对象引用赋值给另一个对象引用时，并没有创建该对象的一个副本，而是仅仅对引用的一个拷贝，这也是 Java 面向对象技术的一个重要原则。程序 3-8 使用程序 3-7 的 Student4 类来生成对象，并进行相关操作。

【程序 3-8】 Student4Test.java。

```
public class Student4Test{
    public static void main(String args[]){
        //调用 Student4 类的无参构造方法生成对象 s1
```

```
        Student4 s1=new Student4();
        s1.setName("张三");                  //调用了 Student4 类的 setName 方法
        s1.setSex('男');
        s1.setStuID(20130201);
        //调用 Student4 类的有参构造方法生成对象 s2
        Student4 s2=new Student4("李四", '男', 20130301);
        s2=s1;                               //把 s1 赋值给 s2
        s1=null;                             //把 s1 的值设为空值
    }
}
```

首先，本例第一次出现了类与类之间的交互，在面向对象程序设计中，对象协作是必需的，每个对象都能够接收信息、处理数据和向其他对象发送信息，最后共同协作完成复杂的工作任务。由于 Student4 是一个公共类（类的定义有修饰符 public），Student4Test 能直接调用 Student4 的构造方法生成 Student4 类型的对象。

语句“Student4 s1＝new Student4();”调用了 Student4 类的无参构造方法，因此系统将采用默认值来初始化 Student4 中的成员变量。也就是说，如果变量是基本数据类型，变量值采用基本数据类型的默认值，如 boolean 型数据默认值为 false，int 型数据默认值为 0 等；如果变量本身是引用数据类型，则默认值为 null。因此，该语句执行完毕后，内存的分配情况如图 3-4 所示。

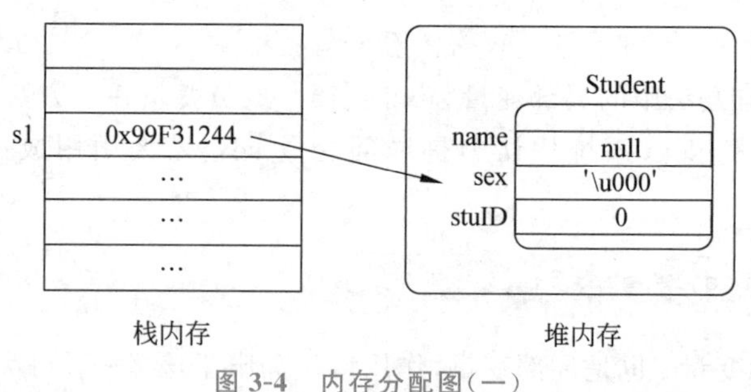

图 3-4　内存分配图（一）

变量 name 的数据类型是 String，String 是一种引用数据类型，因此，默认值为 null。变量 sex 和变量 stuID 都是基本数据类型，系统分别给它们分配相应的默认值。接下来程序执行下列语句为对象 s1 的变量赋值：

```
s1.setName("张三");
s1.setSex('男');
s1.setStuID(20130201);
```

内存分配情况如图 3-5 所示。

注意：String 也是引用数据类型，因此变量 name 存储的值也仅仅是 String 对象存放的内存地址。当赋值完成后，执行语句“Student4 s2 = new Student4("李四", '男', 20130301);”实例化第二个 Student4 的变量 s2，此时的内存分配情况如图 3-6 所示。

执行语句“s2=s1;”后，并没有重复复制该对象，而仅仅是复制一个引用。因此，内存分

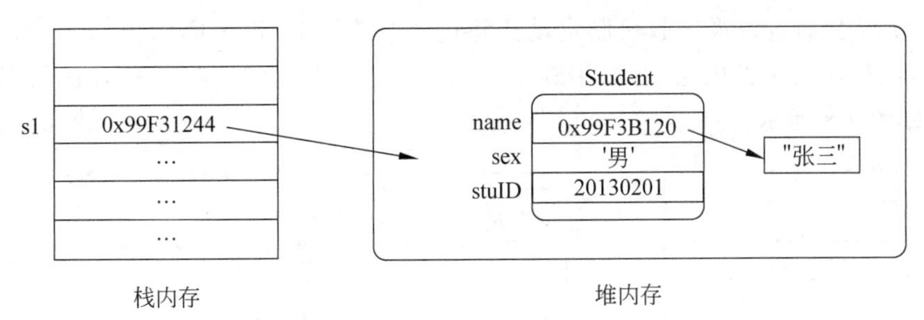

图 3-5 内存分配图(二)

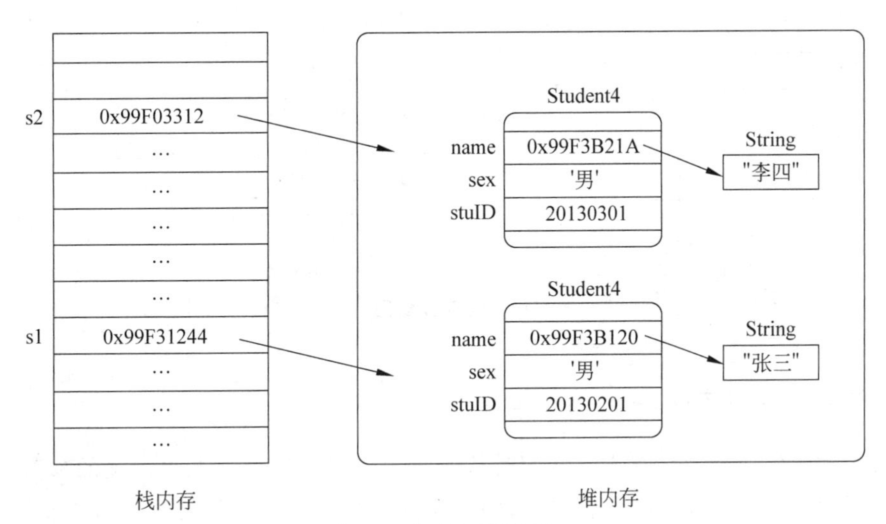

图 3-6 内存分配图(三)

配情况如图 3-7 所示。

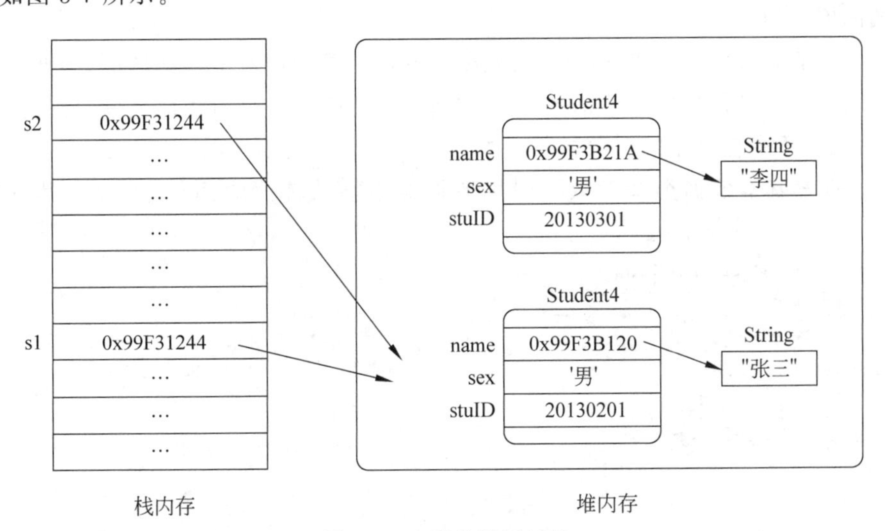

图 3-7 内存分配图(四)

从图 3-7 中可以看到 s2 的值和 s1 的值一样,但该值仅仅只是对对象内存地址的一个引用,并不是真正把对象复制了一遍,而原来变量 s2 所引用的对象并没有被清除掉,仍然留在内存中,Java 会通过垃圾回收机制自动清除这一对象。最后,程序执行“s1=null;”,虽然 s1 值为空,但只作用于引用值,并没用真正清空该对象,因此对变量 s2 没有任何影响,内存分配情况如图 3-8 所示。

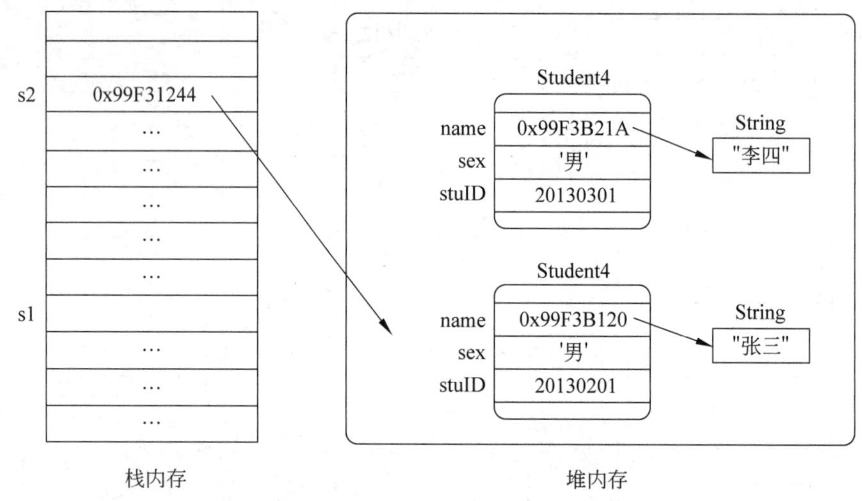

图 3-8　内存分配图(五)

3.3.4　方法参数的传递

方法参数的传递指的是在方法调用时从方法的调用参数带入方法定义的参数的方式。在 Java 语言中,参数传递方式是值传递,即把实际参数的值传递给形式参数。根据参数的数据类型,值传递也可分两种情况。

(1) 参数是基本数据类型时,参数的传递为实际值,如 int 型参数 a 的值为 10,传递的值即该参数的实际值 10。

(2) 参数是引用数据类型时,由于参数值存储的只是引用对象的地址值,因此参数的传递为引用对象的地址值传递,如 Student4 型参数 s2 的值是一个内存地址值,传递的值也是这个引用值,并不是把真正的对象复制过去。

程序 3-9 是基本数据类型参数和引用数据类型参数传值的例子,下面对其进行详尽分析。

【程序 3-9】 PassTest.java。

```
public class PassTest{
    float ptValue;

    //参数类型是基本数据类型
    public void changeInt(int value){
        value=55;
    }

    //参数类型是引用数据类型
    public void changeStr(String value){
```

```
        value=new String("world");
    }

    //参数类型是引用数据类型
    public void changeObjValue(PassTest ref){
        ref.ptValue=99.0f;
    }

    public static void main(String args[]){
        String str;
        int val;
        //创建 PassTest 类的对象
        PassTest pt=new PassTest();
        //测试基本数据类型参数的传递
        val=11;
        pt.changeInt(val);
        System.out.println("Int value is: "+val);
        //测试引用数据类型参数的传递
        str=new String("Hello");
        pt.changeStr(str);
        System.out.println("Str value is: "+str);
        //测试引用数据类型参数的传递
        pt.ptValue=101.0f;
        pt.changeObjValue(pt);
        System.out.println("Pt value is: "+pt.ptValue);
    }
}
```

程序执行后的输出结果如图 3-9 所示。

```
Problems  @ Javadoc  Declaration  Console
<terminated> PassTest [Java Application] F:\Common\binary\com
Int value is: 11
Str value is: Hello
Pt value is: 99.0
```

图 3-9　程序 3-9 的输出结果

程序先定义了一个 float 型的成员变量 ptValue，该类型是基本数据类型。随后程序又定义了 3 个方法：changeInt(int value)、changeStr(String value) 和 changeObjValue(PassTest ref)。其中，changeInt 方法的输入参数 value 是 int 型(基本数据类型)，而 changeStr 方法和 changeObjValue 方法的输入参数都是引用数据类型。尤其值得注意的是 changeObjValue 方法，它支持以 PassTest 类实例化后得到的对象变量 ref 作为调用参数输入，也就是以该类本身作为参数传入。

在 main 方法中，测试了参数的传递，首先定义了 str(String 型)和 val(int 型)两个局部变量，然后创建了 PassTest 类的对象 pt。由于 PassTest 类没有写任何构造方法，因此在创建过程中使用了系统自动生成的无参构造方法。接下来程序执行以下代码：

```
val=11;
pt.changeInt(val);
```

设置变量 val 的值为 11，并将 val 传入 changeInt 方法中。因此，程序执行流程跳转至以下代码：

```
public void changeInt(int value){
    value=55;
}
```

val 的值传递给方法的调用参数 value，因为基本数据类型的参数传递是实际值传递，因此 value 的值为 11，但当执行语句“value＝55;”后，value 的值变为 55。随后，程序跳转回 main 方法内，执行语句：

```
System.out.println("Int value is: "+val);
```

变量 value 的值是 55，但对变量 val 没有任何影响，因此 val 的值仍旧保持 11 不变。

接下来，程序执行：

```
str=new String("Hello");
pt.changeStr(str);
```

创建 String 对象，内容是 Hello，并将该对象的引用值存储在变量 str 值内。然后将变量 str 传入方法 changeStr 中。程序执行流程跳转至以下代码：

```
public void changeStr(String value){
    value=new String("World");
}
```

str 的值传递给方法的调用参数 value，因为引用数据类型的参数传递是地址值传递，因此 value 的值为引用对象的内存地址(见图 3-10(a))，但当执行语句“value＝new String("World");”后，value 的值指向了新的 String 对象(见图 3-10(b))。随后，程序跳转回 main 方法内，执行语句：

```
System.out.println("Str value is: "+str);
```

变量 str 的结果仍旧是 Hello。因此控制台输出“Str value is：Hello”。

随后，程序执行以下代码：

```
pt.ptValue=101.0f;
pt.changeObjValue(pt);
```

定义 pt 的成员变量 ptValue 值为 101.0f(见图 3-11(a))，然后调用 changeObjValue 方法，把对象 pt 的值传给该方法的调用参数 ref，由于参数 ref 是 PassTest 类型，因此和对象 pt 的类型符合，传值能顺利进行，此时变量 pt 和 ref 的值均指向了堆内存中 PassTest 类的对象(见图 3-11(b))。程序执行流程跳转至以下代码：

```
public void changeObjValue(PassTest ref){
    ref.ptValue=99.0f;
}
```

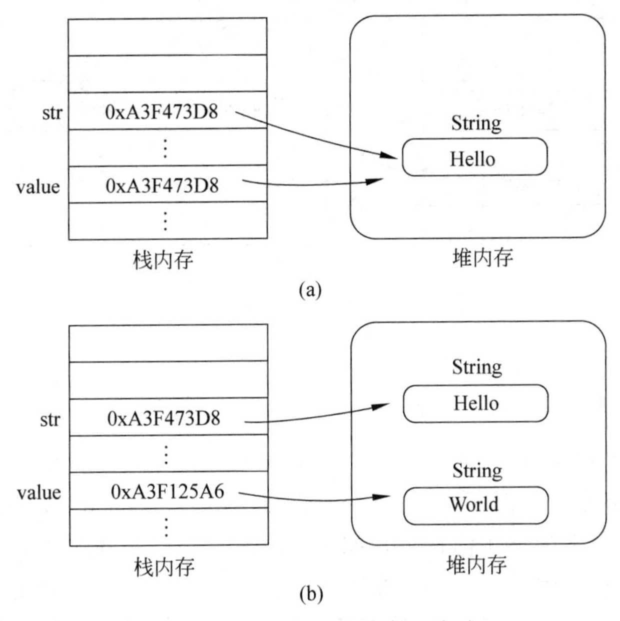

图 3-10 引用数据类型参数传递

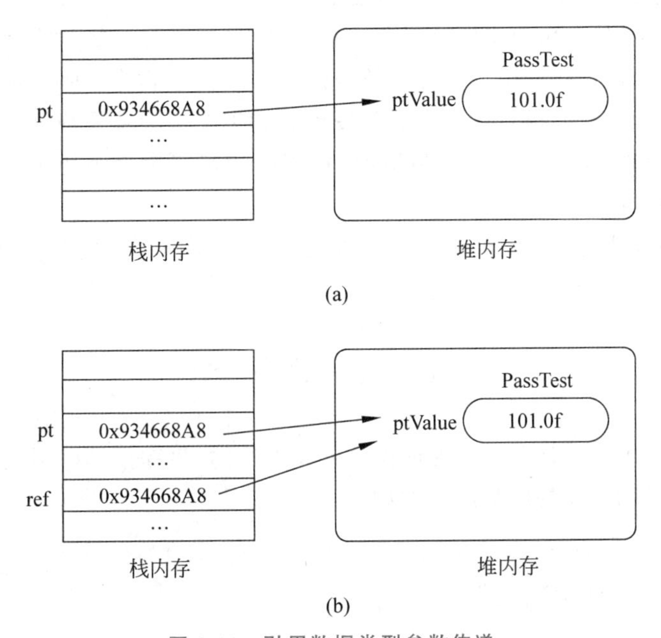

图 3-11 引用数据类型参数传递

语句“ref.ptValue=99.0f;”的作用是通过变量 ref 的引用值，改变它所指的对象的变量 ptValue 的值。由于没有新对象产生，pt 和 ref 的引用值也没有发生修改，变化的只是对象内部的成员变量，因此得到的结果如图 3-12 所示。

执行语句“System.out.println("Pt value is: "+pt.ptValue);”后，由于堆内存中的对象成员变量 ptValue 已经变为 99.0f 了，因此控制台输出“Pt value is: 99.0”。

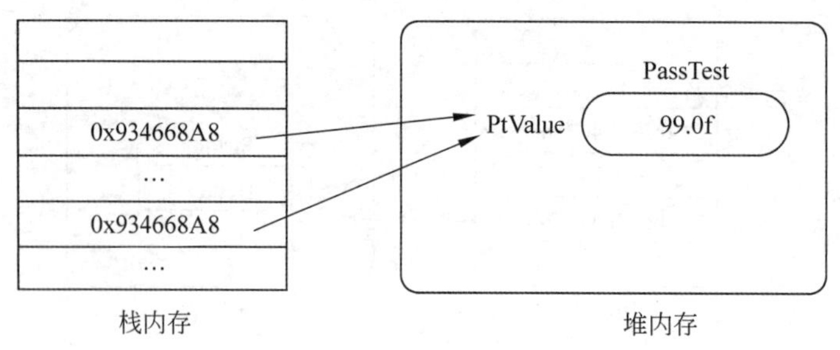

图 3-12　引用数据类型参数传递

3.3.5　对象的清除

new 运算符用来创建对象，为对象动态地分配内存。如果堆中的某对象出现了没有任何变量的引用值指向它的情况，意味着该对象再也用不到了（图 3-7 中的情况），这类用不到的对象称为内存垃圾（对象存于内存中），如果垃圾对象一直不清除而大量存在的话，势必会影响系统的执行效率。因此，对象的清除功能必须要考虑。在一些语言，例如 C ++，用 delete 运算符来手工地释放动态分配的对象的内存。Java 使用一种不同的、自动地处理重新分配内存的办法：垃圾回收技术。它的工作原理如下。

检查有没有变量的引用值指向该对象，当一个对象的引用不存在时，则该对象被认为是不再需要的，就自动把它所占用的内存释放掉。垃圾回收并不是时时刻刻在发生，不然实在太消耗资源了，它只在程序执行过程中偶尔发生。它不会因为一个或几个存在的对象不再被使用而发生。同时，Java 会根据实际情况，在不同的运行时刻会使用各种不同的垃圾回收算法进行垃圾回收。

因此，对大多数程序来说，可以不必考虑垃圾回收问题，因为 Java 已经智能帮你完成了。

3.4　this 关键字

在类定义的方法中有时需要引用正在使用该方法的对象时，可以用关键字 this 表示该对象。通过 this 访问本类的成员的格式如下：

```
this.<变量名>
this.<方法名[参数列表]>
```

在同一个方法体内，定义两个重名的局部变量是不合法的。但局部变量，包括方法接收的输入参数，都可以与类的成员变量同名。在这种情况下，在该方法体内，局部变量名就覆盖全局变量名，这时如果需要用到类的全局变量，就可以通过 this 关键字直接引用对象，然后在通过 this.＜变量名＞的方式引用全局变量，来解决可能在全局变量和局部变量之间发生的任何同名的冲突。下面为 this 关键字的一个实例。

【程序 3-10】 ThisTest.java。

```
public class ThisTest{
    String a;
    char b;
    int c;

    public void setValue1(String aa, char bb, int cc){
        this.a=aa;                  //可以删除 this 关键字
        this.b=bb;                  //可以删除 this 关键字
        this.c=cc;                  //可以删除 this 关键字
    }

    public void setValue2(String a, char b, int c){
        this.a=a;                   //不能删除 this 关键字
        this.b=b;                   //不能删除 this 关键字
        this.c=c;                   //不能删除 this 关键字
    }

    public static void main(String args[]){
        ThisTest s=new ThisTest();
        s.setValue1("hello", 'X', 10);
        System.out.println("执行 setValue1 方法后的情况: a="+s.a+" b="+s.b+" c="+s.c);
        s.setValue2("hi", 'Y', 100);
        System.out.println("执行 setValue2 方法后的情况: a="+s.a+" b="+s.b+" c="+s.c);
    }
}
```

程序输出结果如图 3-13 所示。

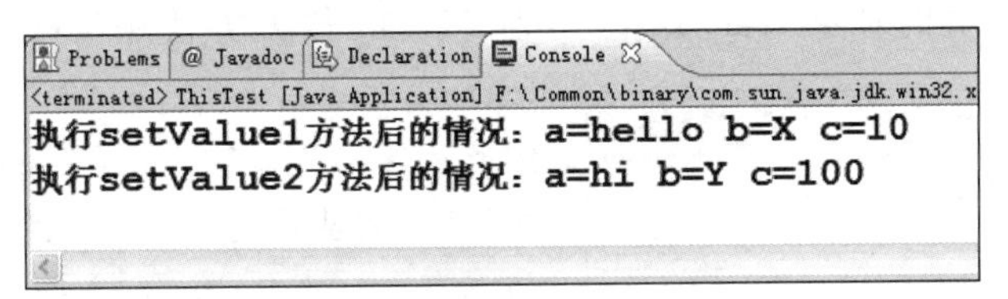

图 3-13 程序 3-10 的输出结果

类的成员变量 a、b、c 都是全局变量，在整个类中都可见。setValue1 方法接收 3 个输入参数 aa、bb、cc，这 3 个变量都是局部变量，可以写语句 a＝aa 或 this.a＝aa，系统都能正确执行赋值。但是在 setValue2 方法中，3 个局部变量的名称也是 a、b 和 c，这就导致和类的成员变量 a、b、c 重名了，这种情况下，在该方法体内出现的 a、b、c 都是局部变量，它们覆盖了全局变量，即在此方法内对变量 a、b、c 的操作最终影响的只是局部变量 a、b、c。因此，如果要完成正确的赋值，把局部变量的值赋给全局变量，必须使用 this 关键字。

小贴士

this 关键字在同名构造方法中的使用。

通过 this.<方法名[参数列表]>可以调用类中的成员方法，由于 Java 的多态性，可以有多个不同参数但同名的构造方法，并且构造方法可以调用其他同名的构造方法，这个时候

就需要 this 关键字来实现。在构造方法中 this 的格式(注意没有方法名和点号)如下:

```
this([参数列表])
```

下面给出了构造方法中 this 关键字的使用实例。

【程序 3-11】 ThisConstructTest.java。

```
public class ThisConstructTest{
    String name;
    int age;

    public ThisConstructTest(){
        name="张三";
        age=20;
    }

    public ThisConstructTest(String name, int age){
        this();              //通过 this 调用无参构造方法
        System.out.println("name="+this.name+"  age="+this.age);
    }

    public static void main(String args[]){
        ThisConstructTest test=new ThisConstructTest("李四",30);
    }
}
```

在 main 方法内,先调用 ThisConstructTest(String name, int age)这个构造方法生成 ThisConstructTest 类的对象 test,并把“李四”和 30 传入方法中。在 ThisConstructTest (String name, int age)中,因为有 this()语句,因此程序会先调用 ThisConstructTest()构造方法,并设置成员变量 name 的值为“张三”,age 的值为 20。然后再跳转回 ThisConstructTest (String name, int age)方法内执行“System.out.println("name="+this.name+" age="+this.age);”语句,最终的输出结果如图 3-14 所示。

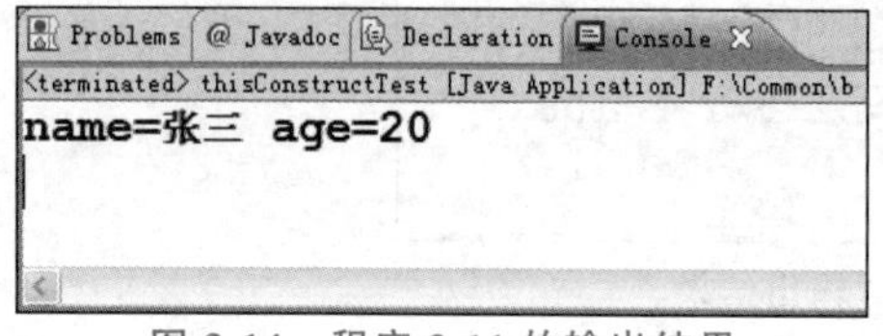

图 3-14 程序 3-11 的输出结果

3.5 static 关键字

在一般情况下,类的成员必须通过该类实例化后的对象访问,如 Student 类的 name 成员变量,需要访问就必须先实例化 Student 类得到对象,然后用对象名.变量这样的格式进行访问。但有时候希望定义一个类成员,使它的使用完全独立于该类的任何对象,Java 提供了这种机制,只需在类成员的声明前面加上关键字 static 即可。

加了关键字 static 的成员具有静态属性,如果是成员变量加上了 static 关键字,称为静态成员变量;如果是成员方法加上了 static 关键字,称为静态成员方法。例如,静态成员方法最常见的例子是 main 方法。因为在程序开始执行时必须调用 main()，此时还不需要实例化任何对象，所以它被声明为 static 以供系统直接调用。

static 不用来修饰类，只是修饰类的成员，它在该类所有实例之间是共享的。下面的例子示范了 static 变量的使用。

【程序 3-12】 Person.java。

```
public class Person{
    static String name="王五";
    int age=20;
    String country="中国";

    public static void main(String args[]){
        Person s1=new Person();
        Person s2=new Person();
        Person s3=new Person();
    }
}
```

当实例化某类的一个对象时，对象内部的非 static 变量都会复制一份至该对象中。因此对象 s1、s2 和 s3 都有对变量 age 和 country 的副本。但无论产生多少对象，并不产生 static 变量的副本，而是该类所有的实例变量共用同一个 static 变量，所有的静态变量都统一存储在内存的静态存储区内，因此对象 s1、s2、s3 产生后，都会有引用指向 static 变量 name 存储的区域，如图 3-15 所示。

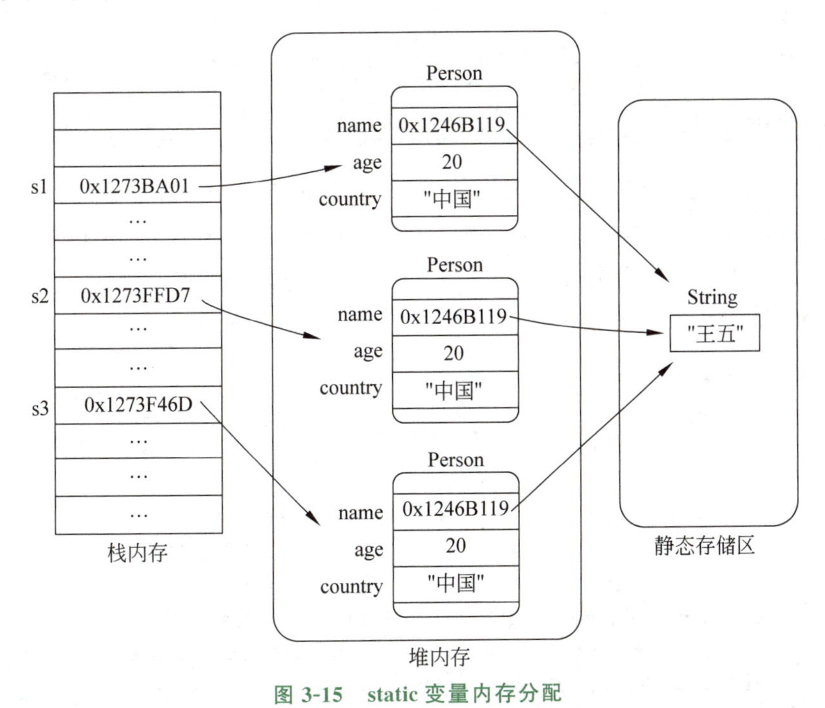

图 3-15 static 变量内存分配

对于 public 类型的 static 成员，可以在类外直接用类名调用而不需要初始化。因为

static 修饰的变量和方法能独立于任何对象而被使用。

static 修饰的变量称为类变量,调用类变量的格式如下:

```
类名.类变量
```

static 修饰的方法称为类方法,调用类方法的格式如下:

```
类名.类方法([参数列表])
```

需要注意类方法不属于类的某个对象,可以被由该类创建的所有对象使用,也可以被其他类引用。程序 3-13 的 Person2 类包含了类变量和类方法。

【程序 3-13】 Person2.java。

```
public class Person2{
    static String name="王五";
    int age=20;
    String country="中国";

    public static String setName(String n){
        name=n;
        return name;
    }

    public void setValue(int age, String country){
        this.age=age;
        this.country=country;
    }
}
```

Person2 类包含了类变量 name 和类方法 setName(String n),并给出了 setValue(int age, String country)方法能对变量 age 和 country 进行赋值。程序 3-14 中的 StaticTest 类展示了对类变量和类方法的使用。

【程序 3-14】 StaticTest.java。

```
public class StaticTest{
String testName;

    public static void main(String args[]){
        StaticTest s=new StaticTest();
        s.testName=Person2.name;                    //类变量的调用
        System.out.println("testName 的值为 "+s.testName);
        s.testName=Person2.setName("李四");          //类方法的调用
        System.out.println("Person2.name 的值为 "+Person2.name);
        System.out.println("现在 testName 的值为  "+Person2.name);
    }
}
```

由程序 3-14 可见对 Person2 的类变量 name 的调用，不再需要对类 Person2 进行实例化，直接通过类名.类变量的格式即可调用，而对 Person2 的类方法 setName(String n)一样直接通过类名.类方法([参数列表])的方式进行。程序 3-14 执行后的结果如图 3-16 所示。

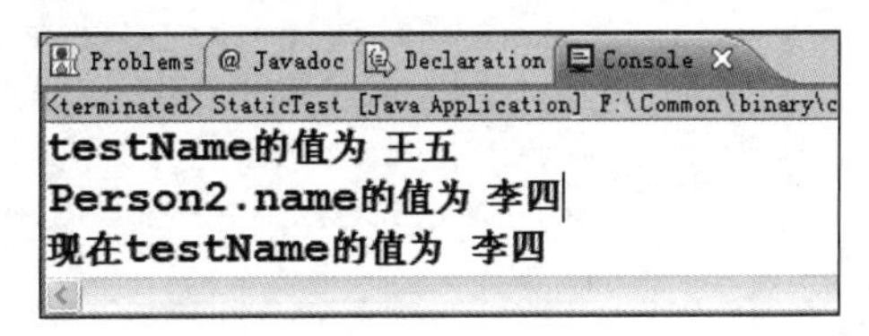

图 3-16　程序 3-14 的输出结果

类方法的两条重要原则如下。

(1) 类方法不能访问所属类的非静态变量和方法，只能访问方法体内的局部变量、参数和静态变量。下列程序 3-13 代码的改写会产生编译错误。

```
public static String setName(String n){
    name=n;                    //可以访问参数 n 和类变量 name
    age=10;                    //age 不是类变量,非静态变量无法在类方法中访问,程序出错
    return name;
}
```

(2) 类方法中不能出现 this 和 super 关键字(super 关键字将在 4.2 节中讲到)。

程序 3-15 进一步展示了类变量和非静态变量的内存分配差异。

【程序 3-15】 Book.java。

```
public class Book{
    public int id;                                  //书的编号
    public static int bookNumber=0;                 //书的总数

    public Book(){
        ++bookNumber;
    }                                               //Book 构造方法结束

    public void info(){
        System.out.println("当前书的编号是: "+id);
    }                                               //方法 info 结束

    public static void infoStatic(){
        System.out.println("书的总数是: "+bookNumber);
    }                                               //静态方法引用静态变量

    public static void main(String args[]){
        Book a=new Book();
        Book b=new Book();
        a.id=1101;
        b.id=1234;
        System.out.print("变量 a 对应的");
        a.info();
        System.out.print("变量 b 对应的");
        b.info();
```

```
            Book.infoStatic();
            System.out.println("比较(a.bookNumber==Book.bookNumber)"+"的结果是: "
            +(a.bookNumber==Book.bookNumber));
            System.out.println("比较(b.bookNumber==Book.bookNumber)"+"的结果是: "
            +(b.bookNumber==Book.bookNumber));
        }
    }
```

Book 类有 id 和 bookNumber 两个成员变量，其中 bookNumber 是一个类变量，因此可以在类方法 infoStatic()中被使用。构造方法 Book()在每次被调用时会让类变量 bookNumber 自增 1。通过 main 方法，语句“Book a=new Book();”生成了 Book 类的对象 a，通过构造方法，bookNumber 的值从原来默认的 0 变为了 1，此时的内存分配如图 3-17(a)所示。

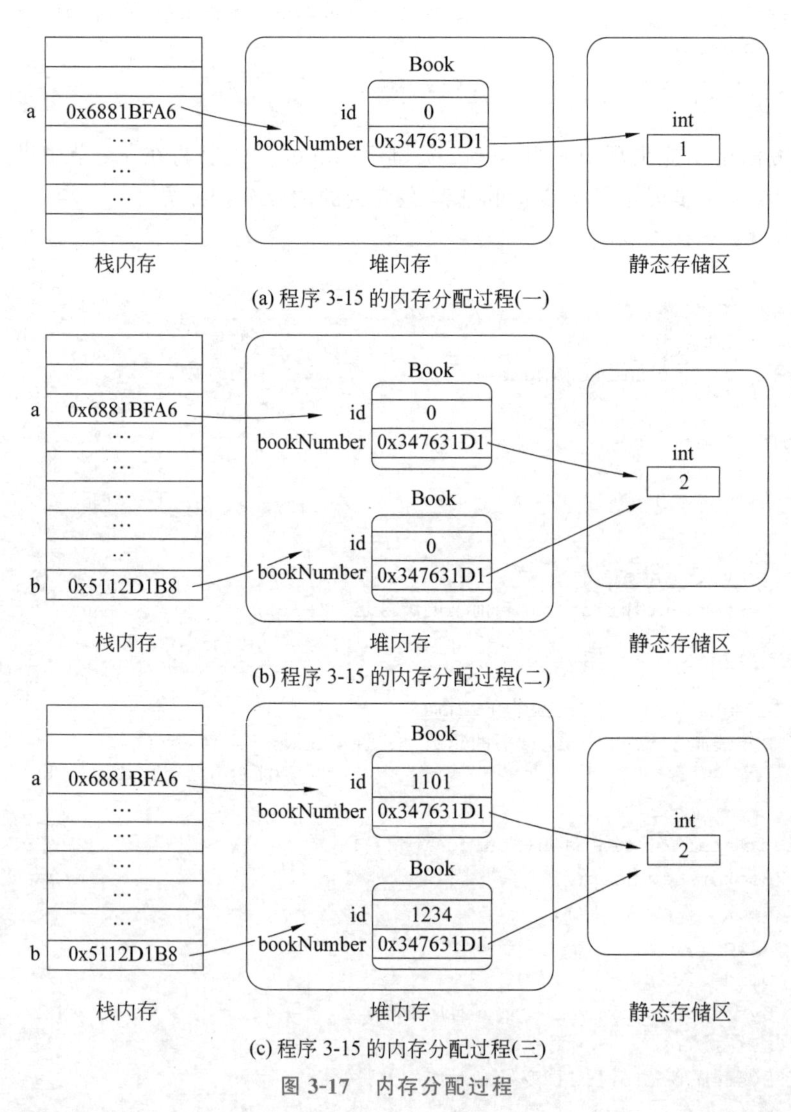

图 3-17　内存分配过程

随后，执行语句“Book b=new Book();”，通过构造方法，bookNumber 的值从原来的 1 变为了 2，此时的内存分配如图 3-17(b)所示。

执行语句“a.id=1101; b.id=1234;”后，内存分配如图 3-17(c)所示。

由此例可见，因为 static 修饰的变量和方法能独立于任何对象，因此某一个对象修改了类变量的值，会导致所有对象中的类变量一起发生改变，因为所有的对象中的类变量仅仅存放的是一个引用值，该引用值都是指向类变量真正存放的静态存储区的内存地址。而非静态变量 id 在每个对象中都有自己的一份独有副本，因此对每个对象的非静态变量赋值后，对象与对象间互不影响。最终的输出结果如图 3-18 所示。

```
Problems  @ Javadoc  Declaration  Console
<terminated> Book [Java Application] F:\Common\binary\com.sun.java.jdk.win32.x86_1.6.0.013\bin
变量a对应的当前书的编号是：1101
变量b对应的当前书的编号是：1234
书的总数是：2
比较(a.bookNumber==Book.bookNumber)的结果是：true
比较(b.bookNumber==Book.bookNumber)的结果是：true
```

图 3-18　程序 3-15 的输出结果

注意：无论是程序中的 a.bookNumber 和 b.bookNumber，还是 Book.bookNumber，它们指的都是静态变量 bookNumber，因此其实是同一个值，所以对其进行比较，得到的结果为真值。

如果需要通过计算来初始化 static 变量，则可以在程序中声明一个 static 语句块，该 static 块仅在该类第一次被加载时执行。

【程序 3-16】 StaticUse.java。

```
public class StaticUse{
    static int a=2;
    static int b;

    static{
        b=a * a;
        a=3;
    }

    public static void main(String args[]){
        StaticUse s1=new StaticUse();
        System.out.println("b 的值为 "+b);
        StaticUse s2=new StaticUse();
        System.out.println("b 的值现在为 "+b);
    }
}
```

static 语句块仅在类第一次实例化时才执行，因此虽然程序 3-16 生成了两个对象，但语句“b=a * a;”仅执行了一次，输出结果如图 3-19 所示。

```
Problems  @ Javadoc  Declaration  Console
<terminated> StaticUse [Java Application] F:\Common\binary\com.
b的值为 4
b的值现在为 4
```

图 3-19　程序 3-16 的输出结果

3.6　final 关键字

关键字 final 可以用来修饰变量、方法和类。当 final 修饰基本数据类型时,该变量就成为了常量,值无法改变;当 final 修饰引用数据类型时,该变量的值不能改变,即值中存储的对象内存地址值不变,该变量不能再去指向别的对象,但对象内的成员可以改变。程序 3-17 示范了 final 修饰基本数据类型和引用数据类型的数据。

【程序 3-17】 FinalTest.java。

```
public class FinalTest{
    final static int number=100;

    public static void main(String args[]){
        //下列语句删除注释后发生编译错误,final 修饰的变量 number 无法再次赋值
        //FinalTest.number=200;
        final Person2 s1=new Person2();          //实例化程序 3-13 的 Person2 类
        Person2 s2=new Person2();
        //下列语句删除注释后发生编译错误,final 修饰的变量 s1 无法再次赋值
        //s1=s2;
        s1.setValue(30, "美国");
        System.out.println("s1.age 的值为"+s1.age+"  s1.counrty 的值为"+s1.country);
    }
}
```

FinalTest 类定义了 final 修饰的变量 number 的值为 100,number 的数据类型为基本数据类型,因此后面的程序无法更改它的值。随后 FinalTest 类用 final 来修饰 Person2 类的对象 s1,该变量为引用数据类型,无法更改该变量的值,即不能再将它指向另一个对象,因此语句"s1=s2;"是错误的,因为无法将 final 修饰的对象 s1 指向另一个对象 s2。但是不能改变的仅仅是变量 s1 的引用值,对象内部还是可以改变的,本例通过 Person2 的方法重新设置了 Person2 类中变量 age 和 counrty 的值。

用 final 修饰的类,称为最终类,该类不能被继承(详见 4.2 节),例如:

```
public final class FinalTest
```

final 修饰的方法不能被其所在类的子类覆盖(详见 4.2 节),例如:

```
public final void setValue()
```

final 修饰方法的参数，表示该方法不期望被传进来的参数有任何改变，例如：

```
public void setValue(final int a, int b){
    a=b;                    //编译出错，参数 a 用 final 修饰，无法改变值
    b=10;
}
```

当 final 修饰变量时，由于第一次赋值后即无法改变，因此它的初始化工作非常重要。一般而言，对 final 变量的初始化可以在声明变量的时候或是在类中构造方法中进行初始化。

【程序 3-18】 FinalBook.java。

```
public class FinalBook{
    public final int bookID;
    public static int booknumber=1;

    public FinalBook(){
        bookID=booknumber++;
    }

    public long getID(){
        return bookID;
    }

    public static void main(String[] args){
        FinalBook[] s=new FinalBook[5];
        for (int i=0; i<s.length; i++){
            s[i]=new FinalBook();
            System.out.println("The bookID is "+s[i].getID());
        }
    }
}
```

FinalBook 类的成员变量 bookID 用 final 进行了修饰，并在构造方法中对 bookID 进行了初始化，最终的输出结果如图 3-20 所示。

```
Problems  @ Javadoc  Declaration  Console
<terminated> FinalBook [Java Application] F:\Common\binary\com.sun.jav
The bookID is 1
The bookID is 2
The bookID is 3
The bookID is 4
The bookID is 5
```

图 3-20 程序 3-18 的输出结果

注意：程序 3-18 也可以在变量声明中进行初始化，如将语句“public final int bookID;”

改为“public final int bookID=10;”来完成 bookID 的初始化工作,但如果在声明中进行初始化,构造方法中就不能再对其赋值了,否则程序会编译错误。

3.7 import 和包

当由多人共同开发和维护一组程序时,很可能你定义的类名已经被其他程序员占用了,为了便于管理和解决命名冲突,Java 提供了把类名空间划分为更多易管理的块的机制,这种机制就是包(Package)。包可以使同名类在不同的包内共存,它既是一种命名机制也是可见度控制机制,可以在包内定义类,而且使包外的代码不能访问该类。这使类相互之间有隐私,但不被其他所知。

包是类的逻辑组织形式,使用 package 关键字来声明一个包,并且该语句必须放在 Java 源文件的第一句。声明包后,该文件中定义的任何类将属于指定的包。如果在 Java 程序中省略 package 语句,类名被自动输入一个默认的没有名称的包中。默认包适用于小的程序,如果程序比较大,就需要创建自己的包。下面是一个声明包的例子:

```
package chap3;                    //声明一个包,名字叫 chap3
```

Java 用文件系统目录来存储包。例如,任何在声明的 chap3 包中的类的.class 文件都将被存储在一个 chap3 目录中,目录名必须和包名严格匹配,否则程序无法编译执行。

Java 也允许创建包层次。为做到这一点,只要将每个包名与它的上层包名用点号“.”分隔开就可以了。例如,一个多级包的声明如下:

```
package chap3.study.help;          //声明一个多级包,名字叫 chap3.study.help
```

一般在创建项目时为了便于管理,源文件和字节码文件是分开保存在不同的目录中的。如果使用 Eclipse 工具,它会将源文件自动保存在项目目录下的 src 文件夹中;将字节码文件自动保存在项目目录下的 bin 文件夹中。如果文件中声明了包,那么文件的存放路径与包名必须严格匹配,例如声明了类 PackageTest,包含在包 chap3.study.help 中,则实际源代码存放的路径是(以 Windows 操作系统为例):

```
src\chap3\study\help
```

编译产生的字节码文件存放的路径如下:

```
bin\chap3\study\help
```

为有效地防止网络上的命名冲突,在 Java 默认的约定中,包的名称一般按本公司的域名反向书写,如 com.misxp 等。

Java 编写了大量用于程序开发的类,这些类就放在它自带的包中,Java 自带的一些常用包如表 3-1 所示。

表 3-1 Java 常用包

包　名	含　义
java.lang	Java 的核心类库,包含了运行 Java 程序必不可少的系统类,如基本数据类型、基本数学函数、字符串处理、线程、异常处理类等,唯一一个不要把它明确引入程序的包,每一个 Java 程序系统都默认已经引入该包
java.io	Java 语言的标准输入输出类库,如基本输入输出流、文件输入输出、过滤输入输出流等
java.util	包含如处理时间的 date 类,处理变成数组的 Vector 类,以及 stack 和 HashTable 类
java.awt.image	处理和操纵来自于网上的图片的 Java 工具类库
java.applet	Applet 应用程序
java.net	实现网络功能的类库
java.awt	构建图形用户界面(GUI)的类库
java.awt.event	GUI 事件处理包
java.sql	实现数据库连接的 JDBC 类库
java.math	提供用于执行任意精度整数算法(BigInteger)和任意精度小数算法(BigDecimal)的类

Java 包含了 import 语句来引入特定的类甚至是整个包。一旦被引入,类可以直接被引用。导入包语句的格式主要有两种:

```
import 包名.*;
import 包名.类名;
```

第一种格式表明将该包里所有的类导入当前的程序中,第二种格式是将指定的类导入当前的程序中。

```
import java.applet.Applet;          //导入 java.applet 包中的 Applet 类
import java.awt.*                   //导入 java.awt 包中所有的类
import chap3.study.help.PackageTest;
                        //导入自定义的 chap3.study.help 包中的 PackageTest 类
```

使用 * 形式导入整个包,尤其是在引入多个大包时,可能会增加编译时间。因此,明确指明想导入的具体类而不是引入整个包在编译效率上可能会更好些。在导入包时,可以通过 Eclipse 工具使用快捷键 Shift+Ctrl+O 自动得出程序可能要引用的具体类。另外,这两种导入包的格式对运行时间性能和类的大小是没有任何影响的。

java.lang 包是 Java 的核心类库,因此如果不引入该包,许多程序根本无法编译,为简化工作,编译器默认任何 Java 程序都已经引入了 java.lang 包。所以无论在程序中有没有写语句“import java.lang.*;”系统都默认已经导入该包。

包的声明语句和导入语句在 Java 程序文件中的位置是有要求的,一个 Java 的程序文件结构依次应该是以下几部分:

包的声明语句　(package …)

包的导入语句　(import …)

类的声明　(public class …)

下面给出了一个包的声明和导入的程序。

```
package chap3;

import java.util.Calendar;          //导入 Java 自带包 java.util 的类 Calendar
import chap2.HelloWorldT;           //导入自定义包 chap2 的类 HelloWorldT
```

【程序 3-19】 PackageTest.java。

```
public class PackageTest{
    public static void main(String args[]){
        //可以直接使用 HelloWorldT 类生成对象
        HelloWorldT s=new HelloWorldT();
        //调用 HelloWorldT 类的成员方法 test()
        s.test();
        //得到 Calendar 类的实例对象
        Calendar cal=Calendar.getInstance();
        //打印出时间
        System.out.println(cal.get(Calendar.MONTH)+"月"
             +cal.get(Calendar.DATE)+"日");
    }
}
```

被调用的 chap2 包的类 HelloWorldT 源代码如下。

```
package chap2;
public class HelloWorldT{
    public void test(){
        System.out.println("调用 chap2 包中 HelloWorldT 类的 test 方法成功!");
    }
}
```

程序 3-19 运行结果如图 3-21 所示。

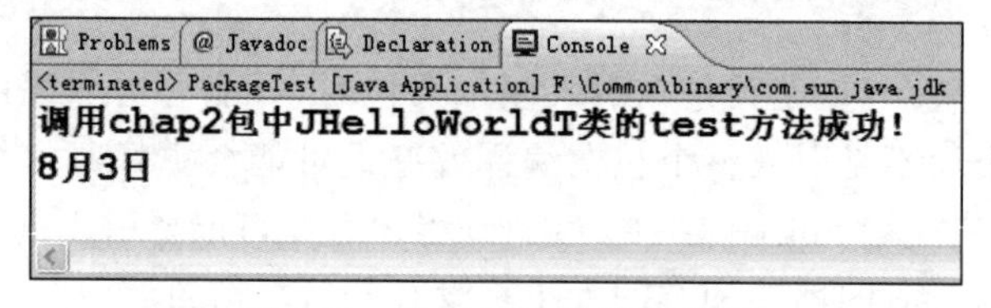

图 3-21 程序 3-19 的输出结果

如果不写 import 语句,要使用其他包中的类,可以在程序中用到类的地方写明它的全名,全名包括它所有的包层次。例如,要使用 java.util 包的 Calendar 类获得当前年份,使用 import 语句的写法如下:

```
import java.util.*;          //通过 import 导入该包
```

在程序代码中,可以直接使用 Calendar 类:

```
System.out.println(Calendar.getInstance().get(Calendar.YEAR));
```

如果不写 import 语句,则上面一行的程序代码需要改为

```
System.out.println(java.util.Calendar.getInstance().get(java.util.Calendar.
YEAR));                          //必须写明 Calendar 来自 java.util 包
```

小贴士

(1) 如果程序导入的两个不同包中存在具有相同类名的类,会发生什么情况?

假如程序导入了 chap1 和 chap2 这两个包中所有的类,并且两个包都有 HelloWorld 类,此时编译器不会报错,但是如果在程序中用到了 HelloWorld 类,必须要指明该类来自哪个包,不然程序无法编译。指明的方法一种是在程序中需要用到 HelloWorld 类的地方写明该类来自哪个包,另一种是在 import 的语句中专门指明该类。下面给出了一个程序。

```
package chap3;
import chap1.*;
import chap2.*;
//如果注释掉下行语句,就需要把程序中的"HelloWorld s=new HelloWorld();"改为
  "chap1.HelloWorld s=new chap1.HelloWorld();"
import chap1.HelloWorld;
```

【程序 3-20】 PackageTestSameName.java。

```
public class PackageTestSameName{
    public static void main(String args[]){
        HelloWorld s=new HelloWorld();
    }
}
```

(2) 包与包之间是否有嵌套关系?

包与包之间是没有嵌套关系,假设除存在包 chap3.study.help 外,还存在另一个包 chap3.study,它们都是独立的包,包 chap3.study.help 并不是包 chap3.study 的子包,因此仅导入包 chap3.study,是无法使用包 chap3.study.help 中的类的。所以有时候见到下列的程序代码,不用感到疑惑,因为系统导入的是两个完全不同的包:

```
import chap3.study.help.*;
import chap3.study.*;
```

第4章 类的封装、继承、多态性及接口

4.1 封　　装

4.1.1 类的访问控制方式

封装是面向对象技术的基本特征。封装能限制类的外部成员对类内部成员进行访问，只有通过公共接口才能访问类的成员数据，即把类创建成一个“黑盒子”，虽然可以使用该类，但是它的内部机制是不公开的，也不能随意被修改。这种屏蔽细节的处理方法也是程序设计的基本思想方法，便于程序功能的扩展和程序的维护。

Java通过访问控制来实现封装，访问控制通过4个访问修饰符实现，分别是public(公共)、protected(保护)、default(默认)、private(私有)。

Java对类和类成员有不同的访问控制方式，对于类来讲，类能使用的访问修饰符就是default(默认)和public(公共)。使用public修饰的类能够被所有的软件包使用，即所有的类都能访问public修饰的类。如下列的类Student能被所有的类访问：

```
public class Student
```

使用default修饰的类只能被自身所在的包使用，即包内的所有类都能访问该类，别的包中的类无法访问该类。一个default修饰的类的声明如下(注意default修饰符默认为空)：

```
class Student
```

需要注意的是，如果在一个源程序文件中声明了若干个类，那么只能有一个类的访问修饰符是public。并且这个类的名字应该和程序文件同名，main方法也应该在这个类中，否则程序无法执行。例如，某个文件包含了以下3个类：

```
public class Student                        //使用public修饰符的类
class Student2                              //使用默认修饰符的类
class Student3                              //使用默认修饰符的类
```

这些类中只能出现一个public修饰符，由于Student类是用public修饰符的，那么文件名也需要命名为Student.java。

4.1.2 类成员的访问控制方式

包是放置类的容器，类是类成员的容器，类成员又包括了成员变量和成员方法。因为包与类间的相互影响，Java将类成员的可见度分为四类。

(1) 同一个类中。

(2) 同一个包中。

(3) 不是同一个包,但是该类的子类(子类是通过关键字 extends 继承了当前类的类,关于子类的内容更多详见 4.2 节)。

(4) 不是同一个包,也不是该类的子类。

类成员能使用 public(公共)、protected(保护)、default(默认)、private(私有)这 4 个访问修饰符,这些修饰符对应类成员的可见度如表 4-1 所示。

表 4-1 类成员的可见度

可见度	private	default	protected	public
同一个类中	允许访问	允许访问	允许访问	允许访问
同一个包中		允许访问	允许访问	允许访问
不同包的子类			允许访问	允许访问
不同包的非子类				允许访问

1. private

类成员如果设置成 private 访问权限,则该类的成员只能被同一类中的成员访问,而不能让其他类进行访问。例如:

```
private int age;                         //定义一个 private 的成员变量
private void checkAge()                  //定义一个 private 的成员方法
```

2. default

默认的权限只允许该类的成员能被同一包中的类访问。注意,在声明类成员的访问权限为默认时,default 修饰符可为空。例如:

```
package chap4;
public class Student{
    int age;                             //定义一个默认的成员变量
    void checkAge()                      //定义一个默认的成员方法
}
```

在上例中,chap4 包内的类都可以访问变量 age 和方法 checkAge。

3. protected

同一个包内的所有类的所有方法都能访问使用 protected 修饰符的成员,如果不在同一个包内的类的方法要访问该成员,则该类必须是该成员所在的类的子类。例如:

```
package chap4;
public class Student{
    protected int age;                   //定义一个 protected 的成员变量
    protected void checkAge(){}          //定义一个 protected 的成员方法
}
```

在上例中,chap4 包内的类和其他包中 Student 的子类,都可以访问 protected 修饰的成员。

4. public

被 public 修饰的类中成员对外开放,可以供所有类访问。例如:

```
public int age;                         //定义一个 public 的成员变量
public void checkAge()                  //定义一个 public 的成员方法
```

4.1.3 封装的设计原则

封装的基本思想是提供对外的通信方式,封装内部的实现机制,增强内部实现部分的可替换性,减弱类之间的耦合关系,方便模块划分,从而达到保证类内部数据间的一致性,提高软件的可靠性的目的。

对于初学者来说,类的成员该用什么修饰符是比较困惑的一件事,下面介绍一个通用的设计原则,能适用于大部分 Java 的程序设计。

(1) 类通常采用 public 修饰。

(2) 成员变量通常采用 private 修饰。

(3) 构造方法一般采用 public 修饰。

(4) 带 get 与 set 的成员方法用 public 修饰。

需要注意的是,要访问类成员,首先要有访问该类成员所在的类的权限。例如,类 A 是采用默认修饰符修饰的,代表只能被本包的类访问,类 A 中的变量 x 是 public,那么别的包的类由于无法访问类 A,因此即使 x 用 public 修饰,也没法访问变量 x。基于此原则,大部分类通常都采用 public 修饰。

成员变量通常设置的修饰符是 private,然后采用类提供的 public 修饰的 get 方法来读取数据,public 修饰的 set 方法来写入数据。通过私有化成员变量,使只有类自己的成员可以访问,来隐藏具体的实现细节。类再通过公有的方法,让其他类通过限定的方式来操作成员变量。

4.2 继　　承

4.2.1 extends 关键字

继承是复用程序代码的有力手段。当多个类之间存在相同的属性和方法时,可从这些类抽象出一个通用类,该通用类可以定义一系列的一般特性,再被其他更具体的类继承,每个具体的类都可以增加一些自己特有的属性和方法。

Java 语言中,把被继承的类叫父类或超类(Superclass),继承父类的类叫子类(Subclass)。因此,子类是父类的某个专门用途的具化版本,它继承了父类定义的所有成员变量和方法,并且为它自己增添了独特的元素。子类的定义格式如下:

```
[<修饰符>] class<子类名>extends<父类名>{
    子类体
}
```

通过在 extends 关键字后面加上父类名称，类与类之间的继承关系得以建立。这种继承关系是可传递的，即类 A 拥有子类 B，类 B 拥有子类 C，那么也可以称类 A 为类 C 的父类。

继承可以使子类拥有父类的成员变量和成员方法。下面给出一个学生与教师的继承程序，如图 4-1 所示。

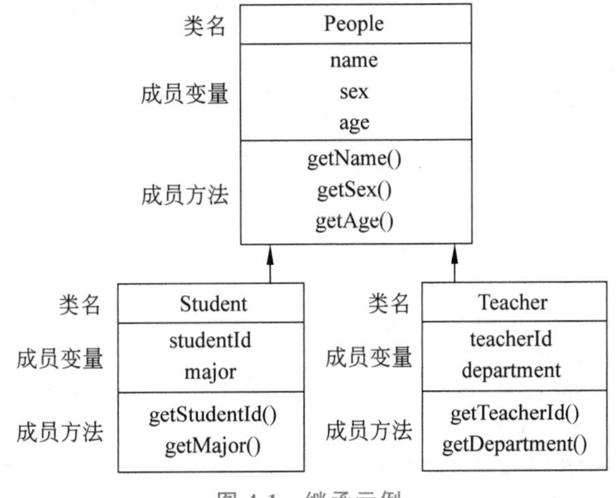

图 4-1 继承示例

在本例中，Student 类和 Teacher 类都是 People 这个类的子类，因此，Student 和 Teacher 都默认拥有 People 类的成员变量 name、sex、age 以及成员方法 getName()、getSex()、getAge()。程序 4-1～4-3 给出了相关的程序代码。

【程序 4-1】 People.java。

```
public class People{
    String name;
    char sex;
    int age;

    public String getName(){
        return name;
    }

    public char getSex(){
        return sex;
    }

    public int getAge(){
        return age;
    }
}
```

【程序 4-2】 Student.java。

```
public class Student extends People{
    String studentID;
    String major;

    public String getMajor(){
        return major;
    }

    public String getStudentID(){
        return studentID;
    }
}
```

【程序 4-3】 Teacher.java。

```
public class Teacher extends People{
    String teacherID;
    String department;

    public String getDepartment(){
        return department;
}

    public String getTeacherID(){
        return teacherID;
    }
}
```

程序 4-4 对 Student 类进行测试，从程序中可见，Student 对象生成后，自动拥有了父类 People 的成员变量和方法。

【程序 4-4】 StudentTest.java。

```
public class StudentTest{

    public static void main(String[] args){
        Student student=new Student();
        student.name="张三";
        student.sex='男';
        student.age=19;
        student.studentID="2013010101";
        student.major="计算机";
        System.out.println("学生姓名是:  "+student.getName());
        System.out.println("学生性别是:  "+student.getSex());
        System.out.println("学生年龄是:  "+student.getAge());
        System.out.println("学生学号是:  "+student.getStudentID());
        System.out.println("学生专业是:  "+student.getMajor());
```

```
        }
    }
```

使用继承需要遵循以下5点重要原则。

(1) Java只支持单重继承,不支持多重继承。

每个类有且仅有一个直接父类,即通过extends关键字,只能指定一个父类名。但一个父类可以产生多个子类,如People类的子类有Student和Teacher。

(2) 子类只继承父类中非private的成员变量。

父类中的成员变量如果用访问修饰符private进行了修饰,表示这个变量是该类私有的,只有父类自己可以访问,因此所有定义private关键字的成员变量,子类都无法继承。如上例中把People类的成员变量namc定义为"private String name;",那么程序4-4中的代码"student.name="张三";"就会出错。

(3) 子类的成员变量和父类的成员变量同名时,父类的成员变量被覆盖,而不是被继承。

以程序4-2的Student类为例,再定义一个成员变量name,那么父类的成员变量name就被覆盖了,即在Student类所有对变量name的操作,系统都默认用的是Student类的成员变量name。

(4) 子类只继承父类中非private的成员方法。

父类中的成员方法如果是private的,那么子类无法继承,如把People类的成员方法getName()定义为"private String getName()",那么程序4-4中的代码"student.getName()"就会出错。

(5) 子类的成员方法和父类的成员方法同名时,父类的成员方法被子类的成员方法覆盖,而不是被继承。

同理,以程序4-2的Student类为例,再定义一个成员方法getName(),那么父类的成员方法getName()就被隐藏了,每次Student类调用getName()方法时,用的都是自身的getName()方法。

在Java语言中,子类可以实现到父类的类型转换,这种转换称为"向上转型"。回顾程序4-1～4-3,People类是Student类和Teacher类的父类,因此,可以通过以下代码实现向上转型:

```
People p1=new Student();      //子类 Student 向父类 People 转型
People p2=new Teacher();      //子类 Teacher 向父类 People 转型
```

而反过来,父类到子类的直接类型转换则不被允许,例如:

```
Student p3=new People();      //父类 People 向子类 Student 进行转型,编译将会出错
Teacher p4=new People();      //父类 People 向子类 Teacher 进行转型,编译将会出错
```

那么为什么子类到父类的"向上转型"能被允许呢?子类是父类的一个超集,它必须具备父类中包含的所有成员方法,并可能比父类拥有更多的成员方法。所以,在向上转型的过程中,编译器对于类接口唯一有可能发生的事情是丢失方法,即转型结果是原集合的子集。

这就是编译器即使在“未曾明确表示转型”的情况下仍允许向上转型的原因。

向上转型是安全的，它也是面向对象设计代码重用的一个重要基础，在后面的内容中还将进一步接触向上转型。

4.2.2 super 关键字

super 关键字表示对某个类的父类的引用。一般而言，super 有两种通用形式：第一种用来访问被子类的成员隐藏的父类成员；第二种则是可以调用父类的构造函数。

如果子类和父类有同名的成员变量或方法，4.2.1 节中提到父类的成员将会被覆盖，此时通过以下方式来引用父类的成员：

```
super.<成员变量名>
super.<成员方法名>
```

仍旧以程序 4-2 的 Student 类为例，重写该类，内容如下：

```
public class Student extends People{
    String studentID;
    String major;
    String name;                            //定义一个和父类成员同名的成员变量 name

    //定义一个和父类成员同名的成员方法 getName()
    public String getName(){
        return "王五";
    }


    public String getName2(){
        super.name="张三";                  //获得父类被隐藏的成员变量 name
        return super.getName();             //调用父类被隐藏的成员方法 getName()
    }

    public String getMajor(){
        return major;
    }

    public String getStudentID(){
        return studentID;
    }
}
```

重写 StudentTest 类来进行测试：

```
public class StudentTest{

    public static void main(String[] args){
        Student student=new Student();
```

```
            student.name="赵六";
            System.out.println("学生姓名是:  "+student.name);
            System.out.println("学生姓名是:  "+student.getName());
            System.out.println("学生姓名是:  "+student.getName2());
        }
    }
```

StudentTest 类中，student.name 调用的是 Student 类的成员变量 name，student.getName()调用的是 Student 类的成员方法 getName()，而 student.getName2()方法最后返回的是父类成员变量 name 的值。最后的输出结果如图 4-2 所示。

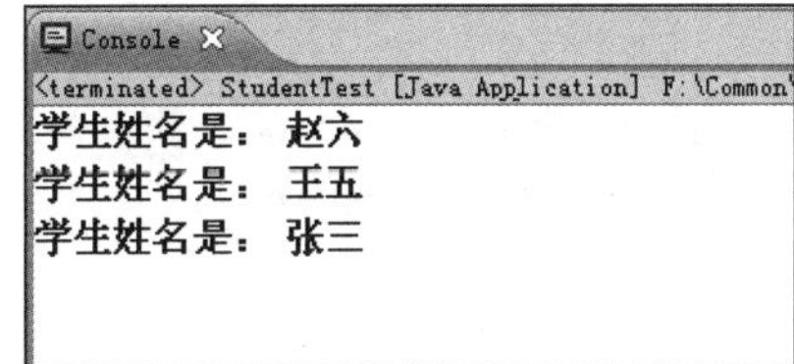

图 4-2 StudentTest 类的输出结果

在 Java 语言中，通过继承关系实现对成员的访问是按照最近匹配原则进行的，规则如下。

(1) 在子类中访问成员变量和方法时将优先查找是否在本类中已经定义，如果该成员在本类存在，则使用本类的，否则，按照继承层次的顺序往父类查找，如果未找到，继续逐层向上到其祖先类查找。

(2) 第 3 章学过的 this 关键字是特指对本类的对象引用。因此，使用 this 访问成员则首先在本类中查找，如果没有，继续逐层向上到其祖先类查找。

(3) super 特指访问父类的成员，使用 super 首先到直接父类查找匹配成员，如果未找到，再逐层向上到祖先类查找。

程序 4-5 给出了一个按照继承关系实现对成员访问的程序。

【程序 4-5】 MiddleStudent.java。

```
    public class MiddleStudent extends Student{
        public static void main(String[] args){
            MiddleStudent middleStudent=new MiddleStudent();
            System.out.println("name="+middleStudent.name);
            System.out.println("major="+middleStudent.major);
            System.out.println("age="+middleStudent.getAge());
        }
    }
```

本例中，MiddleStudent 类是 Student 类的子类，因此 middleStudent.name 和 middleStudent.major 调用的都是父类 Student 类的成员变量。而 getAge()方法在父类 Student 类中没有，因此它会继续往上查询，最后调用的是 Student 类的父类 People 类中的 getAge()方法。

使用 super 调用父类的构造函数的用法将在 4.2.3 节进行详细介绍。另外，如果要避免子类继承父类的某个方法，可以使用 final 关键字使继承终止，使此方法不会在子类中被覆盖(即子类中不能有和此方法同名的方法)。如果要使某个类不能被继承，也使用 final 关键字来声明类，使其他类无法使用 extends 来继承该类。

4.2.3 构造方法的继承

子类可以通过 super 关键字调用父类中定义的构造方法,格式如下:

```
super(调用参数列表)
```

这里的调用参数列表必须和父类的某个构造方法的参数列表完全匹配,即调用参数列表的参数个数和参数类型都要和父类的某个构造方法里用到的参数一一对应。

程序 4-6 和程序 4-7 通过 super 关键字实现对父类构造方法的访问。

【程序 4-6】 People2.java。

```
public class People2{
    private String name;
    private char sex;
    private int age;

    public People2(String name, char sex, int age){
        this.name=name;
        this.sex=sex;
        this.age=age;
    }

    public String getDetails(){
        return "name:"+name+"\nsex:"+sex+"\nage: "+age;
    }
}
```

【程序 4-7】 Student2.java。

```
public class Student2 extends People2{
    private String studentID;
    private String major;

    public Student2(String name, char sex, int age, String stuID, String major){
        super(name, sex, age);        //调用父类的构造方法
        this.studentID=stuID;
        this.major=major;
    }

    public String getDetails(){
        return super.getDetails()+"\nstudentID:"+studentID+"\nmajor:"+major;
    }

    public static void main(String[] srgs){
        Student2 s=new Student2("张三", '男', 22, "2013030507", "计算机");
        System.out.println(s.getDetails());
    }
}
```

People2 类定义的构造方法包含“String name,char sex,int age”这 3 个参数,在其子类 Student2 类提供的构造方法中包含了“String name,char sex,int age,String stuID,String major”这 5 个参数,该构造方法调用了父类的构造方法,并把 name、sex 和 age 这 3 个参数传入父类的构造方法中,以完成父类成员变量 name、sex 和 age 的初始化工作,并利用传入的 stuID 和 major 参数来完成本类成员变量 stuID 和 major 的初始化工作。最后通过 main 方法实例化一个 Student2 对象,并将相关的成员变量内容打印出来,最终输出结果如图 4-3 所示。

```
Problems  Tasks  Web Browser  Servers  Console
<terminated> Student2 [Java Application] F:\Common\binary\com.sun.java.j
name:张三
sex:男
age: 22
studentID:2013030507
major:计算机
```

图 4-3 程序 4-7 的输出结果

子类与其直接父类之间的构造方法是存在约束关系的,构造方法的继承性体现主要有以下 5 条重要原则。

规则一:按继承关系,构造方法是从顶向下进行调用的。

规则二:如果子类没有构造方法,则它默认调用父类中无参数的构造方法;如果父类中没有无参数的构造方法,则将产生错误。

规则三:如果子类有构造方法,那么在创建子类的对象时,则将先执行父类的构造方法,然后再执行子类的构造方法。

规则四:如果子类有构造方法,但子类的构造方法中没有使用 super 关键字,则系统默认执行该构造方法时会产生 super()代码,即该构造方法会调用父类中无参数的构造方法。

规则五:对于父类中包含有参数的构造方法,子类可以通过在自己的构造方法中使用 super 关键字来引用,而且必须是子类构造方法中的第一条语句。

下面结合实例来对其构造方法的继承进行详细说明。

【程序 4-8】 PersonTest.java。

```
class Person{
    int personId;
    public Person(){
        personId=10;
    }
}

class SubPerson extends Person{}

public class PersonTest{
    public static void main(String args[]){
        SubPerson j1=new SubPerson();
```

```
        System.out.println(j1.personId);
    }
}
```

在程序 4-8 中,类 PersonTest 生成一个 SubPerson 对象 j1,由于 SubPerson 类没有构造方法,它默认调用父类 Person 类的无参数的构造方法(规则二),最后输出的结果为 10。

程序 4-9 描述了规则三与规则四的情况。

【程序 4-9】 PersonTest2.java。

```
class Person2{
    int personId;
    public Person2(){
        personId=10;
        System.out.println("现在 personId 的值是"+personId);
    }
}

class SubPerson2 extends Person2{
    public SubPerson2(int i){
        personId=i;
        System.out.println("现在 personId 的值是"+personId);
    }
}

public class PersonTest2{
    public static void main(String args[]){
        SubPerson2 j2=new SubPerson2(100);
    }
}
```

类 PersonTest2 通过调用 SubPerson2 的有参数的构造方法生成对象 j2,由于 SubPerson2 类没有使用 super 关键字,则系统默认执行该构造方法时会产生 super()代码,进而调用父类的无参数的构造方法。最后的输出结果如图 4-4 所示。

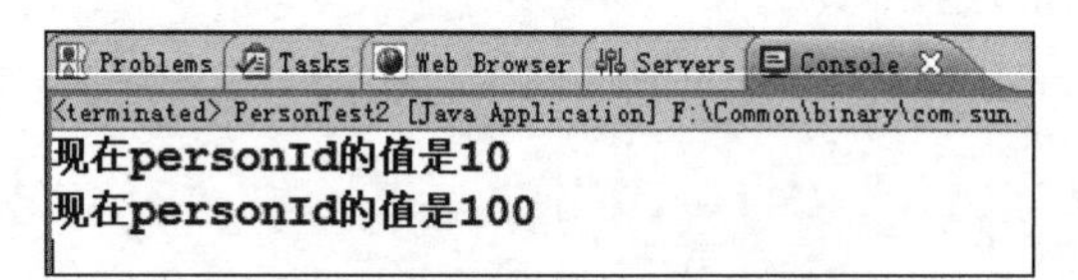

图 4-4　程序 4-9 的输出结果

程序 4-10 描述了规则五的情况。

【程序 4-10】 PersonTest3.java。

```
class Person3{
    int personId;
```

```
    public Person3(int i){
        personId=i;
        System.out.println("现在 personId 的值是"+personId);
    }

    public Person3(int i, int j){
        personId=i+j;
        System.out.println("现在 personId 的值是"+personId);
    }
}

class SubPerson3 extends Person3{
    public SubPerson3(int i){
        super(i);           //该语句只能位于构造方法第一行
        //super(i,1000);
        System.out.println("现在 personId 的值是"+personId);
    }
}

public class PersonTest3{
    public static void main(String args[]){
        SubPerson3 j3=new SubPerson3(100);
    }
}
```

类 PersonTest3 通过调用 SubPerson3 的有参数的构造方法生成对象 j3，SubPerson3 类在自己的构造方法中使用 super 关键字来引用父类带一个参数的构造方法，但注意该语句必须放置在此构造方法的第一行。如果删除"super(i,1000);"的注释后，程序会报错，因为在构造方法中，一次只能调用父类的一个构造方法。最后输出结果如图 4-5 所示。

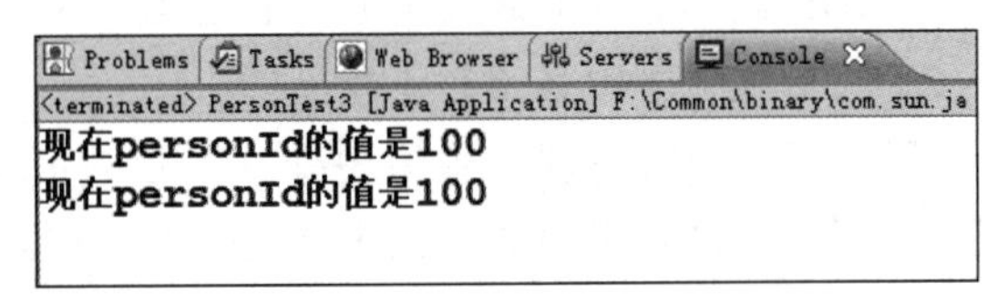

图 4-5　程序 4-10 的输出结果

小贴士

构造方法进阶学习。

由于 Java 语言规定当一个类中含有一个或多个有参数的构造方法，系统不提供默认的构造方法(即不含参数的构造方法，详见 3.2.3 节)，所以当在父类中定义了多个有参数的构造方法时，应考虑写一个不带参数的构造方法，以防止子类省略 super 关键字时出现错误。

给程序 4-10 增加以下代码，将导致程序出现上述错误。

给 SubPerson3 类增加一个新的构造方法：

```
public SubPerson3(){ }
```

在 PersonTest3 的 main 方法中增加一行新代码:

```
SubPerson3 j4=new SubPerson3();
```

运行后程序出错,原因是 SubPerson3 类生成对象 j4 时,调用的是 SubPerson3 类新加的无参数的构造方法。而该无参数的构造方法没有使用 super 关键字,默认调用父类无参数的构造方法(规则四),类 Person3 已经有两个有参数的构造方法,因此系统不会主动给其提供无参数的构造方法,导致程序调用出错。

修正该错误的方法很简单,可以直接给 Person3 写一个无参数的构造方法,例如:

```
public Person3(){ }
```

4.3 多态性

多态性是指同名的若干方法,具有不同的实现(即方法体中的代码不一样)。多态性能增强程序的动态特性,使其具备良好的扩展性,多态性的表现形式主要有两种。

(1) 方法重载(Overloading):又可称为静态多态性,即同一类中允许多个同名方法,对这些同名方法的区分要点是:参数的个数不同,或者是参数类型不同,或者是参数的顺序不同。

(2) 方法覆盖(Overriding):又可称为动态多态性,即子类对父类方法进行重新定义,但其方法名、返回值和参数形态完全一样。

4.3.1 方法重载

方法重载意味着同一个类中会出现两个或两个以上同名的方法,对于这些同名方法,Java 语言规定用参数的类型、个数、顺序来确定实际调用的是哪个被重载的方法。因此,每个重载方法的参数类型、数量、参数顺序中必须有不相同的。

方法重载的设计思想可以很好地对应现实生活中处理问题的情况,即处理某一类问题可以有多种解决方案,根据情况的差异,采用的手段不同,执行的过程也不同,得出的结果也可能不同。方法重载可以认为在处理某类问题时,使用同名方法,根据参数的不同,实现不同的处理方式。从更细节上来讲,重载的价值在于它允许相关的方法可以使用同一个名字来定义。在不支持重载的语言中,相关的方法必须拥有不同的名字,换句话说,这些方法的名字间总存在些细微差别。例如,在 C 语言中,函数 abs()返回整数的绝对值,labs()返回 long 型整数的绝对值,而 fabs()返回浮点值的绝对值。尽管这 3 个函数的功能实质上是一样的,但程序员不得不记住这些不同的名字。而在 Java 中就不会发生这种情况,举例来说,绝对值方法都采用名字 abs(),Java 根据参数类型决定调用哪一个 abs()方法。

下面给出了计算图形面积的方法重载例子。

```
//计算矩形面积
public double area(float a, float b){
```

```
        return a * b;
    }
    //计算三角形面积,参数个数不同,实现了方法 area 的重载
    public double area(float a, float b, float c){
        float d=(a+b+c)/2;
        return Math.sqrt(d * (d-a) * (d-b) * (d-c));
    }
    //计算边长为整数的矩形面积,参数类型不同,实现了方法 area 的重载
    public double area(int a, int b){
        return a * b;
    }
    //计算一边长为整数、另外一边长为小数的矩形面积,参数类型不同,实现了方法 area 的重载
    public double area(int a, float b){
        return a * b;
    }
    //计算一边长为整数、另外一边长为小数的矩形面积,参数顺序不同,实现了方法 area 的重载
    public double area(float a, int b){
        return a * b;
    }
```

但要注意,置换参数顺序的方法重载需要发生在不同类型的参数间。以下不是方法重载：

```
    public double area(int b, int a){
        return a * b;
    }
```

很多初学者很容易把方法的返回类型也作为方法重载的依据,这是不对的。看下面的例子：

```
    public double area(float a, float b){
        return a * b;
    }
```

下面的程序返回类型与前一个方法不同,但参数个数、类型、顺序完全一样,因此不是方法重载。

```
    public int area(float a, float b){
        return a * b;
    }
```

构造方法也能实现方法重载,因此每个类可以定义多个参数不同的构造方法。下面给出了一个构造方法重载的例子,内容如程序 4-11 所示。

【程序 4-11】 ConstructionPeople.java。

```
public class ConstructionPeople{
    private String name;
    private int age;

    //构造方法 1
    public ConstructionPeople(String n, int age){
        name=n;
        this.age=age;
    }

    //构造方法 2
    public ConstructionPeople(String n){
        this(n, 10);
    }

    public ConstructionPeople(){
        this("who am i");
    }

    //构造方法 3
    public static void main(String args[]){
        ConstructionPeople a1=new ConstructionPeople();
        ConstructionPeople a2=new ConstructionPeople("张三");
        System.out.println("对象 a1 的 name 是"+a1.name+" ;对象 a1 的 age 是
        "+a1.age+"岁");
        System.out.println("对象 a2 的 name 是"+a2.name+" ;对象 a2 的 age 是
        "+a2.age+"岁");
    }
}
```

对象 a1 的生成过程中，首先调用了构造方法 3，构造方法 3 通过“this("who am i");”语句调用了构造方法 2，构造方法 2 通过“this(n, 10);”语句最后调用了构造方法 1。对象 a2 则首先调用了构造方法 2，然后再调用构造方法 1 完成初始化工作。最终输出结果如图 4-6 所示。

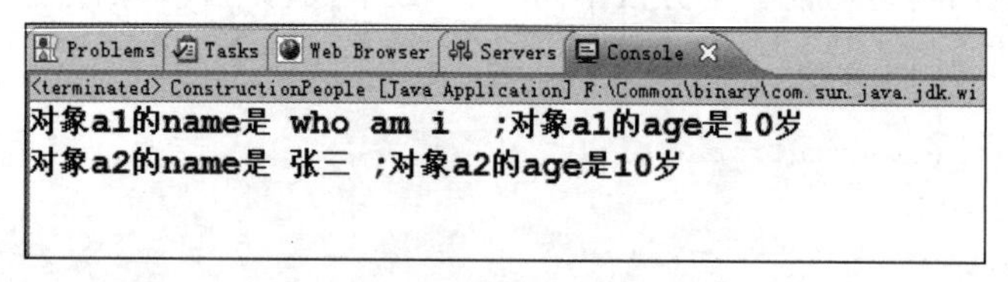

图 4-6　程序 4-11 的输出结果

4.3.2　方法覆盖

当子类和父类中有同名的方法（包含参数也完全相同）时，子类中的方法将会覆盖父类的方法，称为方法覆盖。此时父类的对象调用父类的方法，子类的对象调用子类的方法，即在子类中父类的同名方法实现将被隐藏。

通过覆盖可以使同名的方法在不同层次的类中有不同的实现,方法覆盖具有以下几条重要规则。

(1) 子类中重写的方法和父类中被重写的方法要具有相同的名字、相同的参数表和相同的返回类型,只有方法体可以不同。

【程序 4-12】 OverridingTest.java。

```
class OverridingBase{
    public void test1(){
        System.out.println("Hi Overriding");
    }
}

class SubOverriding extends OverridingBase{
    //方法 1,方法覆盖
    public void test1(){
        System.out.println("Hi SubOverriding");
}

    //方法 2,方法重载
    public void test1(int i){
        System.out.println("Hi SubOverriding,Now i="+i);
    }

    /**
     * 方法 3,既不是方法重载也不是覆盖,不被允许
     * public String test1() { return "ok"; }
     */
}

public class OverridingTest{
    public static void main(String args[]){
        SubOverriding jSubOverriding=new SubOverriding();
        OverridingBase jOverriding=new OverridingBase();
        jSubOverriding.test1();
        jSubOverriding.test1(100);
        jOverriding.test1();
    }
}
```

本例中,SubOverriding 类的方法 1"public void test1()"与父类的方法具有相同的名字、相同的参数表和相同的返回类型,因此该方法是方法覆盖。方法 2"public void test1(int i)"由于与父类的方法参数不同,不是方法覆盖,而是同类中方法 1 的方法重载。方法 3"public String test1()"虽然方法名称和参数相同,但返回类型不同,所以其既不是覆盖也不是重载,编译器认定该方法就是方法 1,不能再重新定义,否则编译出错。最终输出结果如图 4-7 所示。

```
Problems  Tasks  Web Browser  Servers  Console
<terminated> OverridingTest [Java Application] F:\Common\binary\com.su
Hi SubOverriding
Hi SubOverriding,Now i = 100
Hi Overriding
```

图 4-7　程序 4-12 的输出结果

(2) 子类覆盖的方法不能缩小父类方法的访问权限。

成员方法的访问控制方式有 public(公共)、protected(保护)、default(默认)、private(私有)四种,其访问权限从大到小是 public＞protected＞default＞private,Java 语言要求子类成员方法应比起父类对应的成员方法具有相同或更高的访问控制方式。如果将程序 4-12 中类 SubOverriding 的方法 1 改为“void test1()”,即把该方法访问控制方式从原来的 public 改为默认,由于父类方法的权限是 public,因此将会导致编译出错。

(3) 方法覆盖只存在于子类和父类(包括直接父类和间接父类)之间。在同一个类中方法只能被重载,不能被覆盖。

在同一个类中的方法如果出现了方法覆盖情况,意味着出现了两个或两个以上具有相同的名字、相同的参数表和相同的返回类型的方法,这将会使编译器根本无法识别。

(4) 父类的静态方法不能被子类覆盖为非静态的方法,反之亦然。子类可以定义与父类的静态方法同名的静态方法,以便在子类中隐藏父类的静态方法。

【程序 4-13】 StaticMethodTest.java。

```
class StaticMethod{
    public void One(int i){}
    public void Two(int i){}
    public static void Three(int i){}
    public static void Four(int i){}
}

class SubStaticMethod extends StaticMethod{
    public void One(int i){}
    //public static void Two(int i){}
                                    //编译出错,无法将父类的非静态方法覆盖为静态方法
    public static void Three(int i){}
    //public void Four(int i){}       //编译出错,无法将父类的静态方法覆盖为非静态方法
}
```

(5) 父类的私有方法不能被覆盖。私有方法只有本类能使用,因此无法被子类覆盖。

(6) final 修饰方法,该方法不能被其所在类的子类覆盖。尽管方法覆盖的功能很强大,但有时候反而希望阻止其发生,那么就可以用 final 关键字修饰方法,防止该方法被覆盖。

小贴士

方法覆盖的作用。

方法覆盖是实现 Java 语言动态方法调度(Dynamic Method Dispatch)的基础。动态方法调度是一种在运行时而不是编译时调用重载方法的机制,通过方法覆盖实现动态的运行

时多态，是面向对象设计代码重用的最强大的机制之一，使现有代码库在维持抽象接口同时不重新编译的情况下能调用新类实例的能力。

之前学到过“向上转型”，即子类可以向父类进行类型转型，通过向上转型，使父类的对象能引用子类对象，如程序4-1和程序4-2中，通过语句“People p1＝new Student();”实现了向上转型，即父类People的对象p1是通过实例化一个子类Student对象而来。

通过动态方法调度机制，父类可以定义供它的所有子类使用的方法的通用形式，而子类可以灵活地覆盖父类的方法。当一个被覆盖的方法通过父类引用被调用，Java根据当前被引用对象的类型来决定执行哪个版本的方法。如果引用的对象类型不同，就会调用一个覆盖方法的不同版本。简而言之，是被引用对象的类型(子类)，而不是引用变量的类型(父类)决定执行哪个版本的重载方法。因此，当通过父类引用变量引用不同对象类型时，就会执行该方法的不同版本。程序4-14阐述了动态方法调度机制的一个例子。

【程序4-14】 DynamicMethodTest.java。

```
class A{
    public void Hello(){
        System.out.println("Hello,here is A");
    }
}

class B extends A{
    public void Hello(){
        System.out.println("Hello,here is B");
    }
}

class C extends B{
    public void Hello(){
        System.out.println("Hello,here is C");
    }
}

public class DynamicMethodTest{
    public static void main(String args[]){
        A a=new A();          //实例化类A,得到A类型的对象a
        B b=new B();          //实例化类B,得到B类型的对象b
        C c=new C();          //实例化类C,得到C类型的对象c
        A x;                  //声明一个A类型的对象x,即x的引用对象类型为A
        x=a;                  //初始化x,被引用的对象类型也是A
        x.Hello();            //x实际执行的是类A的Hello()方法
        x=b;                  //初始化x,通过向上转型,此时被引用的对象类型是B
        x.Hello();            //x实际执行的是类B的Hello()方法
        x=c;                  //初始化x,通过向上转型,此时被引用的对象类型是C
        x.Hello();            //x实际执行的是类C的Hello()方法

        b=new C();            //重新初始化b,通过向上转型,此时被引用的对象类型是其子类C
```

```
        b.Hello();                  //b 实际执行的是类 C 的 Hello()方法
    }
}
```

最后的输出结果如图 4-8 所示。

```
Problems  Tasks  Web Browser  Servers  Console
<terminated> DynamicMethodTest [Java Application] F:\Common\binary\com.
Hello,here is A
Hello,here is B
Hello,here is C
Hello,here is C
```

图 4-8　程序 4-14 的输出结果

4.4 抽 象 类

抽象类就是专门设计用来让子类继承的类。抽象类提供一个类的部分实现,其内部可以有成员变量、构造方法、具体方法和抽象方法。抽象类包含的抽象方法以分号结束,且不含方法体,它是必须被子类覆盖的方法。定义抽象类和抽象方法的格式如下:

```
abstract class<类名>{
    成员变量;
    返回类型 方法名(参数列表){ 方法体 }                //定义一般方法
    abstract 返回类型 方法名(参数列表);              //定义抽象方法
}
```

使用抽象类必须注意以下要点。

(1) 抽象类可以只包含抽象方法,也可以拥有普通的成员变量或方法。抽象类的子类必须覆盖父类的所有抽象方法。

程序 4-15 是一个抽象类及其子类的程序实例。

【程序 4-15】 ShapeTest.java。

```
//定义抽象类 Shape
abstract class Shape{
    int shapeId;                                //可以拥有成员变量

    protected void getShapeId(){                //可以拥有具体实现的方法
        System.out.println(shapeId);
    }

    abstract protected double area();           //定义抽象方法 area(),注意没有{}

    abstract protected void draw();             //定义抽象方法 draw()
}
```

```
//定义一个子类来继承抽象类 Shape
class Rectangle extends Shape{
    float width, length;

    //定义构造方法
    Rectangle(float w, float l){
        width=w;
        length=l;
    }

    //对父类的抽象方法进行具体实现
    public double area(){
        return width * length;
    }

    //对父类的抽象方法进行具体实现
    public void draw(){};
}

public class ShapeTest{
    public static void main(String args[]){
        Shape r=new Rectangle(10, 20);
        System.out.println("The area of rectangle:"+r.area());
    }
}
```

在本例中,Rectangle 类继承了抽象类 Shape,因此必须对其所有的抽象方法进行实现。即使 draw()方法中没有方法体,也需要加上{}来表明实现了父类的抽象方法。

(2) 如果一个类不是抽象类,则不能在该类中定义抽象方法。

在一个非抽象类中定义抽象方法将会引起编译错误,而反过来说,对于一个抽象类,则可以在类中不定义任何抽象方法,但从实际情况来讲,没有抽象方法的抽象类没有任何意义。

(3) 抽象类可以有构造方法,但抽象类不会有实例,也不能直接用构造方法来生成实例,一般可通过其子类进行实例化。

在程序 4-15 中,Rectangle 类继承了抽象类 Shape,例如,要实例化 Shape 类,可以使用语句"Shape s=new Rectangle(10, 20);"来生成抽象类 Shape 的实例,然后就可以通过"s.getShapeId();"来调用 Shape 类的方法,该实例化过程也是属于向上转型。因为 Java 的运行时多态性是通过使用父类引用来实现的,因此通过指向一个被引用的子类对象来实例化抽象类,进而达到可以使用子类中被覆盖的抽象方法的目的。

(4) 对于类,不能同时用 final 和 abstract 说明。对于成员方法,不能同时用 static 和 abstract 说明。

使用 final 关键字的类将不能被继承,使用 abstract 关键字的类则专门用来被子类继承,因此同时使用 final 和 abstract 来修饰类将会产生矛盾。

使用 static 关键字的方法能在不实例化对象时就被使用,而使用 abstract 关键字的方法没有方法体，必须要靠子类进行具体实现。因此，一个成员方法同时使用 static 和 abstract 关键字没有任何必要。

学习了抽象类的知识后，将其与“向上转型”的概念结合。抽象类的实例化过程也是向上转型的过程，那么向上转型后的对象，到底是属于父类还是属于子类？实际情况是：该对象是父类对象，因此它没法调用子类的成员方法和成员变量，但如果是子类存在和父类同名的方法，也就是出现方法覆盖的情况，动态调度机制就会发挥作用，此时父类的方法实现会被子类的方法覆盖，但是动态方法调度机制仅对方法有效，对成员变量无效。因此，如果子类存在和父类同名的变量，那么通过向上转型生成的对象调用该变量时使用的仍旧是父类的变量。程序 4-16 验证了这一过程。

【程序 4-16】 DynamicMethodTest2.java。

```
class A2{
    int id=10;

    public void Hello(){
        System.out.println("Hello,here is A2");
    }
}

class B2 extends A2{
    int id=100;
    String s="ok";

    public void Hello(){
        System.out.println("Hello,here is B2");
    }

    public void setId(){
        id=1000;
    }
}

public class DynamicMethodTest2{
    public static void main(String args[]){
        A2 a2=new B2();                //向上转型
        System.out.println(a2.id);  //成员变量 id 并没有被覆盖,使用的还是 A2 类的 id
        //System.out.println(a2.s); //s 是子类 B2 的变量,无法调用
        a2.Hello();  //子类覆盖了父类的 Hello()方法,因此实际调用了 B2 的 Hello()方法
        //a2.setId();                  //setId()是子类 B2 的方法,无法调用
    }
}
```

但上例又出现了一个新问题，如果需要调用子类的成员变量 id 又该怎么办呢？其实可以通过 get 方法来封装该变量，改写的程序如下：

```
class A2{
    int id=10;

    public int getId(){
        return id;
    }
}

class B2 extends A2{
    int id=100;

    public int getId(){
        return id;
    }
}

public class DynamicMethodTest2{
    public static void main(String args[]){
        A2 a2=new B2();                    //向上转型
        System.out.println(a2.getId());
    }
}
```

运行程序后，输出的id值为100，说明通过执行子类的方法，获取了子类的成员变量id。

小贴士

为什么要设计抽象类？其意义何在？

有些情况下，希望定义一个类，该类定义了一种给定结构的抽象但是不提供任何完整的方法实现，然后具体实现由每个子类自己去完成。这类情形可能发生的场合是父类不能创建一个有意义的方法实现，这时候就会需要抽象类。

抽象类是表征人们对问题领域进行分析、设计中得出的抽象概念，是对一系列看上去不同，但是本质上相同的具体概念的抽象。好比人们都知道三角形是一个形状，世界上有三角形这样具体的东西，但是却没有形状这样具体的东西，要描述这个形状的概念就要用到抽象类。因此，在Java中抽象类是不允许被直接实例化的，就如同形状也没法直接被实例化，只有通过引用其子类的对象才办得到。

更具体来讲，在面向对象领域，抽象类主要用来进行类型隐藏。那什么是类型隐藏呢？可以构造出一个固定的一组行为的抽象描述，但是这组行为却能够有任意个可能的具体实现方式。这个抽象描述就是抽象类，而这一组任意个可能的具体实现则表现为所有可能的派生类。好比动物是一个抽象类，人、猴子、老虎就是具体实现的派生类，就可以用动物类型来隐藏人、猴子和老虎的类型。

总而言之，抽象类就是用来继承的，通过抽象类可以使开发的系统具有良好的扩展性和可复用性。

4.5 接　　口

4.5.1 接口的定义

接口是在程序开发的早期建立的一组协议（规范公共的操作接口），它没有被具体实现，这样便于设计更合理的类层次，使代码更灵活。通过关键字 interface 可以指定一个接口必须做什么，而不是规定它如何去做。在接口中定义的方法是不含方法体的，一旦接口被定义，任何类成员都可以实现该接口。

在 Java 语言中，一个类只能有一个父类。但 Java 提供了接口用于实现多重继承，一个类可以有一个父类，并能实现多个接口。接口是一个特殊的类：由常量和抽象方法组成。接口的定义格式如下：

```
[public] interface 接口名 [extends 父接口名列表 ]{
    数据类型 变量名=常量值;                          //常量域声明
    返回类型 方法名(参数列表) [throw 异常列表];      //抽象方法声明
}
```

关于接口的定义有以下知识点需要掌握。

(1) 接口具有继承性，一个接口还可以继承多个父接口，父接口间用逗号分隔。

在下面的例子中，接口 C 继承了接口 A 和接口 B。

```
interface InterfaceA{
    void testA();
}

interface InterfaceB{
    void testB();
}

interface InterfaceC extends InterfaceA, InterfaceB{
    void testC();
}
```

(2) 系统默认接口中所有成员变量的修饰都是加上 public、static 和 final。

接口内部的所有成员变量即使不加修饰词，系统也默认具有 public、static 和 final 属性，因此在接口中定义的变量都是不能改变的值。例如，接口内的代码：

```
double PI=3.1415926;
```

完全等同于以下代码：

```
public static final double PI=3.1415926;
```

(3) 系统默认接口中所有成员方法的修饰都是 public 和 abstract。即使接口内的成员方法不加 public 和 abstract 修饰词,系统也默认其具有 public 和 abstract 属性。例如,接口内的代码:

```
void testA();
```

完全等同于以下代码:

```
public abstract void testA();
```

(4) 接口只包括常量定义和抽象方法。

在接口内不能定义变量和具体的成员方法,如在接口中加入以下代码将会导致编译出错。

```
int age;
public int getAge(){
    return age;
}
```

(5) 接口本身具有抽象属性,因此不需要使用 abstract 关键字,接口的访问控制权限有 public 和默认权限,不具有 protected 和 private 权限。

```
abstract interface InterfaceA
                        //加上 abstract 关键字也不会报错,接口本身已经具有抽象属性
public interface InterfaceA           //声明一个具有公共权限的接口
protected interface InterfaceA        //编译出错,接口没有 protected 权限
private interface InterfaceA          //编译出错,接口没有 private 权限
```

另外,在同一个 Java 源文件里面虽然可以包含多个类和接口,但不能包含两个或两个以上具有 public 修饰词的类或接口,即该文件中接口如果用了 public,类的修饰词就不能使用 public,不然会出现编译错误,反之同理。

(6) 接口不含构造方法。由于接口没有构造方法,因此不能直接通过接口生成接口的实例对象。

4.5.2 接口的实现

接口定义了一套行为规范,一个类实现这个接口就要遵守接口中定义的规范,实际上就是要实现接口中定义的所有方法。为实现一个接口,在类定义中要包括 implements 关键字,然后创建接口定义的方法。接口实现的具体格式如下:

```
class<类名>implements 接口名 1,接口名 2,…
```

一个接口可以被一个或多个类实现,当一个类实现了一个接口,它必须实现接口中所有的方法,这种实现其实就是方法覆盖。由于方法覆盖不能缩小父类方法的访问权限,而接口内所有的方法都默认是 public 的访问权限,因此在实现这些方法时,必须设定访问权限也是 public 类型的,否则会产生访问权限错误。

程序 4-17 提供了一个宠物接口,该接口有两个方法: petSkill()用来表示宠物的技能,petVoice()表示宠物的叫声。Cat 和 Dog 类分别实现了该接口,因此需要实现接口中的所有方法,并且根据猫和狗的区别,实现的方法体内容也是不同的。需要注意的是,在 Cat 和 Dog 类中实现方法时,都需要加 public 关键字,以防止访问权限错误。

【程序 4-17】 PetTest.java。

```
interface IPet{
    void petSkill();
    void petVoice();
}

class Cat implements IPet{
    public void petSkill(){                          //实现 IPet 的 petSkill()方法
        System.out.println("I can climb trees");
    }

    public void petVoice(){                          //实现 IPet 的 petVoice()方法
        System.out.println("喵");
    }
}

class Dog implements IPet{
    public void petSkill(){                          //实现 IPet 的 petSkill()方法
        System.out.println("I can guard houses");
    }

    public void petVoice(){                          //实现 IPet 的 petVoice()方法
        System.out.println("汪");
    }
}

public class PetTest{
    public static void main(String args[]){
        Cat cat=new Cat();
        cat.petSkill();
        cat.petVoice();
        Dog dog=new Dog();
        dog.petSkill();
        dog.petVoice();
    }
}
```

运行程序,输出结果如图 4-9 所示。

通过使用接口可以来引入多个类的共享常量,接口中定义成员变量的都是加上 public、static 和 final 的。因此,可以把这些变量都作为常量看待,然后在实现它的类中直接调用,程序 4-18 给出了相关的程序。

```
I can climb trees
喵
I can guard houses
汪
```

图 4-9　程序 4-17 的输出结果

【程序 4-18】 PetTest2.java。

```
interface IPet2{
    String petName="宠物类";
    void petSkill();
}

class Cat2 implements IPet2{
    String  getpetName(){
        return petName+": 猫";               //直接调用接口中的常量
    }

    public void petSkill(){
        System.out.println("I can climb trees");
    }
}

public class PetTest2{
    public static void main(String args[]){
        Cat2 cat2=new Cat2();
        cat2.petSkill();
        System.out.println(cat2.getpetName());
    }
}
```

运行程序,输出结果如图 4-10 所示。

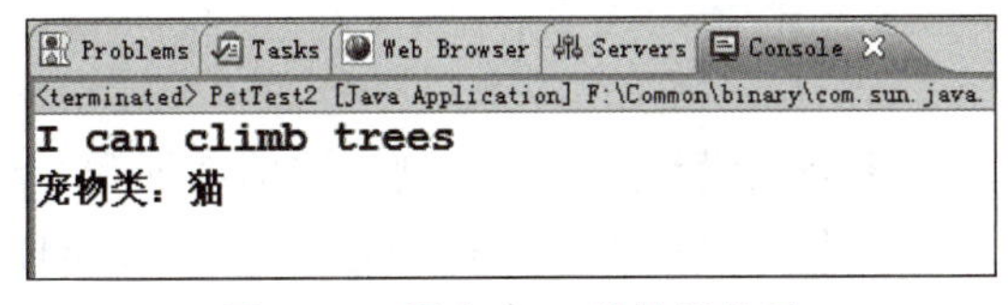

图 4-10　程序 4-18 的输出结果

接口是可以扩展的,可以通过使用关键字 extends 被其他接口继承。因此,实现该接口的类,它的语法与继承类是一样的,即当一个类实现一个继承了另一个接口的接口时,它必须实现接口继承列表中定义的所有方法。例如,接口 A 继承了接口 B,接口 B 继承了接口 C,那么实现接口 A 的类需要实现接口 A、接口 B 和接口 C 里面所有的方法,程序 4-19 展示了这种情况。

【程序 4-19】 PetTest3.java。

```
interface IAnimal{
    String getLegNumbers();
}

interface IPet3 extends IAnimal{
    String petName="宠物类";
        void petSkill();
    }

class Cat3 implements IPet3{
    String getpetName(){
        return petName+": 猫";                //直接调用接口中的常量
}

    public void petSkill(){
        System.out.println("I can climb trees");
    }

    public String getLegNumbers(){      //必须要实现 IAnimal 接口的方法,否则编译出错
        return "猫有四条腿";
    }
}

public class PetTest3{
    public static void main(String args[]){
        Cat3 cat3=new Cat3();
        cat3.petSkill();
        System.out.println(cat3.getpetName());
        System.out.println(cat3.getLegNumbers());
    }
}
```

4.5.3 接口的作用

接口是为了支持运行时多态性设计的。接口把方法的特征和方法的实现分开。这种分割体现在接口常常代表一个角色,它包装与该角色相关的操作和属性,而实现这个接口的类便是扮演这个角色的演员。一个角色由不同的演员来演,而不同的演员之间除了扮演一个共同的角色之外,并不要求其他的共同之处。接口实现的这种多态性称为接口回调,接口回调的操作过程是把变量定义成使用接口的对象引用而不是类的类型,任何实现了所声明接口的类的实例都可以被这样的一个变量引用。当通过这些引用调用方法时,在实际引用接口的实例基础上,方法将会在运行时被动态调用。程序 4-20 通过接口引用变量调用了正确的方法,代码如程序 4-20 所示。

【程序 4-20】 PetTest4.java。

```
interface IPet4{
    void petSkill();
    void petVoice();
}

class Cat4 implements IPet4{
    public void petSkill(){
        System.out.println("I can climb trees");
    }

    public void petVoice(){
        System.out.println("喵");
    }
}

class Dog4 implements IPet4{
    public void petSkill(){
        System.out.println("I can guard houses");
    }

    public void petVoice(){
        System.out.println("汪");
    }

    public void feature(){
        System.out.println("Human's friend!");
    }
}

public class PetTest4{
    public static void main(String args[]){
        IPet4 newCat=new Cat4();
        IPet4 newDog=new Dog4();
        newCat.petSkill();
        newCat.petVoice();
        newDog.petSkill();
        newDog.petVoice();
        //newDog.feature();                //只能使用接口中的方法
    }
}
```

注意：变量 newCat 和 newDog 都被定义成接口类型 IPet4，newCat 被一个 Cat4 实例赋值，newDog 被一个 Dog4 实例赋值，通过接口回调，系统能正确识别变量真正要调用的方法。另外，变量 newDog 虽然能访问 Dog4 类的 petSkill()和 petVoice()方法，但它不能访问 Dog4 类的任何其他成员，因为一个接口引用变量仅仅知道被它的接口定义声明的方法。所以，语句“newDog.feature();”是无法通过编译的，因为它是被 Dog4 类定义的，而不是由接口定义。

运行程序,输出结果如图 4-11 所示。

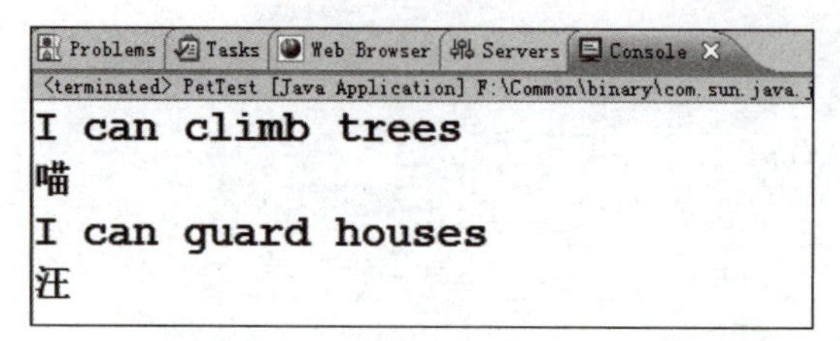

图 4-11　程序 4-20 的输出结果

程序 4-21 展示了更多关于接口回调的知识点。

【程序 4-21】 PetTest5.java。

```
interface IPet5{
    void petSkill();
    void name();
}

interface IRatHunter{
    void ratHunt();
}

interface IFishHunter{
    void fishHunt();
}

class SmallAnimal{
    public void name(){
        System.out.println("class: SmallAnimal---method: name");
    }
}

class Dog5 extends SmallAnimal implements IPet5{
    public void petSkill(){
        System.out.println("class: Dog5---method: petSkill");
    }

    public void name(){
        System.out.println("class: Dog5---method: name");
    }
}

class Cat5 extends SmallAnimal implements IPet5, IRatHunter, IFishHunter{
    public void petSkill(){
        System.out.println("class: Cat5---method: petSkill");
    }
```

```
        public void ratHunt(){
            System.out.println("class: Cat5---method: ratHunt");
        }

        public void fishHunt(){
            System.out.println("class: Cat5---method: fishHunt");
        }
    }

    public class PetTest5{
        static void showPetSkill(IPet5 p){
            p.petSkill();
        }

        static void showName(SmallAnimal s){
            s.name();
        }

        static void A(IPet5 p){
            p.petSkill();
            p.name();
        }

        static void B(IRatHunter r){
            r.ratHunt();
        }

        static void C(IFishHunter f){
            f.fishHunt();
        }

        static void D(SmallAnimal s){
            s.name();
        }

        public static void main(String args[]){
            System.out.println("现在开始以 IPet5 接口作为参数传值--------");
            IPet5  a1=new Dog5();
            IPet5  b1=new Cat5();
            showPetSkill(a1);
            showPetSkill(b1);
            System.out.println("现在开始以 SmallAnimal 类作为参数传值--------");
            SmallAnimal a2=new Dog5();
            SmallAnimal b2=new Cat5();
            showName(a2);
            showName(b2);
            System.out.println("现在开始对 Cat5 类产生的对象测试--------");
```

```
        Cat5 c=new Cat5();
        A(c);
        B(c);
        C(c);
        D(c);
    }
}
```

先分析一下这个程序的结构：本例先提供了 3 个接口 IPet5、IRatHunter、IFishHunter 和类 SmallAnimal，然后 Dog5 类实现了 IPet5 接口，Cat5 类则继承了 SmallAnimal 类，并且实现了以上的全部 3 个接口。按照实现接口的规则，Cat5 类必须实现接口中所有的方法，但是接口 IPet5 的 name()方法并没有实现，这是因为 Cat5 类的父类 SmallAnimal 拥有 name()方法，使该方法被自动继承下来。因此，Cat5 类中并不需要实现该方法。

PetTest5 类用来对相关的类和接口做测试，在 main 方法中，变量 a1、b1 都被定义成接口类型 IPet5，a1 被一个 Dog5 实例赋值，b1 被一个 Cat5 实例赋值，随后 PetTest5 类调用 showPetSkill(IPet5 p)方法，把接口作为参数传入，随后通过接口回调，使之能执行相应的 petSkill()方法。

通过语句"SmallAnimal a2 = new Dog5(); SmallAnimal b2 = new Cat5();"，父类 SmallAnimal 被相应的子类实例化，再通过 showName(SmallAnimal s)方法，把 SmallAnimal 类作为参数传入，"showName(a2);"语句最后执行的是被子类覆盖的方法，而"showName(b2);"语句执行的仍旧是父类的方法，因为该方法被 Cat5 类自动继承下来了。

语句"Cat5 c=new Cat5();"生成了一个 Cat5 对象，该对象一旦生成，就可以传入 A、B、C、D 这 4 个方法的任何一个，这其实就是该对象自动向上转型至各个对应的接口或父类，Java 通过这样的程序设计，来增强执行的多态能力。

最终程序的输出结果如图 4-12 所示。

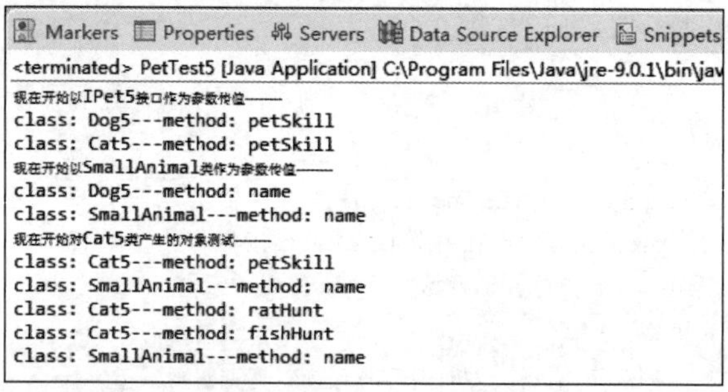

```
Markers  Properties  Servers  Data Source Explorer  Snippets
<terminated> PetTest5 [Java Application] C:\Program Files\Java\jre-9.0.1\bin\jav
现在开始以IPet5接口作为参数传值------
class: Dog5---method: petSkill
class: Cat5---method: petSkill
现在开始以SmallAnimal类作为参数传值------
class: Dog5---method: name
class: SmallAnimal---method: name
现在开始对Cat5类产生的对象测试------
class: Cat5---method: petSkill
class: SmallAnimal---method: name
class: Cat5---method: ratHunt
class: Cat5---method: fishHunt
class: SmallAnimal---method: name
```

图 4-12　程序 4-21 的输出结果

4.5.4 接口与抽象类的区别

事实上，通过前面的学习可以发现，通过抽象类的方法覆盖机制，也能实现类似接口回调的功能，如程序 4-20，完全可以把接口 IPet4 写出一个抽象类，然后 Cat4 和 Dog4 类来继承抽象类 IPet4，最后完全可以达到同样的效果。那么，Java 语言中，接口和抽象类究竟有什么区别？总结来说，主要包括以下几点。

(1) 接口可以多重继承，抽象类不可以。

(2) 抽象类内部可以有成员变量，可以有具体实现的成员方法，接口则没有实现的方法，只有常量。

(3) 接口与实现它的类不构成类的继承体系，即接口不是类体系的一部分。因此，不相关的类也可以实现相同的接口。而抽象类是属于一个类的继承体系，并且一般位于类体系的顶层。

(4) 接口能通过实现多个接口实现多重继承，能够抽象出不相关类之间的相似性，而抽象类不行。

(5) 在实现运行时多态的机制上，通过设计抽象类，由子类实现父类所定义的方法也能实现 Java 的动态调度机制。但问题是 Java 是一种单继承的语言，一般情况下，某个具体类可能已经有了一个父类，因此在实现过程中，对一个具体类的可插入性的设计，就变成了对整个等级结构中所有类的修改。而接口的设计避免了这个问题，在一个等级结构中的任何一个类都可以实现一个接口，这个接口会影响此类的所有子类，但不会影响此类的任何父类。此类将不得不实现这个接口所规定的方法，而其子类可以从此类自动继承这些方法，当然也可以选择置换掉所有的这些方法，或者其中的某一些方法，这时，这些子类具有可插入性。

使用接口还是抽象类，可以考虑创建类体系的父类时，若不定义任何变量并无须给出任何方法的完整定义，则将其定义为接口；若必须有具体的方法定义或变量时，则考虑用抽象类。在实际情况中，由于接口实现动态调度机制能更加灵活，导致接口的设计应用比抽象类要更广泛。

小贴士

有没有可能某个类实现了一个接口，却没有实现该接口中的所有方法？

这个类只要符合下列的情况之一，就不需要实现接口中的所有方法。

(1) 在其父类中已经实现了相关的和接口同名的方法，如程序 4-21 中的 Cat5 类。

(2) 这个类是抽象类。

4.6 特殊的类

4.6.1 实名内部类

Java 语言允许将一个类的定义置于另一个类中，这个类就是内部类，如果类 B 被定义在类 A 之内，那么类 B 就是一个内部类，它为类 A 所知，然而不被类 A 的外界所知。类 B 可以访问嵌套它的类的成员，包括 private 成员。内部类需要遵循以下准则。

(1) 内部类的类名只用于定义它的类或语句块之内，在外部引用它时必须给出带有外部类名的完整名称。

(2) 内部类的名字不允许与外部类的名字相同。

(3) 内部类可以是抽象类或接口，若是接口，则可以由其他内部类实现。

按照内部类是否含有显示的类名来把内部类划分为实名内部类和匿名内部类。

实名内部类的格式如下：

```
[类修饰词表] class 类名 [extends 父类名] [implements 接口名列表]{
    类体
}
```

实名内部类的访问控制方式相比一般的类增加了 protected(保护模式)和 private(私有模式)这两种权限。

实名内部类的修饰词可以使用 static,通过 static 修饰的实名内部类称为静态实名内部类,创建静态实名内部类的实例对象格式如下：

```
new 外部类名.实名内部类名(构造方法调用参数列表)
```

没有 static 修饰的内部类称为不具有静态属性的实名内部类,它的成员变量若有静态属性,则必须同时具有 final 属性,但成员方法不能有静态属性。创建不具有静态属性的实名内部类的实例对象格式如下：

```
外部类实例对象.new 实名内部类名(构造方法调用参数列表)
```

程序 4-22 给出了一个静态实名内部类和一个不具有静态属性的实名内部类,并创建了相应的实例对象。

【程序 4-22】 OutTest.java。

```
class Out{
    static class Inner1{
      final static String InnerClassName="Inner1";
        double calculate(double i){
        return i * i;
    }
}

    class Inner2{
        static final String InnerClassName="Inner2";
        double calculate(double i, double j){
        return i * j;
    }
  }
}

public class OutTest{
    public static void main(String args[]){
        Inner1 i1=new Out.Inner1();
        Out o=new Out();
        Inner2 i2=o.new Inner2();
        Inner2 i3=new Out().new Inner2();
    }
}
```

本例中，Out是外部类，Inner1是一个静态实名内部类，因此可以通过“new Out.Inner1();”这样的方式产生该内部类的实例对象。Inner2是不具有静态属性的实名内部类，先生成一个Out对象o，然后通过“o.new Inner2();”来产生Inner2类的实例对象。当然，也可以直接写“new Out().new Inner2();”来生成对象实例。另外，需要注意的是Inner2类成员变量InnerClassName的修饰词有static，因此必须同时加上final属性，而它的成员方法calculate(double i, double j)则不能使用static进行修饰。

访问实名内部类的静态属性成员和非静态属性成员的方式也是有区别的，访问静态属性的成员的格式如下：

```
外部类名.实名内部类名.静态成员
```

因此，以程序4-22程序为例，访问Inner1类的具有静态属性的InnerClassName成员变量的方式如下：

```
Out.Inner1.InnerClassName
```

尽管写成i1. InnerClassName来访问InnerClassName变量也是可以的，因为i1是该类的一个实例对象，但这违背了static关键字的设计初衷。

同样，访问Inner2类的具有静态属性的InnerClassName成员变量的方式如下：

```
Out.Inner2.InnerClassName
```

访问不具有静态属性的成员格式如下：

```
实名内部类实例对象.成员
```

仍以程序4-22为例，访问Inner1类的不具有静态属性的calculate(double i)成员方法的方式如下：

```
i1.calculate(10.0)
```

i1是此例中Inner1类的实例对象，因此得到实例对象后就能很方便地调用其成员。

同理，访问Inner2类的不具有静态属性的calculate(double i,double j) 成员方法的方式如下：

```
i2.calculate(10.0, 20.0)
```

或

```
i3.calculate(10.0, 20.0)
```

综上所述，重写程序4-22中的OutTest类，内容如下：

```
public class OutTest{
    public static void main(String args[]){
```

```
            Inner1 i1=new Out.Inner1();
            Out o=new Out();
            Inner2 i2=o.new Inner2();
            Inner2 i3=new Out().new Inner2();
            System.out.println(Out.Inner1.InnerClassName);
            System.out.println(i1.calculate(10.0));
            System.out.println(Out.Inner2.InnerClassName);
            System.out.println(i2.calculate(10.0, 20.0));
        }
    }
```

输出结果如图 4-13 所示。

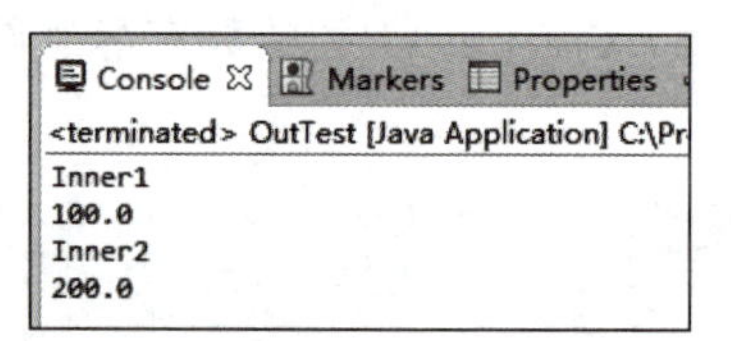

图 4-13　重写的程序 4-22 的输出结果

内部类可以拥有和外部类同名的成员;外部类可以通过实例化内部类得到其对象,并能使用内部类的成员;内部类能直接在外部类的方法中定义。程序 4-23 展示了内部类的这些特性。

【程序 4-23】　Outer.java。

```
interface InnerInterface{
    void SayHello();
}

public class Outer{
    private int num=10;

    public class Inner3{
        private int num=100;
        public void show(int num){
            num++;                          //方法传递的参数
            this.num++;                     //内部类的成员变量
            Outer.this.num++;               //外部类 Outer 的成员变量
            System.out.println("现在的 num 值是: "+num);
            System.out.println("现在的 this.num 值是: "+this.num);
            System.out.println("现在的 Outer.this.num 值是: "+Outer.this.num);
        }
    }

    Inner3 i=new Inner3();                  //成员变量 i 是 Inner3 内部类的实例对象

    public void increaseSize(int n){
```

```
        i.show(n);                    //调用 Inner3 内部类的方法
    }

    public InnerInterface makeInner4(){
        class Inner4 implements InnerInterface{
            public void SayHello(){
              System.out.println("Hello");
            }
        }
        return new Inner4();          //方法 Inner4()返回 InnerInterface 接口对象
    }

    public static void main(String[] a){
        Outer o=new Outer();
        o.increaseSize(1000);
        InnerInterface i=o.makeInner4();
        i.SayHello();
    }
}
```

内部类 Inner3 的方法 show(int num)中的参数 num 与它的成员变量以及外部类的成员变量同名，为了进行区分，调用内部类的成员变量可以使用 this 关键字，调用外部类同名的成员变量可以采用“外部类名.this”的方式，从本例可以看到内部类和外部类之间都能互相灵活使用对象的成员而没有权限的限制。

本例的 makeInner4()的返回类型是一个接口，在其方法内部定义了一个内部类 Inner4，该类实现了 InnerInterface 接口，这使得在 main 方法中，通过语句“InnerInterface i＝o.makeInner4()；”就能完成向上转型，再通过语句“i.SayHello()；”就简单地实现了接口回调的功能。程序最后的输出结果如图 4-14 所示。

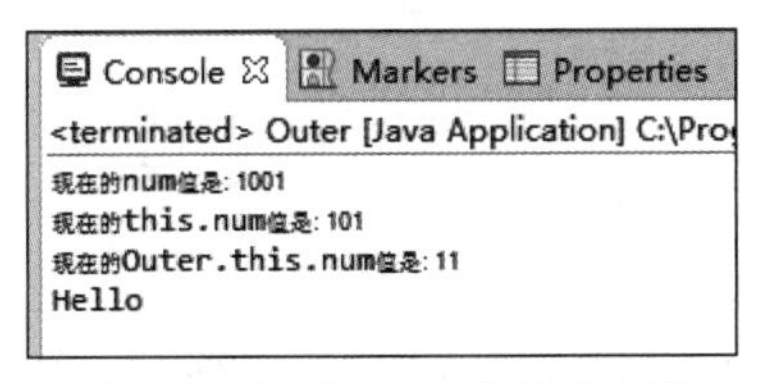

图 4-14　程序 4-23 的输出结果

4.6.2　匿名内部类

匿名内部类也是内部类的一种，其主要特征是不具有类名，且类不具有抽象和静态属性，也不能派生出子类。

定义匿名内部类的格式如下：

```
new 父类名(父类型的构造方法的调用参数列表){
    类体
}
```

程序 4-24 示范了匿名内部类的用法。

【程序 4-24】 InnerClass.java。

```
//定义一个抽象类 AClass,InnerClass 类中生成的匿名内部类是其子类
abstract class AClass{
    int num;
    public AClass(int i){
        num=i;
    }
    public abstract void showNum();
}

public class InnerClass{
    public static void main(String args[]){
        //匿名内部类定义与实例化过程,最后返回的是 AClass 类对象 c
        AClass c=new AClass(5){
            public void showNum(){
                System.out.println("num="+num);
            }
        }; //注意结尾要加分号
        c.showNum();
    }
}
```

从此例可以看出,匿名内部类的定义过程非常隐蔽,该匿名内部类完成的工作如下。

(1) 定义某个匿名 class 对象。

(2) 此 class 继承自抽象类 AClass。

(3) 该匿名 class 对象最后被向上转型为 AClass 对象。

因此,通过"c.showNum();"语句,就可以使用匿名内部类中的方法,该例输出结果为"num=5"。

内部类给人一种神秘的感觉,那么 Java 设计了内部类,它究竟能起什么作用?总体而言,内部类的作用可以总结为以下几点。

1. 进一步实现多重继承

Java 是单根继承的,然后通过接口来实现多重继承。但使用接口也会有不方便的时候,因为实现一个接口就必须实现它里面的所有方法。而通过内部类就没有这个问题,程序 4-25 展示了内部类的这一特性。

【程序 4-25】 InnerTest.java。

```
class SuperA{
    public String SayHello(String s){
        return s+"  Hello";
    }
}
```

```
class SuperB{
    public int calculation(int i){
        return++i;
    }
}

public class InnerTest{
    private class InnerTest1 extends SuperA{}

    private class InnerTest2 extends SuperB{
        public int calculation(int i){
            return super.calculation(i);
        }
    }

    public String SayHello(String s){
        return new InnerTest1().SayHello(s);
    }

    public int calculation(int i){
        return new InnerTest2().calculation(i);
    }

    public static void main(String args[]){
        InnerTest test=new InnerTest();
        System.out.println(test.SayHello("张三"));
        System.out.println(test.calculation(100));
    }
}
```

类 InnerTest 通过子类分别继承了 SuperA 和 SuperB 这两个父类，因此就可以调用父类中的方法，最后输出结果如图 4-15 所示。

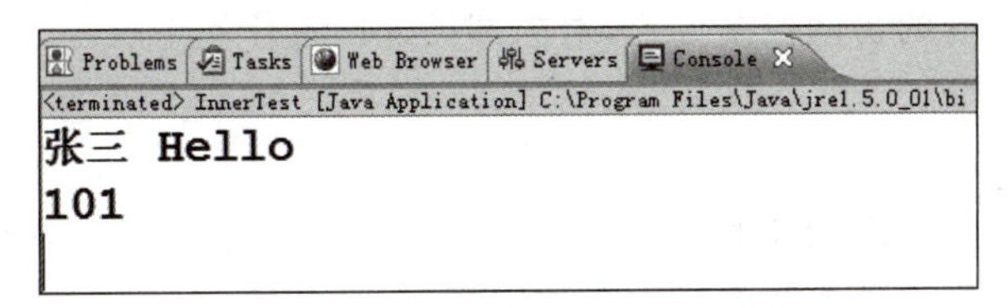

图 4-15　程序 4-25 的输出结果

2. 能更好地解决接口和父类中方法的同名冲突

程序 4-21 中类 Cat5 继承的 SmallAnimal 类和实现的 IPet5 接口都有同名方法 name()，如果既想使用父类的 name()方法，又想重载接口的 name()方法，那么用内部类就可以办到。程序 4-26 在程序 4-21 的基础上进行了改写，加入了内部类来解决命名冲突。

【程序 4-26】 Cat6.java。

```
interface IPet6{
    void name();
}

class SmallAnimal{
    public void name(){
        System.out.println("class: SmallAnimal---method: name");
    }
}

public class Cat6 extends SmallAnimal{
    private class CatInner implements IPet6{
        public void name(){
            System.out.println("class: Cat6.CatInner---method: name");
        }
    }

    public static void main(String args[]){
        Cat6 cat=new Cat6();
        cat.name();
        cat.new CatInner().name();
    }
}
```

3. 隐藏程序实现的细节

类的访问控制方式一般只有 public 和默认权限,但内部类有 private 与 protected 权限,所以能通过内部类来隐藏程序实现的细节。其实在程序 4-23 中就展示了这个特性:语句“InnerInterface i=o.makeInner4();”能返回一个 InnerInterface 的接口对象,但调用者并不知道该对象到底是由什么类实例化产生的。而且通过设置内部类是 private 权限,可以使外界无法读取这个类的名称,从而实现很好的细节隐藏。

4. 能够无条件地访问外部类的成员

即使该成员是私有的访问控制方式,对内部类也没有任何影响。

4.6.3 泛型类

泛型是 JDK 5.0 后出现的新概念,泛型的本质是参数化类型,也就是所操作的数据类型被指定为一个参数。当这种参数类型用在类中时,该类就被称为泛型类。

泛型类的格式如下:

```
[类修饰词列表] class 类名<类型参数列表>[extends 父类名] [implements 接口名称列表]{
    类体
}
```

类型参数的定义方式有以下三种。

1. 类型变量标识符

该类型参数的定义等价于类型参数变量标识符 **extends Object**,Object 类是 Java 自带包中包含的，该类非常特殊，它处于 Java 继承层次中最顶端，它封装了 Java 所有类的公共行为，Java 语言默认它是每个 Java 类的直接或间接父类。程序 4-27 给出了相关程序。

【程序 4-27】 Generic.java。

```
class Hello{
    public String toString(){
        return "3";
    }
}

public class Generic<T1, T2, T3>{
    public String test(T1 a, T2 b, T3 c){
        return (a.toString()+b.toString()+c.toString());
    }

    public static void main(String args[]){
        Generic<Integer, String, Hello>j=new Generic<Integer, String, Hello>();
        Integer a=new Integer(1);
        String b=new String("2");
        Hello c=new Hello();
        System.out.println(j.test(a, b, c));
    }
}
```

泛型类 Generic 类型参数有 T1、T2、T3 三种，在 main 方法中，语句“Generic<Integer, String, Hello>j = new Generic<Integer, String, Hello>();”指明了该类可以使用 Integer、String 和 Hello 类这三种类型作为泛型参数，随后系统生成了对应的 3 个对象 a、b 和 c，把这 3 个对象作为参数传入 Generic 类的 test(T1 a, T2 b, T3 c)方法中，注意 toString()方法是 Object 类定义的方法，Integer、String 和 Hello 类都有对该方法的覆盖，因此，最终输出结果如图 4-16 所示。

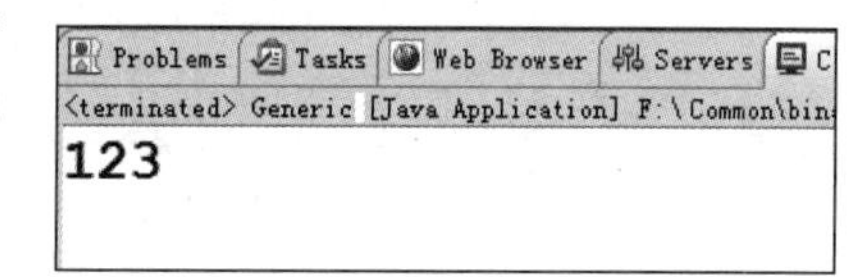

图 4-16 程序 4-27 的输出结果

2. 类型变量标识符 extends 父类型

该方式表明所定义的类型变量是其父类型的子类型，使泛型变量能直接使用继承自父类的方法，如程序 4-28 所示。

【程序 4-28】 Generic2.java。

```
class Hello2{
    public String toString(){
        return "Hello";
    }

    public int GetNum(){
        return 0;
```

```
    }
}

class SubHello2 extends Hello2{

    private int num;

    SubHello2(int num){
        this.num=num;
    }

    public int GetNum(){
        return num;
    }
}

public class Generic2<T extends Hello2>{
    public String test(T t){
        return (t.toString()+" , Number is  "+t.GetNum());
    }

    public static void main(String args[]){
        Generic2<SubHello2>j=new Generic2<SubHello2>();
        SubHello2 t=new SubHello2(100);
        System.out.println(j.test(t));
    }
}
```

泛型类 Generic2 使用了父类是 Hello2 的泛型参数,并把子类 SubHello2 的对象作为参数传入,最终在 test(T t)方法中,语句“return(t.toString()+",Number is "+t.GetNum());”中的 toString()方法使用了父类的 toString(),而 GetNum()方法则被子类的 GetNum()方法覆盖了,输出结果如图 4-17 所示。

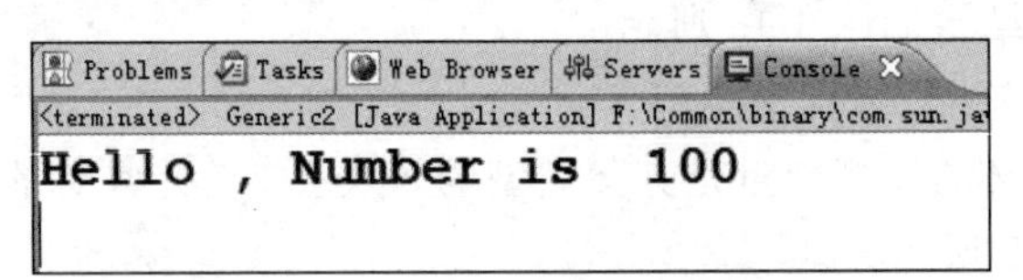

图 4-17 程序 4-28 的输出结果

3. 类型变量标识符 extends 父类型 1 & 父类型 2 & … & 父类型 *n*

该方式表明所定义的类型变量是多个父类型的子类型,但注意各父类型中最多仅有一个类,其余为接口,因为类是单根继承的。

令人好奇的是,即使不使用泛型技术,程序也能正常编写,那么 Java 为何要加入泛型技术?这是因为泛型技术提供了编译时数据类型的检查功能,即在编译时强制使用正确的数据类型,可以提前预知错误的发生,增加代码安全性。尤其在大型的程序中,泛型技术能提高程序代码的复用性,减少数据的类型转换,以提高代码的运行效率。程序 4-29 展示了使用泛型与不使用泛型程序的差异。

【程序 4-29】 Generic2.java。

```
class NoGeneric{
    public Boolean method(Boolean b){
        return b;
    }

    public Integer method(Integer i){
        return i;
    }
}

class NoGeneric2{
    public Object method(Object o){
        return o;
    }
}

public class NeedGeneric<T>{
    public T method(T i){
        return i;
    }

    public static void main(String args[]){
        //使用泛型
        NeedGeneric<Boolean>j1=new NeedGeneric<Boolean>();
        Boolean b1=j1.method(new Boolean(true));
        System.out.println(b1);
        NeedGeneric<Integer>j2=new NeedGeneric<Integer>();
        Integer i1=j2.method(new Integer(100));
        System.out.println(i1);
        //不使用泛型
        NoGeneric jNo=new NoGeneric();
        Boolean b2=jNo.method(new Boolean(false));
        System.out.println(b2);
        Integer i2=jNo.method(new Integer(100));
        System.out.println(i2);
        //不使用泛型
        NoGeneric2 jNo2=new NoGeneric2();
        Boolean b3=(Boolean) jNo2.method(new Boolean(false));
        System.out.println(b3);
        Integer i3=(Integer) jNo2.method(new Integer(100));
        System.out.println(i3);
    }
}
```

NeedGeneric 类使用泛型技术，编译器现在能够在编译时检查程序的正确性。变量 j1

被声明为 NeedGeneric<Boolean>类型,变量 j2 被声明为 NeedGeneric<Integer>类型,这使系统无论何时使用这两个变量,编译器都能保证其中的元素是正确的类型,因此在类似"Boolean b1=j1.method(new Boolean(true));"这样的语句中,已经不需要对 method 方法运行后的结果再进行类型转换了。

NoGeneric 类没有使用泛型技术,这使得当不同的数据类型作为参数传入它的 method 方法时,它不得不通过方法重载来完成相应功能,增加了类的复杂度。

NoGeneric2 类也没有使用泛型技术,但它的 method 方法输入和输出参数都是 Object 类型的,因为 Object 类是所有类的祖先类,所有类都可以向上转型,因此它不再需要写多个 method 方法,每个输出参数都会向上转型为 Object 类,不过在输出时,必须进行强制转换,使 Object 类转为相应的子类(向下转型),这种转换是不安全的,如本例中的语句"Boolean b3=(Boolean) jNo2.method(new Boolean(false));"改为"String b3=(String) jNo2.method(new Boolean(false));",编译被欺骗通过了,但运行仍旧出错,因为 Boolean 型根本无法转换为 String 型。

4.6.4 Class 类

Java 运行时系统一直对所有的对象进行运行时类型标识。这项信息记录了每个对象所属的类。Java 虚拟机通常使用运行时类型信息选准正确方法去执行,用来保存这些类型信息的类是 Class 类。

Class 类没有公共构造方法。Class 对象是在加载类时由 Java 虚拟机以及通过调用类加载器中的 defineClass 方法自动构造的,因此不能显式地声明一个 Class 对象。

虚拟机为每种类型管理一个独一无二的 Class 对象,即每个类都有一个 Class 对象。运行程序时,虚拟机首先检查所要加载的类对应的 Class 对象是否已经加载。如果没有加载,JVM 就会根据类名查找.class 文件,并将其 Class 对象载入。一旦某个类型的 Class 对象已被加载到内存,就可以用它来产生该类型的所有对象。

获取 Class 实例的三种方式如下。

(1) 利用对象调用 getClass()方法获取该对象的 Class 实例。

(2) 使用 Class 类的静态方法 forName(),用类的名字获取一个 Class 实例。

(3) 运用对象.class 的方式来获取 Class 实例,对于基本数据类型的封装类,还可以采用.TYPE 来获取相对应的基本数据类型的 Class 实例。

下面给出一个 Class 类的应用程序。

【程序 4-30】 ClassTest.java。

```
class Class1{}

class SubClass1 extends Class1{}

class ClassTest{
    public Object process(){
        Class1 c1=new SubClass1();
        return findClass(c1);
```

```
    }

    public Object findClass(Class1 class1){
        return class1;
    }

    public static void main(String args[]){
        ClassTest c=new ClassTest();
        Object c2=c.process();
        Class realClass=c2.getClass();
        Class realClass2=SubClass1.class;
        System.out.println(realClass==realClass2);
    }
}
```

本例中,ClassTest类通过内部的process()方法产生一个Object对象,外面无法知道该对象真正的class实例是什么(即是由什么类实例化生成的),但通过getClass()方法,可以获取c2对象的Class实例,程序将该实例同SubClass1.class的方式获取的Class实例进行了比较,最终的结果是true,因为这两个Class实例是等同的,都是SubClass1类的实例。

Classl类能够很好地和Java的反射技术结合,反射技术就是把Java类中的各种成分映射成相应的Java类。例如,一个Java类中用一个Class类的对象来表示,一个类中的组成部分(成员变量、方法、构造方法、包等信息)也用一个个的Java类来表示,表示Java类的Class类显然要提供一系列的方法,来获得其中的变量、方法、构造方法、修饰符、包等信息,这些信息通过相应类的实例对象来得到,用到的实例对象包括Field、Method、Contructor、Package等。例如,下面的代码就是使用Consturctor(构造器)类来代表SubClass1类中的一个构造方法:

例如:

```
Constructor [] constructors=Class.forName("chap4.SubClass1").getConstructors();
```

通过反射技术,一个类中的每个成员都可以用相应的反射API类的一个实例对象来表示,通过调用Class类的方法可以得到这些实例对象。在实际编程中,通过Class类的反射技术,能较好地提高程序的灵活性和复用性。

第 5 章　数组、字符串和枚举

5.1　数　　组

在 Java 语言中，数组（Array）本身是一种引用数据类型，它是一组具有相同数据类型的数据的有序集合，该集合中的数据称为数组元素。数组元素可以由 8 种基本数据类型或引用类型（对象）组成，数组中的每个元素都具有相同的数据类型。数组具备如下特点。

（1）数组元素的下标从 0 开始。

（2）数组元素占用连续的内存。

（3）数组一旦用 new 分配好内存之后，就不能更改其长度，即不能更改数组所能包含的元素个数。

（4）可用一个统一的数组名和一个下标来唯一地确定其中的某个元素，例如，a[0]表示数组 a 的第一个元素；a[1]表示数组 a 的第二个元素，以此类推。

5.1.1　一维数组

1. 一维数组的声明

声明一维数组需要明确给出数组的名字、数组元素的数据类型，其格式可以是如下任意一种：

```
数组元素类型　数组名字[];
数组元素类型[] 数组名字;
```

例如：

```
int[ ] d;
String[ ] names;
char c[ ];
String s[ ];
```

例如，声明一个数据类型为 Student 类的数组：

```
Student[] s;          //等价于 Student s[]
```

2. 一维数组的实例化

声明数组仅仅是给出了数组名字和元素的数据类型，要想真正使用数组必须为它分配内存空间，即数组实例化。在为数组实例化时必须指明数组的长度，即该数组包含的元素个数。数组实例化使用关键词 new 来完成，格式如下：

```
数组名称=new 数组元素类型[数组长度]
```

例如：

```
int[ ] d;               //声明，不必指定数组的大小
d=new int[4];           //数组实例化，即分配内存
```

上面两条语句也可简化为如下一条语句：

```
int[ ] d=new int[4];
```

实例化时，数组 d 首先在堆内存中开辟 16B 的空间用于存放 int 数据，如图 5-1(b)所示，其中每 4B 构成一个单元，共 4 个单元，分别存储 d[0]、d[1]、d[2]、d[3]，这 4 个单元在内存中对应的地址分别为 0x7839E020、0x7839E024、0x7839E028、0x7839E02B(0x 表示十六进制)。然后在栈内存中分配一个单元用于存储第一个元素的地址，如图 5-1(a)所示。因此，数组首地址为 d[0]的地址，即 0x7839E020，也即数组 d 的地址。也就是说，数组名字 d 就表示数组的首地址。

注意：由于元素类型为 int，每个元素占 4B，因此各元素地址之间相差为 4。

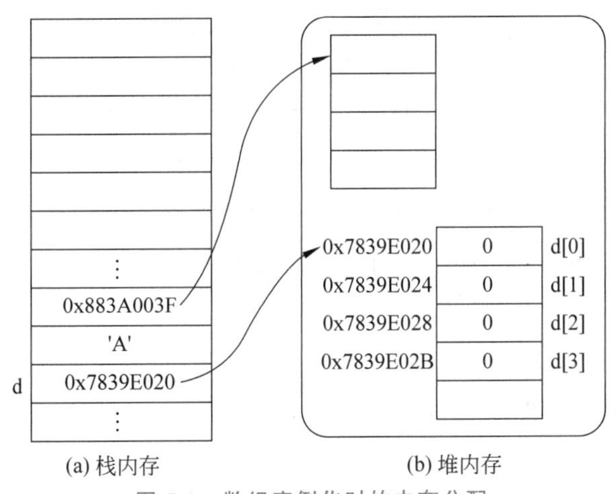

图 5-1　数组实例化时的内存分配

Java 把内存分成两种：栈内存和堆内存。在方法中定义的基本数据类型的变量和对象的引用变量都是在方法的栈内存中分配的，当在一段代码块中定义一个变量时，Java 就在栈中为这个变量分配内存空间，当超过变量的作用域后，Java 会自动释放掉为该变量分配的内存空间，该内存空间就可以立即被另做他用。

堆内存用来存放由 new 创建的对象和数组，在堆中分配的内存，由 Java 虚拟机的自动垃圾回收器来管理。在堆中产生了一个数组或者对象之后，还可以在栈中定一个特殊的变量，让栈中的这个变量的取值等于数组或对象在堆内存的首地址，栈中的这个变量就成了数组或对象的引用变量，以后就可以在程序中使用栈中的引用变量来访问堆中的数组或者对象，引用变量就相当于是为数组或对象起的一个名称。引用变量是普通的变量，定义时在栈中分配，引用变量在程序运行到其作用域之外后被释放，而数组和对象本身在堆中分配，即使程序运行到使用 new 产生数组或者对象的语句所在的代码块之外，数组和对象本身占据的内存不会被释放，数组和对象在没有引用变量指向它时，才变为垃圾，不能再被使用，但仍

然占据内存空间不放,在随后的一个不确定时间被垃圾回收器收走(释放掉)。这也是 Java 比较占内存的原因。实际上,栈中的变量指向堆内存中的变量,这就是 Java 中的“指针”。

3. 一维数组的初始化

数组实例化以后,在内存中实际存储的数据是什么呢?在图 5-1 的实例中,由于数据类型为 int,因此实例化时各单元默认分配数据为 0,即 d[0]、d[1]、d[2]、d[3]都为 0。对于 8 种基本数据类型或引用类型而言,在数组实例化时,其默认值如表 5-1 所示。

表 5-1 8 种基本数据类型的数组实例化时的默认值

数组声明与实例化	数组元素默认值
boolean b[]=new boolean[10];	false
char c[]=new char[10];	'\0'(若用 println 输出,无显示)
int i[]=new int[10];	0
byte by[]=new byte[10];	0
short sh[]=new short[10];	0
long l[]=new long[10];	0
float f[]=new float[10];	0.0
double d[]=new double[10];	0.0
引用类型	null

除了默认值外,也可以在声明的同时进行初始化。

例如:

```
int a[]={1, 2, 3, 4};                          //注意没有 new
char[] c={'A', 'B', 'C', 'D'};
String[] str={"How", "are", "you"};
```

其中,数组 c 初始化时的内存分配如图 5-2 所示。

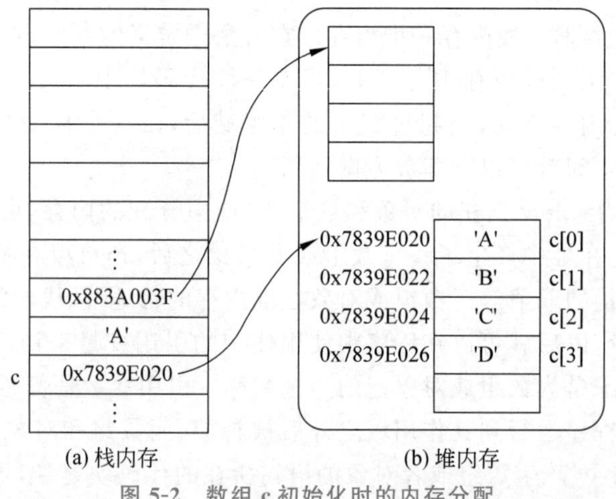

图 5-2 数组 c 初始化时的内存分配

注意：由于元素类型为 char，每个元素占 2B，因此各元素地址之间相差为 2。

这种初始化方法仅限于 8 种基本数据类型和 String 型，若为引用类型，则需要采用 new 关键词对每个对象进行实例化。

例如：

```
Student st[];
st=new Student[3];                //或者把这两句合成一句：Student st[]=new Student[3];
st[0]=new Student();
st[1]=new Student();
st[2]=new Student();
```

5.1.2 二维数组

1. 二维数组的声明

二维数组的声明格式可以是如下任意一种：

```
数组元素类型  数组名字[][];
数组元素类型[][] 数组名字;
```

例如：

```
int[][] d;
String[][] names;
char c[][];
String s[][];
```

例如，声明一个数据类型为 Student 类的数组：

```
Student[][] s;                //等价于 Student s[][]
```

2. 二维数组的实例化

二维数组的实例化仍然使用 new 来实现。

例如：

```
int t[][]=new int[2][3];
```

或者

```
int t[][];
t=new int[2][3];
```

这样为二维数组 t 进行了实例化，分配了内存空间，它相当于定义了一个长度为 2 的一维数组，而该一维数组的每个元素又是一个长度为 3 的一维数组。二维数组可理解成如下的表格。

t[0][0]	t[0][1]	t[0][2]
t[1][0]	t[1][1]	t[1][2]

二维数组还可以动态实例化。

例如：

```
int a[][]=new int[2][];                 //分配两行,即两个一维数组
a[0]=new int[3];                        //第一个一维数组有 3 个元素
a[1]=new int[5];                        //第二个一维数组有 5 个元素
```

注意：Java 语言中,二维数组被看作是数组的数组,数组空间不是连续分配的,所以不要求二维数组每一维的大小相同。

二维数组 t 在实例化时,首先在堆内存中分配一维数组的空间,即 t[0]、t[1],其对应的内存地址分别为 0x7839E020 和 0x7839E024;然后,在堆内存中开辟 24B 的内存空间用于存放 int 数据,如图 5-3(b)所示,其中每 4B 构成一个单元,共 6 个单元,分别存储 t[0][0]、t[0][1]、t[0][2]、t[1][0]、t[1][1]、t[1][2],这 6 个单元在内存中对应的地址分别为 0x8849F080、0x8849F084、0x8849F088、0x9458B050、0x9458B054、0x9458B058(0x 表示十六进制)(多维数组中维与维之间的内存空间分配是不连续的);其次,将 t[0][0]的地址存入 t[0]单元中,即将 0x8849F080 存入 0x7839E020 表示的内存单元,将 t[1][0]的地址存入 0x7839E024 表示的内存单元;最后,在栈内存中分配一个单元用于存储 t[0]元素的地址,如图 5-3(a)所示。因此,数组 t 的地址即 0x7839E020。也就是说,数组名字 t 就表示数组的入口地址。

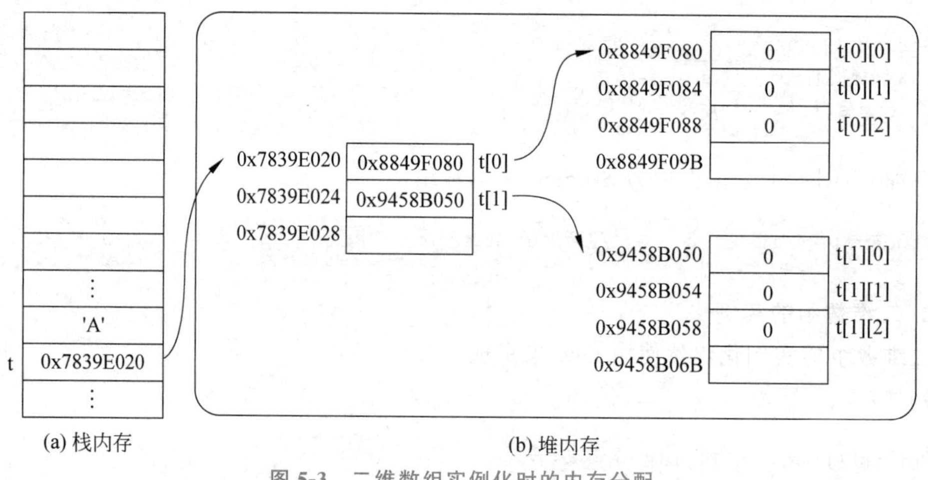

图 5-3　二维数组实例化时的内存分配

注意：由于元素类型为 int,每个元素占 4B,因此各元素地址之间相差为 4。

3. 二维数组的初始化

1) 直接初始化

对于 8 种基本数据类型和 String 类型的数组,可进行直接初始化。

例如：

```
int iArray[][]={{1, 2}, {3, 4}, {5, 6}};      //表示 3 行 2 列的二维数组,相当于一个表格
char cArray[][]={{'A', 'B'}, {'C'}, {'D', 'E', 'F'}};
String sArray[][]={{"Hello", "World"}, {"How", "Are", "You"}};
```

在上例中，数组 cArray 有 3 行，而每一行的元素个数分别为 2 个、1 个、3 个。也就是说，cArray 由 3 个一维数组构成，即 cArray[0]、cArray[1]、cArray[2]，而这 3 个一维数组的元素分别为{cArray[0][0]，cArray[0][1]}、{cArray[1][0]}、{cArray[2][0]，cArray[2][1]，cArray[2][2]}。

2）动态初始化

对于引用类型的二维数组，必须首先为最高维分配引用空间，然后再顺次为低维分配空间，而且必须为每个数组元素单独分配空间（否则将不能使用）。

例如：

```
Student[][] s=new Student[2][];           //为最高维分配引用空间
s[0]=new Student[2];                      //为低维分配引用空间
s[1]=new Student[2];                      //为低维分配引用空间
s[0][0]=new Student();                    //为每个数组元素单独分配引用空间
s[0][1]=new Student();                    //为每个数组元素单独分配引用空间
s[1][0]=new Student();                    //为每个数组元素单独分配引用空间
s[1][1]=new Student();                    //为每个数组元素单独分配引用空间
```

5.1.3 数组的注意事项

（1）当通过循环遍历数组时，下标永远不要小于 0，下标永远要比数组元素个数小。

（2）当数组下标出错（小于 0、大于或等于数组元素个数），Java 产生 ArrayIndexOutOfBoundsException 异常。

（3）一旦创建数组后，不能调整数组大小，但可使用相同的引用变量来引用一个全新的数组。

例如：

```
int[]a=new int[6];
a=new int[10];
```

（4）数组是一种特殊的对象，其长度可以用“数组名.length”来引用，如 c.length，对于二维数组，如前述例子中的数组 cArray，cArray.length 返回最高维的长度（二维数组的行数），值为 3；cArray[2].length 表示第三行低维数组的长度，值为 3。

5.1.4 数组的应用

1. 数组应用举例

【程序 5-1】 AvgScores.java。

```
/*
已知 3 位同学的高等数学、汇编语言以及 Java 程序设计三门课程的成绩，计算每个同学的平均分数并输出到屏幕。
*/
import java.text.DecimalFormat;
class AvgScores{
    public static void main(String args[]){
```

```
        String names[]={"丁一","丁二","丁三"};                          //三位同学的姓名
        DecimalFormat df=new DecimalFormat("#");                        //用于输出时的格式化
        int[][] iScores={{89,98,87},{90,88,95},{86,92,93}}; //三门课程的成绩
        int i, j;
        double avg;                                 //临时变量,用于保存平均成绩
        for(i=0;i<iScores.length;i++){
            avg=0.0;                                //初始化每个同学的平均成绩
            for(j=0;j<iScores[i].length;j++)
                avg+=iScores[i][j];                 //先用 avg 保存三门课程的总和

            avg=avg/j;                              //此时的 j 表示一共有几门课
            System.out.println(names[i]+":"+df.format(avg));        //格式化输出
        }
    }
}
```

输出结果如图 5-4 所示。

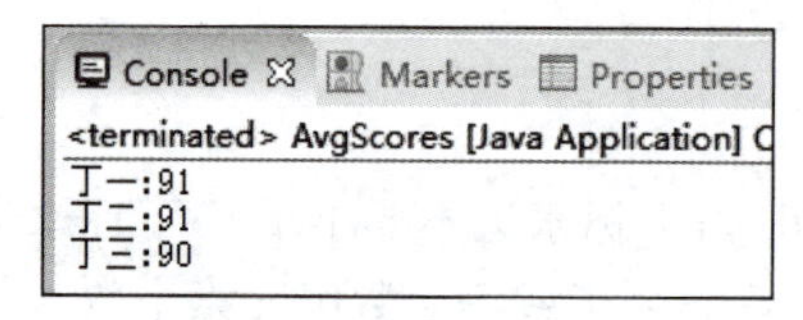

图 5-4　输出结果

2. 数组作为方法参数及返回值

数组可以作为参数传递给方法,也可以作为方法的返回值。在调用的方法中的数组对象与调用者中的是同一个。如果在方法中修改了任何一个数组元素,因为这个数组与方法之外的数组对象是同一个,所以方法之外的数组也将发生改变。例如程序 5-2。

【程序 5-2】 CallArray.java。

```
/*数组作为调用方法的传递参数*/
public class CallArray{
    static void updateArray (int[ ] arrays){
        arrays[3]=10;
    }
    public static void main(String []args){
        int [ ]hold={0,1,2,3,4,5,6,7,8,9};
        updateArray(hold);
        for(int i=0;i<hold.length;i++)
            System.out.print(hold[i]+" ");
    }
}
```

运行时,hold 数组的内容如下:0,1,2,10,4,5,6,7,8,9,可见 arrays[3]中的元素已经被修改了。

【程序 5-3】 ReturnArray.java。

```
/* 数组作为方法的返回结果 */
public class ReturnArray{
    static int[ ] updateArray(int[] arrays){
        for(int i=0;i<arrays.length;i++){
            arrays[i]=i;
        }
        return arrays;
    }
    public static void main(String []args){
        int[] hold={9,8,7,3,5,6,4,2,1,0};
        hold=updateArray(hold);
        for(int i=0;i<hold.length;i++)
            System.out.println("hold["+i+"]="+hold[i]);
    }
}
```

运行之后，输出结果如下：

```
hold[0]=0
hold[1]=1
hold[2]=2
hold[3]=3
hold[4]=4
hold[5]=5
hold[6]=6
hold[7]=7
hold[8]=8
hold[9]=9
```

3. main 方法的数组参数获取

在 Java 程序的主方法 public static void main (String args[ ]) 中，args[ ]是一个字符串数组，用来接收应用程序被调用时由用户直接从键盘输入的参数。

【程序 5-4】 MyFriend.java。

```
/* 获取 main 方法的数组参数 */
public class MyFriend{
    public static void main (String arg[]){
        if(arg.length>=2)                        //判断输入参数是否多于两个
            System.out.println(arg[0]+" and "+arg[1]+" are my good friends! ");
    }
}
```

运行及输出如图 5-5 所示，其中的 Tom 对应于 arg [0]，Alice 对应于 arg [1]，命令行中 MyFriend Tom Alice 各单词之间用空格隔开。

```
G:\java1\chap5>javac MyFriend.java

G:\java1\chap5>java MyFriend Tom Alice
Tom and Alice are my good friends!

G:\java1\chap5>
```

图 5-5 main 方法的数组参数输入实例

5.2 字 符 串

字符串是字符的序列。在 C/C++ 语言中,把字符串作为字符数组来处理,明确以字符'\0'作为字符串结束的标志,因此在进行字符串处理时比较容易发生错误。

在 Java 语言中,字符串是用双引号分隔的一系列字符,如"Java is very interesting and easy to learn!"。在 Java 中字符串是作为对象处理的,在对象中封装了一系列方法进行字符串处理,不仅减少了程序设计的工作量,而且规范了程序编制,减少了错误的发生。

Java 提供了 String 和 StringBuffer 两个字符串类,它们均在 java.lang 包中。String 表示的字符串在初始化之后,不能被修改;StringBuffer 中的字符串内容可以被动态修改。

字符串中每个字符的位置是从左边开始,第 1 个字符的位置标号为 0,第 2 个字符的位置标号为 1,以此类推。

5.2.1 不可变字符串 String

1. String 的声明与实例化

对字符串的声明与实例化,可如下:

```
String name;
name=new String("Latte" );
```

或

```
String name;
name="Latte";
```

或

```
String name="Latte";
```

或

```
String name=new String("Latte");
```

上面最后一行是调用了 String 的构造方法进行初始化。在 Java SDK 1.6.0 中,String 常用的构造方法如表 5-2 所示。

表 5-2 String 常用的构造方法

构造方法	说明
String()	初始化一个新创建的空字符序列的 String 对象
String(byte[] bytes)	用一个 byte 数组构造一个新的 String
String(byte[] bytes, int offset, int length)	利用 bytes 数组中从 offset 开始的 length 个字符构造一个新的 String

续表

构造方法	说明
String(char[] value)	用 char 数组分配一个新的 String
String(char[] value, int offset, int count)	利用 value 数组中从 offset 开始的 count 个字符构造一个新的 String
String(String original)	初始化一个新创建的 String 对象,使其表示一个与参数相同的字符序列;换句话说,新创建的字符串是该参数字符串的副本
String(StringBuffer buffer)	分配一个新的字符串,它包含字符串缓冲区参数中当前包含的字符序列

例如:

```
char[] cArray1={'B', 'C', 'D', 'E'};
char[] cArray2={'A', 'B', 'C', 'D', 'E'};
String s1=new String(cArray1);        //用 char 数组初始化字符串 s1
String s2=new String(cArray2, 1, 4); //用 char 数组的下标为 1 开始的 4 个字符初始化 s2
```

则生成的 s1 与 s2 的内容均为"BCDE"。

例如:

```
byte[] cArray3={66, 67, 68};
byte[] cArray4={65, 66, 67, 68};      //分别为'A'、'B'、'C'、'D'的十进制 ASCII 码表示
String s3=new String(cArray3);       //用 byte 数组初始化 s3
String s4=new String(cArray4, 1, 3); //用 byte 数组的下标为 1 开始的 3 个字符初始化 s4
```

则生成的 s3 与 s4 的内容均为"BCD"。

2. String 字符串的内存分配

String 字符串的内存分配根据不同的情况在栈内存或堆内存中进行,在栈内存的空间通常又称为字符串常量池(Constant Pool)。常量池指的是在编译期被确定,并被保存在已编译的.class 文件中的一些数据,它包括关于类、方法、接口等中的变量,也包括字符串常量。首先,要知道 Java 会确保一个字符串常量只有一个副本。当一个字符串由多个字符串常量连接而成时,它自己肯定也是字符串常量。用 new String()创建的字符串不是常量,不能在编译期就确定,所以 new String()创建的字符串不放入常量池中,它们有自己的地址空间,即堆空间。下面举例说明其详细的内存分配。

例如:

```
String s1="hello";
String s2="hello";
String s3="he"+"llo";
String s4=new String("hello");
String s5=new String("hello");

s1=s1+" world";
```

在上述例子中,当编译到 s1 时,会检查常量池中是否已经存在"hello",若存在,则 s1 直接指向该字符串;若不存在,则在栈内存(常量池)新开辟一块空间用于存放"hello",同时 s1 指向它。当编译到 s2 时,由于已经存在"hello",所以 s2 直接指向它。当编译到 s3 时,编译器会明确认定 s3 的值为"hello",因此它仍然指向常量池中的"hello"。对于 s4 与 s5,根据 Java 编译规则,编译期无法确定,而是后期在执行时在堆内存中分别为其各开辟一块空间并分别存放"hello",然后 s4 与 s5 在栈内存中分别存放指向对应的堆内存空间的地址。整个内存分配情况如图 5-6 所示。

对于 s1=s1+" world"而言,Java 的处理方式是为 s1 按照堆内存分配策略重新分配,s1 从常量池中断开并指向堆内存中相应的空间,最终结果如图 5-7 所示。

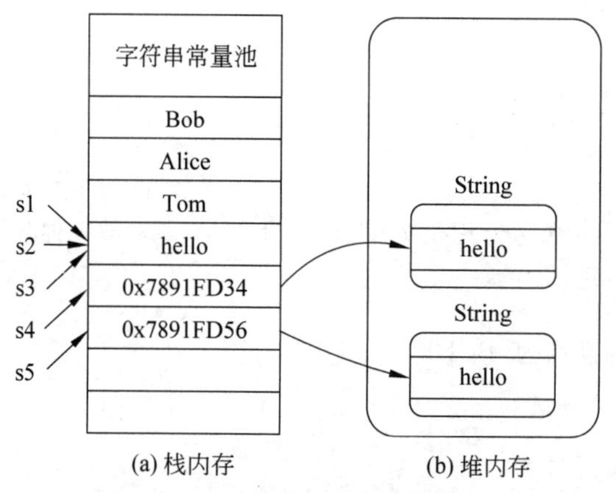

图 5-6 内存中字符串的分配示意

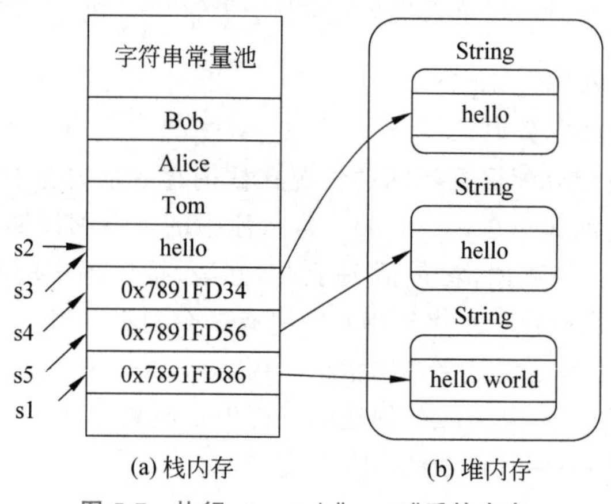

图 5-7 执行 s1=s1+"world"后的内存

3. 获取字符串长度

length()方法可获取字符串的长度,即该字符串包含多少个字符。需要注意的是,该方法返回的是字符串中 16 位的 Unicode 字符的数量而不是其所占用的字节数。其定义如下:

```
public int length()
```

例如：

```
String name="Sumatra", str1="我是学生", str2="", str3;
int n1, n2, n3, n4;
n1=name.length();         //值为 7
n2=str1.length();         //值为 4
n3=str2.length();         //值为 0
n4=str3.length();         //编译错误,对 str3 而言,没有实例化,内容为 null,无法确定其长度
```

4. 字符串比较

字符类型的数据实质上也是数值类型的数据，因此，字符串比较实际上就是依次比较其所包含字符的数值大小。注意，在比较时大写字母与小写字母是不相同的。

字符串比较常用的方法包括 equals()、equalsIgnoreCase()、startsWith()、endsWith()等，下面详细介绍。

equals()方法用于比较两个字符串所包含的内容是否相同，该方法是区分大小写的。其定义如下：

```
public boolean equals(String s)
```

例如：

```
String s1="hello";
String s2="Hello";
String s3=new String("hello");

System.out.println(s1.equals(s2));         //输出 false,因为区分大小写
System.out.println(s1.equals(s3));         //输出 true
```

注意：事实上，equals()是 java.lang.Object 的成员方法。由于 Object 默认是所有类的父类，因此，任何对象之间的比较均可用 equals()进行，其方法定义如下：

```
public boolean equals(Object anObject)
```

在对象比较中，还存在运算符==具有类似的功能，下面举例说明字符串对象、非字符串对象的相等比较的异同，见程序 5-5。

【程序 5-5】 TestEquals.java。

```
class TestClass {
    int x=1;
}
class TestEquals {
    public static void main(String args[]) {
        TestClass One=new TestClass ();
        TestClass Two=new TestClass ();
        String a1, a2, a3="abc", a4="abc";
        a1=new String("abc");
        a2=new String("abc");
```

```
        System.out.println("a1.equals(a2)是"+(a1.equals(a2)));      //输出 true
        System.out.println("a1==a2 是"+(a1==a2));                   //输出 false
        System.out.println("a1.equals(a3)是"+(a1.equals(a3)));      //输出 true
        System.out.println("a1==a3 是"+(a1==a3));                   //输出 false
        System.out.println("a3.equals(a4)是"+(a3.equals(a4)));      //输出 true
        System.out.println("a3==a4 是"+(a3==a4));                   //输出 true
        System.out.println("One.equals(Two)是"+(One.equals(Two)));//输出 false
        System.out.println("One==Two 是"+(One==Two));               //输出 false
        One=Two;                                  //执行后,One 与 Two 指向同一块内存区域
        System.out.println("赋值后,One.equals(Two)是"+(One.equals(Two)));
                                                                    //输出 true
        System.out.println("赋值后,One==Two 是"+(One==Two));        //输出 true
    }
}
```

通过以上实例,可以看出字符串对象或非字符串对象比较的要点如下。

(1) 对于字符串变量来说,使用==运算符和 equals()方法来比较,其比较方式是不同的。==运算符用于比较两个变量本身的值,即两个对象在内存中的首地址;equals()方法比较的是两个字符串中所包含的内容是否相同。

(2) 对于非字符串类型的对象变量来说,==运算符和 equals()方法都用来比较其所指对象在堆内存中的首地址,即比较两个类类型的变量是否指向同一个对象。对于 a3 和 a4 这两个由字符串常量生成的变量,其所存放的内存地址是相同的。

equalsIgnoreCase()方法同样用于比较两个字符串所包含的内容是否相同,该方法不区分大小写。其定义如下:

```
public boolean equalsIgnoreCase(String anotherString)
```

例如:

```
String s1="hello";
String s2="HELLO";

System.out.println(s1.equals(s2));                          //输出 false
System.out.println(s1.equalsIgnoreCase(s2));                //输出 true
```

startsWith()方法用于测试字符串是否以某个指定的子字符串开始,具有两个重载定义,如下:

```
//返回: 如果字符串以参数表示的字符序列开始,则返回 true;否则返回 false
//还要注意,如果参数是空字符串,或者等于此 String 对象(用 equals(Object) 方法确
//定),则返回 true
public boolean startsWith(Stringprefix)
//如果字符串从 toffset 处开始的子字符串以参数 prefix 开始,则返回 true,否则返回
//false。如果 toffset 为负或大于此 String 对象的长度,则结果为 false;
//否则结果与以下表达式的结果相同: this.substring(toffset).startsWith(prefix)
public boolean startsWith(String prefix, int toffset)
```

例如：

```
String s1="hello world";
String s2="hello";
String s3="world";
System.out.println(s1.startsWith(s2));                    //输出 true
System.out.println(s1.startsWith(s3, 6));                 //输出 true
```

endsWith()方法用于测试字符串是否以给定的后缀结尾。其定义如下：

```
//如果字符串是以 suffix 结尾,则返回 true,否则返回 false
//注意,如果 suffix 是空字符串,或者与待测试的字符串相等,则结果为 true
public boolean endsWith(String suffix)
```

例如：

```
String s1="hello world";
String s2="";
String s3="world";
System.out.println(s1.endsWith(s2));                      //输出 true
System.out.println(s1.endsWith(s3));                      //输出 true
System.out.println(s1.endsWith("world!"));                //输出 false
```

5. 字符串连接

字符串连接通常采用“+”运算符，也可以使用 concat()方法，其定义如下：

```
public String concat(String str)
```

例如：

```
String s1=new String("ABC");
String s2=new String("DEF");
s1=s1+s2;                                  //用"+"连接
System.out.println(s1);                    //输出"ABCDEF"
String s3=s1.concat(s2);                   //用 concat 连接,效果与"+"一样
System.out.println(s3);                    //输出"ABCDEFDEF"
```

6. 字符串截取子串

从字符串中截取子串采用 substring()方法。它有两个重载方法，定义如下：

```
//返回从 beginIndex 开始到结尾的子串,若 beginIndex 为负或大于字符串的长度则抛出
IndexOutOfBoundsException 异常
public String substring(int beginIndex)
//返回从 beginIndex 至 endIndex(不包含 endIndex)为止的子串,如果 beginIndex
//为负,或 endIndex 大于字符串的长度,或 beginIndex 大于 endIndex,则抛出
//IndexOutOfBoundsException 异常
public String substring(int beginIndex, int endIndex)
```

例如:

```
String s1=new String("ABCDEF");
String s2;
s2=s1.substring(1);
System.out.println(s2);                                  //输出"BCDEF"
System.out.println(s1.substring(1,3));                   //输出"BC"
System.out.println(s1.substring(-1));  //出错,抛出 IndexOutOfBoundsException 异常
System.out.println(s1.substring(1,7)); //出错,抛出 IndexOutOfBoundsException 异常
System.out.println(s1.substring(4,3)); //出错,抛出 IndexOutOfBoundsException 异常
```

7. 字符串查找

可以在字符串中查找给定的某个字符,返回该字符在字符串中的位置,或者给定某个字符在字符串中的位置返回该字符,或者查找给定的子串在字符串的位置。查找字符的方法包括 charAt()、indexOf()、lastIndexOf()等,下面逐一介绍这些方法。

字符串中查找某个字符的方法定义如表 5-3 所示。

表 5-3 String 类的字符串查找方法

方法定义	功能说明
char charAt(int index)	返回在 index 位置的字符,需满足 0≤index≤length()−1,否则抛出 IndexOutOfBoundsException 异常
int indexOf(int ch)	返回字符 ch 在字符串中第一次出现的位置,若未出现,则返回−1
int indexOf(int ch, int fromIndex)	返回从 fromIndex 开始字符 ch 在字符串中第一次出现的位置,若未出现,则返回−1
int lastIndexOf(int ch)	返回字符 ch 在字符串中从后往前第一次出现的位置,若未出现,则返回−1
int lastIndexOf(int ch, int fromIndex)	返回字符 ch 在字符串中从 fromIndex 往前第一次出现的位置,若未出现,则返回−1
int indexOf(String str)	若能在字符串找到某个子串与 str 完全相同,则返回 str 的首字符在字符串中第一次出现的位置,否则返回−1
int indexOf(String str, int fromIndex)	在字符串中从 fromIndex 开始若能找到某个子串与 str 完全相同,则返回 str 的首字符在字符串中第一次出现的位置,否则返回−1
int lastIndexOf(String str)	若能在字符串中从后往前找到某个子串与 str 完全相同,则返回 str 的首字符在字符串中第一次出现的位置,否则返回−1
int lastIndexOf(String str, int fromIndex)	若能在字符串中从 fromIndex 开始往前找到某个子串与 str 完全相同,则返回 str 的首字符在字符串中第一次出现的位置,否则返回−1

例如:

```
String s1=new String("ABCEDCF");

System.out.println(s1.charAt(1));                //输出 B
System.out.println(s1.indexOf('C'));             //输出 2
System.out.println(s1.indexOf('C', 3));          //输出 5
```

```
System.out.println(s1.lastIndexOf('C'));                    //输出 5
System.out.println(s1.lastIndexOf('C', 3));                 //输出 2
```

此外，可以查找某个子串第一次出现的位置，语句如下：

```
String s1="ABCDEFGCDEFG";
String s2="CDE";

System.out.println(s1.indexOf(s2));                          //输出 2
System.out.println(s1.indexOf(s2, 3));                       //输出 7
System.out.println(s1.lastIndexOf(s2));                      //输出 7
System.out.println(s1.lastIndexOf(s2, 6));                   //输出 2
```

8. 字符串修改

String 类提供了 replace()、toLowerCase()、toUpperCase()、trim()等方法对字符串进行修改。这里的修改，并不是在字符串原来的内存位置上进行，而是在新的内存空间上存放修改好的字符串，因此，这仍然符合前述内容中"String 类是不可修改字符串"的性质。下面是各个方法的详细定义及参数说明。

```
//将原有字符串中所有的 oldChar 字符全部替换成 newChar,并返回一个新的字符串引
//用; 若原字符串中没有 oldChar,则直接返回原字符串的引用
public String replace(char oldChar, char newChar)
//转换成小写字母,返回的是新的内存位置上的字符串
public String toLowerCase()
//转换成大写字母,返回的是新的内存位置上的字符串
public String toUpperCase()
//将字符串前后的空格去掉并生成新的字符串,然后返回
public String trim()
```

例如：

```
String s1=" i am a student. ";              //前后各有一个空格
s1=s1.replace('i', 'I');
System.out.println(s1);                     //输出" I am a student. ",注意前后各一个空格
System.out.println(s1.toLowerCase());       //输出" i am a student. ",注意前后各一个空格
System.out.println(s1.toUpperCase());       //输出" I AM A STUDENT. ",注意前后各一个空格
System.out.println(s1.trim());              //输出"I am a student.",注意前后空格没有了
```

5.2.2 可变字符串 StringBuffer

StringBuffer 类创建的字符序列是可修改的，即一个 StringBuffer 对象所对应的内存空间可以自动改变大小以便于存放一个可变化的字符串。

1. StringBuffer 的声明与实例化

与 String 的不可修改特性不同，StringBuffer 是一个字符序列可变的类，其声明与 String 一样，实例化只能采用 new 来实现，其实质是调用其构造方法，而不能用"＝"对其赋

值。StringBuffer 类的构造方法如表 5-4 所示。

表 5-4　StringBuffer 类的构造方法

方法定义	功能说明
StringBuffer()	构造一个空的字符串缓冲区，其初始容量为 16 个字符
StringBuffer(int capacity)	构造一个空的字符串缓冲区，其初始容量为 capacity 个字符
StringBuffer(String str)	构造一个字符串缓冲区，其初始内容为 str

例如：

```
StringBuffer s=new StringBuffer("Hello world");
s="Welcome to Zhejiang University of Technology! ";        //错误,不能通过赋值符号对其赋值
```

2. StringBuffer 的主要方法

StringBuffer 对字符串修改主要包括追加、插入、删除、替换、翻转等操作，可通过 append()、insert()、delete()、replace()、reverse()等方法实现。StringBuffer 的主要方法如表 5-5 所示。

表 5-5　StringBuffer 的主要方法

方法定义	功能说明
StringBuffer append(type d)	首先将数据 d 转换成字符序列，然后追加到原来的字符序列中。该方法有多个重载版本，即 type 可以是 boolean、char、int、long、char[]、double、float、Object、String、StringBuffer 等
StringBuffer append(char[] str, int offset, int len)	将字符数组 str 中从 offset 开始的 len 个字符追加到字符序列中
StringBuffer insert(int offset, type d)	将数据 d 转换成字符序列，然后插入到原字符序列的第 offset 个字符的前面。该方法有多个重载版本，即 type 可以是 boolean、char、char[]、double、float、int、long、Object、String 等
StringBuffer insert(int index, char[] str, int offset, len)	将字符数组 str 中从 offset 开始的 len 个字符插入原字符序列第 index 个字符的前面
StringBuffer delete(int start, int end)	将从 start(包含)开始到 end(包含)之间的字符从原字符序列中删除
StringBuffer deleteCharAt(int index)	将原字符序列中 index 处的字符删除
StringBuffer replace(int start, int end, String str)	将原字符序列中从 start(包含)开始到 end(不包含)之间的字符用 str 来替换
StringBuffer reverse()	将字符序列反序
int length()	返回在内存中已有的字符数量
int capacity()	返回可插入或追加的字符存储量
void setLength(int newLength)	将字符序列的长度设置为 newLength
String substring(int start)	将原字符序列中从 start 到结尾的字符序列以一个新的字符串形式返回

续表

方法定义	功能说明
String substring(int start, int end)	将原字符序列中从 start 到 end 之间的字符序列以一个新的字符串形式返回
String toString()	将 StringBuffer 字符序列转换成 String 字符序列并返回

【程序 5-6】 TestStringBuffer.java。

```
class TestStringBuffer{
    public static void main(String args[]) {
        StringBuffer str=new StringBuffer("85890538");
        str.insert(0, "0571-");
        str.setCharAt(7, '2');                  //将位置在 7 的字符'8'替换成'2'
        str.setCharAt(str.length()-1, '5');
        System.out.println(str);                //输出"0571-85290535"
        str.append("-446");
        System.out.println(str);                //输出"0571-85290535-446"
        str.reverse();
        System.out.println(str);                //输出"644-53509258-1750"
    }
}
```

5.2.3 String 与 StringBuffer 的异同

1. 内存分配上的差异

String 类创建的字符串对象是不可修改的。也就是说,String 字符串不能修改、删除或替换字符串中的某个字符,即 String 对象一旦创建,实体是不可能再发生变化的。为什么它作为一个变量而又不能被改变呢?其实变量只是一个代表某个内存区域的引用符号,用来访问或修改它所指向的内存空间。在 String 型变量的情况下,String 型变量所指向的内存空间中的内容是不能被改变的,这是 Java 语言规范约定的。但是该变量可用于指向另外的内存空间。

例如:

```
String s=new String("I love football game");
s="I love NBA";
```

执行上述例子的第一行代码时,在堆内存中给字符串"I love football game"分配一块内存空间,并将其首地址(0x7891FD34)保存于栈内存中,而变量 s 就等于该首地址,其对应的内存分配类似于图 5-8 所示。对变量 s 重新赋值以后,在堆内存中给字符串"I love NBA"重新分配了一块空间,其首地址(0x7891FD56)将替换栈内存中变量 s 的值,如图 5-9 所示。由此,在堆内存中原来"I love football game"的内存空间仍然存在,但却没有变量可以访问,从而形成碎片或称为孤儿,它将由 Java 的垃圾回收器在某个不确定的时间进行收回。

对于 StringBuffer 类而言,在一开始初始化之后,可以对其在堆内存中的内容进行修改。

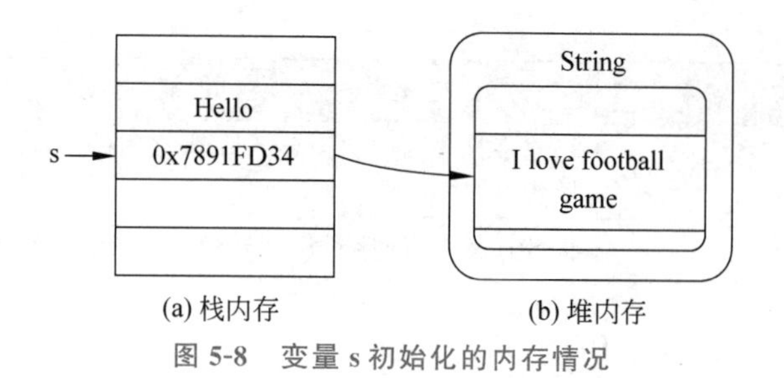

图 5-8　变量 s 初始化的内存情况

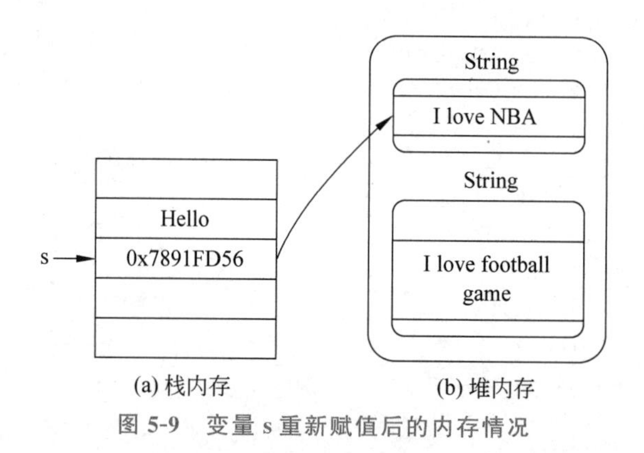

图 5-9　变量 s 重新赋值后的内存情况

例如：

```
StringBuffer sb=new StringBuffer("Hello");
sb.append(" world");
```

执行上述第一行代码时，在堆内存中给字符串"Hello"分配一块内存空间，并将其首地址(0x7891FD86)保存于栈内存中，而变量 sb 就等于该首地址，其对应的内存分配类似于图 5-10 所示。执行第二行代码后，字符串" world"被追加到"Hello"所在的内存空间，其首地址(0x7891FD86)不变，由此，整个内存情况如图 5-11 所示。

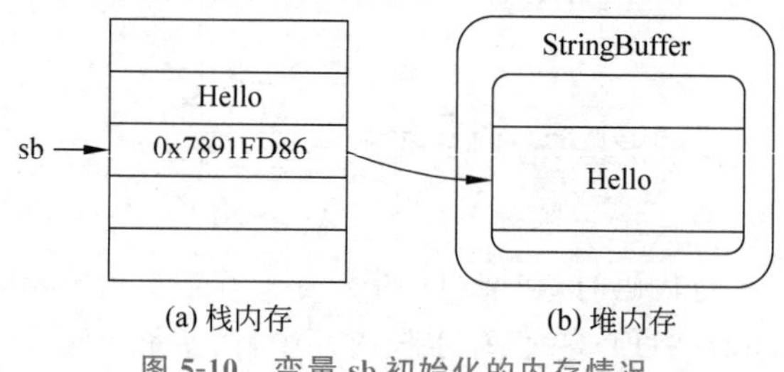

图 5-10　变量 sb 初始化的内存情况

在上述例子中，sb 初始化内容为"Hello"，只有 5 个字符，因此根据 Java 中 StringBuffer 的规则，在堆内存中开辟的容量为 16 个字符；当追加" world"后，内容变为 11 个字符，仍然小于 16 个字符，因此 sb 在堆内存中的空间容量仍然不变。事实上，StringBuffer 内部实现是 char 数组，默认初始化长度为 16，每当字符长度大于 char 数组长度时，JVM 会构造更大的新数组，并将原先的数组内容复制到新数组，新数组容量按如下公式计算：新数组长度

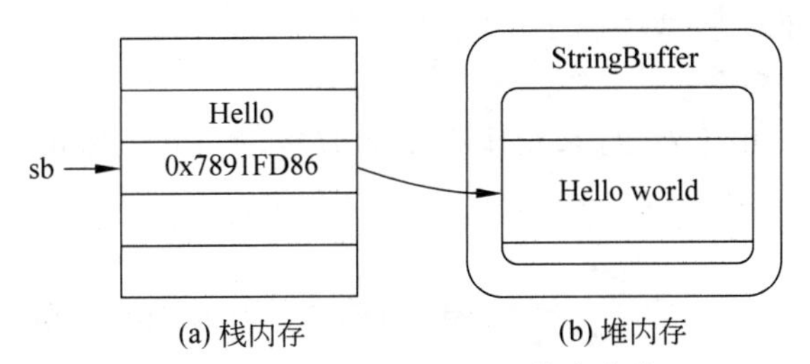

图 5-11 变量 sb 内容修改后的内存情况

(新容量)=原容量×2+2。由此可见,StringBuffer 的这个规则是影响其使用效率的重要因素。

2. 执行效率分析

例如:

```
String s="Hello";
s=s+" world";
```

上述代码将在运行期决定字符串"Hello"与" world"的连接,根据 String 的内存分配原理,编译后的字节码等同于以下源码:

```
String s="Hello";
StringBuffer temp=new StringBuffer();
temp.append(s);
temp.append(" world");
s=temp.toString();
```

因此,如下代码的执行效率将比前述例子更高。

```
StringBuffer sb=new StringBuffer();
sb.append("Hello");
sb.append(" world");
```

又如:

```
String s="Hello"+" world";
```

上述代码编译后字节码等同于如下源码:

```
String s="Hello world";
```

由此可见,它是在编译期决定了字符串的连接,因此尽可能在编译期进行字符串连接,它比使用 StringBuffer 来进行连接的效率更高。

3. 选用 String 和 StringBuffer 的注意事项

(1) 在编译期能确定字符串值时,采用“String s="";”形式来定义,使用“+”时字符串连接的性能最佳。

(2) 经常改变字符串的操作或在运行期才能确定字符串时,采用 StringBuffer。

（3）尽量不要用 new 创建 String 对象。

（4）避免使用“＝”来重新构造 String 对象。

（5）在声明 StringBuffer 对象时，指定合适的容量，如 StringBuffer sb＝new StringBuffer(1024)，表示初始化时分配 1024B 给 sb。

5.3 字符串与其他数据类型的转换

下面重点讲述字符串与 8 种基本数据类型之间的相互转换。

5.3.1 将其他数据转换成字符串

1. String 和 StringBuffer 提供的方法

String 类提供了静态的 valueOf()方法，用于把不同类型的基本数据转化为字符串。其定义格式如下：

```
public static String valueOf(boolean b)
public static String valueOf(char c)
public static String valueOf(char[] c)
//将字符数组 data 中从 offset 开始的 count 个字符转换成字符串并返回
public static String valueOf(char[] data, int offset, int count)
public static String valueOf(int i)
public static String valueOf(long l)
public static String valueOf(float f)
public static String valueOf(double d)
public static String valueOf(Object obj)
```

其中，如果参数 b 是 true，则返回一个等于 true 的字符串；否则返回一个等于 false 的字符串。如果参数 obj 是 null，则返回一个等于 null 的字符串；否则返回 obj.toString()。其他方法则返回一个新分配的字符串，其内容为相应类型参数的字符串表示。

【程序 5-7】 Test2String.java。

```
class Test2String{
    public static void main(String[] args){
        boolean b=false;
        char c='A';
        int i=10;
        long L=123456789;
        //由于默认带小数点的数据是 double 类型，因此如果要定义为 float，在数据后面加
        //上 f，否则会提示"可能会损失精度"
        float f=1.168f;
        double d=Math.PI;
        Test2String obj=new Test2String();

        System.out.println(String.valueOf(b));
        System.out.println(String.valueOf(c));
        System.out.println(String.valueOf(i));
```

```
        System.out.println(String.valueOf(L));
        System.out.println(String.valueOf(f));
        System.out.println(String.valueOf(d));
        System.out.println(String.valueOf(obj));
    }
}
```

程序执行结果如图 5-12 所示。

```
Problems  @ Javadoc  Declaration  Console
<terminated> Test2String [Java Application] E:\Java\jre6\bin\javaw.exe
false
A
10
123456789
1.168
3.141592653589793
Test2String@de6ced
```

图 5-12　其他数据转换为字符串实例的执行结果

在 StringBuffer 中的 append()、insert()等方法提供了用于将其他基本数据类型转换成字符串的功能，详细使用可参考前述相关章节。

2. 利用基本数据类型的对象类进行转换

一方面，通过查阅 Java 类库中各个类提供的成员方法可知，几乎从 java.lang.Object 类派生的所有类均提供了 toString()方法，即将该类转换成字符串。另一方面，Java 为基本数据类型提供了相应的对象类，每个 Java 基本类型在 java.lang 包中都有一个相应的包装类，如表 5-6 所示。

表 5-6　基本数据类型对应的包装类

基本类型	对应的包装类	基本类型	对应的包装类
boolean	Boolean	int	Integer
byte	Byte	long	Long
char	Character	float	Float
short	Short	double	Double

这些包装类无一例外都提供了静态的 toString()方法，它们均是将对应的数据直接转换成字符串。它们的定义如下：

```
public static String toString(boolean b)        //Boolean 类的静态方法
public static String toString(byte b)           //Byte 类的静态方法
public static String toString(char c)           //Character 类的静态方法
public static String toString(short s)          //Short 类的静态方法
public static String toString(int i)            //Integer 类的静态方法
public static String toString(long i)           //Long 类的静态方法
public static String toString(float f)          //Float 类的静态方法
public static String toString(double d)         //Double 类的静态方法
```

例如，程序 5-8 所示为利用包装类将其他数据类型转换成字符串。

【程序 5-8】 Test2StringA.java。

```
class Test2StringA{
    public static void main(String[] args){
        boolean b=false;
        char c='A';
        int i=10;
        long L=123456789;
        float f=1.168f;
        double d=Math.PI;

        String[] s=new String[6];
        s[0]=Boolean.toString(b);
        s[1]=Character.toString(c);
        s[2]=Integer.toString(i);
        s[3]=Long.toString(L);
        s[4]=Float.toString(f);
        s[5]=Double.toString(d);

        for(i=0; i<6; i++)
            System.out.println(s[i]);
    }
}
```

程序运行结果如图 5-13 所示。

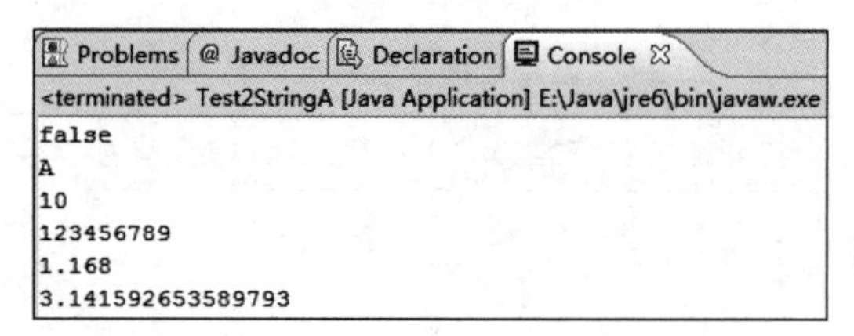

图 5-13　利用包装类将其他数据类型转换成字符串

5.3.2　将字符串转换成其他数据

将字符串转换成其他数据需要用到表 5-6 列举的各个包装类，下面逐一介绍。

1. 转换成 boolean 值

利用 Boolean 类的如下静态方法实现：

```
//将字符串参数解析为 boolean 值。如果 s 不是 null 并且等于"true" (不区分大小写),
//则返回 true;否则返回 false
public static boolean parseBoolean(String s)
```

例如：

```
boolean b;
b=Boolean.parseBoolean("True");            //b为true
b=Boolean.parseBoolean("Yes");             //b为false
```

2. 转换成 byte 值

利用 Byte 类的如下静态方法实现：

```
//将参数s转换成有符号的十进制byte值。字符串s中除了第一个字母可以是"-"外,
//其他字符必须是十进制数字(即0~9)。若s无法转换成一个十进制数,则抛出异常
//NumberFormatException
public static byte parseByte(String s)
```

例如：

```
byte b;
b=Byte.parseByte("-100");                  //b为-100
//运行时显示"Value out of range"错误,因为1000超过了1B所能表达的最大数据
b=Byte.parseByte("1000");
//因为10A不是一个合法的十进制数,抛出NumberFormatException异常
b=Byte.parseByte("10A");
```

3. 转换成 short、int 和 long 值

short、int 和 long 值均表示整数，区别只是在于它们所能表达的数据范围不同。short 是 16 位的有符号整数，int 是 32 位，long 是 64 位，可分别用 Short 类、Integer 类和 Long 类的如下静态方法实现从字符串到它们的转换。

```
//将参数s转换成有符号的十进制short值。字符串s中除了第一个字母可以是"-"外,
//其他字符必须是十进制数字(即0~9)。若s无法转换成一个十进制数,则抛出异常
//NumberFormatException
public static short parseShort(String s)
//将参数s转换成有符号的十进制int值。字符串s中除了第一个字母可以是"-"外,
//其他字符必须是十进制数字(即0~9)。若s无法转换成一个十进制数,则抛出异常
//NumberFormatException
public static int parseInt(String s)
//将参数s转换成有符号的十进制long值。字符串s中除了第一个字母可以是"-"外,
//其他字符必须是十进制数字(即0~9)。若s无法转换成一个十进制数,则抛出异常
//NumberFormatException
public static long parseLong(String s)
```

例如：

```
short si;
int i;
long L;

si=Short.parseShort("-100");               //si为-100
i=Integer.parseInt("12345");               //i为12345
L=Long.parseLong("-10A");                  //抛出NumberFormatException异常
```

4. 转换成 float、double 值

float 和 double 均表示浮点数,区别只是在于它们所能表达的数据范围不同。float 是 32 位,而 double 是 64 位。利用如下静态方法(分别属于 Float 类和 Double 类)可实现字符串到 float 或 double 的转换。

```
//将 s 转成 float 浮点数并返回,若 s 为空,则抛出 NullPointerException 异常;
//若 s 不是一个合法的 float 数据,则抛出 NumberFormatException 异常
public static float parseFloat(String s)
//将 s 转成 double 浮点数并返回,若 s 为空,则抛出 NullPointerException 异常;
//若 s 不是一个合法的 float 数据,则抛出 NumberFormatException 异常
public static double parseDouble(String s)
```

例如:

```
float f;
double d;

f=Float.parseFloat("1.0000001788796875001");
System.out.println(f);                              //输出 1.0000002
f=Float.parseFloat("1.0000001788796875001f");       //增加了一个字符'f'
System.out.println(f);                              //输出 1.0000002

d=Double.parseDouble("1.0000001788796875001");
System.out.println(d);                              //输出 1.0000001788796875
d=Double.parseDouble("1.0000001788796875001d");     //增加了一个字符'd'
System.out.println(d);                              //输出 1.0000001788796875
```

5.4 枚　举

枚举是在 Java JDK 1.5 以后引入的,创建枚举的目的是为了定义一组性质类似的常量,它在 Java 中是一个小功能,但给系统开发带来很大方便。

5.4.1 枚举定义

枚举定义的格式如下:

```
[protected | private | abstract] enum 枚举类型标识符(名称){
    枚举常量 1,
    枚举常量 2,
    ⋮
    枚举常量 n
}
```

例如：

```
public enum Color {
    RED,
    GREEN,
    BLANK,
    YELLOW
}
```

5.4.2 枚举变量和常量

在5.4.1节例子中，RED、GREEN、BLANK、YELLOW均为枚举常量，还可以通过下面的例子定义枚举变量。

例如：

```
Color clr;                    //定义枚举变量
Color clrs[];                 //定义枚举数组变量
```

在使用枚举时，有下面几个事项需要注意。

(1) 不能通过new运算符创建实例对象，可直接通过枚举类型标识符访问枚举变量。

例如：

```
Color clr=Color.RED;
```

(2) 可通过枚举变量访问枚举常量。

例如：

```
if (clr.RED==Color.RED) {…}
```

(3) 可通过枚举常量调用其成员方法。

例如：

```
Color clr=Color.RED;
System.out.println(clr.name());
System.out.println(Color.RED.toString());
```

(4) 可通过values()方法获得该枚举类型的所有枚举常量。

例如：

```
Color[] clrs=Color.values();          //获取所有枚举常量
int i;
for(i=0;i<clrs.length;i++){
    switch(clrs[i]){
        case RED:                     //不能写成 Color.RED 或 clrs[i].RED,否则会出错
            System.out.println("RED 表示红色。");
            break;
        case GREEN:
            System.out.println("GREEN 表示绿色。");
```

```
            break;
        case BLANK:
            System.out.println("BLANK 表示白色。");
            break;
        case YELLOW:
            System.out.println("YELLOW 表示黄色。");
            break;
    }                   //switch 结构结束
}
```

在上例中,各分支语句的枚举常量前不能加点运算符以及枚举变量或枚举类型标识符,如果写成 case Color.RED 或 case clrs[i].RED,编译将出错,这是 Java 语法规定的。

5.4.3 枚举的常见用法

(1) JDK 1.6 之前的 switch 语句只支持 int、char、enum 等类型,使用枚举,能让代码可读性更强。

【程序 5-9】 TrafficLight.java。

```
enum Signal {
    GREEN, YELLOW, RED
}
public class TrafficLight {
    Signal color=Signal.RED;
    public void change() {
        switch (color) {
        case RED:
            color=Signal.GREEN;
            break;
        case YELLOW:
            color=Signal.RED;
            break;
        case GREEN:
            color=Signal.YELLOW;
            break;
        }
    }
}
```

(2) 在 Java 中,枚举实际上也是一个类,可向枚举中添加新方法。如果打算自定义自己的方法,那么必须在 enum 实例序列的最后添加一个分号,而且 Java 要求必须先定义 enum 实例。

例如:

```
public enum Color {
    //enum 的实例序列必须有分号,如下面一行的分号
```

```
    RED("红色", 1), GREEN("绿色", 2), BLANK("白色", 3), YELLOW("黄色", 4);
    //成员变量
    private String name;
    private int index;
    //构造方法
    private Color(String name, int index) {
        this.name=name;
        this.index=index;
    }
    //普通方法
    public static String getName(int index) {
        for (Color c : Color.values()) {
            if (c.getIndex()==index) {
                return c.name;
            }
        }
        return null;
    }
    //get、set 方法
    public String getName() {
        return name;
    }
    public void setName(String name) {
        this.name=name;
    }
    public int getIndex() {
        return index;
    }
    public void setIndex(int index) {
        this.index=index;
    }
}
```

(3) 可以覆盖枚举的方法。

例如：

```
public enum Color {
    RED("红色", 1), GREEN("绿色", 2), BLANK("白色", 3), YELLOW("黄色", 4);
    //成员变量
    private String name;
    private int index;
    //构造方法
    private Color(String name, int index) {
        this.name=name;
        this.index=index;
    }
    //覆盖(Override)toString()方法
    public String toString() {
```

```
            return this.index+"_"+this.name;
        }
    }
```

(4) 利用枚举可实现接口。所有的枚举都继承自 java.lang.Enum 类。由于 Java 不支持多重继承，所以枚举对象不能再继承其他类。

例如：

```
public interface Behaviour {
    void print();
    String getInfo();
}
public enum Color implements Behaviour{
    RED("红色", 1), GREEN("绿色", 2), BLANK("白色", 3), YELLOW("黄色", 4);
    //成员变量
    private String name;
    private int index;
    //构造方法
    private Color(String name, int index) {
        this.name=name;
        this.index=index;
    }
    //接口方法
    public String getInfo() {
        return this.name;
    }
    //接口方法
    public void print() {
        System.out.println(this.index+":"+this.name);
    }
}
```

(5) 可以使用接口组织枚举。

例如：

```
public interface Food{
    enum Coffee implements Food{
        BLACK_COFFEE,
        DECAF_COFFEE,
        LATTE,
        CAPPUCCINO
    }
    enum Dessert implements Food{
        FRUIT,
        CAKE,
        GELATO
    }
}
```

第 6 章　Java 常用类及接口

6.1　Java API 类库

在学习 Java 的过程中，通常会接触 JDK 与 Java API 两个概念。JDK 的全称是 Java Development Kit，是 SUN 公司针对 Java 开发人员的软件开发工具包，它包括 Java 的运行环境、编译工具(javac.exe)以及一些基本的类。其中，这些基本的类就是 Java API 类库，即 Java Application Programming Interface，是 JDK 或其他第三方提供的可调用的函数集合，它们通常是以类的形式存放在 JDK 的目录中。因此，Java API 是包含于 JDK 中的。

Java API 是 Java 语言提供的已经实现的标准类的集合，是 Java 编程的 API (Application Program Interface)，又称为 JDK 包(JDK Package)，它可以帮助开发者方便、快捷地开发 Java 程序。这些类根据实现的功能不同，可以划分为不同的集合，每个集合组成一个包，称为类库。Java 类库中大部分都是由 SUN 公司提供的，这些类库称为基础类库。

Java 语言中提供了大量的类库供程序开发者来使用，了解类库的结构可以帮助开发者节省大量的编程时间，而且能够使编写的程序更简单、更实用。Java 中丰富的类库资源也是 Java 语言的一大特色，是 Java 程序设计的基础。

Java API 类库是以包的形式提供的，包是指类的集合，在这个集合里面，包含了各种类型的丰富的类，它们可以直接在自己的程序中使用。Java API 的常用包如下。

(1) java.lang 包：主要含有与语言相关的类。java.lang 包由解释程序自动加载，不需要引入。Java 语言包(java.lang)定义了 Java 中的大多数基本类。该包中包含了 Object 类，Object 类是整个类层次结构的根节点，同时还定义了基本数据类型的类，如 String、Boolean、Byte、Short 等。这些类支持数字类型的转换和字符串的操作，在前面的章节中已经涉及了部分内容，本章主要介绍该包中的 Math 类等。

(2) java.io 包：主要含有与输入输出相关的类，这些类提供了对不同的输入和输出设备读写数据的支持，这些输入和输出设备包括键盘、显示器、打印机、磁盘文件等。

(3) java.util 包：包括许多具有特定功能的类，有日期、向量、散列表、堆栈等，其中 Date 类支持与时间有关的操作。

(4) javax.swing 包和 java.awt 包：提供了创建图形用户界面元素的类。通过这些元素，编程者可以控制所写的 Application 的外观界面。包中包含了窗口、对话框、菜单等类。

(5) java.net 包：含有与网络操作相关的类，如 TCP Sockets、URL 等工具。

(6) java.applet 包：含有控制 HTML 文档格式、应用程序中的声音等资源的类，其中 Applet 类是用来创建包含于 HTML 的 Applet 必不可少的类。

(7) java.beans 包：定义了应用程序编程接口(API)，Java Beans 是 Java 应用程序环境的中性平台组件结构。

6.2 java.lang 包

java.lang 包是由 Java 程序默认导入的,它提供了大多数常用的基本类,其中的类的层次结构如图 6-1 所示。其中比较常用的类包括前面章节中的 Boolean、Character、Byte、Short、Integer、Long、Double、Float 八种基本数据类,String 和 StringBuffer,数学函数类(Math),系统类(System),随机数类(Random),运行类(Runtime)等。

```
○ java.lang.Object
    ○ java.lang.Boolean (implements java.lang.Comparable<T>, java.io.Serializable)
    ○ java.lang.Character (implements java.lang.Comparable<T>, java.io.Serializable)
    ○ java.lang.Character.Subset
        ○ java.lang.Character.UnicodeBlock
    ○ java.lang.Class<T> (implements java.lang.reflect.AnnotatedElement,
      java.lang.reflect.GenericDeclaration, java.io.Serializable,
      java.lang.reflect.Type)
    ○ java.lang.ClassLoader
    ○ java.lang.Compiler
    ○ java.lang.Enum<E> (implements java.lang.Comparable<T>, java.io.Serializable)
    ○ java.lang.Math
    ○ java.lang.Number (implements java.io.Serializable)
        ○ java.lang.Byte (implements java.lang.Comparable<T>)
        ○ java.lang.Double (implements java.lang.Comparable<T>)
        ○ java.lang.Float (implements java.lang.Comparable<T>)
        ○ java.lang.Integer (implements java.lang.Comparable<T>)
        ○ java.lang.Long (implements java.lang.Comparable<T>)
        ○ java.lang.Short (implements java.lang.Comparable<T>)
    ○ java.lang.Package (implements java.lang.reflect.AnnotatedElement)
    ○ java.security.Permission (implements java.security.Guard, java.io.Serializable)
        ○ java.security.BasicPermission (implements java.io.Serializable)
            ○ java.lang.RuntimePermission
    ○ java.lang.Process
    ○ java.lang.ProcessBuilder
    ○ java.lang.Runtime
    ○ java.lang.SecurityManager
    ○ java.lang.StackTraceElement (implements java.io.Serializable)
    ○ java.lang.StrictMath
    ○ java.lang.String (implements java.lang.CharSequence, java.lang.Comparable<
     T>,
      java.io.Serializable)
    ○ java.lang.StringBuffer (implements java.lang.CharSequence, java.io.Serializable)
      ○ java. lang. StringBuilder (implements java. lang. CharSequence, java. io.
Serializable)
    ○ java.lang.System
    ○ java.lang.Thread (implements java.lang.Runnable)
    ○ java.lang.ThreadGroup (implements java.lang.Thread.UncaughtExceptionHandler)
    ○ java.lang.ThreadLocal<T>
        ○ java.lang.InheritableThreadLocal<T>
    ○ java.lang.Throwable (implements java.io.Serializable)
```

图 6-1 java.lang 包中类的层次结构

- java.lang.Error
  - java.lang.AssertionError
  - java.lang.LinkageError
    - java.lang.ClassCircularityError
    - java.lang.ClassFormatError
      - java.lang.UnsupportedClassVersionError
    - java.lang.ExceptionInInitializerError
    - java.lang.IncompatibleClassChangeError
      - java.lang.AbstractMethodError
      - java.lang.IllegalAccessError
      - java.lang.InstantiationError
      - java.lang.NoSuchFieldError
      - java.lang.NoSuchMethodError
    - java.lang.NoClassDefFoundError
    - java.lang.UnsatisfiedLinkError
    - java.lang.VerifyError
  - java.lang.ThreadDeath
  - java.lang.VirtualMachineError
    - java.lang.InternalError
    - java.lang.OutOfMemoryError
    - java.lang.StackOverflowError
    - java.lang.UnknownError
- java.lang.Exception
  - java.lang.ClassNotFoundException
  - java.lang.CloneNotSupportedException
  - java.lang.IllegalAccessException
  - java.lang.InstantiationException
  - java.lang.InterruptedException
  - java.lang.NoSuchFieldException
  - java.lang.NoSuchMethodException
  - java.lang.RuntimeException
    - java.lang.ArithmeticException
    - java.lang.ArrayStoreException
    - java.lang.ClassCastException
    - java.lang.EnumConstantNotPresentException
    - java.lang.IllegalArgumentException
      - java.lang.IllegalThreadStateException
      - java.lang.NumberFormatException
    - java.lang.IllegalMonitorStateException
    - java.lang.IllegalStateException
    - java.lang.IndexOutOfBoundsException
      - java.lang.ArrayIndexOutOfBoundsException
      - java.lang.StringIndexOutOfBoundsException
    - java.lang.NegativeArraySizeException
    - java.lang.NullPointerException
    - java.lang.SecurityException
    - java.lang.TypeNotPresentException
    - java.lang.UnsupportedOperationException

java.lang.Void

图 6-1 （续）

6.2.1 Object 类

从图 6-1 中可以看出,其中所有类都是直接或间接地从 java.lang.Object 类继承而来,这意味着它是 java.lang 包中所有类的祖先,Object 类中的 public 或 protected 方法在其子孙类中都可以直接调用。Object 类具备如下特点。

(1) Object 类是 Java 程序中所有类的直接或间接父类,处在类的最高层次。

(2) 一个类在声明时若不包含关键字 extends,系统就会认为该类直接继承 Object 类。例如:

```
class MyObject{
    ⋮
}
```

MyObject 类没有使用 extends,则其父类为 Object 类。

(3) Object 类包含了所有 Java 类的公共属性和方法,这些属性和方法在任何类中均可以直接使用。Object 类主要的方法如表 6-1 所示。

表 6-1 Object 类主要的方法

方法	功能描述
public Boolean equals(Object obj)	比较两个类变量所指向的是否为同一个对象,是则返回 true
public final Class getClass()	获取当前对象所属类的信息,返回 Class 对象
public String toString()	将调用 toString()方法的对象转换成字符串
protected Object clone()	生成当前对象的一个备份,并返回这个副本
public int hashCode()	返回该对象的散列代码值
public final void notify()	唤醒在此对象监视器上等待的单个线程
public final void notifyAll()	唤醒在此对象监视器上等待的所有线程
public final void wait()	导致当前的线程等待,直到其他线程调用此对象的 notify()方法或 notifyAll()方法
protected void finalize()	当垃圾回收器确定不存在对该对象的更多引用时,由对象的垃圾回收器调用此方法

(4) Object 类的 equals()方法采用的是“==”运算比较,也就是只有两个引用变量指向同一对象时才相等,即对于任何非空引用值 x 和 y,当且仅当 x 和 y 引用同一个对象时,此方法才返回 true。

(5) Object 类的 toString()方法是返回对象的描述信息,在 Object 类中该方法返回对象的类名及对象引用地址。

(6) getClass()方法返回调用该方法所属的类。

【程序 6-1】 TestClassMain.java。

```
class TestClass {
    protected String name;
```

```
    public TestClass (String a) {
        name=a;
    }
}
class TestClassMain {
    public static void main(String args[]) {
        TestClass c=new TestClass("abc");
        Class b=c.getClass();                    //用变量 c 调用 getClass()方法
        System.out.println("c所属的类: "+b);     //输出"c所属的类为: class TestClass"
    }
}
```

6.2.2 Math 类

java.lang 包中的 Math 类也称为数学类，是一个工具类，它在解决与数学有关的一些问题时起着非常重要的作用。Math 类包含许多用来进行科学计算的类方法，涉及大多数学函数，如 sin、cos、exp、abs 等，这些方法可以直接通过类名调用。Math 类还提供了 Math.PI（圆周率）和 Math.E（自然对数的底数）两个静态数学常量：E 和 PI。它们的值分别为 2.718 282 828 459 045 235 4和 3.141 592 653 589 793 238 46。java.lang.Math 类具有如下特点。

（1）该类是 final 的，不能被继承。

（2）类中的方法和属性全部是静态，不允许在类的外部创建 Math 类的对象。因此，只能使用 Math 类的方法而不能对其做任何更改。

Math 类中常用的数学方法如表 6-2 所示。

表 6-2 Math 类中常用的数学方法

方法	功能描述
public static type abs(type i)	求 i 的绝对值，type 可以是 int、long、float、double
public static double ceil(double d)	不小于 d 的最小整数(返回值为 double 型)
public static double floor(double d)	不大于 d 的最大整数(返回值为 double 型)
public static type max(type i1,type i2)	求 i1 和 i2 的最大数，type 可以是 int、long、float、double
public static type min(type i1,type i2)	求 i1 和 i2 的最小数，type 可以是 int、long、float、double
public static double random()	产生 0～1 的随机数(不含 0 和 1)
public static int round(float f)	求最靠近 f 的整数
public static long round(double d)	求最靠近 d 的长整数
public static double sqrt(double a)	求平方根
public static double sin(double d)	求 d 的 sin 值(另有求其他三角函数的方法如 cos、tan、atan)
public static double log(double x)	求自然对数
public static double exp(double x)	求 e(自然对数的底数)的 x 次幂(即 e^x)
public static double pow(double a, double b)	求 a 的 b 次幂(即 a^b)

【程序 6-2】 TestMath.java。

```
class TestMath {
    public static void main(String args[]) {
        System.out.println("Pi="+Math.PI);
        System.out.println("E="+Math.E);
        System.out.println("abs(-6.8)="+Math.abs(-6.8));
        System.out.println("ceil(6.8)="+Math.ceil(6.8));
        System.out.println("floor(8.6)="+Math.floor(8.6));
        System.out.println("max(-5,-6)="+Math.max(-5,-6));
        System.out.println("min(5,6)="+Math.min(5, 6));
        System.out.println("round(8.6)="+Math.round(8.6));
        System.out.println("sqrt(16)="+Math.sqrt(16));
        System.out.println("exp(1)="+Math.exp(1));
        System.out.println("log(e)="+Math.log(Math.E));
        System.out.println("pow(2,3)="+Math.pow(2, 3));
        System.out.println("sin(30 degrees)="+Math.sin(Math.toRadians(30)));
        System.out.println("atan(90 degrees)="+Math.atan(Math.PI/2));
    }
}
```

其运行结果如图 6-2 所示。

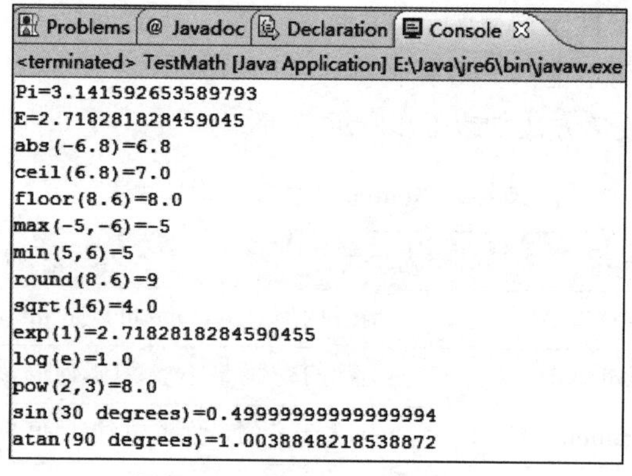

图 6-2　Math 类方法调用实例

6.2.3　System 类

对于 java.lang.System 类来讲，读者并不陌生。由于 Java 不支持全局函数和全局变量，因此，Java 设计者将一些与系统相关的重要函数和变量收集到了一个 System 类中，而 System 类中的所有成员都是静态且 final 的，当要引用这些变量和方法时，直接使用 System 类名做前缀就可以了，例如，以前学习的标准输入 System.in 和输出 System.out 等。下面介绍主要其中常用的方法和静态成员变量。

1. System 类常用方法

exit()方法是终止当前正在运行的 Java 虚拟机，其完整定义如下：

```
//status 是状态码,根据 Java 规则,status 非 0 表示异常终止
public static void exit(int status)
```

例如：

```
try{
    double i, j;
    i=100;
    j=0;
    System.out.println(i/j);                         //除以 0,将引发异常
}catch(Exception e){
    System.exit(1);                                  //非正常中止,因为代码运行出现异常
}
```

arraycopy()方法可以从一个数组复制到另一个数组,其定义如下：

```
//将源数组 src[]中从指定位置 srcpos 开始的 length 个元素,复制到目的数组 dest[]的指
//定位置 destpos。type 可以是 boolean、byte、char、short、int、long、float、double
//或 object
public static void arraycopy(type src[] , int srcpos , type dest[] , int destpos , int
length)
```

【程序 6-3】 TestArrayCopy.java。

```
//将第一个数组的后 4 个元素复制到第二个数组中
class TestArrayCopy{
    public static void main(String args[]){
        int smallPrimes[]={1, 2, 3, 4, 5, 6};
        int lucyNumbers[]={1001, 1002, 1003, 1004, 1005, 1006, 1007};
        System.arraycopy(smallPrimes, 1, lucyNumbers, 2, 5);
        for(int i=0; i<lucyNumbers.length; i++)
          System.out.println(i+": "+lucyNumbers[i]);
    }
}
```

输出结果如下：

```
0: 1001
1: 1002
2: 2
3: 3
4: 4
5: 5
6: 6
```

gc()方法可帮助开发人员主动对垃圾内存进行回收。调用 gc() 方法暗示着 Java 虚拟机做了一些努力来回收未用对象,以便能够快速地重用这些对象当前占用的内存。当控制权从方法调用中返回时,虚拟机已经尽最大努力从所有丢弃的对象中回收了空间。定义

如下：

```
public static void gc()
```

例如：

```
System.gc();
```

currentTimeMillis()返回以毫秒为单位的当前时间，具体而言，是当前时间与协调世界时间 1970 年 1 月 1 日午夜之间的时间差(以毫秒为单位测量)。注意，当返回值的时间单位是毫秒时，值的粒度取决于底层操作系统，并且粒度可能更大。例如，许多操作系统以几十毫秒为单位测量时间。其定义如下：

```
public static long currentTimeMillis()
```

【程序 6-4】 TestRunningTime.java。

```
//返回自程序开始运行起至当前时间的以毫秒为单位的时间值。这是一个 long 型的大数值,
//可以用它来检测运行一段程序时所花费的时间
public class TestRunningTime {
    public static void main(String[] args) {
        long timeTestStart=System.currentTimeMillis();    //记录开始的时间值
        //******************************************
        //以下为待测试运行时间的代码
        System.out.println("欢迎您!");
        //以上为待测试运行时间的代码
        //******************************************
        long timeTestEnd=System.currentTimeMillis();      //记录结束的时间值
        System.out.println("运行时间是: "+(timeTestEnd-timeTestStart));
    }
}
```

nanoTime()方法与 currentTimeMillis()有点类似，它返回最准确的可用系统计时器的当前值，以纳秒为单位。通常情况下，它只能用于测量已过的时间，与系统或钟表时间的其他任何时间概念无关。返回值表示从某一固定但任意的时间算起的纳秒数(或许从以后算起，所以该值可能为负)。此方法提供纳秒的精度，但不是必要的纳秒的准确度。它对于值的更改频率没有做出保证。其定义如下：

```
public static long nanoTime()
```

例如：

```
//可用以下代码测试某个程序片段执行的时间,以纳秒为单位
long startTime=System.nanoTime();
…                                             //本处为待测试的程序片段
long estimatedTime=System.nanoTime()-startTime;
```

2. System类中的三个静态变量

System类最有用的一个功能就是标准输入流和标准输出流,标准输入流用于读取数据,标准输出流则用于打印数据。System类的所有变量和成员方法都是静态的,这意味着不必生成System类的一个实例,就可以调用其成员方法。

System类包括三个静态变量:

```
public static final InputStream in
public static final PrintStream out
public static final PrintStream err
```

这些变量是InputStream和PrintStream类的实例,它为与stdin、stdout和stderr的交互提供了read()、print()和println()等成员方法。通常,stdin是指键盘,stdout是指终端,而stderr在默认时是指屏幕。

System.out可以在屏幕上显示文字,这个流已经打开着并准备好接收输出数据。它能够显示屏幕输出,或主机环境叙述的其他输出设备上。熟悉的语句如下:

```
System.out.println(data)
```

这里println方法是属于流类PrintStream的方法,不是System的方法。

System.in可以用作键盘输入或其他设备的输入。

System.err的语法和System.out类似,不需要提供参数就输出错误信息,但是也可以用来输出用户指定的其他信息,包括变量的值,这可能在程序测试时有用。

【程序6-5】 TestIO.java。

```
/*从键盘输入字符并显示在屏幕上,按回车键结束输入*/
import java.io.IOException;
public class TestIO{
    static void main(String args[]){
        System.out.println("Input a line text, carriage to end:");
        //以下变量ch用于保存每次读入的一个字符,该变量需用int,不能用char类型,
        //否则编译时会显示"会丢失精度"而导致编译失败
        int ch;
        try{
            //读入一个字符,read是属于InputStream类的方法
            ch=System.in.read();
            while(ch !='\r'){              //若输入不等于回车字符,则继续;否则循环结束
                System.out.print((char)ch);          //输出到屏幕
                ch=System.in.read();                 //读入下一个字符
            }
        }
        catch (IOException e){
            System.out.println(e.toString());
        }
        finally {
```

```
                System.err.println();
            }
        }
    }
```

以上程序在输入汉字时不能正常输出(输出变成"??")。为了能够用于输出汉字,需要把 System.in 声明为 InputStreamReader 类型的实例。

注意:在上述程序中如果把输出(System.out.print)改为写文件,则输出汉字也是可以的。

【程序 6-6】 TestIOCh.java。

```
/*从键盘输入字符并能够正常显示汉字*/
import java.io.*;
class TestIOCh {
    public static void main(String args[]) {
        System.out.println("Input a line text, carriage to end:");
        int ch;
        try{
            InputStreamReader in=new InputStreamReader(System.in, "GB2312");
            ch=in.read();
            while( ch !='\r' ){
                System.out.print((char)ch);
                ch=in.read();
            }
        }
        catch (IOException e){
            System.out.println(e.toString());
        }
        finally {
            System.err.println();
        }
    }
}
```

上述程序中,语句"InputStreamReader in = new InputStreamReader(System.in, "GB2312");"声明一个新对象 in,它从 Reader 继承而来,可以读入完整的 Unicode 码,汉字显示就正常了。本例比上例多了一句"import java.io.*;",因为使用了 InputStreamReader。

6.2.4 Runtime 类

Runtime 类封装了 Java 命令本身所启动的实例进程,也就是封装了 Java 虚拟机进程。一个 Java 虚拟机对应一个 Runtime 实例对象。Runtime 类中的许多方法和 System 类中的方法相重复,不能直接创建 Runtime 的实例对象,也就是不能通过 new 来创建,只能通过 Runtime.getRuntime()静态方法来获得 Runtime 实例对象的引用。

Java 虚拟机本身就是 Windows 上的一个进程,这个进程中可以启动其他的 Windows 程序,通过这种方式启动的 Windows 程序实例就称为子进程。Java 虚拟机调用 Runtime

的 exec()方法可以启动这个子进程，其返回值就是代表子进程的 Process 对象，该方法最常用的定义如下：

```
public Process exec(String command)
```

【程序 6-7】 TestExec.java。

```
/*
在 Java 程序中启动一个 Windows 记事本程序,并在该运行实例中打开这个 Java 程序的源文件,
启动的记事本程序在 8s 后被关闭
*/
public class TestExec {
    public static void main(String[] args) {
        Process p=null;
        try{
            //以下语句获得一个 Runtime 的实例对象并调用 exec 方法,返回一个进程实例
            p=Runtime.getRuntime().exec("notepad.exe c:\\count.txt");
            Thread.sleep(8000);                    //休眠 8s
            p.destroy();                           //关闭打开的记事本
        }catch (Exception e) {
            e.printStackTrace();
        }
    }
}
```

Runtime 类的其他常用方法还包括 freeMemory()和 totalMemory()，前者返回 Java 虚拟机中的空闲内存量，以字节为单位；后者返回 Java 虚拟机中的内存总量，以字节为单位，此方法返回的值可能随时间的推移而变化，这取决于主机环境。调用 gc()方法可能导致 freeMemory()返回值的增加。两个方法的定义如下：

```
public long freeMemory()
public long totalMemory()
```

【程序 6-8】 TestMemory.java。

```
/*显示当前 Java 虚拟机中的内存情况*/
public class TestMemory {
    public static void main(String[] args) {
        Runtime r=null;
        try{
            r=Runtime.getRuntime();
            System.out.println("空闲内存: "+r.freeMemory()/1024+"KB");
            System.out.println("内存总量: "+r.totalMemory ()/1024+"KB");
        }catch (Exception e) {
            e.printStackTrace();
        }
    }
}
```

以上实例输出结果如图 6-3 所示。

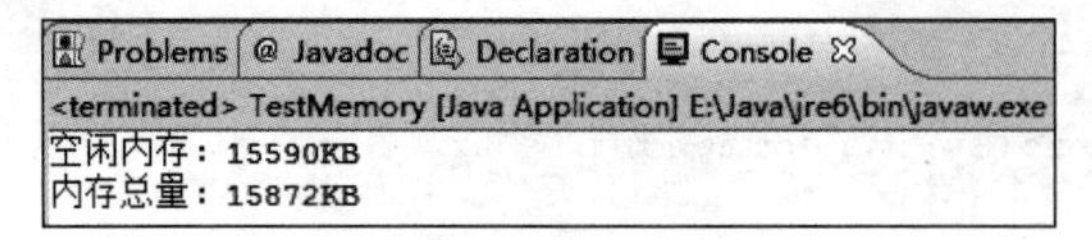

图 6-3　内存方法实例

6.3　java.util 包

本节介绍 Java 的实用工具类库 java.util 包。在这个包中，Java 提供了一些实用的方法和数据结构。其类层次结构如图 6-4 所示。

```
○ java.lang.Object
    ○ java.util.AbstractCollection<E> (implements java.util.Collection<E>)
        ○ java.util.AbstractList<E> (implements java.util.List<E>)
            ○ java.util.AbstractSequentialList<E>
                ○ java.util.LinkedList<E> (implements java.lang.Cloneable,
                  java.util.Deque<E>, java.util.List<E>, java.io.Serializable)
            ○ java.util.ArrayList<E> (implements java.lang.Cloneable,
              java.util.List<E>, java.util.RandomAccess, java.io.Serializable)
            ○ java.util.Vector<E> (implements java.lang.Cloneable,
              java.util.List<E>, java.util.RandomAccess, java.io.Serializable)
                ○ java.util.Stack<E>
        ○ java.util.AbstractQueue<E> (implements java.util.Queue<E>)
            ○ java.util.PriorityQueue<E> (implements java.io.Serializable)
        ○ java.util.AbstractSet<E> (implements java.util.Set<E>)
            ○ java.util.EnumSet<E> (implements java.lang.Cloneable,
              java.io.Serializable)
            ○ java.util.HashSet<E> (implements java.lang.Cloneable,
              java.io.Serializable, java.util.Set<E>)
                ○ java.util.LinkedHashSet<E> (implements java.lang.Cloneable,
                  java.io.Serializable, java.util.Set<E>)
            ○ java.util.TreeSet<E> (implements java.lang.Cloneable,
              java.util.NavigableSet<E>, java.io.Serializable)
        ○ java.util.ArrayDeque<E> (implements java.lang.Cloneable,
          java.util.Deque<E>, java.io.Serializable)
    ○ java.util.AbstractMap<K,V> (implements java.util.Map<K,V>)
        ○ java.util.EnumMap<K,V> (implements java.lang.Cloneable, java.io.Serializable)
        ○ java.util.HashMap<K,V> (implements java.lang.Cloneable,
          java.util.Map<K,V>, java.io.Serializable)
            ○ java.util.LinkedHashMap<K,V> (implements java.util.Map<K,V>)
        ○ java.util.IdentityHashMap<K,V> (implements java.lang.Cloneable,
          java.util.Map<K,V>, java.io.Serializable)
        ○ java.util.TreeMap<K,V> (implements java.lang.Cloneable,
          java.util.NavigableMap<K,V>, java.io.Serializable)
```

图 6-4　java.util 包中的类层次结构

- ○ java.util.WeakHashMap<K,V> (implements java.util.Map<K,V>)
○ java.util.AbstractMap.SimpleEntry<K,V> (implements java.util.Map.Entry<K,V>, java.io.Serializable)
○ java.util.AbstractMap.SimpleImmutableEntry<K,V> (implements java.util.Map.Entry<K,V>, java.io.Serializable)
○ java.util.Arrays
○ java.util.BitSet (implements java.lang.Cloneable, java.io.Serializable)
○ java.util.Calendar (implements java.lang.Cloneable, java.lang.Comparable<T>, java.io.Serializable)
    - ○ java.util.GregorianCalendar
○ java.util.Collections
○ java.util.Currency (implements java.io.Serializable)
○ java.util.Date (implements java.lang.Cloneable, java.lang.Comparable<T>, java.io.Serializable)
○ java.util.Dictionary<K,V>
    - ○ java.util.Hashtable<K,V> (implements java.lang.Cloneable, java.util.Map<K,V>, java.io.Serializable)
        - ○ java.util.Properties
○ java.util.EventListenerProxy (implements java.util.EventListener)
○ java.util.EventObject (implements java.io.Serializable)
○ java.util.FormattableFlags
○ java.util.Formatter (implements java.io.Closeable, java.io.Flushable)
○ java.util.Locale (implements java.lang.Cloneable, java.io.Serializable)
○ java.util.Observable
○ java.security.Permission (implements java.security.Guard, java.io.Serializable)
    - ○ java.security.BasicPermission (implements java.io.Serializable)
        - ○ java.util.PropertyPermission
○ java.util.Random (implements java.io.Serializable)
○ java.util.ResourceBundle
    - ○ java.util.ListResourceBundle
    - ○ java.util.PropertyResourceBundle
○ java.util.ResourceBundle.Control
○ java.util.Scanner (implements java.util.Iterator<E>)
○ java.util.ServiceLoader<S> (implements java.lang.Iterable<T>)
○ java.util.StringTokenizer (implements java.util.Enumeration<E>)
○ java.lang.Throwable (implements java.io.Serializable)
    - ○ java.lang.Error
        - ○ java.util.ServiceConfigurationError
    - ○ java.lang.Exception
        - ○ java.io.IOException
            - ○ java.util.InvalidPropertiesFormatException
        - ○ java.lang.RuntimeException
            - ○ java.util.ConcurrentModificationException
            - ○ java.util.EmptyStackException

图 6-4 java.util 包中的类层次结构(续)

- java.lang.IllegalArgumentException
  - java.util.IllegalFormatException
    - java.util.DuplicateFormatFlagsException
    - java.util.FormatFlagsConversionMismatchException
    - java.util.IllegalFormatCodePointException
    - java.util.IllegalFormatConversionException
    - java.util.IllegalFormatFlagsException
    - java.util.IllegalFormatPrecisionException
    - java.util.IllegalFormatWidthException
    - java.util.MissingFormatArgumentException
    - java.util.MissingFormatWidthException
    - java.util.UnknownFormatConversionException
    - java.util.UnknownFormatFlagsException
- java.lang.IllegalStateException
  - java.util.FormatterClosedException
- java.util.MissingResourceException
- java.util.NoSuchElementException
  - java.util.InputMismatchException

- java.util.TooManyListenersException

- java.util.Timer
- java.util.TimerTask (implements java.lang.Runnable)
- java.util.TimeZone (implements java.lang.Cloneable, java.io.Serializable)
- java.util.SimpleTimeZone

- java.util.UUID (implements java.lang.Comparable<T>, java.io.Serializable)

图 6-4 java.util 包中的类层次结构(续)

在 java.util 包中,常用的类包括日期类(Date)、日历类(Calendar),它们可用来产生和获取日期及时间;随机数类(Random)用于产生各种类型的随机数;无序集合、有序集合、非重复集合、映射集合等类来表示相应的数据结构。下面分别介绍。

6.3.1 Date 类

在 JDK 1.0 中,Date 类是唯一的一个代表时间的类,但是由于 Date 类不便于实现国际化,所以从 JDK 1.1 版本开始,推荐使用 Calendar 类进行时间和日期处理。这里只简单介绍一下利用 Date 类获取当前系统时间。

例如:

```
Date d=new Date();              //默认构造方法创建出的对象就代表当前时间
System.out.println(d);
```

由于 Date 类覆盖了 toString()方法,所以可以直接输出 Date 类型的对象,显示结果类似如下:

```
Sun Jul 01 23:35:58 CST 2012
```

在该格式中,Sun 代表 Sunday(周日),Jul 代表 July(七月),01 代表 1 日,CST 代表 China Standard Time(中国标准时间,也就是北京时间(东八区))。

6.3.2 Calendar类

从JDK 1.1版本开始,在处理日期和时间时,系统推荐使用Calendar类进行实现。在设计上,Calendar类的功能要比Date类强大很多,而且在实现方式上也比Date类要复杂一些。Calendar类是一个抽象类,在实际使用时实现特定的子类的对象,创建对象的过程对程序员来说是透明的,只需要使用getInstance()方法创建即可。下面就介绍一下Calendar类的使用。

1. 获取当前时间

例如:

```
Calendar c=Calendar.getInstance();
String s=String.format("当前时间: %1$tY-%1$tm-%1$td %1$tH:%1$tM:%1$tS",c);
System.out.println(s);     //输出类似于: 2012-07-02 11:34:34
```

由于Calendar类是抽象类,且Calendar类的构造方法是protected的,所以无法使用Calendar类的构造方法来创建对象,API中提供了getInstance()方法用来创建对象。使用该方法获得的Calendar对象就代表当前的系统时间(可用毫秒值来表示,它是距历元(即格林尼治标准时间1970年1月1日的00:00:00.000,格里高利历)的偏移量),由于Calendar类toString实现的没有Date类那么直观,所以直接输出Calendar类的对象意义不大。

2. 获得指定时间的Calendar类

使用Calendar类代表特定的时间,需要首先创建一个Calendar的对象,然后用set()方法来设定该对象中的年月日参数来完成。set()方法的声明如下:

```
//year表示实际的年份,month则为实际的月份减1,date表示实际的日期
public final void set(int year, int month, int date)
```

例如:

```
Calendar c1=Calendar.getInstance();
c1.set(2012, 7-1, 2);
```

如果只设定某个字段,例如日期的值,则可以使用如下set()方法:

```
public void set(int field,int value)
```

在该方法中,参数field代表要设置的字段的类型,常见类型如下:

```
Calendar.YEAR——年份
Calendar.MONTH——月份
Calendar.DATE——日期
Calendar.DAY_OF_MONTH——日期,与上面的字段完全相同
Calendar.HOUR——12小时制的小时数
Calendar.HOUR_OF_DAY——24小时制的小时数
Calendar.MINUTE——分钟
Calendar.SECOND——秒
Calendar.DAY_OF_WEEK——星期几
```

后续的参数 value 代表设置成的值。

例如：

```
c1.set(Calendar.DATE, 10);
```

该代码的作用是将 c1 对象代表的时间中日期设置为 10 日，其他所有的数值会被重新计算，例如，星期几以及对应的相对时间数值等。

3. 获得 Calendar 类中的信息

使用 Calendar 类中的 get()方法可以获得 Calendar 对象中对应的信息，声明如下：

```
public int get(int field)
```

其中，参数 field 代表需要获得的字段的值，字段说明和上面的 set()方法保持一致。需要说明的是，获得的月份为实际的月份值减 1，获得的星期的值如下：周日是 1，周一是 2，周二是 3，以此类推。

例如：

```
Calendar c2=Calendar.getInstance();
int year=c2.get(Calendar.YEAR);                  //年份
int month=c2.get(Calendar.MONTH)+1;              //月份
int date=c2.get(Calendar.DATE);                  //日期
int hour=c2.get(Calendar.HOUR_OF_DAY);           //小时
int minute=c2.get(Calendar.MINUTE);              //分钟
int second=c2.get(Calendar.SECOND);              //秒
int day=c2.get(Calendar.DAY_OF_WEEK);            //星期几

System.out.println("年份: "+year);
System.out.println("月份: "+month);
System.out.println("日期: "+date);
System.out.println("小时: "+hour);
System.out.println("分钟: "+minute);
System.out.println("秒: "+second);
System.out.println("星期: "+day);
```

4. 其他方法说明

add()方法在 Calendar 对象中的某个字段上增加或减少一定的数值，其声明如下：

```
//增加时 amount 为正表示增加,amount 为负表示减少,field 取值见前面描述
public abstract void add(int field, int amount)
```

例如：

```
//计算当前时间 100 天以后的日期
Calendar c3=Calendar.getInstance();
c3.add(Calendar.DATE, 100);
int year1=c3.get(Calendar.YEAR);
```

```
int month1=c3.get(Calendar.MONTH)+1;                    //月份
int date1=c3.get(Calendar.DATE);                        //日期
System.out.println(year1+"年"+month1+"月"+date1+"日");
```

这里 add()方法是指在 c3 对象的 Calendar.DATE,也就是日期字段上增加 100,类内部会重新计算该日期对象中其他各字段的值,从而获得 100 天以后的日期,程序的输出结果类似于:2012 年 7 月 2 日。

after()方法判断当前日期对象是否在 when 对象的后面,如果在 when 对象的后面则返回 true,否则返回 false。其声明如下:

```
public boolean after(Object when)
```

例如:

```
Calendar c4=Calendar.getInstance();
c4.set(2012, 7-1, 2);
Calendar c5=Calendar.getInstance();
c5.set(2012, 9-1, 10);
boolean b=c5.after(c4);
System.out.println(b);
```

在该实例代码中对象 c4 代表的时间是 2012 年 7 月 2 日,对象 c5 代表的时间是 2012 年 9 月 10 日,则对象 c5 代表的日期在 c4 代表的日期之后,所以 after()方法的返回值是 true。

另外一个类似的方法是 before(),该方法是判断当前日期对象是否位于另外一个日期对象之前。

getTime()方法将 Calendar 类型的对象转换为对应的 Date 类对象,两者代表相同的时间点。类似的方法是 setTime(),该方法的作用是将 Date 对象转换为对应的 Calendar 对象。它们的声明如下:

```
public final Date getTime()
public final void setTime(Date date)
```

例如:

```
Date d=new Date();
Calendar c6=Calendar.getInstance();
Date d1=c6.getTime();                    //Calendar类型的对象转换为Date对象
Calendar c7=Calendar.getInstance();      //Date类型的对象转换为Calendar对象
c7.setTime(d);
```

5. Calendar 对象和相对时间之间的互转

使用 Calendar 类中的 getTimeInMillis()方法可以将 Calendar 对象转换为相对时间(即相对于格林尼治标准时间 1970 年 1 月 1 日的 00:00:00:000 的偏移量,以毫秒为单位)。在将相对时间转换为 Calendar 对象时,首先创建一个 Calendar 对象,然后再使用 Calendar

类的 setTimeInMillis()方法设置时间即可。这两个方法的声明如下：

```
//返回此 Calendar 的时间值,以毫秒为单位
public long getTimeInMillis()
//用给定的 long 值设置此 Calendar 的当前时间值
public void setTimeInMillis(long millis)
```

例如：

```
Calendar c8=Calendar.getInstance();
//将 Calendar 对象转换为相对时间
long t1=c8.getTimeInMillis();
//将相对时间转换为 Calendar 对象
Calendar c9=Calendar.getInstance();
c9.setTimeInMillis(t1);
```

6.3.3 Random 类

在 Java API 中,java.util 包中专门提供了一个和随机处理有关的类,这个类就是 Random 类。随机数字生成的相关方法都包含在该类的内部。

Random 类中实现的随机算法是伪随机,也就是有规则的随机。在进行随机时,随机算法的起源数字称为种子(Seed),在种子数的基础上进行一定的变换,从而产生需要的随机数字。在实际的项目开发过程中,经常需要产生一些随机数值,例如,网站登录中的校验数字等,或者需要以一定的概率实现某种效果,例如,游戏程序中的物品掉落等。

注意：相同种子的 Random 对象,相同次数生成的随机数字是完全相同的。也就是说,两个种子相同的 Random 对象,第一次生成的随机数字完全相同,第二次生成的随机数字也完全相同。这点在生成多个随机数字时需要特别注意。

下面详细介绍 Random 类的使用,以及如何生成指定区间的随机数字以及实现程序中要求的概率。

1. Random 对象的生成

Random 类包含两个构造方法,声明如下：

```
//使用一个和当前系统时间对应的相对时间有关的数字作为种子,然后使用这个种子数
//构造 Random 对象
public Random()
//该构造方法可以通过确定一个种子数进行创建
public Random(long seed)
```

例如：

```
Random r=new Random();
Random r1=new Random(10);
```

注意：种子只是随机算法的起源数字,与生成的随机数字的区间无关。

2. Random 类中的常用方法

Random 类中的方法比较简单，每个方法的功能也很容易理解。需要说明的是，Random 类中各方法生成的随机数字都是均匀分布的，也就是说区间内部的数字生成的概率是均等的。

Random 类主要的方法如表 6-3 所示。

表 6-3 Random 类主要的方法

方法	功能描述
boolean nextBoolean()	生成一个随机的 boolean 值，生成 true 和 false 的值的概率均为 50%
double nextDouble()	生成一个随机的 double 值，数值位于[0,1.0)区间，这里方括号代表包含区间端点，圆括号代表不包含区间端点，是 0～1 的随机小数，包含 0 而不包含 1.0
int nextInt()	生成一个随机的 int 值，该值介于 int 的区间，也就是 $-2^{31}\sim2^{31}-1$。如果需要生成指定区间的 int 值，则需要进行一定的数学变换
int nextInt(int n)	生成一个随机的 int 值，该值位于[0,n)区间，也就是 0～n 的随机 int 值，包含 0 而不包含 n。想生成指定区间的 int 值，也需要进行一定的数学变换
void setSeed(long seed)	重新设置 Random 对象中的种子数。设置完种子以后的 Random 对象和相同种子使用 new 关键字创建出的 Random 对象相同

例如：

```
Random r=new Random();
double d1=r.nextDouble();      //直接生成[0,1.0)区间的小数 d1

/*以下语句生成[0,5.0)区间的小数，扩大 5 倍即是要求的区间。同理，生成[0, d)区间的随机小
  数，d 为任意正的小数，则只需要将 nextDouble 方法的返回值乘以 d 即可*/
double d2=r.nextDouble()*5;

/*以下语句生成[1,2.5)区间的小数，只需要首先生成[0,1.5)区间的随机数字，然后将生成
  的随机数区间加 1 即可。同理，生成任意非从 0 开始的小数区间[d1,d2)范围的随机数
  字(其中 d1 不等于 0)，则只需要首先生成[0,d2-d1)区间的随机数字，然后将生成的随
  机数字区间加上 d1 即可*/
double d3=r.nextDouble()*1.5+1;
int n1=r.nextInt();            //直接生成[-2^31,2^31-1]区间的任意整数
int n2=r.nextInt(10);          //生成[0,10)区间的整数

/*同样生成[0,10)(不含 10)区间的整数。首先调用 nextInt()方法生成一个任意的 int 数字，
  该数字和 10 取余以后生成的数字区间为(-10,10)，因为按照数学上的规定余数的绝对
  值小于除数，然后再对该区间求绝对值，则得到的区间就是[0,10)了*/
n2=Math.abs(r.nextInt()%10);
int n3=r.nextInt(n);           //本句与下一句都是生成任意[0, n)(不含 n)区间的随机整数
n3=Math.abs(r.nextInt()%n);

//以下两句生成[0,10](包含 10)区间的整数。相对于整数区间，[0,10]区间和[0,11)区间等
//价，所以即生成[0,11)区间的整数
int n4=r.nextInt(11);
```

```
n4=Math.abs(r.nextInt()%11);

//以下两句生成[-3,15)区间的整数
int n5=r.nextInt(18)-3;
n5=Math.abs(r.nextInt()%18)-3;
```

按照一定的概率实现程序逻辑也是随机处理可以解决的一个问题。下面以一个简单的实例演示如何使用随机数字实现概率的逻辑。在前面的方法介绍中,nextInt(int n)方法中生成的数字是均匀的,也就是说该区间内部的每个数字生成的概率是相同的。那么如果生成一个[0,100)区间的随机整数,则每个数字生成的概率应该是相同的,而且由于该区间中总计有 100 个整数,所以每个数字的概率都是 1%。按照这个理论,可以实现程序中的概率问题。

例如:

```
/*
随机生成一个整数,该整数以 55%的概率生成 1,以 40%的概率生成 2,以 5%的概率生成 3
*/
int n6=r.nextInt(100);
int m;                          //结果数字
if(n6<55){                      //55 个数字的区间,55%的概率
    m=1;
}else if(n6<95){                //[55,95),40 个数字的区间,40%的概率
    m=2;
}else{
    m=3;
}
```

因为每个数字的概率都是 1%,则任意 55 个数字的区间的概率就是 55%,为了代码方便书写,这里使用[0,55)区间的所有整数,后续的原理一样。

当然,这里的代码可以优化,因为概率都是 5%的倍数,所以只要以 5%为基础来控制概率即可,下面是优化的代码实现:

```
int n7=r.nextInt(20);
int m1;
if(n7<11){
    m1=1;
}else if(n7<19){
    m1=2;
}else{
    m1=3;
}
```

在程序内部,概率的逻辑就可以按照上面的说明进行实现。

3. 相同种子 Random 对象问题

前面介绍过,相同种子的 Random 对象、相同次数生成的随机数字是完全相同的,下面

是测试的代码：

```
Random r1=new Random(10);
Random r2=new Random(10);
for(inti=0;i<5;i++){
    System.out.println(r1.nextInt());
    System.out.println(r2.nextInt());
}
```

其结果类似如图 6-5 所示。

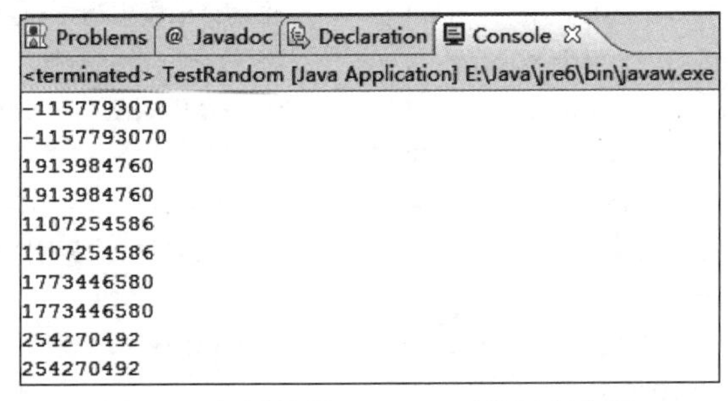

图 6-5　相同种子 Random 对象问题实例

在该代码中，对象 r1 和 r2 使用的种子都是 10，则这两个对象相同次数生成的随机数是完全相同的。如果想避免出现随机数字相同的情况，则需要注意，无论项目中需要生成多少个随机数字，都只使用一个 Random 对象即可。

4. 关于 Math 类中的 random()方法

其实在 Math 类中也有一个 random()方法，该 random()方法的工作是生成一个[0,1.0)区间的随机小数。通过阅读 Math 类的源代码可以发现，Math 类中的 random()方法就是直接调用 Random 类中的 nextDouble()方法实现的。只是 random 方法的调用比较简单，所以很多程序员都习惯使用 Math 类的 random()方法来生成随机数字。

6.3.4　无序集合：Collection 接口和 Collections 类

Collection 是一个接口，而 Collections 是一个类，它们都属于 java.util 包。Collection 是集合接口树的根，如图 6-6 所示。它定义了集合操作的通用 API。对 Collection 接口的某些实现类允许存在重复的元素，而另一些则不允许；某些是有序的，而另一些则是无序的。

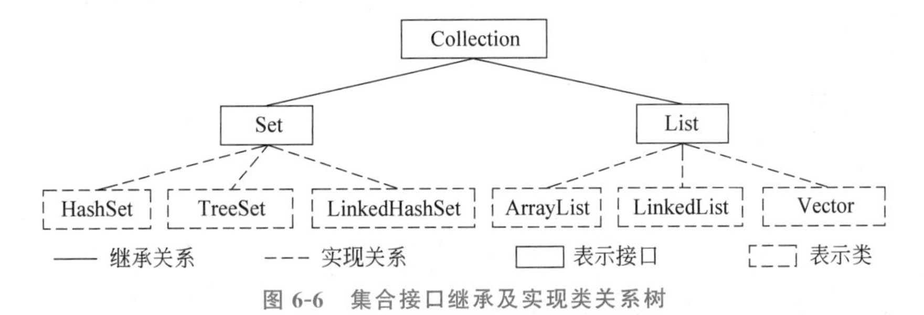

图 6-6　集合接口继承及实现类关系树

Collections 是集合操作的实用类，它封装了实现 Collection 接口的类(见图 6-6 中的 HashSet、TreeSet、LinkeHashSet、ArrayList、LinkedList、Vector) 中很多算法，如同步、排序、逆序、搜索等。下面分别讲述 List 接口与 Set 接口。

6.3.5 有序集合：List 接口和 ArrayList、LinkedList 和 Vector 类

List 表示一种有序的集合，但其中的元素可以重复。其定义如下：

```
public interface List extends Collection {
    Object get(int index);                        //返回集合中索引为 index 的对象
    Object set(int index, Object element);        //将集合中索引为 index 的对象设置为 element
    void add(int index, Object element);          //将 element 插入到索引为 index 的对象前面
    Object remove(int index);                     //将集合中索引为 index 的对象删除掉
    //将集合 c 插入到索引为 index 的对象前面
    abstract boolean addAll(int index, Collection c);
    //返回对象 o 在集合中的从前往后查找到的第一次出现的位置(索引)
    int indexOf(Object o);
    //返回对象 o 在集合中的从后往前查找到的第一次出现的位置(索引)
    int lastIndexOf(Object o);
    ListIterator listIterator();                  //返回集合的迭代器
    ListIterator listIterator(int index);
    //返回一个 List 集合，它包括原集合中从 from 到 to 的所有对象
    List subList(int from, int to)
}
```

实现 List 的常用类有 ArrayList、LinkedList 和 Vector，下面分别介绍。

1. ArrayList 类

ArrayList 类采用可变大小的“数组”实现 List 接口，并提供了访问数组大小的方法。ArrayList 对象会随着元素的增加其容器自动扩大。在这三种 List 实现类中，该类效率最高也最常用。

ArrayList 类在 java.util 包中。一开始 ArrayList 的大小为零，每次加入一个值数组大小将增加 1。

例如：

```
import java.util.ArrayList;
⋮
ArrayList a=new ArrayList();
String s1="hello";
String s2="world";
a.add(s1);
a.add(s2);
⋮
```

ArrayList 对接口 List 实现的常用方法包括 get()、set()、add()、remove()。

例如：

```
//用 get()方法从 ArrayList 读取元素,但要使用强制类型转换表达式
String s=(String) a.get(0);
//用 set()方法修改 ArrayList 的元素值
a.set(1, "WORLD");
//插入一个元素
a.add(1, "happy");
//删除索引号为 1 的元素
a.remove(1);
```

【程序 6-9】 TestDealCard.java。

```
/*
本实例是实现扑克牌的分发。假设有 52 张扑克牌(去掉大小王),实现随机洗牌操作,为参加游戏
的人每人生成一手牌,每手牌的牌数是指定的,并将每人分到的牌按花色排序后输出
*/
import java.util.*;
class TestDealCard{
    public static void main(String args[]) {
        int numHands=4;
        int cardsPerHand=13;
        //生成一副牌(含 52 张牌)
        String[] suit={"♠", "♣", "♥", "♦"};          //黑桃、梅花、红桃、方片
        String[] rank={"A","2","3","4","5","6","7","8","9","10","J","Q","K"};
        List deck=new ArrayList();
        for (int i=0; i<suit.length; i++)
            for (int j=0; j<rank.length; j++)
                deck.add(suit[i]+rank[j]);

        Collections.shuffle(deck);          //随机改变 deck 中元素的排列次序,即洗牌

        for (int i=0; i<numHands; i++){
        //生成一手牌,并对牌按花色排序后输出
            List p=dealCard(deck, cardsPerHand);
            Collections.sort(p);
            System.out.println(p);
        }
    }
    public static List dealCard(List deck, int n) {
        int deckSize=deck.size();
        List handView=deck.subList(deckSize-n, deckSize);
                                                    //从 deck 中截取一个子链表
        //利用该子链表创建一个链表,作为本方法返回值
        List hand=new ArrayList(handView);
        handView.clear();                           //将子链表清空
        return hand;
    }
}
```

2. LinkedList 类

LinkedList 采用链表结构实现 List 接口,并提供了在 List 的开头和结尾进行 get、remove 和 insert 操作,以便实现堆栈、队列或双端队列。

LinkedList 数据结构是一种双向的链式结构,每一个对象除了数据本身外,还有两个引用,分别指向前一个元素和后一个元素,和数组的顺序存储结构(如 ArrayList)相比,插入和删除比较方便,但速度会慢一些。

下面列举两个利用 LinkedList 实现栈与队列的实例。

【程序 6-10】 TestStack.java。

```
/*
本实例主要是利用 LinkedList 来实现堆栈数据结构。
栈的定义:栈(Stack)是限制仅在表的一端进行插入和删除运算的线性表。
    (1) 通常称插入、删除的这一端为栈顶(Top),另一端为栈底(Bottom)。
    (2) 当表中没有元素时称为空栈。
    (3) 栈为后进先出(Last In First Out)的线性表,简称为 LIFO 表。
栈的修改是按后进先出的原则进行。每次删除(退栈)的总是当前栈中"最新"的元素,即最后插入(进栈)的元素,而最先插入的是被放在栈的底部,要到最后才能删除。
*/
import java.util.LinkedList;
public class TestStack {
    LinkedList linkList=new LinkedList<Object>();
    public void push(Object obj) {
        linkList.addFirst(obj);
    }
    public boolean isEmpty() {
        return linkList.isEmpty();
    }
    public void clear() {
        linkList.clear();
    }
    //移除并返回此列表的第一个元素
    public Object pop() {
        if (!linkList.isEmpty()) {
                Object obj= linkList.removeFirst();
                return obj.toString();
        }
        return "栈内无元素";
    }
    public int getSize() {
        return linkList.size();
    }
    public static void main(String[] args) {
        TestStack myStack=new TestStack ();
        myStack.push(2);
        myStack.push(3);
        myStack.push(4);
```

```
        System.out.println(myStack.pop());            //输出 4
        System.out.println(myStack.pop());            //输出 3
    }
}
```

【程序 6-11】 TestQueue.java。

```
/*
本实例主要是利用 LinkedList 来实现队列数据结构。
队列定义:队列(Queue)是指只允许在一端进行插入,而在另一端进行删除的运算受限的
线性表,其特点如下。
    (1) 允许删除的一端称为队头(Front)。
    (2) 允许插入的一端称为队尾(Rear)。
    (3) 当队列中没有元素时称为空队列。
    (4) 队列亦称作先进先出(First In First Out)的线性表,简称为 FIFO 表。
*/
import java.util.LinkedList;
public class TestQueue {
    LinkedList linkedList=new LinkedList();
    //队尾插入
    public void put(Object o){
        linkedList.addLast(o);
    }
    //队头取,取完并删除
    public Object get(){
        if(!linkedList.isEmpty())
            return linkedList.removeFirst();
        else
            return "";
    }
    public boolean isEmpty(){
        return linkedList.isEmpty();
    }
    public int size(){
        return linkedList.size();
    }
    public void clear(){
        linkedList.clear();
    }
    public static void main(String[] args) {
        TestQueue tq=new TestQueue ();
        tq.put(100);
        tq.put(200);
        tq.put(300);
        System.out.println(tq.get());         //输出 100
    }
}
```

3. Vector 类

Vector 采用可变体积的数组实现 List 接口,可通过索引序号所包含的元素进行访问。Vector 实现了可扩展的对象数组,使用向量没有数组的范围限制,可以不断添加元素。但向量中不能存放基本数据类型的数据,加入的数据均为对象。Vector 类提供了实现可增长数组的功能,随着更多元素加入其中,数组变得更大。删除一些元素之后,数组变小。

向量变量的声明格式如下:

```
Vector<向量元素的数据类型>  变量名;
```

例如:

```
Vector<String>  v;
```

Vector 有三个构造函数,声明如下:

```
/*
Vector 运行时创建一个初始的存储容量 initialCapacity,存储容量是以 capacityIncrement
变量定义的增量增长。初始的存储容量和 capacityIncrement 可以在 Vector 的构造函数中
定义。
*/
public Vector(int initialCapacity,int capacityIncrement)
//只创建初始存储容量 initialCapacity
public Vector(int initialCapacity)
//不指定初始的存储容量也不指定 capacityIncrement
public Vector()
```

Vector 类提供的访问方法支持类似数组的运算和与 Vector 大小相关的运算。类似数组的运算包括在向量中增加(add)、删除(remove)和插入(insert)元素,它们也允许测试向量的内容和检索指定的元素,与大小相关的运算允许判定字节大小和向量中元素的数目。这些方法的声明如下:

```
//把对象 obj 组件加到向量尾部,同时向量大小加 1,向量容量比以前大 1
public void addElement(Object obj)
//把向量中的 obj 对象移走
public boolean removeElement(Object obj)
//将向量中索引为 index 的对象移走
public void removeElementAt(int index)
//把向量中的所有对象移走,向量大小为 0
public void removeAllElements()
//将 obj 对象插入到向量中索引值为 index 的元素前面
public void insertElementAt(Object obj,int index)
```

【程序 6-12】 TestVector.java。

```
/*
演示 Vector 的使用。包括 Vector 的创建、向 Vector 中添加元素、从 Vector 中删除元素、统计
Vector 中元素的个数和遍历 Vector 中的元素。
*/
import java.util.*;
public class TestVector {
    public static void main(String[] args){
        //使用 Vector 的构造方法创建
        Vector v=new Vector(4);
        //向 Vector 中添加元素：使用 add()方法直接添加元素
        v.add("Test0");
        v.add("Test1");
        v.add("Test0");
        v.add("Test2");
        v.add("Test2");
        //从 Vector 中删除元素
        v.remove("Test0");                    //删除指定内容的元素
        v.remove(0);                          //按照索引号删除元素

        int size=v.size();                    //获得 Vector 中已有元素的个数
        System.out.println("size:"+size);     //输出 size:3

        for(int i=0;i<size;i++){              //遍历 Vector 中的元素
            System.out.println(v.get(i));
        }
    }
}
```

【程序 6-13】 Avector.java。

```
import java.util.Vector;
import java.util.Emumeration;
public class Avector{
    public static void main(String args[]){
        Vector v=new Vector();
        v.addElement("one");
        v.addElement("two");
        v.addElement("three");
        v.insertElementAt("zero",0);
        v.insertElementAt("oop",3);
        v.setElementAt("three",3);
        v.setElementAt("four",4);
        v.removeAllElements();
    }
}
```

【程序 6-14】 Student.java。

```
/*
本实例演示了一个简单的学生信息管理：利用向量记录实现学生管理，能支持学生对象的增加、删除操作，每个学生对象包括学号、姓名、性别。删除学生必须输入学生的学号。可以设计一个操作菜单，包括"增加"、"删除"、"显示"、"退出"4 个选项。
*/
import java.io.*;
import java.util.*;
public class Student {
    String name;                                        //姓名
    long stno;                                          //学号
    String sex;                                         //性别
    public Student(String name,long stno,String sex) {
        this.name=name;
        this.stno=stno;
        this.sex=sex;
    }
    public String toString() {
        return "姓名:"+name+",学号:"+stno+",性别="+sex;
    }
    public static void main(String args[]) {
        Vector<Student>group=new Vector<Student>();
        outer:
        while (true){
        String ch=input("选择:1--增加, 2--删除, 3--显示,4--退出");
        int choice=Integer.parseInt(ch);
        switch (choice){
            case 1:
                group.add(inputStudent());
                break;
            case 2:
                long stno=Long.parseLong(input("请输入学号:"));
                for (int k=0;k<group.size();k++) {
                    Student x=(Student)group.get(k);
                    if (x.stno==stno)
                        group.removeElement(x);
                }
                break;
            case 3:
                Iterator p=group.iterator();
                while (p.hasNext())                     //用迭代器遍历 Vector
                    System.out.println("==>"+p.next());
                break;
            case 4:
                break outer;
            }
        }
    }
```

```
    /*从键盘输入一个字符串*/
    public static String input(String hint) {
        String x=null;
        try{
            BufferedReader br=new BufferedReader(new InputStreamReader(System.in));
            System.out.println(hint);
            x=br.readLine();
        }
        catch(IOException e) { }
        return x;
    }

    /*从键盘输入一个学生信息*/
    public static Student inputStudent(){
        String name=input("请输入姓名:");
        long stno=Long.parseLong(input("请输入
        学号:"));
        String sex=input("请输入性别:");
        return new Student(name,stno,sex);
    }
}
```

上述实例的运行结果及操作如图 6-7 所示。

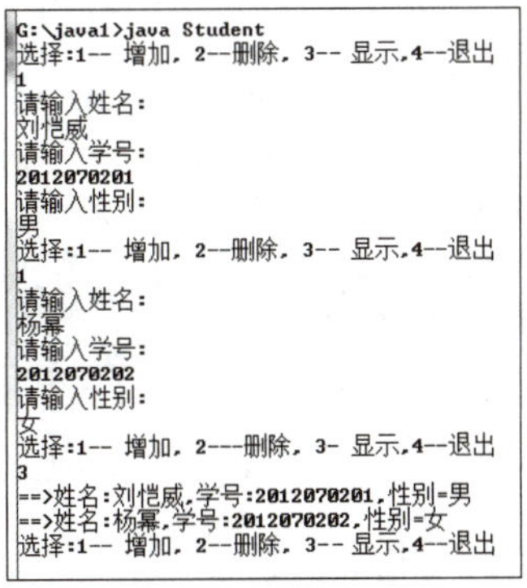

```
G:\java1>java Student
选择:1-- 增加, 2--删除, 3-- 显示,4--退出
1
请输入姓名:
刘恺威
请输入学号:
2012070201
请输入性别:
男
选择:1-- 增加, 2--删除, 3-- 显示,4--退出
1
请输入姓名:
杨幂
请输入学号:
2012070202
请输入性别:
女
选择:1-- 增加, 2---删除, 3- 显示,4--退出
3
==>姓名:刘恺威,学号:2012070201,性别=男
==>姓名:杨幂,学号:2012070202,性别=女
选择:1-- 增加, 2--删除, 3-- 显示,4--退出
```

图 6-7　利用 Vector 实现学生管理的实例

6.3.6 非重复集合：Set 接口和 HashSet、TreeSet 及 LinkedHashSet 类

Set 接口表示的集合不能包含重复的元素。其定义如下：

```
public interface Set extends Collection {
    //基本的操作
    int size();                                //返回元素个数
    boolean isEmpty();                         //判断集合是否为空
    boolean contains(Object element);          //集合中是否包含 element 对象
```

```
    boolean add(Object element);                        //将 element 对象添加到集合尾部
    boolean remove(Object element);                     //将 element 对象从集合中移除
    Iterator iterator();                                //返回一个迭代器
    ⋮
}
```

实现 Set 接口的常用类包括 HashSet、TreeSet 和 LinkedHashSet。HashSet 采用 Hash 表实现 Set 接口，一个 HashSet 对象中的元素存储在 Hash 表中，元素数量较大时，其访问效率比线性列表快。TreeSet 采用有序树的结构存储集合中的元素，TreeSet 对象中元素按升序排序。LinkedHashSet 采用 Hash 表和链表相结合的结构存储集合中的元素，既能保证集合中元素的顺序，又具有较高的存取效率。

【程序 6-15】 FindDuplicates.java。

```
/*本实例利用 Set 找出不同的字符串*/
import java.util.*;
public class FindDuplicates {
    public static void main(String args[]) {
        //创建一个 HashSet 对象,默认的初始容量是 16
        Set s=new HashSet();

        for (int i=0; i<args.length; i++){
            /*将命令行中的每个字符串加入到集合 s 中,其中重复的字符串将不能加入,并被
              打印输出*/
            if (!s.add(args[i]))
                System.out.println("检测到重复项: "+args[i]);
        }
        //输出集合 s 的元素个数以及集合中的所有元素
        System.out.println(s.size()+
        " distinct words detected: "+s);
    }
}
```

上述实例的运行结果如图 6-8 所示。

```
G:\java1>java FindDuplicates 1 2 3 4 5 1 2 3 10
检测到重复项: 1
检测到重复项: 2
检测到重复项: 3
6 distinct words detected: [3, 2, 10, 1, 5, 4]
```

图 6-8 利用 Set 找出不同的字符串运行结果

6.3.7 映射集合：Map 接口和 TreeMap 类

Map 集合把“键-值”映射到某个值，一个“键-值”最多只能映射一个值。Map 接口方法主要实现以下三类操作。

(1) 基本操作：包括向 Map 添加值对，通过键获取对应的值或删除该“键-值”对，测试 Map 中是否含有某个键或某个值，返回 Map 包含的元素个数。

(2) 批操作：向当前Map添加另一个Map和清空当前Map的操作。

(3) 集合视图：包括获取当前Map中键的集合、值的集合以及所有行的“键-值”对等。

Map接口的定义如下：

```
public interface Map {
    //基本操作
    Object put(Object key, Object value);
    Object get(Object key);
    Object remove(Object key);
    boolean containsKey(Object key);
    boolean containsValue(Object value);
    int size();
    boolean isEmpty();
    //整体批操作
    void putAll(Map t);
    void clear();
    //集合视图
    public Set keySet();
    public Collection values();
}
```

实现Map接口的类包括HashMap、Hashtable、TreeMap、WeekHashMap、IdentifyHashMap五个类。这里主要介绍TreeMap类，其余类读者可自行查阅相关资料。

TreeMap与TreeSet类相似，是采用一种有序树的结构实现了Map的子接口SortedMap，该类按键的升序排列元素。

【程序6-16】 TestTreeMap.java。

```
import java.util.*;
public class TestTreeMap{
    public static void main(String[] args) {
        Map map=new HashMap();
        map.put("c", "ccc");
        map.put("a", "aaa");
        map.put("b", "bbb");
        map.put("d", "ddd");
        Iterator iter=map.keySet().iterator();
        while(iter.hasNext()){
            Object key=iter.next();
            System.out.println("map key "+key.toString()+" value="+map.get(key));
        }
        TreeMap tab=new TreeMap();
        tab.put("a", "aaa");
        tab.put("c", "ccc");
        tab.put("d", "ddd");
        tab.put("b", "bbb");
        Iterator iter2=tab.keySet().iterator();
```

```
        while(iter2.hasNext()){
            Object key=iter2.next();
            System.out.println("tab key "+key.toString()+" value="+tab.get(key));
        }
    }
}
```

运行结果如图 6-9 所示,其中第二组集合 tab 自动按顺序排列。

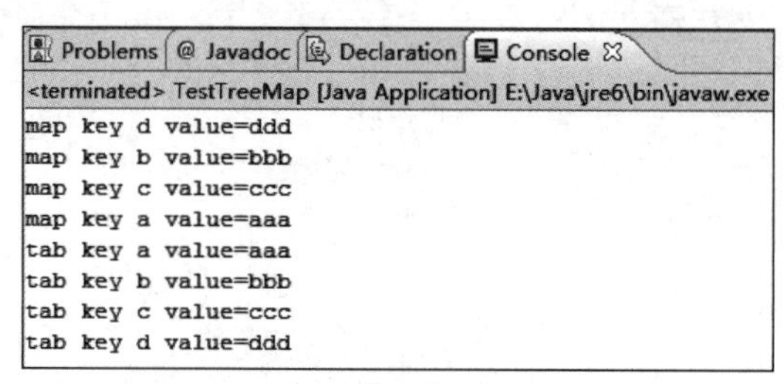

图 6-9　TreeMap 实例的运行结果

6.3.8　for 循环简化写法在集合、数组中的应用

除了传统的 for 循环遍历方式外,JDK 1.5 开始提供了另一种形式的 for 循环。借助这种形式的 for 循环,可以用更简单的方式来遍历数组和集合(Collection)等类型的对象。这里介绍使用这种循环的具体方式,说明如何自行定义能被这样遍历的类,并解释与这一机制相关的一些常见问题。

在 Java 程序中,要"逐一处理"——或者说,"遍历 v"——某一个数组或集合(Collection)中的元素时,一般会使用一个 for 循环来实现。下面以实例对比说明遍历数组和 Collection 的传统方式与简化写法。

1. for 循环传统写法

例如:

```
//遍历数组的传统方式
int[] integers={1, 2, 3, 4};                              //建立一个数组
for (int j=0; j<integers.length; j++){                    //开始遍历
    int i=integers[j];
    System.out.println(i);
}
```

而对于遍历 Collection 对象,这个循环则通常是采用这样的形式:

```
String[] strings={"A", "B", "C", "D"};                    //建立一个 Collection
Collection list=java.util.Arrays.asList(strings);
for (Iterator itr=list.iterator();itr.hasNext();) {       //开始遍历
    Object str=itr.next();
    System.out.println(str);
}
```

2. for 循环简化写法

Java 的第二种 for 循环(简化写法)基本是这样的格式:

```
for (循环变量类型  循环变量名称: 要被遍历的对象)
    循环体;
```

借助这种语法,遍历一个数组的操作就可以采取如下写法。

例如:

```
//遍历数组的简单方式
int[] integers={1, 2, 3, 4};                        //建立一个数组
for (int i : integers) {                            //开始遍历
    System.out.println(i);                          //依次输出"1"、"2"、"3"、"4"
}
```

这里所用的 for 循环,会在编译期间被看成是如下形式:

```
int[] integers={1, 2, 3, 4};                        //建立一个数组
for (int 变量名甲=0; 变量名甲<integers.length;变量名甲++)=""{        //开始遍历
    System.out.println(integers[变量名甲]);          //依次输出"1"、"2"、"3"、"4"
}
```

这里的“变量名甲”是一个由编译器自动生成的不会造成混乱的名字。

而遍历一个 Collection 的操作也就可以采用如下写法:

```
//遍历 Collection
String[] strings={"A", "B", "C", "D"};              //建立一个 Collection
Collection list=java.util.Arrays.asList(strings);

for (Object str : list){                            //开始遍历
    System.out.println(str);                        //依次输出"A"、"B"、"C"、"D"
}
```

这里所用的 for 循环,则会在编译期间被看成是这样的形式:

```
/*建立一个 Collection*/
String[] strings={"A", "B", "C", "D"};                //建立一个 Collection
Collection list=java.util.Arrays.asList(strings);
for (Iterator 变量名乙=list.iterator(); 变量名乙.hasNext();) {        //开始遍历
    Object str=变量名乙.next();
    System.out.println(str);                          //依次输出"A"、"B"、"C"、"D"
}
```

这里的“变量名乙”也是一个由编译器自动生成的不会造成混乱的名字。

因为在编译期间,JDK 1.5 以后的编译器会把这种形式的 for 循环,看成是对应的传统形式,所以不必担心出现性能方面的问题。

3. 防止在循环体里修改循环变量

在默认情况下,编译器是允许在 for 循环简化写法的循环体里对循环变量重新赋值的。不过,因为这种做法对循环体外面的情况丝毫没有影响,又容易造成理解代码时的困难,所以一般并不推荐使用。

Java 提供了一种机制,可以在编译期间就把这样的操作封杀。具体方法是在循环变量类型前面加上一个 final 修饰符。这样一来,在循环体里对循环变量进行赋值,就会导致一个编译错误。借助这一机制,就可以有效地杜绝有意或无意地进行"在循环体里修改循环变量"的操作了。

例如:

```
//禁止重新赋值
int[] integers={1, 2, 3, 4};
for (final int i : integers) {
    i=i/2;                                      //编译时出错
}
```

注意:这只是禁止了对循环变量进行重新赋值。给循环变量的属性赋值,或者调用能让循环变量的内容变化的方法,是不被禁止的,如下例:

```
//允许修改循环变量的状态
Random[] randoms=new Random[]{new Random(1), new Random(2), new Random(3)};
for (final Random r : randoms) {
    r.setSeed(4);                          //将所有 Random 对象设成使用相同的种子
    System.out.println(r.nextLong());      //种子相同,第一个结果也相同
}
```

4. 类型相容问题

为了保证循环变量能在每次循环开始时,都被安全地赋值,JDK 1.5 以上对循环变量的类型有一定的限制。这些限制之下,循环变量的类型可以有这样一些选择。

(1) 循环变量的类型可以和要被遍历的对象中的元素的类型相同,如用 int 型的循环变量来遍历一个 int[]型的数组,用 Object 型的循环变量来遍历一个 Collection 等。

例如:

```
//使用和要被遍历的数组中的元素相同类型的循环变量
int[] integers={1, 2, 3, 4};
for (int i : integers) {
    System.out.println(i);                       //依次输出"1"、"2"、"3"、"4"
}
```

例如:

```
//使用和要被遍历的 Collection 中的元素相同类型的循环变量
Collection<String>strings=new ArrayList<String>();
strings.add("A");
strings.add("B");
strings.add("C");
```

```
    strings.add("D");
    for (String str : strings) {
        System.out.println(str);              ]//依次输出"A"、"B"、"C"、"D"
    }
```

(2) 循环变量的类型可以是要被遍历的对象中的元素的上级类型。如用 int 型的循环变量来遍历一个 byte[]型的数组，用 Object 型的循环变量来遍历一个 Collection<String>(全部元素都是 String 的 Collection)等。

例如：

```
    //使用要被遍历的对象中元素的上级类型的循环变量
    String[] strings={"A", "B", "C", "D"};
    Collection<String>list=java.util.Arrays.asList(strings);
    for (Object str:list) {
        System.out.println(str);              //依次输出"A"、"B"、"C"、"D"
    }
```

(3) 循环变量的类型可以和要被遍历的对象中的元素的类型之间存在能自动转换的关系。JDK 1.5 以上包含了 Auto-boxing/Auto-Unboxing 机制，允许编译器在必要时，自动在基本类型和它们的包裹类(Wrapper Classes)之间进行转换。因此，用 Integer 型的循环变量来遍历一个 int[]型的数组，或者用 byte 型的循环变量来遍历一个 Collection<Byte>，也是可行的。

例如：

```
    //使用能和要被遍历的对象中元素的类型自动转换的类型的循环变量
    int[] integers={1, 2, 3, 4};
    for (Integer i : integers) {
        System.out.println(i);               //依次输出"1"、"2"、"3"、"4"
    }
```

注意：这里说的"元素的类型"，是由要被遍历的对象决定的——如果它是一个 Object[]型的数组，那么元素的类型就是 Object，即使里面装的都是 String 对象也是如此。

(4) 可以限定元素类型的 Collection。

截止到 JDK 1.4 为止，始终无法在 Java 程序里限定 Collection 中所能保存的对象的类型——它们全部被看成是最一般的 Object 对象。一直到 JDK 1.5 以后，引入了泛型(Generics)机制之后，这个问题才得到了解决。现在可以用 Collection<T>来表示全部元素类型都是 T 的 Collection。

第7章 异常处理

7.1 为什么要进行异常处理

对于程序员而言，有一句经典的名言：用户的输入都是邪恶的！这句话的意思是，对一个软件系统，程序员永远无法猜测用户的输入是否正确；对一个正常而可靠的软件系统，则需要对用户的不同的输入做出正确的、友好的回应，这就是需要进行异常处理的最终原因。我们可系统地归纳为三个理由。

（1）用户的角度。因为用户是非专业人员，或者不熟悉软件系统，在使用过程中常常会出现输入错误的情况，或者是系统级的非正常情况，此时会弹出一个只有专业人员才能读懂的信息。因此，需要由程序对这个专业的非正常信息进行捕获，并给用户一个友好的出错提示。

（2）出现异常不处理，程序会终止，程序终止了，系统不能正常运行。

（3）因为程序的执行过程中总会遇到许多可预知或不可预知的错误事件，例如，由于内存资源有限导致需要分配的内存失败了；或某个目录下本应存在的一个文件找不着了；或说不小心被零除了、内存越界了、数组越界了等。这些错误事件存在非常大的隐患，因此程序员总需要在程序中不断加入 if-else 语句，来判断是否有异常出现，如果有，就必须要及时处理，否则可能带来意想不到的，甚至是灾难性的后果。如此一来，程序的可读性将变差，总是有许多与真正工作无关的代码，而且也给程序员增加了极大的工作负担，多数类似的处理错误的代码模块将充斥着整个应用逻辑。

【程序 7-1】 TestException.java。

```
/* 异常事件实例：数组下标越界出现异常 */
public class TestException {
    public static void main(String args[ ]){
        int i=0;
        String greetings[ ]={"Hello World!", "Hello!", "HELLO WORLD!"};
        while ( i<4){
            System.out.println(greetings[i]);
            i++;
        }
    }
}
```

上述实例会出现如图 7-1 所示的 ArrayIndexOutOfBoundsException 异常。

异常(Exception)是正常程序流程所不能处理或没有处理的异常情况或异常事件，它中断指令或程序的正常执行。Java 提供了一种独特的处理异常的机制，通过异常处理来预防程序设计中出现的错误。当程序运行出现异常时，Java 运行环境就用异常类 Exception 的相应子类创建一个异常对象，并等待处理。例如，读取一个不存在的文件时，运行环境就用

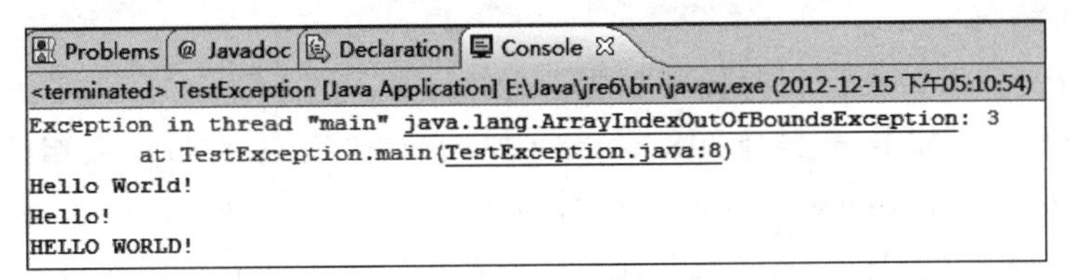
```
Exception in thread "main" java.lang.ArrayIndexOutOfBoundsException: 3
	at TestException.main(TestException.java:8)
Hello World!
Hello!
HELLO WORLD!
```

图 7-1 数组下标越界异常实例

异常类 IOException 创建一个对象。异常对象可以调用相关方法得到或输出有关异常的信息。

异常产生的原因,通常可归纳为如下几种。

(1) 试图打开的文件不存在。

(2) 网络连接中断。

(3) 算术运算被零除。

(4) 数组下标越界。

(5) 要加载的类文件不存在。

7.2 Java 中的异常类

Java 中的异常类包含在 java.lang 和 java.io 包中,其共同的父类是 java.lang.Throwable。常用的异常类及其继承关系如图 7-2 所示。

```
○ java.lang.Throwable (implements java.io.Serializable)
    ○ java.lang.Error
        ○ java.lang.VirtualMachineError
            ○ java.lang.OutOfMemoryError
            ○ java.lang.StackOverflowError
            ○ java.lang.UnknownError
    ○ java.lang.Exception
        ○ java.lang.ClassNotFoundException
        ○ java.lang.RuntimeException
            ○ java.lang.ArithmeticException
            ○ java.lang.IndexOutOfBoundsException
                ○ java.lang.ArrayIndexOutOfBoundsException
            ○ java.lang.NullPointerException
        ○ java.io.IOException
            ○ java.io.EOFException
            ○ java.io.FileNotFoundException
```

图 7-2 常用的异常类及其继承关系

Error 类体系描述了 Java 运行系统中的内部错误以及资源耗尽的情形,例如内存不足(OutOfMemoryError)、堆栈溢出(StackOverflowError)、未知错误(UnknownError)等。应用程序不应该抛出这种类型的对象(一般是由虚拟机抛出)。如果出现这种错误,除了尽力使程序安全退出外,在其他方面是无能为力的。所以,在进行程序设计时,应该更关注

Exception 类体系。

Exception 类体系包括运行时异常和非运行时异常。继承于 RuntimeException 的类都属于运行时异常,例如算术异常(除零错)(ArithmeticException)、数组下标越界异常(ArrayIndexOutOfBoundsException)、空指针异常(NullPointerException)等。由于这些异常产生的位置是未知的,Java 编译器允许程序员在程序中不对它们进行处理。除了运行时异常之外的其他由 Exception 继承来的异常类都是非运行时的异常,例如,文件未找到异常(FileNotFoundException)、类未找到异常(ClassNotFoundException)、试图从文件尾后读取数据的异常(EOFException)。Java 编译器要求在程序中必须处理这种异常,捕获异常或者声明抛弃异常。

在上面各种异常类中,父类的优先级会比子类的高,因此,捕获子类异常的代码必须放在捕获父类异常的代码前面。例如,如果想在同一段程序中捕获父类异常(如 RuntimeException)和子类异常(如 ArithmeticException),由于 RuntimeException 的处理优先级会比 ArithmeticException 高,因此在捕获时必须将捕获 ArithmeticException 异常的代码放在捕获 RuntimeException 异常的代码前面。因此,该优先级准则可归纳为先子类再父类。

例如:

```
⋮
catch(RuntimeException e){                    //捕获 RuntimeException 异常
    ⋮
}
catch(ArithmeticException e){                 //捕获 ArithmeticException 异常
    ⋮
}
⋮
```

在编译时,将出现如图 7-3 所示的错误。

```
G:\java1>javac TestException.java
TestException.java:17: 已捕捉到异常 java.lang.ArithmeticException
                catch(ArithmeticException e){
                ^
1 错误
```

图 7-3　因为异常类优先级导致的编译错误

正常的代码顺序如下:

例如:

```
⋮
catch(ArithmeticException e){                 //捕获 ArithmeticException 异常
    ⋮
}
catch(RuntimeException e){                    //捕获 RuntimeException 异常
    ⋮
}
⋮
```

7.3 异常处理模式

7.3.1 try-catch-finally 语句

异常处理的标准模式为 try-catch-finally 组合语句，即：

```
try{
    //被监视的代码块,一条或多条可能产生异常的 Java 语句
}
catch(异常类 1  对象名 1){
    //异常类 1 的异常处理代码块
}
catch(异常类 2  对象名 2)
    //异常类 2 的异常处理代码块
}
⋮
catch(异常类 j  对象名 j)
    //异常类 j 的异常处理代码块
}
⋮
catch(异常类 m  对象名 m)
    //异常类 m 的异常处理代码块
}
finally{
    //在 try 块结束前被执行的代码块
}
```

上述标准模式的执行逻辑与流程如图 7-4 所示，下面详细说明。

(1) try{}语句后面必须跟随至少一个 catch 或 finally 语句块，这意味着处理模式可为 try-catch 或 try-catch-finally 或 try-finally。

(2) 假设 try{}语句块中有 n 条语句，若异常发生在第 i 行语句，则从 $i+1$ 行到 n 行之间的所有语句将全部被跳过，然后去执行 catch 或 finally 语句块。

(3) catch{}语句块提供错误的处理。catch 块按照次序进行匹配检查处理，找到一个匹配者，则不再找其他异常了。例如，若异常发生在 try{}中的第 i 行语句，设其异常类型为 obj，则首先与“异常类 1”匹配，即问“obj 是属于异常类 1 的种类吗?”，如果是，则执行异常类 1 的 catch 语句块；否则，询问是否属于异常类 2，如果是，则执行异常类 2 的 catch 语句块；否则，依次往下匹配……若无匹配，则往下执行 finally 语句块。

(4) catch 语句块对异常的匹配是按次序进行(如图 7-4 所示)，因此 catch 的排列要按照先个别化(子类)再一般化(父类)的次序，不能将父类异常排在前、子类异常排在后，否则 Java 编译会出错。

(5) 当 catch 语句块不存在时，finally 语句块可有可无；当 catch 语句块不存在时，则 finally 必须存在。finally 是异常处理的统一出口，常用来实现资源释放，如文件关闭、关闭数据库连接、关闭网络连接等。

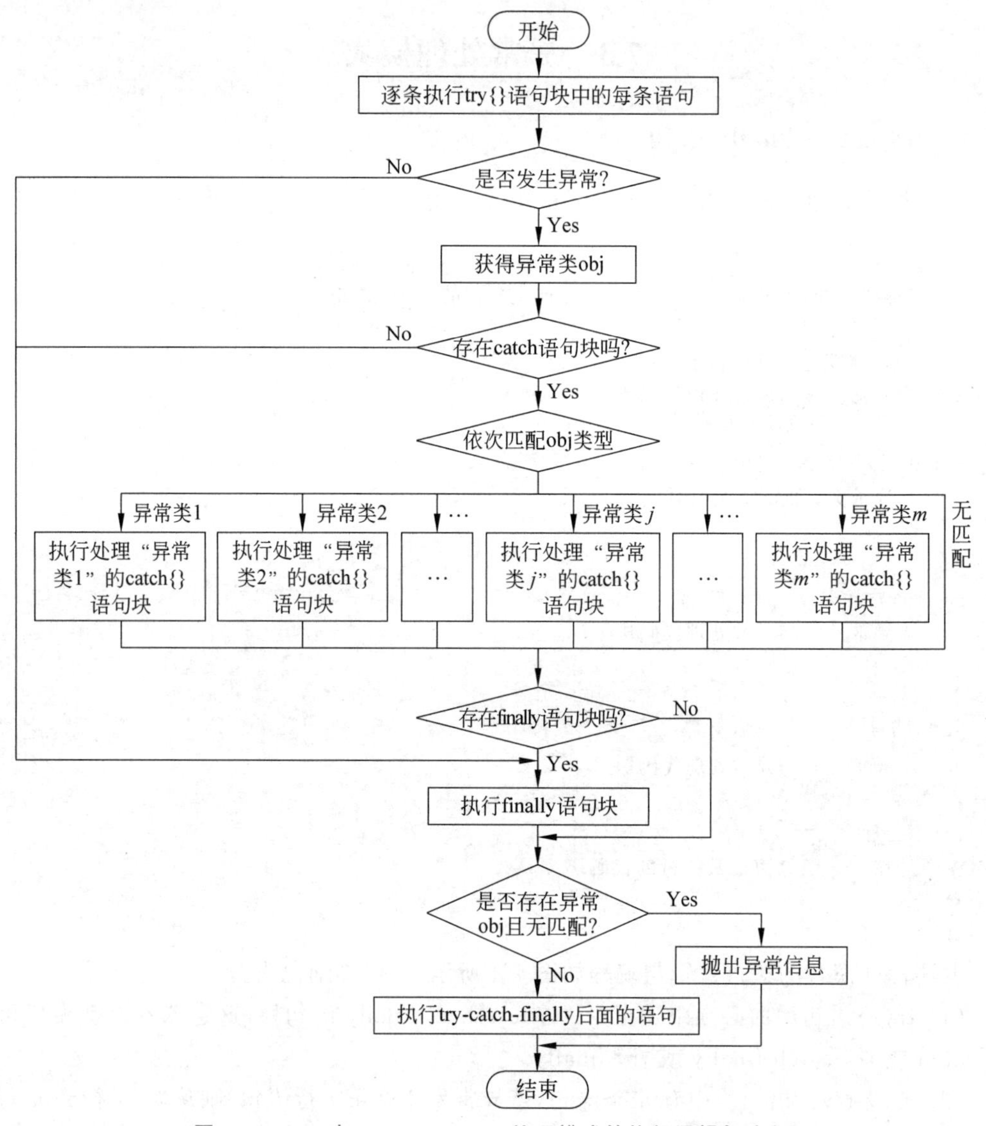

图 7-4 Java 对 try-catch-finally 处理模式的执行逻辑与流程

(6) finally 语句块中,通常将先前方法的状态清除,并可以将控制转移到程序的其他地方。

(7) finally 语句块无论是否发生异常都要执行,除非在前面的 try 或 catch 语句块中遇到“System.exit();”(表示强制退出程序)语句外。

【程序 7-2】 TestTry.java。

```
public class TestTry{
    public static void main(String[] args) {
        try{
            int b=12;
```

```
            int c;
            for (int i=2;i>=-2;i--){
                c=b/i;
                System.out.println("i="+i);
            }
        }catch(ArithmeticException ae) {
            System.out.println("捕获了一个零除异常");
        }
        catch(Exception ex) {
            System.out.println("捕获了一个未知类型的异常");
        }
        finally{
            System.out.println("异常处理结束");
        }
    }
}
```

7.3.2 异常类成员方法

从父类 Throwable 继承的方法主要包括：getMessage()用来取得与异常和错误相关的错误信息；printStackTrace()用来打印显示异常发生地方的堆栈状态；toString()用来显示异常信息以及 getMessage()返回信息。对于具体的异常子类，这几个方法所返回的信息会不一致。

【程序 7-3】 TestExcepMethod.java。

```
public class TestExcepMethod {
    public static void main(String[] args) {
        try {
            throw new Exception("人为抛出的测试异常!");
        }
        catch(Exception e) {
            System.out.println("异常已捕获。");
            System.out.println("e.getMessage(): "+e.getMessage());
            System.out.println("e.toString(): "+e.toString());
            System.out.println("e.printStackTrace():");
            e.printStackTrace();
        }
    }
}
```

上述实例运行结果如图 7-5 所示。

7.3.3 异常捕获与处理

当程序运行中发生异常时，异常处理机制将按以下步骤处理。

(1) 产生异常对象并中断当前正在执行的代码，抛出异常对象。

```
Problems  @ Javadoc  Declaration  Console
<terminated> TestExcepMethod [Java Application] E:\Java\jre6\bin\javaw.exe
java.lang.Exception: 人为抛出的测试异常!
异常已捕获。
        at TestExcepMethod.main(TestExcepMethod.java:5)
e.getMessage(): 人为抛出的测试异常!
e.toString(): java.lang.Exception: 人为抛出的测试异常!
e.printStackTrace():
```

图 7-5　异常方法实例

(2) 自动按程序中的 catch 的编写顺序查找"最接近的"异常匹配。一旦找到就认为异常已经得到控制,不再进行进一步查找。这个匹配不需要非常精确,子类对象可以与父类的 catch 相匹配。

(3) 若有匹配则执行相应的处理代码,然后继续执行本 try 块之外的其他程序。否则这个没有被程序捕获的异常将由默认处理程序处理,默认处理程序将显示异常的字符串、异常发生位置等信息,终止整个程序的执行并退出。

以上异常捕获与处理的步骤可用图 7-6 的实例进行说明。

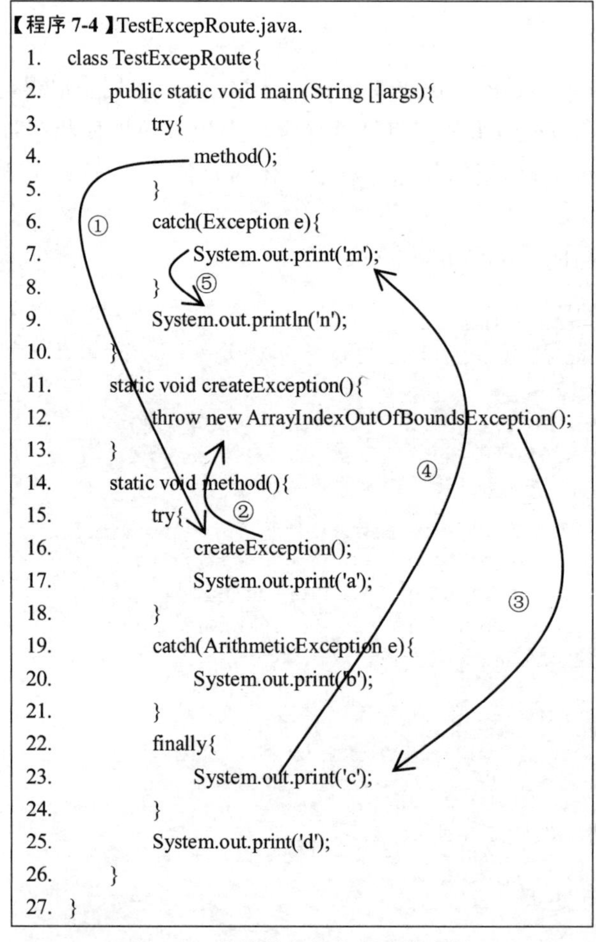

【程序 7-4】TestExcepRoute.java.

```
1.  class TestExcepRoute{
2.      public static void main(String []args){
3.          try{
4.              method();
5.          }
6.          catch(Exception e){
7.              System.out.print('m');
8.          }
9.          System.out.println('n');
10.     }
11.     static void createException(){
12.         throw new ArrayIndexOutOfBoundsException();
13.     }
14.     static void method(){
15.         try{
16.             createException();
17.             System.out.print('a');
18.         }
19.         catch(ArithmeticException e){
20.             System.out.print('b');
21.         }
22.         finally{
23.             System.out.print('c');
24.         }
25.         System.out.print('d');
26.     }
27. }
```


图 7-6　异常捕获与处理步骤实例

(1) JVM 执行 main()方法，调用第 4 行的“method();”语句，而该语句转到调用第 16 行，如图 7-6 中的①所示。

(2) 第 16 行的方法又转到第 12 行，如图 7-6 中的②所示。

(3) 第 12 行通过 throw 语句抛出异常，其类型为 ArrayIndexOutOfBoundsException，由于此异常是在第 16 行的方法体内产生，因此，第 17 行将被跳过，转入 catch 匹配过程，然而，由于 method 方法体中没有一个 catch 类型(从第 15 行到 25 行只有一个 catch 且其类型为 ArithmeticException)能与 ArrayIndexOutOfBoundsException 匹配，因此，直接执行 finally 方法体，即执行第 23 行，如图 7-6 中的③所示。

(4) 至此，相当于整个 method 方法体并没有捕获到第 12 行抛出的 ArrayIndexOutOfBoundsException 异常，则 method 方法体中 try-catch-finally 后面的语句将被跳过，即第 25 行被跳过，该异常的捕获将交给 method 的调用代码进行处理(即调用 method 的 main()方法)，如图 7-6 中的④。

(5) 由于 ArrayIndexOutOfBoundsException 是 Exception 的间接子类，可以匹配(即 ArrayIndexOutOfBoundsException 是属于 Exception 类的)，则执行第 7 行，这意味着 ArrayIndexOutOfBoundsException 异常被 main 方法体捕获，则 catch 后面的第 9 行语句将继续执行，如图 7-6 中的⑤所示。

(6) 图 7-6 中的最终运行结果为 cmn。若将第 19 行替换成"catch(ArrayIndexOutOfBoundsException e){ "，则运行结果将为 bcdn。其过程请读者自行分析。

7.4 重新抛出异常

7.4.1 throws 语句

throws 关键字通常被应用在声明方法时，用来指定可能抛出的异常。多个异常可以使用逗号隔开。当在主方法中调用该方法时，如果发生异常，就会将异常抛给指定异常对象。

【程序 7-4】 TestThrows.java。

```
class TestThrows{
    public static void main(String[] args){
        try{
            method();
        }
        catch(IOException ioe){    //捕获 method()方法中可能产生的 IOException 异常
        }
    }
    public void method( ) throws IOException{
        ⋮
    }
}
```

上述例子中，method()方法可能会产生 IOException 异常，使用 throws 表明该方法本身不会对该异常进行处理，一旦发生该异常将由调用该方法的 main()方法进行处理。

其另一个作用是强制调用程序对声明了 throws 的方法进行捕获。如在程序 7-4 中的 method()方法声明抛出了 IOException 异常,如果在 main 方法体中没有用 try-catch 对调用的 method()方法进行异常捕获,则编译的时候会出现如图 7-7 所示的错误提示。

```
G:\java1>javac TestThrows.java
TestThrows.java:5: 未报告的异常 java.io.IOException; 必须对其进行捕捉或声明以便
抛出
                method();
                      ^
1 错误
```

图 7-7　对 throws 要求强制捕获的实例

7.4.2　throw 语句

throw 关键字通常用在方法体中,并且抛出一个异常对象。程序在执行到 throw 语句时立即停止,它后面的语句都不执行。如果要捕捉 throw 抛出的异常,则必须使用 try-catch 语句。

【程序 7-5】 TestThrow.java。

```
public class TestThrow {                                          //创建类
    static int quotient(int x,int y) throws MyException{          //定义方法抛出异常
        if(y<0){                                                  //判断参数是否小于 0
            throw new MyException("除数不能是负数");                //异常信息
        }
        return x/y;                                               //返回值
    }
    public static void main(String args[]){                       //主方法
        try{                                             //try 语句包含可能发生异常的语句
            int result=quotient(3,-1);                   //调用方法 quotient()
        }
        catch (MyException e) {                          //处理自定义异常
            System.out.println(e.getMessage());          //输出异常信息
        }
        catch (ArithmeticException e) {
            //处理 ArithmeticException 异常
            System.out.println("除数不能为 0");            //输出提示信息
        }
        catch (Exception e) {                            //处理其他异常
            System.out.println("程序发生了其他异常");        //输出提示信息
        }
    }
}
class MyException extends Exception {                             //创建自定义异常类
    String message;                                               //定义 String 类型变量
    public MyException(String ErrorMessagr) {                     //父类方法
        message=ErrorMessagr;
    }
    public String getMessage() {                                  //覆盖 getMessage()方法
```

```
        return message;
    }
}
```

注意：通过 throw 抛出异常后，如果想在上一级代码中来捕获并处理异常，则需要在抛出异常的方法中使用 throws 关键字在方法声明中指明要抛出的异常。如上述中的 quotient()方法利用 throw 抛出 MyException 异常，若在声明时没有使用 throws，则编译会出错，并提示"必须对 throw new…"进行捕获，而该方法利用"throws MyException"声明是告诉 JVM，该方法的异常将由调用 quotient 方法的程序(即上一级代码)负责捕获。若程序中的异常是在运行时由系统抛出，即不是由 throw 抛出异常，则无须用 throws 在方法中声明将要抛出的异常。

7.5 异常处理原则

异常处理的主要目的是在程序运行过程中捕获错误并进行相应的处理，以便程序可以在修正错误的基础上继续执行。下面对于异常处理的一般原则做如下小结。

(1) Java 的异常处理是通过 5 个关键字来实现的：try、catch、throw、throws 和 finally。

(2) 一般情况下用 try 来执行一段程序，如果出现异常，系统会抛出(throws)一个异常，这时候可以通过它的类型来捕捉(catch)它，或最后(finally)由默认处理器来处理。

(3) 对于一个应用系统来说，抛出大量异常是有问题的，应该从程序开发角度尽可能地控制异常发生的可能。

(4) 对于检查异常，如果不能行之有效地处理，还不如转换为 RuntimeException 抛出。这样也让上一级的代码有选择的余地——可处理也可不处理。

(5) 对于一个应用系统来说，应该有自己的一套异常处理框架，这样当异常发生时，也能得到统一的处理风格，将产生的异常信息反馈给用户。

(6) 能处理就早处理，尽可能在当前程序中解决问题，否则应将异常向更外层的程序抛出。

(7) 简化编码。不要因加入异常处理而使程序变得复杂难懂。

第 8 章　流 和 文 件

8.1　流的基本概念

1. 流的定义

Java 中的流(Stream)又称为数据流，是供数据传输的通道，类似于高速公路是汽车的通道一样；既然是通道，就存在来和去的方向问题，又称为输入(In)或输出(Out)。在 Java 中，输入输出(简称 IO)的参照物是所开发的程序或系统，如果是从键盘、文件、网络甚至是另一个进程(程序或系统)将数据读入(Read)到程序或系统中，称为输入，通常用 read()方法来执行这个动作；如果是将程序或系统中的数据写到(Write)屏幕(显示器)、硬件上的文件、网络上的另一端或者是一个进程(程序或系统)，称为输出，通常用 Write()方法来执行这个动作，这类似于高速公路的双向通道。无论数据源或目的是键盘、屏幕、文件或网络，Java 提供了一种统一的机制来处理，即对于 Java 开发的程序或系统而言，流就是它所面对的入口或出口，而不会去关注流(通道)的另一端是什么。

综上所述，Java 中的流又称为数据流，是从源到目的的字节的有序序列，它是一种队列，先进先出。对于应用程序而言，流是透明的，它不需要知道与它进行输入或输出的另一端是文件、进程或其他内容，如图 8-1 所示。

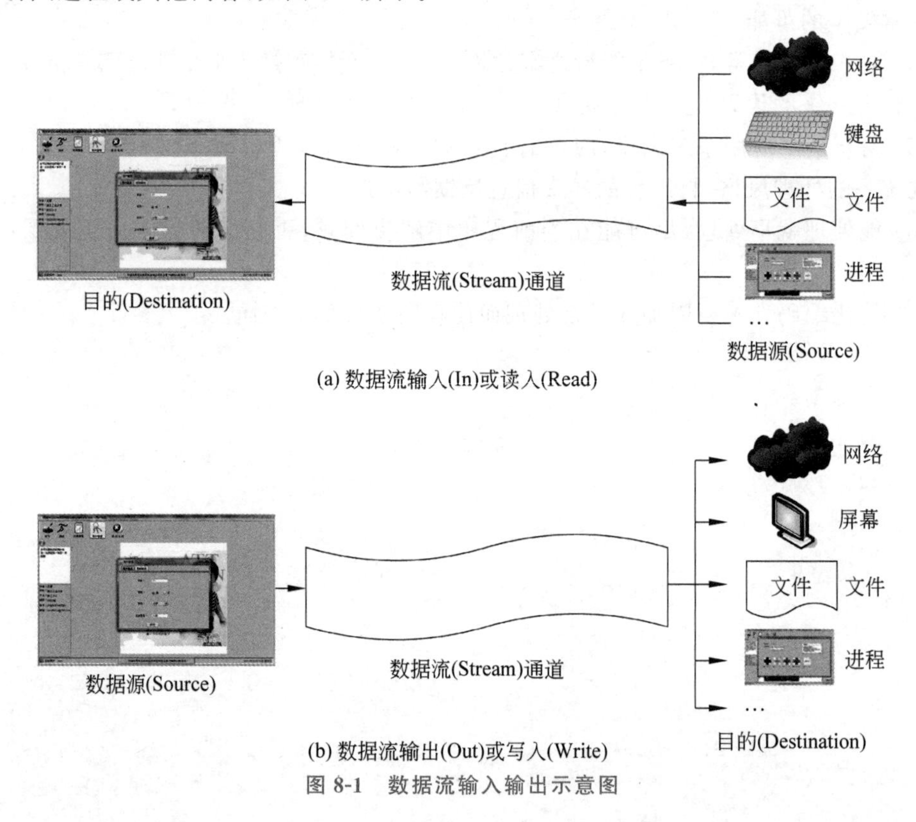

图 8-1　数据流输入输出示意图

2. 流的分类

Java 的数据流都在 java.io 包里，分为字节流和字符流。字节流中的数据以 1 字节(8b)为单位进行读写，字符流主要是用来处理字符的，Java 采用 16 位的 Unicode 来表示字符串和字符，即在数据流通道中是按 2 字节(16b)为单位进行输入输出，在此可将数据流通道比作高速公路，字节流类似于单车道，而字符流类似于双车道。字节流通常以 InputStream 和 OutputStream 为基类，类名大多数以 Stream 结尾；字符流以 Reader 和 Writer 为基类，类名大多数以 Reader 或 Writer 结尾。

3. 流的异常处理

Java 中对流的处理通常产生的异常类为 java.io.IOException 及其子类，在 Java 流提供的相关方法中通常使用了 throws 进行异常抛出的声明，这意味着必须将使用 Java 流的代码包括在 try-catch 处理中，详细处理方法可参考第 7 章相关内容。

4. 标准输入输出流

标准输入输出是指在命令行方式下的输入输出方式。Java 通过 System.in、System.out 和 System.err 来实现标准输入输出和标准错误输出。每当 main()方法被执行时，就自动生成 System.in、System.out 和 System.err 三个对象。详细用法可参考第 6 章的 System 类。

8.2 字 节 流

常用字节流的类的层次如图 8-2 所示。输入字节流通常以 InputStream 为基类，输出字节流以 OutputStream 为基类，File 类主要是对文件进行处理。下面分别介绍。

8.2.1 输入字节流

输入字节流是指将字节流从某个源(可能是网络、键盘、文件等)读入所开发的程序或系统中，InputStream 是输入字节流的父类，其常用的方法声明如表 8-1 所示。

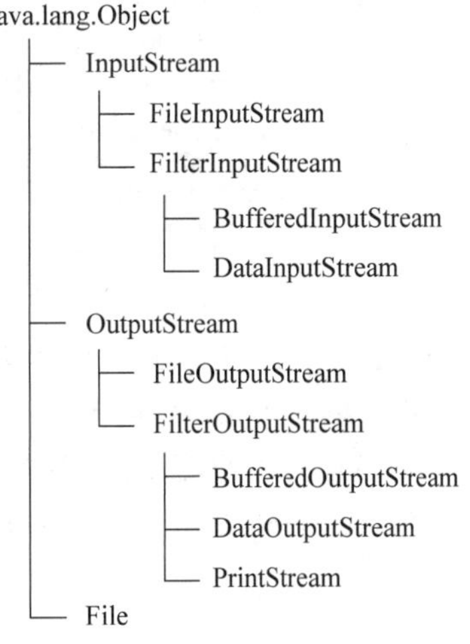

图 8-2 常用字节流的类的层次

如图 8-2 所示，在实际使用输入字节流类时，通常使用 InputStream 的子类，如 FileInputStream、BufferedInputStream、DataInputStream 等，其中 FileInputStream 使用较多。这些子类均已实现了上述 InputStream 常用的方法。下面以 FileInputStream 为例讲解输入文件字节流的使用方法。在使用 FileInputStream 类之前，通常用如下构造方法打开某个文件：

```
public FileInputStream(String name) throws FileNotFoundException
public FileInputStream(File file) throws FileNotFoundException
```

表 8-1　InputStream 类常用的 public 方法

方法定义	功能说明
abstract int read() throws IOException	读 1 字节并按 int 类型返回
int read(byte[] b) throws IOException	将数据读入 byte[]，返回实际读取的字节数
int read(byte[] b, int off, int len) throws IOException	读取最多 len 字节到数组 b 中，返回实际读取数量
public long skip(long n) throws IOException	跳过 n 字节
public void close() throws IOException	关闭输入流并释放与该流有关联的系统资源

【程序 8-1】 FileIn.java。

```
/* 从 mytext.txt 文件读入并显示在屏幕上 */
import java.io.*;
public class FileIn{
    public static void main(String args[]){
        try{
            FileInputStream rf=new FileInputStream("D:/java/temp/mytext.txt");
                                                    //打开文件
            int b;
            while((b=rf.read())!=-1)                //用 read()方法逐个字节读取
                System.out.print((char)b);          //转换成 char 并显示
            rf.close();
        }catch(IOException ie){
            System.out.println(ie);
        }catch(Exception e){
            System.out.println(e);
        }
    }
}
```

注意：在上述例子中打开文件字符串"D:/java/temp/mytext.txt"通常是按照 UNIX 等操作系统的写法，若在 Windows 下可将"/"替换成"\\"，即变成"D:\\java\\temp\\mytext.txt"。此外，上述方法声明中都有 throws 关键词，这意味着调用这些方法的代码必须放在 try-catch 语句中进行异常捕获。

8.2.2　输出字节流

输出字节流是指将字节流从程序或系统写入某个目的介质中，这个目的介质可以是屏幕、文件、网络或打印机等。OutputStream 是输出字节流的父类，其常用的方法声明如表 8-2 所示。

如图 8-2 所示，在实际使用输出字节流类时，通常使用 OutputStream 的子类，如 FileOutputStream、BufferedOutputStream、DataInputStream、PrintStream 等，其中 FileOutputStream、PrintStream 使用较多。java.lang.System 类的 out 静态变量类型即为 PrintStream，

表 8-2 OutputStream 类常用的 public 方法

方法定义	功能说明
abstract void write(int b) throws IOException	将1字节 b 输出，根据 Java 规定，实际输出的是参数 b 的低 8 位，其余 24 个高位将被忽略。例如，若 b=825373492，即十六进制 0x31323334，则只输出低 8 位，即 0x34，最后输出为字符'4'
void write(byte[] b) throws IOException	将数组 b 逐字节输出
void write(byte[] b, int off, int len) throws IOException	将数组 b 中从 off 开始的 len 字节输出

它常用于将数据或字符输出到屏幕上。这些子类均已实现了上述 OutputStream 常用的方法。下面以 FileOutputStream 为例讲解输出文件字节流的使用方法。在使用 FileOutputStream 类之前，通常用如下构造方法打开某个文件：

```
//name 表示包含路径的文件名
public FileOutputStream(String name) throws FileNotFoundException
//name 表示包含路径的文件名
public FileOutputStream(String name,boolean append) throws FileNotFoundException
//file 表示某个文件对象
public FileOutputStream(File file) throws FileNotFoundException
```

【程序 8-2】 TestFileCopy.java。

```
/*以下实例用于说明如何利用 FileOutputStream 进行文件复制*/
import java.io.*;
public class TestFileCopy{
    public static void main(String args[]){
        try{
            //复制的源文件 TestVector.java
            FileInputStream rf=new  FileInputStream("G:/java/TestVector.java");
            //复制的目的文件 TV2.txt 若不存在,则会自动创建
            FileOutputStream wf=new FileOutputStream("G:/java/TV2.txt");
            byte b[]=new byte[512];
            int count=-1;
            //每次读取 512B,count 用于记录实际读取的字节数
            while((count=rf.read(b, 0, 512))!=-1)
                wf.write(b,0,count);

            rf.close();
            wf.close();
        }
        catch(IOException ie){
            System.out.println(ie.toString());
        }
        catch(Exception e){
```

```
                System.out.println(e.toString());
            }
        }
    }
```

注意:在上述例子中打开文件字符串"G:/java/TestVector.java"通常是按照 UNIX 等操作系统的写法,若在 Windows 下可将"/"替换成"\\",即变成"G:\\java\\TestVector.java"。此外,上述方法声明中都有 throws 关键字,这意味着在调用这些方法的代码必须放在 try-catch 语句中进行异常捕获。

8.3 字 符 流

常见字符流的类的层次如图 8-3 所示。输入字符流通常以 Reader 为基类,输出字符流以 Writer 为基类。在该类层次中,注意到 InputStreamReader 与 OutputStreamWriter 两个类,从其名称上看包含了 InputStream 和 OutputStream,它们可以用于字节流与字符流之间的转换,尤其是在解决乱码问题时有用,后面会详细介绍。

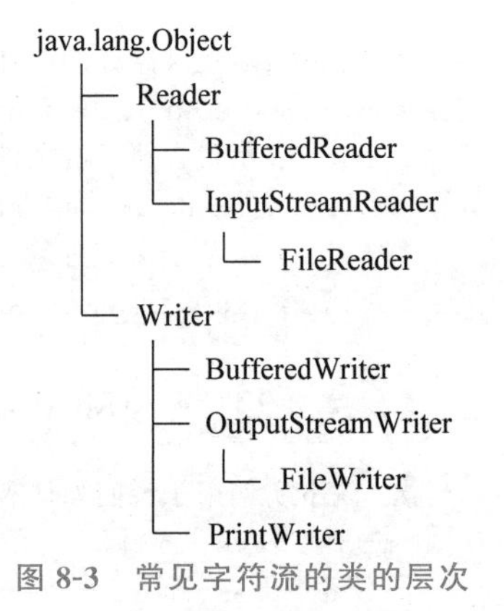

图 8-3 常见字符流的类的层次

8.3.1 输入字符流

输入字符流是指将字符流从某个源(可能是网络、键盘、文件等)读入所开发的程序或系统中,Reader 是输入字符流的父类,其常用的方法声明如表 8-3 所示。

表 8-3 Reader 类常用的 public 方法

方法定义	功能说明
int read() throws IOException	读单个字符,以 int 类型返回
int read(char[] cbuf) throws IOException	读字符放入数组 cbuf 中
int read(char[] cbuf, int offset, int length) throws IOException	读字符放入数组的指定位置
boolean ready() throws IOException	测试当前流是否准备好进行读
void close( )	关闭流
long skip(long n)	跳过 n 个字符

如图 8-3 所示,在实际使用输入字符流类时,通常使用 Reader 的子类,如 BufferedReader、FileReader 等。这些子类均已实现了上述 Reader 常用的方法。下面以 FileReader 为例讲解输入文件字节流的使用方法。在使用 FileReader 类之前,通常用如下构造方法打开某个文件。

```
//filename 表示要打开的包含路径的文件名
public FileReader(String filename) throws FileNotFoundException
```

```
//file 为要打开的文件对象
public FileReader(File file) throws FileNotFoundException
```

【程序 8-3】 TestFileWR.java。

```
/*
读取 G:/aillo.txt 文件的内容(一行一行读),并将其内容写入 G:/jacky.txt 中
知识点: Java 读文件、写文件---<以字符流方式>
*/
import java.io.*;
public class TestFileWR{
    public static void main(String[] args) {
        try {
            //创建 FileReader 对象,用来读取字符流
            FileReader fr=new FileReader("G:/aillo.txt");
            //缓冲指定文件的输入
            BufferedReader br=new BufferedReader(fr);
            //创建 FileWriter 对象,用来写入字符流
            FileWriter fw=new FileWriter("G:/jacky.txt");
            //将缓冲对文件的输出
            BufferedWriter bw=new BufferedWriter(fw);
            String strLine;              //定义一个 String 类型的变量,用来每次读取一行
            while (br.ready()) {
                strLine=br.readLine();           //读取一行
                bw.write(strLine);               //写入文件
                bw.newLine();
                System.out.println(strLine); //在屏幕上输出
            }
            bw.flush();                          //刷新该流的缓冲,即将该流输出到目的
            bw.close();
            br.close();
            fw.close();
            br.close();
            fr.close();
        }
        catch (IOException e) {
            e.printStackTrace();
        }
    }
}
```

8.3.2 输出字符流

输出字符流是指将字符流从程序或系统写入某个目的介质中,这个目的介质可以是屏幕、文件、网络或打印机等。Writer 是常用输出字符流的父类,其常用的方法声明如表 8-4 所示。

表 8-4　Writer 类常用的 public 方法

方法定义	功能说明
int write(int c) throws IOException	输出单个字符。要输出的字符 c 包含在给定整数值的 16 个低位中,16 个高位被忽略。例如,若 b=825360437,即十六进制 0x31320035,则只输出低 16 位,即 0x0035(为字符'5'的 ASCII 码),即最后输出为字符'5'
int write(char[] cbuf) throws IOException	输出字符数组 cbuf
int write(char[] cbuf, int offset, int len) throws IOException	将字符数组中从 offset 开始的 len 个字符输出
int write(String str) throws IOException	输出字符串 str
int write(String str, int offset, int length) throws IOException	输出字符串 str 中从 offset 开始的 len 个字符
abstract void close( )	关闭输出字符流
abstract void flush( )	强行写

如图 8-3 所示,在实际使用输出字符流类时,通常使用 Writer 的子类,如 BufferedWriter、FileWriter 等,这些子类均已实现了上述 Writer 常用的方法。下面以 FileWriter 为例讲解输出文件字符流的使用方法。在使用 FileWriter 类之前,通常用如下构造方法打开某个文件。

```
//fileName 表示包含路径的文件名
public FileWriter (String fileName) throws FileNotFoundException
/*
fileName 表示包含路径的文件名,append 表示是否要追加数据,如果为 true,则将数据写入文件末尾处,而不是写入文件开始处。
*/
public FileWriter (String fileName, boolean append) throws FileNotFoundException
//file 表示某个文件对象
public FileWriter (File file) throws FileNotFoundException
```

【程序 8-4】 TestFileOut.java。

```
/*从键盘输入一行文字,写入文件 TestFileOut.txt 中*/
import java.io.*;
public class TestFileOut{
    public static void main(String args[]) {
        char c[]=new char[512];
        byte b[]=new byte[512];
        int n,i;
        try{
            FileWriter wf=new FileWriter("TestFileOut.txt");
            //从键盘读入文字并存入字节数组 b 中
            n=System.in.read(b);
            for(i=0;i<n;i++)
```

```
                c[i]=(char)b[i];

            wf.write(c);
            wf.close();
        }
        catch(IOException e){
            System.out.println(e);
        }
    }
}
```

编译并运行上述例子,若输入"123456ABCDEF"并按 Enter 键,则 TestFileOut.txt 中的内容如图 8-4(a)所示;若输入"Java 是一门优秀的语言!"并按 Enter 键,则 TestFileOut.txt 内容如图 8-4(b)所示,即显示为乱码。

(a) 输入非中文字符

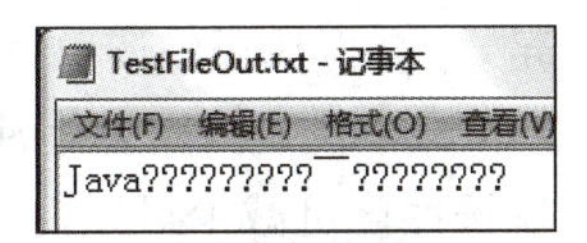

(b) 输入中文字符

图 8-4 TestFileOut 例子中输入中文字符与非中文字符结果对比

为了能输入中文字符且不会出现乱码,可将上述例子改进,完整代码如程序 8-5 所示。

【程序 8-5】 TestFileOutCH.java。

```
/*从键盘输入一行文字(可输入中文字符),写入文件 TestFileOut.txt 中*/
import java.io.*;
public class TestFileOutCH {
    public static void main(String args[]) {
        char c[]=new char[512];
        int n,i;
        try{
            FileWriter wf=new FileWriter("TestFileOutCH.txt");
            //利用 InputStreamReader 正确读取中文
            System.out.print("请输入中文: ");
            InputStreamReader isr=new InputStreamReader(System.in);
            n=isr.read(c,0,512);       //一次性读取 512 个字符,n 表示实际读取的字符数
            wf.write(c);
            wf.close();

            System.out.println("刚输入的数据为: "+String.valueOf(c,0,n));
        }
        catch(IOException e){
            System.out.println(e);
        }
    }
}
```

上述程序运行时,先输入结果,如图 8-5 所示。

(a) 输入中文字符

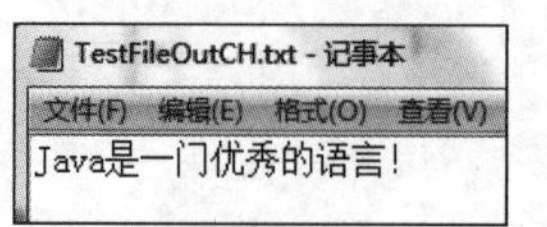

(b) 将输入的中文字符存入文本文件

图 8-5　处理中文字符输入输出实例

8.3.3　字符缓冲流

BufferedReader 和 BufferedWriter 类以缓冲区方式对数据进行输入输出。缓冲区是指一片临时的内存区域。BufferedReader 和 BufferedWriter 分别拥有 8192 个字符(16384B)的缓冲区。当 BufferedReader 从源(文件、网络、键盘或其他进程)读取字符数据时,会先尽量从源中读入字符数据并置入缓冲区,而之后若使用 read()方法,会先从缓冲区中进行读取。如果缓冲区数据不足,才会再从源中读取;使用 BufferedWriter 时,写入的数据并不会先输出到目的地,而是先存储至缓冲区中。如果缓冲区中的数据满了,才会一次对目的地进行写入。例如,一个文件,通过缓冲区可减少对硬盘的输入输出动作,以提高文件存取的效率。

BufferedReader 的构造方法如下:

```
public BufferedReader(Reader in)
public BufferedReader(Reader in, int sz)
```

其中,in 为超类 Reader 的对象,sz 为用户设定的缓冲区大小。

BufferedWriter 的构造方法如下:

```
public BufferedWriter(Writer out)
public Bufferedwriter(Writer out, int sz)
```

其中,out 为超类 Writer 的对象,sz 为用户设定的缓冲区大小。

从标准输入流 System.in 中直接读取字符数据时(即通过键盘输入),使用者每输入一个字符,System.in 就读取一个字符。为了能一次读取一行使用者的输入,可使用 BufferedReader 来对使用者输入的字符进行缓冲。readLine()方法会在读取到使用者的换行字符时,再一次将下一个整行字符串传入缓冲区。

System.in 是一个字节流,为了转换为字符流,可使用 InputStreamReader 为其进行字符转换,然后再使用 BufferedReader 为其增加缓冲功能。例如:

```
BufferedReader reader=new BufferedReader(new InputStreamReader(System.in));
```

下面使用一个完整的例子来演示 BufferedReader 和 BufferedWriter 的使用。

【程序 8-6】 TestFileBRW.java。

```
/*
本程序首先在控制台输入字符(逐行输入),程序将输入的文字存储至指定的文件中,如果要结束程序,输入 quit 字符串即可。
*/
```

```
import java.util.*;
import java.io.*;
public class TestFileBRW{
    public static void main(String[] args){
        try{
            //缓冲 System.in 输入流
            //System.in 是字节流,通过 InputStreamReader 将其转换为字符流
            BufferedReader bufReader=new BufferedReader(new
            InputStreamReader(System.in));
            //缓冲 FileWriter
            BufferedWriter bufWriter=new BufferedWriter(new
            FileWriter(args[0]));

            String input=null;

            //每读一行进行一次写入动作
            while(!(input=bufReader.readLine()).equals("quit")){
                bufWriter.write(input);
                /*newLine()方法写入与操作系统相关的换行字符,依执行环境当时的 OS 来
                  决定该输出哪种换行字符*/
                bufWriter.newLine();
            }
            bufReader.close();
            bufWriter.close();
        }
        catch(ArrayIndexOutOfBoundsException e){
            System.out.println("没有指定文件");
        }
        catch(IOException e){
            e.printStackTrace();
        }
    }
}
```

程序运行结果如图 8-6 所示,其中,"Hello World!"、"Java 是一门优秀的编程语言!"、"本程序仅仅是演示 BufferedReader 和 BufferedWriter 的使用。"以及"quit",是程序的输入。被写入的文件名是以 main()方法参数形式给定的,如图 8-6(a)中的 TestFileBRW.txt,也即 args[0]为字符串"TestFileBRW.txt"。

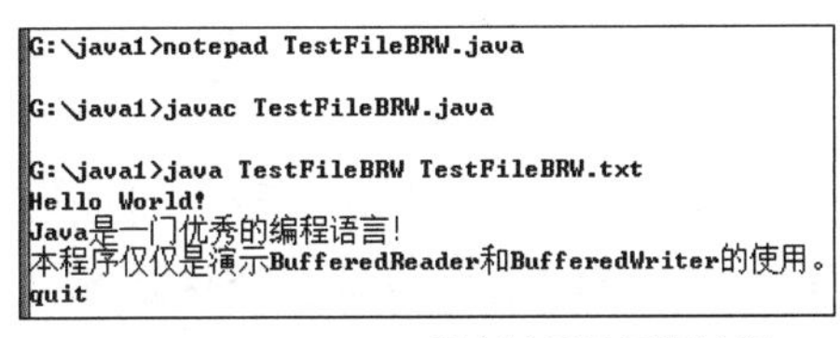

(a) TestFileBRW.java程序编译及运行过程

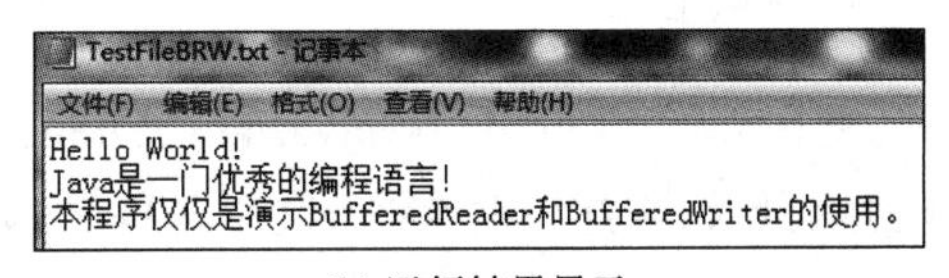

(b) 运行结果显示

图 8-6 BufferedReader 和 BufferedWriter 的应用实例

8.3.4 字节流和字符流的异同

字节流和字符流的异同可从以下三个方面进行对比分析。

(1) 字节流与字符流本质的区别在于 byte 和 char 的区别。用字节流时采用二进制的编码直接传输,用字符流则牵涉本地系统的编码问题,java.io 包中的部分 API 会根据操作系统或者 JVM 的参数配置自行进行字符流转换,这样会简化部分的编程过程,但如果是在网络通信中,强烈建议使用字节流方式,减少程序因编码转换造成的各种问题。

(2) 一方面,字节流是最基本的,主要用于处理二进制数据,它是按字节来处理的,所有的 InputStream 和 OutputStream 的子类都是如此;另一方面,实际应用过程中大多数的数据是文本,所以 Java 又提出了字符流的概念,它是按虚拟机的 encode 来处理,也就是要进行字符集的转化。字节流与字符流之间的转化通过 InputStreamReader 和 OutputStreamWriter 来关联,实际上是通过 byte[]和 String 来关联。在实际开发中出现的汉字问题往往都是在字符流和字节流之间转化不统一而造成的。在从字节流转化为字符流时,也就是从 byte[]转化为 String 时,使用如下构造方法:

```
public String(byte bytes[],String charsetName)
```

这个方法中有一个关键的字符集编码参数 charsetName,通常都省略了,那系统就用操作系统的默认的 language。而在字符流转化为字节流时,实际上是 String 转化为 byte[]时,是使用如下方法进行转化:

```
byte[]  String.getBytes(String charsetName)
```

也是一样的道理。为了提高性能和使用方便,java.io 包中还提供了许多其他的流,如 BufferedInputStream、PipedInputStream 等。

(3) 字符流和字节流是根据处理数据的不同来区分的。字节流按照 8 位传输,字符流按照 16 位传输,由于字符流使用 Unicode 字符集,支持多国文字,因此若流要跨越多种平台传输,应使用字符流。按 kilojin 的说法,字符流的传输效率比字节流的高。

8.4 文　件

Java 的 SDK 专门提供了一些类用于处理磁盘文件,如 File、RandomAccessFile、FileFilter 和 FilenameFilter 等。下面逐一介绍。

8.4.1 文件属性类

File 类在 java.io 包中,从 java.lang.Object 直接继承过来,如图 8-2 所示。利用 File 类可实现创建目录、创建临时文件、改变文件名、删除文件、移动文件到另一个目录等操作,同时也可获取文件名、文件路径、文件长度等文件信息。

1. File 类的构造方法

File 类的构造方法如表 8-5 所示。

表 8-5 File 类的构造方法

方法定义	功能说明
File(String pathname)	pathname 可以是某个目录，也可以是包含路径的文件名
File(String parent, String child)	parent 表示目录，child 表示子目录或文件名
File(File parent, String child)	parent 表示目录的对象，child 表示子目录或文件名

2. File 对象的相关属性

File 对象的相关属性如表 8-6 所示。

表 8-6 File 对象的相关属性

方法定义	功能说明
String getName()	返回文件或目录的名称，注意是最后一个名字。如"G:/Java/MyFile.java"，则返回 MyFile.java；若是目录"G:/Java/gfei"，则返回 gfei
String getPath()	返回构造 File 对象时的路径名
String getAbsolutePath()	返回定义时路径对应的全路径，不解析"."和".."
String getCanonicalPath()	返回的是规范化的绝对路径，会解析"."和".."
String getParent()	返回上一级目录
long length()	返回文件大小，以字节为单位；若该文件不存在，则返回 0
boolean exists()	测试给定的文件或目录是否存在
public long lastMoidfied()	返回最后一次被修改的时间，返回值为 long 型，它是与时间点(1970 年 1 月 1 日，00:00:00 GMT)之间的毫秒数的差值；如果该文件不存在，或者发生 I/O 错误，则返回 0

例如：

```
//假设当前目录为 G:/Java1/,有文件" G:/Java1/TestFilePRO.java"和目录"G:/Java1/Gfei"
File f=new File("TestFilePRO.java");
File d=new File("Gfei");

System.out.println("f.getName="+f.getName());        //输出 TestFilePRO.java
System.out.println("f.getPath="+f.getPath());        //输出 TestFilePRO.java
//以下语句输出 G:\Java1\TestFilePRO.java
System.out.println("f.getAbsolutePath="+f.getAbsolutePath());
System.out.println("f.getParent="+f.getParent());    //输出 null
System.out.println("f.length="+f.length());          //笔者实例中输出 668

System.out.println("d.getName="+d.getName());        //输出 Gfei
System.out.println("d.getPath="+d.getPath());        //输出 Gfei
System.out.println("d.getAbsolutePath="+d.getAbsolutePath());
                                                     //以下语句输出 G:\java1\Gfei
System.out.println("d.getParent="+d.getParent());    //输出 null
System.out.println("d.length="+d.length());          //输出 0
```

```
File file=new File(".\\test.txt");
System.out.println(file.getPath());     //输出: .\test.txt
System.out.println(file.getAbsolutePath());
                                        //输出:E:\workspace\Test\.\test.txt
System.out.println(file.getCanonicalPath());
                                        //输出:E:\workspace\Test\test.txt
```

3. 文件操作

文件操作主要包括如下两个方法：

```
public boolean renameTo(File dest)          //重新命名文件或目录
//删除文件或目录。如果是目录,则该目录必须为空才能删除
public boolean delete()
```

例如：

```
File ds=new File("subdir");
File dd=new File("gfei1");
File fs=new File("TestFileSRC.java");
File fd=new File("TestFileDEST.txt");

ds.renameTo(dd);                            //改为 gfei1
fs.renameTo(fd);                            //改为 TestFileDEST.txt
```

4. 目录操作

```
public boolean mkdir()                //创建目录
public String[ ] list()               //返回一个字符串数组,是给定目录下的文件与子目录
public File[ ] listFiles()            //返回 File 对象数组,是给定目录下的文件
```

【程序 8-7】 TestFileOBJ.java。

```
import java.io.*;
import java.util.*;
public class TestFileOBJ{
    void FileInformation(File f){
        System.out.println("getName="+f.getName());
        System.out.println("getPath="+f.getPath());
        System.out.println("getAbsolutePath="+f.getAbsolutePath());
        System.out.println("getParent="+f.getParent());
        System.out.println("length="+f.length());
        System.out.println("lastModified="+new Date(f.lastModified()));
    }
    void DirectoryInformation(File d){
        System.out.println("Dir.getName="+d.getName());
        System.out.println("Dir.getParent="+d.getParent());

        int i=0;
```

```
        String lt[]=d.list();              //列出文件与子目录
        while(i<lt.length){
            System.out.println("Files="+lt[i]);
            i++;
        }
    }
    public static void main(String args[]){
        File f=new File("G:/java1","JavaExp.java");
        File d=new File("G:/java1/Gfei");
        File d1=new File("G:/java1/2012");
        TestFileOBJ fo=new TestFileOBJ ();
        System.out.println("File information:"+f.getAbsolutePath());
        System.out.println("----------------------------------------");
        fo.FileInformation(f);
        System.out.println("----------------------------------------");
        System.out.println("Directory information:G:\\java\\2012");
        System.out.println("----------------------------------------");
        fo.FileInformation(d);
        fo.DirectoryInformation(d);
        System.out.println("----------------------------------------");
d1.mkdir();
    }
}
```

文件综合实例运行结果如图 8-7 所示。

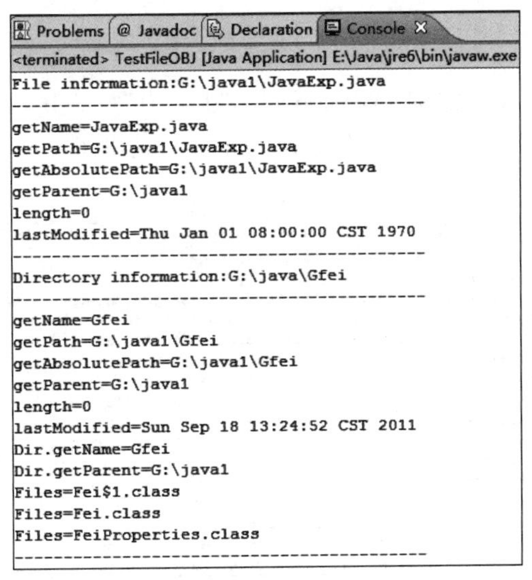

图 8-7 文件综合实例运行结果

【程序 8-8】 TestFileLIST.java。

```
/*打印某目录下(包含子目录)所有文件和文件大小*/
import java.io.*;
```

```
public class TestFileLIST{
    public static void main(String args[])throws IOException{
        try{
            File files= new File(".");//"."表示当前目录(与 TestFileLIST.java 同一个目录)
            listPath(files);
        }
        catch(IOException){
        }
    }
    public static void listPath(File f)throws IOException{
        String file_list[]=f.list();
        for(int i=0;i<file_list.length;i++){
            File cf=new File(f.getPath(),file_list[i]);
            if(cf.isDirectory()) {          //判断是否为子目录
                listPath(cf);               //列举该子目录下的文件
            }
            if(cf.isFile()){                //判断是否为文件
                try{
                    //输出文件大小
                    System.out.println(cf.getCanonicalPath()+":"+cf.length());
                }
                catch(IOException e){
                    e.printStackTrace();
                }
            }
        }
    }
}
```

笔者的 MyEclipse 当前空间(Workspace)目录为"G:\JavaTextbook",因此运行程序 8-8 列出了该目录下的所有文件及其大小,图 8-8 只列出了一部分文件。

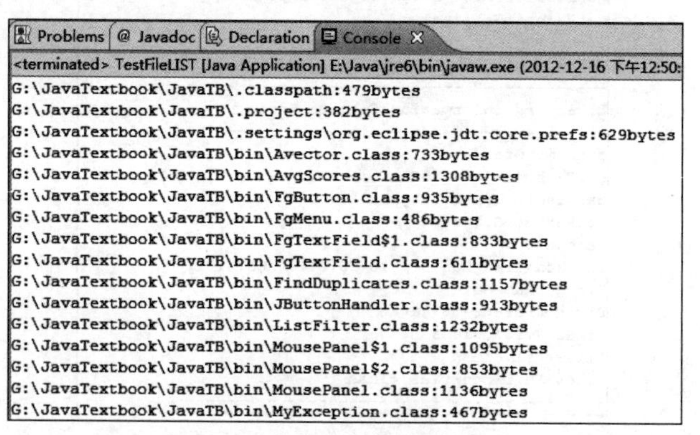

图 8-8　程序 8-8 的运行结果实例

8.4.2　随机访问文件类

RandomAccessFile 类提供了对文件的随机访问方式,即可在文件的任意位置读或写数据而且可以同时进行读和写的操作。RandomAccessFile 的构造方法及常用的方法如表 8-7 所示。

表 8-7 RandomAccessFile 构造方法及常用的方法

方法定义	功能说明
RandomAccessFile (File file, String mode) throws FileNotfoundException	file 为待访问的文件，mode 设定访问方式："r"表示只读，"w"表示写，"rw"表示读写
RandomAccessFile(String name,String mode) throws FileNotfoundException	name 是文件名字符串
long length() throws IOException	返回文件的长度，以字节为单位
void seek(long pos) throws IOException	改变文件指针的位置
final int readInt() throws IOException	读一个整型数据
final void writeInt(int v) throws IOException	写入一个整型数据
long getFilePointer() throws IOException	返回文件指针的位置
close() throws IOException	关闭文件

此外，还提供了类似于 readInt()的其他方法用于读取 byte、boolean、char、double、float、long、short、unsignedbyte、unsignedshort 等数据类型的方法，即 readByte()、readBoolean()、readChar()、readDouble()、readFloat()、readLong()、readShort()、readUnsignedByte()、readUnsignedShort()等。同时提供了 writeByte()、writeBoolean()、writeChar()、writeDouble()、writeFloat()、writeLong()、writeShort()等方法用于写入数据。

【程序 8-9】 TestFileRAF.java。

```
/* 向文件中写入 10 个数据,第 i 个数据=圆周率 * i(i=0, 1, 2, …, 9),然后将第 2 个(i=2)改
为 0,最后将 10 个数据全部输出 */
import java.io.IOException;
import java.io.RandomAccessFile;

public class TestFileRAF{
    public static void main(String args[ ]){
        try{
            RandomAccessFile f=new RandomAccessFile("TestFileRAF.txt", "rw");
                                                                    //可读写
            int      i;
            double  d;
            //写: 向文件写入 10 个数据
            for (i=0; i<10; i++)
                f.writeDouble(Math.PI * i);

            //修改: 对文件中第 2 个 double 数据改为 0
            f.seek(16);          //文件指针往前走 16 字节(2 个 double 数据)
            f.writeDouble(0);
```

```
            f.seek(0);             //文件指针回到文件首部

            //读取:将全部数据读出并打印到屏幕中
            for (i=0; i<10; i++){
                d=f.readDouble( );
                System.out.println("["+i+"]: "+d);
            }
            f.close( );
        }
        catch (IOException e){
            System.err.println("发生异常:"+e);
            e.printStackTrace( );
        }
    }
}
```

运行结果如图 8-9 所示。虽然"TestFileRAF.txt"看上去是一个文本文件(扩展名为 txt),然而,用记事本打开时却出现了如图 8-9(b)所示的乱码,这是因为,利用 RandomAccessFile 进行读写的是一个二进制文件。

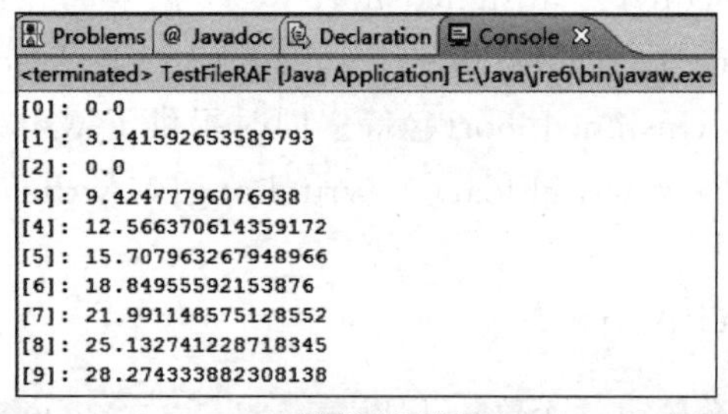

(a) 程序运行结果

(b) 用记事本打开TestFileRAF.txt

图 8-9　RandomAccessFile 实例

8.4.3　文件过滤接口

在 java.io 包中,有两个重要的接口:FileFilter 和 FilenameFilter,它们主要是为开发者提供在文件系统中进行过滤或者说是搜索所需要文件的功能。它们都有 accept()方法,其声明分别如下:

```
//FileFilter: file 表示要过滤目录中的文件对象
public boolean accept(File file);
//FilenameFilter: 参数 dir 是要过滤的目录,name 是目录中的文件名
public boolean accept(File dir, String name);
```

这两个接口的区别在于：FileFilter 提供文件对象的访问方法，而 FilenameFilter 是按照目录和文件名的方式来工作的。要实现文件或目录的过滤功能，须按如下两步进行。

① 声明一个过滤器类并实现 FileFilter 或 FilenameFilter 接口中的 accept()方法。

② 使用 File 类的 list()和 listFiles()进行过滤，利用第①步中的过滤器类的对象作为参数传入这两个方法即可实现对文件名的过滤。File 类的 list()和 listFiles()方法声明如下：

```
public String[] list(FilenameFilter filter)
public File[] listFiles(FilenameFilter filter)
public File[] listFlies(FileFilter filter)
```

其中，filter 须是第①步中实现了 FileFilter 或 FilenameFilter 接口中的 accept()方法的过滤器类的对象。

【程序 8-10】 TestFileSearch.java。

```
import java.io.*;
//第①步：声明过滤器类 ListFilter 并实现 Filename 接口中的 accept()方法
class ListFilter implements FilenameFilter{
    private String pre="", ext="";          //pre 表示文件前缀,ext 表示文件后缀
    public ListFilter(String filterstr){
        int i, j;
        filterstr=filterstr.toLowerCase();
        i=filterstr.indexOf("*");
        j=filterstr.indexOf(".");
        if(i>0)
            pre=filterstr.substring(0,i);
        if(i==-1& j>0)
            pre=filterstr.substring(0,j);
        if(j>=0)
            ext=filterstr.substring(j+1);
    }
    public boolean accept(File dir,String filename){
        boolean y=true;
        try{
            filename=filename.toLowerCase();
            y=filename.startsWith(pre) & filename.endsWith(ext);
        }
        catch(NullPointerException e){
        }
        return y;
    }
}
public class TestFileSearch{
    public static void main(String args[]){
        //要求两个参数：第一个参数表示目录,第二参数表示要过滤的文件
        String strDir, strExtension;
        switch(args.length){
```

```
                case 1:
                    strDir=".";
                    strExtension=args[0];
                    break;
                case 2:
                    strDir=args[0];
                    strExtension=args[1];
                    break;
                default:
                    System.out.println("需两个参数!");
                    return;
            }

            File f=new File(strDir);
            ListFilter ls=new ListFilter(strExtension);
            String str[]=f.list(ls);     //第②步：将 ListFilter 对象 ls 传入 list()方法
            for(int i=0; i<str.length; i++)
            System.out.println(str[i]);
        }
    }
```

为了找出 G 盘根目录下的所有 jpg 文件，可采用如图 8-10 所示的运行实例，注意其中的" *.jpg"要求用双引号括起来，这是因为 * 号在 Java 中是通配符，要作为参数传入程序中，必须用双引号括起来。本例中，"G:\"传递给 args[0]，" *.jpg"传递给 args[1]。

```
G:\java1>java TestFileSearch G:\ "*.jpg"
2011420903010055.JPG
3.jpg
4188310_064664.jpg
bjg18238.JPG
bjg18297.jpg
bjg18329.jpg
DSC01027.JPG
DSC01083.JPG
DSC01401.JPG
DSC01403.JPG
DSC02179.JPG
DSC02220.jpg
DSC04454.JPG
```

图 8-10 利用 TestFileSearch 找出 G 盘中的所有 jpg 文件

8.5 对象序列化

对象序列化提供了一种对象持久化的解决方案。持久化(Persistence)是把数据(如内存中的对象)保存到可永久保存的存储设备中(如磁盘)。持久化的主要应用是将内存中的数据存储在关系数据库中，当然也可以存储在磁盘文件中、XML 数据文件中等。持久化的方式多种多样，其中将内存中的数据以对象形式进行存储，即为对象持久化，在 Java 中，可采用对象序列化技术实现这一目的。

当两个进程在进行远程通信时，彼此可以发送各种类型的数据。无论是何种类型的数据，都会以二进制序列的形式在网络上传送。发送方需要把这个 Java 对象转换为字节序列，才能在网络上传送；接收方则需要把字节序列再恢复为Java对象。把Java对象转换为字节序列的过程称为对象的序列化，把字节序列恢复为Java对象的过程称为对象的反序列化。

8.5.1 序列化是什么

简单说，序列化就是为了保存在内存中的各种对象状态（Object States），并且可以把保存的对象状态再读出来。虽然你可以用你自己的各种各样的方法来保存对象状态，但是Java给你提供一种更好的保存对象状态的机制，那就是序列化。

Java中对象序列化的过程就是将对象写入字节流和从字节流中读取对象。将对象状态转换成字节流之后，可以用java.io包中的各种字节流类将其保存到文件中、通过管道输出到另一线程中或通过网络连接将对象数据发送到另一主机。

8.5.2 什么情况下需要序列化

在如下情况下时，通常就考虑采用序列化技术。

（1）当你想把内存中的对象保存到一个文件中或者数据库中时。

（2）当你想用套接字（Socket）在网络上传送对象时。

（3）当你想通过RMI（Remote Method Invocation）传输对象时。

8.5.3 对象序列化时发生了什么

在没有序列化前，每个保存在内存堆（Heap）中的对象都有相应的状态（State），这里的状态通常表现为实例变量（Instance Ariable）的取值，例如：

```
Foo myFoo=new Foo();
myFoo.setWidth(37);                    //设置 myFoo 对象的实例变量 Width 的值为 37
myFoo.setHeight(70);                   //设置 myFoo 对象的实例变量 height 的值为 70
```

当通过下面的代码序列化之后，myFoo对象中的width和height实例变量的值（37,70）都被保存到foo.ser文件中，这样以后又可以把它从文件中读出来，重新在堆中创建原来的对象。当然保存时候不仅仅是保存对象的实例变量的值，JVM还要保存如对象所属的类的类型等少量信息以便恢复原来的对象。

```
FileOutputStream fs=new FileOutputStream("foo.ser");
ObjectOutputStream os=new ObjectOutputStream(fs);
os.writeObject(myFoo);
```

8.5.4 实现序列化的步骤

第一步：创建一个FileOutputStream对象，如下：

```
FileOutputStream fs=new FileOutputStream("foo.ser");
```

第二步：java.io.ObjectOutputStream负责将对象写入字节流。因此，第二步是利用第

一步创建的 FileOutputStream 对象创新一个 ObjectOutputStream 对象,如下:

```
ObjectOutputStream os=new ObjectOutputStream(fs);
```

第三步:将对象写入。

```
Foo myFoo1=new Foo();
Foo myFoo2=new Foo();
Foo myFoo3=new Foo();

os.writeObject(myFoo1);
os.writeObject(myFoo2);
os.writeObject(myFoo3);
```

第四步:关闭 ObjectOutputStream。

```
os.close();
```

8.5.5 序列化对象的条件

要被序列化的对象必须是实现 java.io.Serializable 接口的类对象。java.io.Serializable 接口中没有方法需要实现,之所以要 implements 该接口,只是告诉 JVM,该类对象是可被序列化而已。例如,上例中的 Foo 的声明中须加上"implements Serializable",如下:

```
imports java.io.*;
class Foo implements Serializable{
    int width;
    int height;
    Date todayDate;
    ⋮
}
```

8.5.6 反序列化

序列化通常分为两部分:序列化和反序列化。序列化是将数据分解成字节流,以便存储在文件中或在网络上传输。反序列化是打开字节流并重构对象。对象序列化不仅要将基本数据类型转换成字节表示,有时还要恢复数据。恢复数据要求有恢复数据的对象实例。

反序列化通常使用 java.io.ObjectInputStream 从字节流重构对象。

例如:

```
FileInputStream in=new FileInputStream("foo.ser");
ObjectInputStream ois=new ObjectInputStream(in);

Foo myFoo1=(Foo)ois.readObject();
Foo myFoo2=(Foo)ois.readObject();
Foo myFoo3=(Foo)ois.readObject();
```

下面给出一个完整的序列化与反序列化实例。

【程序 8-11】 Student.java、TestWriteObject.java、TestReadObject.java。

```
import java.io.Serializable;
/* 把 Student 定义为序列化类 */
public class Student implements Serializable{
    static final long serialVersionUID=123456L;
    String m_name;
    int m_id;
    int m_height;

    public Student( String name, int id, int h ){
        m_name=name;
        m_id=id;
        m_height=h;
    }

    public void output( ){
        System.out.println("姓名: "+m_name);
        System.out.println("学号: "+m_id);
        System.out.println("身高: "+m_height);
    }
}

//TestWriteObject.java
/* 将 Student 对象数据写入 object.dat */
import java.io.FileOutputStream;
import java.io.ObjectOutputStream;

public class TestWriteObject {
    public static void main(String args[ ]){
        try{
            ObjectOutputStream f=new ObjectOutputStream(
            new FileOutputStream("object.dat"));
            Student s=new Student( "张三", 2003001, 172);
            f.writeObject(s);
            s.output( );
            f.close( );
        }
        catch (Exception e){
            System.err.println("发生异常:"+e);
            e.printStackTrace( );
        }
    }
}
//TestReadObject.java
/* 从 object.dat 读出 Student 对象数据 */
```

```
import java.io.FileInputStream;
import java.io.ObjectInputStream;

public class TestReadObject{
    public static void main(String args[ ]){
        try{
            ObjectInputStream f=new ObjectInputStream(
                    new FileInputStream("object.dat"));
            Student s=(Student)(f.readObject( ));
            s.output( );
            f.close( );
        }
        catch (Exception e){
            System.err.println("发生异常:"+e);
            e.printStackTrace( );
        }
    }
}
```

如何序列化/反序列化多个对象？下面提供三种方法。

```
//方法 1:以 Object[] 数组形式序列化及反序列化
//TestMultiObjects1.java
import java.io.FileInputStream;
import java.io. FileOutputStream;
import java.io.ObjectInputStream;
import java.io. ObjectOutputStream;

public class TestMultiObjects1 {
    public static void main(String args[ ]){
        try{
            //以数组形式写入多个对象
            ObjectOutputStream fo =new ObjectOutputStream(
                                new FileOutputStream("object.dat"));
            Student[] ss ={new Student("张三", 2003000, 172),
                            new Student("丁一",2003001, 175)};
            fo.writeObject(ss);
            fo.close( );

            //以数组形式读取多个对象
            ObjectInputStream fi =new ObjectInputStream(
                                new FileInputStream("object.dat"));
            Student[] sr =(Student[])(fi.readObject());
            for(Student s:sr)
                s.output( );

            fi.close( );
```

```
        }
        catch (Exception e){
            System.err.println("发生异常:" +e);
            e.printStackTrace( );
        }
    }
}

//方法 2: 逐个对象序列化并以 null 对象结束,null 用于反序列化时判断是否结束
//TestMultiObjects2.java
import java.io.FileInputStream;
import java.io. FileOutputStream;
import java.io.ObjectInputStream;
import java.io. ObjectOutputStream;

public class TestMultiObjects2 {
    public static void main(String args[ ]){
        try{
            //逐个写入多个对象
            ObjectOutputStream fo =new ObjectOutputStream(
                                    new FileOutputStream("object.dat"));
            Student[] ss ={new Student("张三", 2003000, 172),
                           new Student("丁二",2003002, 178),
                           null};//注意 null 对象
            for(Student s:ss)
                fo.writeObject(s);

            fo.close( );

            //逐个读取多个对象
            ObjectInputStream fi =new ObjectInputStream(
                                 new FileInputStream("object.dat"));
            Student sr=null;
            while((sr =(Student)fi.readObject()) ! =null)
                sr.output( );

            fi.close( );
        }
        catch (Exception e){
            System.err.println("发生异常:" +e);
            e.printStackTrace( );
        }
    }
}

//方法 3: 逐个对象序列化,反序列化时用 avaiable()判断是否结束
//TestMultiObjects3.java
import java.io.FileInputStream;
```

```
import java.io. FileOutputStream;
import java.io.ObjectInputStream;
import java.io. ObjectOutputStream;

public class TestMultiObjects3 {
    public static void main(String args[ ]){
        try{
            //逐个写入多个对象
            ObjectOutputStream fo =new ObjectOutputStream(
                                    new FileOutputStream("object.dat"));
            Student[] ss ={new Student("张三", 2003000, 172),
                        new Student("丁三",2003003, 185)};//注意没有 null 对象
            for(Student s:ss)
                fo.writeObject(s);

            fo.close( );

            //逐个读取多个对象,并以 avaiable()判断是否结束
            FileInputStream fis=new FileInputStream("object.dat");
            ObjectInputStream fi =new ObjectInputStream(fis);
            Student sr=null;
            while(fis.available()> 0){
                sr =(Student)fi.readObject();
                sr.output( );
            }
            fi.close( );
        }
        catch (Exception e){
            System.err.println("发生异常:" +e);
            e.printStackTrace( );
        }
    }
}
```

8.5.7 序列化注意事项

(1) 只有对象的数据被保存,方法与构造函数不被序列化。

(2) 声明为 transient 或 static 的变量不能被序列化。

(3) 关于 serialVersionUID 的定义。

serialVersionUID 表示“串行化版本统一标识符”(serial version universal identifier),简称 UID,它用来表明类的不同版本间的兼容性。serialVersionUID 有两种生成方式:一种是默认的 1L 或者自己定义的值,例如:

```
static final long serialVersionUID = 1L;
```

或

```
static final long serialVersionUID = 123456L;
```

另一种是根据类名、接口名、成员方法及属性等来生成一个64位的哈希字段，例如：

```
static final long serialVersionUID = -2251284468949426233L;    //这里的值是自动生成的
```

(4) java类中为什么需要重载serialVersionUID属性？

一方面，在某些场合，希望类的不同版本对序列化兼容，因此需要确保类的不同版本具有相同的serialVersionUID；在某些场合，不希望类的不同版本对序列化兼容，因此需要确保类的不同版本具有不同的serialVersionUID。另一方面，当你序列化了一个类实例后，希望更改一个字段或添加一个字段，不设置serialVersionUID，所做的任何更改都将导致无法反序列化旧有实例，并在反序列化时抛出一个异常。

如果添加了serialVersionUID，在反序列化旧有实例时，新添加或更改的字段值将设为初始化值(对象为null，基本类型为相应的初始默认值)，字段被删除将不设置。

8.6 Java中的乱码问题

在Java应用程序特别是基于Web的程序中，经常遇到字符的编码问题。为了防止出现乱码，首先需要了解Java是如何处理字符的，这样就可以有目的地在输入输出环节中增加必要的转码。其次，由于各种服务器有不同的处理方式，还需要多做实验，确保使用中不出现乱码。

8.6.1 Java中字符的表达

Java中有char、byte、String三个概念。char指的是一个Unicode字符，为16b(2B)的整数；byte是字节，String在网络传输或存储前都需要转换为byte数组，在从网络接收或从存储设备读取后需要将byte数组转换成String；String是字符串，可以看成是由char组成的数组。String和char为内存形式，byte是网络传输或存储的序列化形式。

例如：

```
String ying="英";
char cy=ying.charAt(0);                                  //取得首字符
String yingHex=Integer.toHexString(cy);                  //将"英"转换成 Java 默认编码字符
System.out.println(yingHex.toUpperCase());               //输出默认编码: 82 F1
byte[] yingGBBytes=ying.getBytes("GBK");                 //将"英"转换成 GBK 编码
String hex;
for(int i=0; i<yingGBBytes.length; i++){
    hex=Integer.toHexString(yingGBBytes[i] & 0xFF);
    System.out.print(hex.toUpperCase());                 //"英"的 GB 编码: D3 A2
}
```

在上述代码中，为何“hex=Integer.toHexString(yingGBBytes[i] & 0xFF);”要加上“& 0xFF”呢？由于Integer.toHexString(int i)的参数类型是int，在将byte转成十六进制

时,需要先将 byte 转成 int,而由于计算机中的负数采用补码形式,所以,如果 byte 为负数时,在转成 int 的时候,会自动在高位补上符号位 1,由此得到的十六进制会出错。

例如:

```
byte b1=1;        //二进制为 0000 0001,对应十六进制 0x1
//以下输出为 0x1(结果正确)
System.out.println(Integer.toHexString(b1));
byte b2=-1;       //二进制为 1111 1111(补码形式,因为是负数),对应十六进制 0xFF
/*
以下输出为 0xFFFF(结果错误),因为 b2 作为参数传递给 toHexString 时,需要先转成 int,而对
于负数,是在高位补上符号位 1,所以 b2 转成 int 时,变成了 1111 1111 1111 1111,所以最后结果
就变成了 0xFFFF
*/
System.out.println(Integer.toHexString(b2));
/*
以下输出为 0xFF(结果正确),b2 作为参数传递给 toHexString 时,转成 int,得到 1111 1111
1111 1111,然后进行"& 0xFF"操作,结果就得到 0xFF
*/
System.out.println(Integer.toHexString(b2 & 0xFF));
```

8.6.2 Unicode 简介

在 Java 中,char 指的是一个 Unicode 字符,那么,什么是 Unicode 呢? Unicode 又称为统一码、万国码或单一码,它是一种在计算机上使用的字符编码,它为每种语言中的每个字符设定了统一并且唯一的二进制编码,以满足跨语言、跨平台进行文本转换、处理的要求,即为每种语言的每个字符设定一个标准的序数,类似于表 8-8 所示。

表 8-8 Unicode 编码示意

字符	Unicode 编码	字符	Unicode 编码
J	0x004A	好	0x597D
a	0x0061	语	0x8BED
v	0x0076	言	0x8A00
A	0x0041	⋮	⋮

Unicode 标准于 1990 年开始研发,1994 年正式公布。随着计算机工作能力的增强,Unicode 也在面世以来的十多年里得到普及。事实上,Unicode 是基于通用字符集(Universal Character Set, UCS)的标准来进行发展的,同时也以书本的形式(The Unicode Standard,目前第 5 版由 Addison-Wesley Professional 出版 Unicode, ISBN-10: 0321480910)对外发表。2005 年 3 月 31 日推出的 Unicode 4.1.0,另外,5.0 Beta 于 2005 年 12 月 12 日推出,2006 年 7 月的最新版本的 Unicode 是 5.0 版本,5.2 版本(Unicode standard)于 2009 年 10 月 1 日正式推出,以供各会员评价。

目前 Unicode 标准的 6.1 版已发布(2012 年 1 月 31 日)。在 Unicode 联盟网站上可以

查看完整的6.1版的核心规范。Unicode定义了大到足以代表人类所有可读字符的字符集。

事实上,历史上存在两个独立的尝试创立单一字符集的组织,即国际标准化组织(ISO)和多语言软件制造商组成的统一码联盟(Unicode)。前者开发了ISO/IEC 10646项目,后者开发了标准码(Unicode)项目。因此,最初制定了不同的标准。

1991年前后,两个项目的参与者都认识到,世界不需要两个不兼容的字符集。于是,它们开始合并双方的工作成果,并为创立一个单一编码表而协同工作。从Unicode 2.0开始,Unicode采用了与ISO 10646-1相同的字库和字码;ISO也承诺,ISO 10646将不会替超出U+10FFFF的UCS-4编码赋值,以使得两者保持一致。两个项目仍都存在,并独立地公布各自的标准。但标准码联盟和ISO/IEC JTC1/SC2都同意保持两者标准的码表兼容,并紧密地共同调整任何未来的扩展。

8.6.3 Unicode编码方式

整个Unicode编码系统或者说Unicode编码标准可分为编码方式和实现方式两个层次。编码方式是指Unicode如何对各种语言的每个字符进行编号的;而实现方式则是指同一个字符的Unicode编码在不同的系统中的程序实现方式,例如汉语中的"字"在Unicode中的编号为23383,那么它在Windows或macOS操作系统中分别占几字节?如何存储与表达?等等,这些问题就是指Unicode的实现方式。

Unicode是国际组织制定的可以容纳世界上所有文字和符号的字符编码方案。Unicode用数字0~0x10FFFF(共20b)来对这些字符进行编码,最多可以容纳1 114 112个(即1 114 112=0x10FFFF+1)字符,或者说有1 114 112个码位。码位就是可以分配给字符的编号。

通用字符集(Universal Character Set,UCS)是由ISO制定的ISO 10646(或称ISO/IEC 10646)标准所定义的标准字符集,有UCS-2和UCS-4两个标准,UCS-2用两字节编码,UCS-4用4字节编码。

UCS-4的最高位始终为0,四字节的定义分别为:最高字节首位定义为0,其余7位用于定义编码所在的组(group),则可表示$2^7=128$个组;次字节用于定义编码所在的平面(plane),则可表示$2^8=256$个平面;第3字节用于表示编码所在的行(row),则可表示$2^8=256$个行;最后一字节用于表示码位,又称为单元格(cell),则可表示$2^8=256$个码位。整个定义如图8-11所示。例如:汉语中的"字"的编码为23383,即00000000 00000000 01011011 01010111,表示"字"是在第0组的第0平面的第91(01011011)组的第87(01010111)单元格(或者又称为码位)。

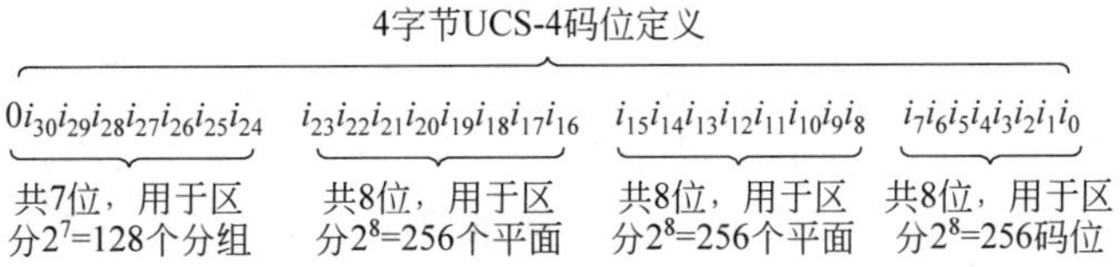

4字节UCS-4码位定义

$0i_{30}i_{29}i_{28}i_{27}i_{26}i_{25}i_{24}$ $i_{23}i_{22}i_{21}i_{20}i_{19}i_{18}i_{17}i_{16}$ $i_{15}i_{14}i_{13}i_{12}i_{11}i_{10}i_9i_8$ $i_7i_6i_5i_4i_3i_2i_1i_0$

共7位,用于区分2^7=128个分组 | 共8位,用于区分2^8=256个平面 | 共8位,用于区分2^8=256个平面 | 共8位,用于区分2^8=256码位

图8-11 UCS-4各字节定义

第0组(group 0)的第0平面(plane 0)被称为基本多文种平台(Basic Multilingual Plane, BMP),即UCS-4的前两字节全部为0。而去掉UCS-4的BMP前面的两个零字节

就得到了 UCS-2(两字节)。根据定义,UCS-4 的每个平面可以有 2^{16}=65 536 个码位,即每个平面可对 65 536 个字符进行编码。

Unicode 是基于 UCS-4 进行定义且是 UCS-4 的子集,即在 Unicode 的计划中使用了 17 个平面,因此,Unicode 可以表示的码位有 17×65 536=1 114 112 个,最小编码为 0,最大编码为 0x10FFFF。在 Unicode 5.0.0 版本中,已定义的码位只有 238 605 个,分布在平面 0、平面 1、平面 2、平面 14、平面 15、平面 16。其中,平面 15(0000 1111, 0xF)和平面 16(0001 0000, 0x10)上只是定义了两个各占 65 534 个码位的专用区(Private Use Area, PUA),分别是 0xF0000～0xFFFFD 和 0x100000～0x10FFFD。专用区就是保留给大家放自定义字符的区域,可以简写为 PUA。

平面 0 也有一个专用区:0xE000～0xF8FF,有 6400 个码位。平面 0 的 0xD800～0xDFFF,共 2048 个码位,是一个被称为代理区(Surrogate)的特殊区域。代理区的目的是用两个 UTF-16 字符表示 BMP 以外的字符。在介绍 UTF-16 编码时会介绍。

如前所述在 Unicode 5.0.0 版本中,余下的 238 605－65 534×2－6400－2048＝99 089 个已定义码位分布在平面 0、平面 1、平面 2 和平面 14 上,它们对应着 Unicode 目前定义的 99 089 个字符,平面 0、平面 1、平面 2 和平面 14 上分别定义了 52 080、3419、43 253 和 337 个字符,其中包括 71 226 个汉字(平面 0 上定义了 27 973 个汉字,平面 2 上定义了 43 253 个汉字字符)。

8.6.4 Unicode 实现方式

需要注意的是,Unicode 只是一个符号集,它只规定了符号的二进制代码,却没有规定这个二进制代码应该如何存储。

例如,汉字“严”的 Unicode 是十六进制数 0x4E25,转换成二进制数足足有 15 位(100 1110 0010 0101),也就是说,这个符号的表示至少需要 2B。表示其他更大的符号,可能需要 3B 或者 4B,甚至更多。

这里就有两个严重的问题,第一个问题是,如何才能区别 Unicode 和 ASCII? 计算机怎么知道 3 字节表示一个符号,而不是分别表示 3 个符号呢? 第二个问题是,人们已经知道,英文字母只用一字节表示就够了,如果 Unicode 统一规定,每个符号用 3 或 4 字节表示,那么每个英文字母前都必然有 2～3 字节是 0,这对于存储来说是极大的浪费,文本文件的大小会因此大出二三倍,这是无法接受的。

它们造成的结果是:①出现了 Unicode 的多种存储方式,也就是说有许多种不同的二进制格式可以用来表示 Unicode;②Unicode 在很长一段时间内无法推广,直到互联网的出现。

互联网的普及,强烈要求出现一种统一的编码方式。UTF-8 就是在互联网上使用最广的一种 Unicode 的实现方式。其他实现方式还包括 UTF-16 和 UTF-32,不过在互联网上基本不用。UTF-8/UTF-16/UTF-32 是国际标准 Unicode 的编码方式。用得最多的是 UTF-8,主要是因为它在对拉丁文编码时节约空间。

在 Unicode 中,汉语“字”对应的编码是 23383。在 Unicode 中,有很多方式将数字 23383 表示成程序中的数据,包括 UTF-8、UTF-16 和 UTF-32。UTF 是 UCS Transformation Format 的缩写,可以翻译成 Unicode 字符集转换格式,即怎样将 Unicode

定义的数字转换成程序数据。

例如，“汉字”对应的数字是 0x6C49 和 0x5B57，而编码的程序数据是：

```
BYTE data_utf8[]={0xE6, 0xB1, 0x89, 0xE5, 0xAD, 0x97};        //UTF-8 编码
WORD data_utf16[]={0x6C49, 0x5B57};                            //UTF-16 编码
DWORD data_utf32[]={0x6C49, 0x5B57};                           //UTF-32 编码
```

这里用 BYTE、WORD、DWORD 分别表示无符号 8 位整数，无符号 16 位整数和无符号 32 位整数。UTF-8、UTF-16、UTF-32 分别以 BYTE、WORD、DWORD 作为编码单位。“汉字”的 UTF-8 编码需要 6B。“汉字”的 UTF-16 编码需要两个 WORD，大小是 4B。“汉字”的 UTF-32 编码需要两个 DWORD，大小是 8B。根据字节序的不同，UTF-16 可以被实现为 UTF-16LE(LE 即 Little Endian)或 UTF-16BE(BE 即 Big Endian)，UTF 32 可以被实现为 UTF-32LE 或 UTF-32BE。下面介绍 UTF-8、UTF-16、UTF-32。

1. UTF-8

UTF，是 Unicode Transformation Format 的缩写，意为 Unicode 转换格式。UTF-8 是 Unicode 的一种变长字符编码，由 Ken Thompson 于 1992 年创建。现在已经标准化为 RFC 3629。早先的规定，UTF-8 用 1～6B 实现 Unicode 字符的编码(见表 8-9 所示)，但是，这已经废除了，目前规定是只支持 4B，大于 0x001F FFFF 的符号 UTF-8 不再支持。

表 8-9 UTF-8 对 Unicode 的实现方式

Unicode 符号范围(十六进制)	UTF-8 实现方式(二进制)	说明
0000 0000～0000 007F	0xxxxxxx	
0000 0080～0000 07FF	110xxxxx 10xxxxxx	
0000 0800～0000 FFFF	1110xxxx 10xxxxxx 10xxxxxx	
0001 0000～0010 FFFF	11110xxx 10xxxxxx 10xxxxxx 10xxxxxx	
0020 0000～03FF FFFF	111110xx 10xxxxxx 10xxxxxx 10xxxxxx 10xxxxxx	这两种已经废除
0400 0000～7FFF FFFF	1111110x 10xxxxxx 10xxxxxx 10xxxxxx 10xxxxxx 10xxxxxx	

UTF-8 的编码规则很简单，只有两条。

(1) 对于单字节的符号，字节的第一位设为 0，后面 7 位为这个符号的 Unicode 码。因此对于英语字母，UTF-8 编码和 ASCII 码是相同的。

(2) 对于 n 字节的符号($n>1$)，第一字节的前 n 位都设为 1，第 $n+1$ 位设为 0，后面字节的前两位一律设为 10。剩下的没有提及的二进制位，全部为这个符号的 Unicode 码。表 8-9 总结了编码规则，字母 x 表示可用编码的二进制位。

下面，还是以汉字“严”为例，演示如何实现 UTF-8 编码。

例如：

已知“严”的 Unicode 是 0x4E25(100 1110 0010 0101)，根据表 8-9，可以发现 0x4E25 处在第三行的范围内(0000 0800-0000 FFFF)，因此“严”的 UTF-8 编码需要三个字节，即格式是“1110xxxx 10xxxxxx 10xxxxxx”。然后，从“严”的最后一个二进制位开始，依次从后向前填入格式中的 x，多出的位补 0。这样就得到了，“严”的 UTF-8 编码是“11100100

10111000 10100101",转换成十六进制就是 0xE4B8A5,整个过程如图 8-12 所示。

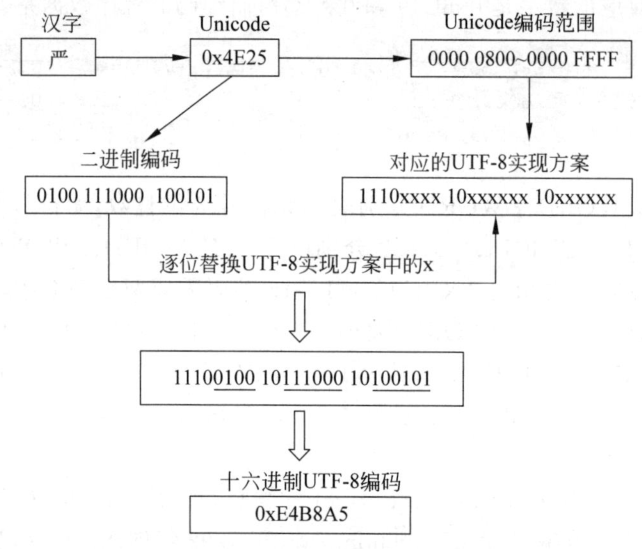

图 8-12 "严"的 UTF-8 编码实现过程

通过刚才的例子,可以看到"严"的 Unicode 码是 0x4E25,对应的 UTF-8 编码是 0xE4B8A5,两者不一样。它们之间的转换可以通过程序实现。

在 Windows 平台下,有一个最简单的转化方法,就是使用内置的记事本小程序 Notepad.exe。打开文件后,单击"文件"菜单中的"另存为"命令,会弹出一个对话框,在最底部有一个"编码"的下拉列表,里面有四个选项:ANSI、Unicode、Unicode big endian 和 UTF-8,如图 8-13 所示。它们的含义如下。

图 8-13 利用记事本进行编码转换

(1) ANSI：是默认的编码方式。对于英文文件是 ASCII 编码，对于简体中文文件是 GB 2312 编码(只针对 Windows 简体中文版，如果是繁体中文版会采用 Big5 码)。

(2) Unicode：对于 Windows 2000\XP 及以后的操作系统而言，其内核是 UTF-16，这里的 Unicode 实质上是指 UTF-16LE(Little Endian)。

(3) Unicode big endian：与上一个选项相对应。后面会解释 little endian 和 big endian 的含义。

(4) UTF-8：也就是前面谈到的编码方法。

选择完“编码方式”后，单击“保存”按钮，文件的编码方式就立刻转换好了。

注意：UTF-8 是 Unicode 的实现方式之一。

2. UTF-16

UTF-16 编码以 16 位无符号整数为单位。令某个字符的 Unicode 编码为 U，则用 UTF-16 实现该编码的规则如下。

(1) 如果 U＜0x10000，U 的 UTF-16 编码就是 U 对应的 16 位无符号整数(为书写简便，下文将 16 位无符号整数记为 WORD)。

(2) 如果 U≥0x10000，先计算 U'＝U－0x10000，然后将 U'写成二进制形式：yyyy yyyy yyxx xxxx xxxx，U 的 UTF-16 编码(二进制)就是 110110yyyyyyyyyy 110111xxxxxxxxxx。

上述编码规则也可用表 8-10 表示。

表 8-10 UTF-16 的编码规则

Unicode 编码范围(十六进制)	UTF-16 实现(二进制)	十进制范围	字节数
0000 0000～0000 FFFF	xxxxxxxx xxxxxxxx	0～65 535	2
0001 0000～0010 FFFF	110110yyyyyyyyyy 110111xxxxxxxxxx	65 536～1 114 111	4

为什么 U'可以被写成 20 个二进制位？根据 Unicode 的编码方式，其最大码位是 0x10FFFF，减去 0x10000 后，U'的最大值是 0xFFFFF，也就是说，其最大值用 20 个二进制位就可以表示了，所以 U'可以被写成 20 个二进制位。

例如：

Unicode 编码 0x20C30，减去 0x10000 后，得到 0x10C30，写成二进制是 0001 0000 1100 0011 0000。用前 10 位依次替代模板中的 y，用后 10 位依次替代模板中的 x，就得到 1101100001000011 1101110000110000，即 0xD843 0xDC30。

按照上述规则，在 0x10000～0x10FFFF 范围内的 Unicode 编码的 UTF-16 实现有两个 WORD，第一个 WORD 的高 6 位是 110110，第二个 WORD 的高 6 位是 110111。可见，第一个 WORD 的取值范围(二进制)是 11011000 00000000 到 11011011 11111111，即 0xD800～0xDBFF。第二个 WORD 的取值范围(二进制)是 11011100 00000000 到 11011111 11111111，即 0xDC00～0xDFFF。这 2048 个编码在 Unicode 中为专用，正是使用于此，也就是说，没有一个单个字符的编码是位于 0xD800～0xDFFF，如果出现在此范围内，说明是由 4 字节构成一个字符；否则是由两字节构成一个字符。

给定 UTF-16 编码序列，怎么知道这是一个 WORD 的 UTF-16 编码还是两个 WORD 的 UTF-16 编码呢？为此，Unicode 编码的设计者将 0xD800～0xDFFF 保留下来，并称为代理区(Surrogate),如表 8-11 所示。

表 8-11 UTF-16 的 4 字节代理说明

UTF-16 实现的编码范围	英文说明	中文说明
0xD800～0xDB7F	High Surrogates	高位替代
0xDB80～0xDBFF	High Private Use Surrogates	高位专用替代
0xDC00～0xDFFF	Low Surrogates	低位替代

高位替代是指这个范围的码位是两个 WORD 的 UTF-16 编码的第一个 WORD。低位替代就是指这个范围的码位是两个 WORD 的 UTF-16 编码的第二个 WORD。那么,高位专用替代是什么意思? 下面解答这个问题,顺便看看怎么由 UTF-16 编码推导 Unicode 编码。

如果一个字符的 UTF-16 编码的第一个 WORD 在 0xDB80～0xDBFF,那么它的 Unicode 编码在什么范围内? 我们知道第二个 WORD 的取值范围是 0xDC00～0xDFFF,所以这个字符的 UTF-16 编码范围应该是 0xDB80 0xDC00～0xDBFF 0xDFFF。将这个范围写成二进制:

1101101110000000 11011100 00000000～1101101111111111 1101111111111111

按照编码规则的相反步骤,取出高低 WORD 的后 10 位,并拼在一起,得到

1110 0000 0000 0000 0000～1111 1111 1111 1111 1111

即 0xE0000～0xFFFFF,按照编码的相反步骤再加上 0x10000,得到 0xF0000～0x10FFFF。这就是 UTF-16 编码的第一个 WORD 在 0xDB80～0xDBFF 的 Unicode 编码范围,即平面 15 和平面 16。因为 Unicode 标准将平面 15 和平面 16 都作为专用区,所以 0xDB80～0xDBFF 的保留码位被称为高位专用替代。

可以看到,对于超过两字节的字符,UTF-16 表示成了 4 字节。而这 4 字节为了能跟 2 字节的普通字符区分开来,它的开头用到了为 UTF-16 保留的 Unicode 范围。下面举例说明如何在系统中去判断和识别是 2 字节编码还是 4 字节编码。

例如:

假定从网络上读取到一个字节序列(十六进制表示: D9 E2 DD E5),同时假设该字节序列是 UTF-16 字符,并使用 Big Endian(即高位在低地址,低位在高地址)的字节序,则可按照下述步骤判断该序列是一个字符(4 字节编码)还是两个字符(2 字节编码):

① 两字节两字节地读,每次读入两字节,在这里首先读入为 D9 E2,根据 Big Endian 规则,该数据为 0xD9E2。我们先检查一下,这两字节是不是在 0xD800～0xDB7F 范围内? 如果是,那表示我们读到了一个超过两字节的字符,在本例中,0xD9E2 正好是在这个范围内,因此,我们就知道这两字节跟接下来的两字节 0xDDE5 才能组成一个真正的字符;如果不在 0xD800～0xDBFF 范围内,那就简单了,这就是一个双字节的字符而已。

② 由此,本例中的字符即为 0xD9E2DDE5,根据 UTF-16 编码规则,将其展开为二制位如下:

110110 0111100010

110111 0111100101

再根据 UTF-16 编码规则，得到 U'＝01111000100111100101，再计算 U＝U'＋0x10000＝0x889E5，这就是该字符对应的 Unicode 码。

这里可能会问，为什么 UTF-16 要用到 0xD800～0xDB7F 和 0xDC00～0xDFFF 两个范围呢？一个范围不够吗？确实不够！请注意，字符有可能使用 Little Endian（即高位在高地址，低位在低地址），则同样的 Unicode 码 0x889E5 对应的 UTF-16 Little Endian 存储为 E5 DD E2 D9。同样地，先读到双字节，即 E5 DD，根据 Little Endian 规则，为 0xDDE5，对于 Little Endian 的情况，低位的双字节出现在字节流的前面，因此需要用 0xDC00～0xDFFF 这个范围来判断这是双字节的字符还是 4 字节的字符。在本例中，0xDDE5 正好位于此范围，因此可判断该字符是 4 字节，即 0xDDE5 和 0xD9E2，根据 Little Endian 规则，高位双字节应该为 0xD9E2，低位双字节为 0xDDE5。因此，该 4 字节字符实际为 0xD9E2DDE5。由此根据 UTF-16 编码规则可计算得到其 Unicode 码为 0x889E5。

事实上，UTF-16 可看成是 UCS-2 的父集。在没有辅助平面字符（Mapping of Unicode Character Planes，Surrogate Code Points）前，UTF-16 与 UCS-2 所指的是同一个集合。但当引入辅助平面字符后，就称为 UTF-16 了。现在若有软件声称自己支持 UCS-2 编码，那其实是暗示它不能支持 UTF-16 中超过两字节的字符。对于小于 0x10000 的 UCS 编码，UTF-16 编码就等于 UCS 码。

3. UTF-32

UTF-32 编码以 32 位无符号整数为单位。Unicode 的 UTF-32 编码就是其对应的 32 位无符号整数。

8.6.5 字节序

Little Endian 和 Big Endian 是 CPU 处理多字节数的不同方式。例如“汉”的 Unicode 编码是 0x6C49。那么写到文件里时，究竟是将 6C 写在前面，还是将 49 写在前面？如果将 6C 写在前面，就是 Big Endian；如果将 49 写在前面，就是 Little Endian。

这两个古怪的名称来自英国作家斯威夫特的《格列佛游记》。在该书中，小人国里爆发了内战，战争起因是人们争论，吃鸡蛋时究竟是从大头(Big-Endian)敲开还是从小头(Little-Endian)敲开。为了这件事情，前后爆发了六次战争，一个皇帝送了命，另一个皇帝丢了王位。

一般将 Endian 翻译成“字节序”，将 Big Endian 和 Little Endian 称为“大尾”和“小尾”。

为什么电子邮件常常出现乱码？就是因为发信人和收信人使用的编码方式、字节序不一样。

那么很自然地，就会出现一个问题：计算机怎么知道某一个文件或网络流到底采用哪一种字节序、哪一种编码？

Unicode 规范中定义，每一个文件的最前面分别加入一个表示编码顺序的字符，这个字符的名字叫作零宽度无间断空格（Zero Width No-Break Space），用 FEFF 表示。这正好是两字节，而且 FF 比 FE 大 1。

如果一个文本文件的头两字节是 FE FF，就表示该文件采用 Big Endian 方式；如果头两字节是 FF FE，就表示该文件采用 Little Endian 方式。

根据字节序的不同，UTF-16 可以被实现为 UTF-16LE（Little Endian）或 UTF-16BE

(Big Endian),UTF-32 可以被实现为 UTF-32LE(Little Endian)或 UTF-32BE(Big Endian),实例如表 8-12 所示。

表 8-12 字节序举例

Unicode 编码	UTF-16LE	UTF-16BE	UTF32-LE	UTF32-BE
0x006C49	49 6C	6C 49	49 6C 00 00	00 00 6C 49
0x020C30	43 D8 30 DC	D8 43 DC 30	30 0C 02 00	00 02 0C 30

那么,怎么判断字节流(文件流、网络数据流)的字节序呢? Unicode 标准建议用 BOM(Byte Order Mark)来区分字节序,即在传输字节流前,先传输被作为 BOM 的字符零宽度无间断空格(Zero Width No-Break Space),表 8-13 是各种 UTF 编码的 BOM(即在传输或读取这些字节流最前面的字节流即为这些 BOM),它们在 Unicode 中都是未定义的码位,不应该出现在实际传输中。

表 8-13 各种 UTF 编码的 BOM

UTF 编码	Byte Order Mark	UTF 编码	Byte Order Mark
UTF-8	EF BB BF	UTF-32LE	FF FE 00 00
UTF-16LE	FF FE	UTF-32BE	00 00 FE FF
UTF-16BE	FE FF		

8.6.6 其他编码方式

1. ANSI

ANSI 本质上是一种本地化解决方案。为使计算机支持更多语言,通常使用两字节(每字节都在 0x80～0xFF 范围内)来表示一个字符,例如,汉字"中"在中文操作系统中,使用 0xD6 和 0xD0 这两字节存储。不同的国家和地区制定了不同的标准,由此产生了 GB 2312、BIG5、JIS 等各自的编码标准。这些使用两字节来代表一个字符的各种延伸编码方式,称为 ANSI 编码。在简体中文系统下,ANSI 编码代表 GB 2312 编码;在日文操作系统下,ANSI 编码代表 JIS 编码;在英文操作系统下,ANSI 编码代表 ASCII 编码。不同 ANSI 编码之间互不兼容,当信息在国际间交流时,无法将属于两种语言的文字,存储在同一段 ANSI 编码的文本中。对于 ANSI 编码而言,0x00～0x7F 的字符,依旧是一字节代表一个字符。这一点是 ANSI 编码与 Unicode(UTF-16)编码之间最大也是最明显的区别。例如字符串"A 君是第 131 号"在 ANSI 编码中占用 12 字节,而在 Unicode(UTF-16)编码中,占用 16 字节。因为 A 和 1、3、1 这 4 个字符,在 ANSI 编码中只各占一字节,而在 Unicode(UTF-16)编码中,是需要各占两字节的。

2. UCS-2 和 UCS-4

事实上,UCS-2 与 UCS-4 是由 ISO 制定的 ISO10646(或称 ISO/IEC 10646)标准所定义的标准字符集,Unicode 是 UCS-4 的子集。只是一种编码标准。Unicode 编码的 UTF-16 实现方案以 16 位为单元进行编码,对于小于 0x10000 的 Unicode 码,UTF-16 编码就等于 UCS-2 码对应的 16 位无符号整数。对于不小于 0x10000 的 UCS 码,定义了一个算法。不过由于实际使用的UCS-2，或者UCS-4的BMP必然小于0x10000，所以就目前而言，可以认为UTF-16和UCS-2基本相同。但UCS-2只是一个编码方案，UTF-16却要用于实际的传输，所以就不得不考虑字节序的问题。

UCS-2与UCS-4的详细定义见Unicode编码方式一节。

3. GB 2132

GB 2312又称为GB 2312-80字符集，全称为《信息交换用汉字编码字符集·基本集》，由中国国家标准总局发布，1981年5月1日实施。GB 2312收录简化汉字及一般符号、序号、数字、拉丁字母、日文假名、希腊字母、俄文字母、汉语拼音符号、汉语注音字母，共7445个图形字符。包括6763个汉字，其中一级汉字3755个，二级汉字3008个；包括拉丁字母、希腊字母、日文平假名及片假名字母、俄语西里尔字母在内的682个全角字符。

GB 2312用两个数来编码汉字和中文符号，第一个数称为“区”，第二个数称为“位”，也称为区位码，每区含有94个汉字/符号，各区包含的字符如下：01～09区为特殊符号；16～55区为一级汉字，按拼音排序；56～87区为二级汉字，按部首/笔画排序；10～15区及88～94区则未有编码。

两个数通常用两字节来存储，其中前面的字节为第一字节，后面的字节为第二字节。习惯上称第一字节为“高字节”，而称第二字节为“低字节”。“高位字节”使用了0xA1～0xF7(把01～87区(88～94区未有编码)的区号加上0xA0)，“低位字节”使用了0xA1～0xFE(把01～94加上0xA0)。由于一级汉字从16区起始，汉字区的“高位字节”的范围是0xB0～0xF7，“低位字节”的范围是0xA1～0xFE，占用的码位是72×94=6768。其中有5个空位是D7FA～D7FE。

以GB 2312字符集的第一个汉字“啊”字为例，它的区号是16，位号是01，则区位码是1601，在大多数计算机程序中，高字节和低字节分别加0xA0得到程序的汉字处理编码0xB0A1。计算公式是0xB0=0xA0+16，0xA1=0xA0+1。

4. GBK

GB 2312的出现，基本满足了汉字的计算机处理需要，它所收录的汉字已经覆盖中国大陆99.75%的使用频率。但对于人名、古汉语等方面出现的罕用字，GB 2312不能处理，这导致了后来GBK及GB 18030汉字字符集的出现。

GBK全名为汉字内码扩展规范，英文名是Chinese Internal Code Specification。K即是“扩展”所对应的汉语拼音中“扩”字的声母。GBK来自中国国家标准代码GB 13000.1—93，兼容GB 2312，基本上包括了原来GB 2312—80所有的汉字及码位，并共收录汉字21 003个、符号883个，并提供1894个造字码位，简、繁体字融于一库。

GBK采用双字节表示，总体编码范围为0x8140～0xFEFE，首字节在0x81～0xFE(即129～254)，尾字节在0x40～0xFE(即64～254)。P-Windows 3.2和macOS以GB 2312为基本汉字编码，Windows 95/98及以上的操作系统则以GBK为基本汉字编码。

5. Big5

Big5码使用了双字节储存方法，以两字节来编码一个字。第一字节称为“高位字节”，第二字节称为“低位字节”。高位字节的编码范围0xA1～0xF9，低位字节的编码范围0x40～0x7E及0xA1～0xFE。各编码范围对应的字符类型如下：0xA140～0xA3BF为标点符号、希腊字母及特殊符号，另外于0xA259～0xA261存放了双音节度量衡单位用字：兙兛兞兝兡兣嗧瓩糎;0xA440～0xC67E 为常用汉字,先按笔画再按部首排序;0xC940～0xF9D5 为次常用汉字,亦是先按笔画再按部首排序。

6. GB 18030

GB 18030 的全称是 GB 18030—2000《信息交换用汉字编码字符集基本集的扩充》,是中国于 2000 年 3 月 17 日发布的新的汉字编码国家标准,2001 年 8 月 31 日后在中国市场上发布的软件必须符合本标准。GB 18030—2000 收录了 27 533 个汉字,GB 18030—2005 收录了 70 244 个汉字。GB 18030 的总编码空间超过 150 万个码位。

GB 18030 字符集标准解决汉字、日文假名、朝鲜语和中国少数民族文字组成的大字符集计算机编码问题。该标准的字符总编码空间超过 150 万个编码位,收录了 27 484 个汉字,覆盖中文、日文、朝鲜语和中国少数民族文字。满足中国、日本和韩国等东亚地区信息交换多文种、大字量、多用途、统一编码格式的要求。并且与 Unicode 3.0 版本兼容,填补 Unicode 扩展字符字汇"统一汉字扩展 A"的内容,同时与以前的国家字符编码标准(GB 2312,GB 13000.1)兼容。

GB 18030 标准采用单字节、双字节和四字节三种方式对字符编码。单字节部分使用 0x00～0x7F 码(对应于 ASCII 码的相应码)。双字节部分,首字节码从 0x81～0xFE,尾字节码位分别是 0x40～0x7E 和 0x80～0xFE。四字节部分采用 GB/T 11383 未采用的 0x30～0x39 作为对双字节编码扩充的后缀,这样扩充的四字节编码,其范围为 0x81308130～0xFE39FE39。其中,第一、三字节编码码位均为 0x81～0xFE,第二、四字节编码码位均为 0x30～0x39。

GB 18030 标准中的双字节部分收录了 20 902 个 GB 13000.1 中全部的 CJK 汉字、有关标点符号、13 个表意文字描述符、80 个增补的汉字和部首/构件、双字节编码的欧元符号等。四字节部分收录了上述双字节字符之外的,包括 CJK 统一汉字扩充 A 在内的 GB 13000.1 中的全部字符。

综上所述,与 Unicode 不同,ASCII、GB 2312、GBK、BIG5、GB 18030、UTF-8\UTF-16\UTF-32 不仅有编码,而且有这些编码在计算机中的存储表示,即实现方式,它们都有自己不同的规则,但都兼容 ASCII。在使用时要注意这些编码相互之间的转换规则。对于没有转换规则的编码体系之间进行转换只能依靠查编码表进行。

8.6.7 Java 中的 Unicode

Java 中的 char 是 Unicode 字符,但是根据前述规则,Unicode 仅仅是一种编码方式,具体是如何存储和如何传输呢?即其实现方式具体是什么呢?事实上,Java 中的 char 字符是用 Unicode 的 UTF-16 实现的,但在 JDK 1.5 之前,Java 只能表示 0x0000～0xFFFF 的字符,即 2 字节的字符,这也是 char 的存储定义。在 JDK 1.5 以后,Java 开始支持增补字符集,由 JSR 204(Unicode Supplementary Character Support)实现,即支持 UTF-16 中用 4 字节表示的 0x10000～0x10FFFF 的字符。

在 Java 平台中,char[]、String、StringBuilder 和 StringBuffer 类中采用了 UTF-16 编码,BMP 字符用一个 char 表示,增补字符使用一对 char 表示。Java 使用代码点(Unicode Code Point)这个概念来表示范围在 0x0000～0x10FFFF 的字符值(即 Unicode 编码值),代码单元(Unicode Code Unit)表示用于作为 UTF-16 编码的代码单元的 16 位 char 值。因

此，在 Character 类的 API 中，可以看到很多包含 codePoint 的方法。

Java 号称国际化的语言，是因为它的 class 文件采用 UTF-8，而 JVM 运行时使用 UTF-16。

1. String 类中有关方法的分析

在 String 类中，索引值指的是代码单元，而如果是增补字符，则在 String 中占两个位置。因此，int length()方法返回的是代码单元的数量，如果字符串中含有增补字符，该方法返回的值并非实际的字符数。

char charAt(int index)方法直接返回索引出的 char 值，不管该 char 是否为增补字符代理项。

int codePointAt(int index)实际上是调用 Character.codePointAtImpl()方法实现，源码如下：

```
static int codePointAtImpl(char[] a, int index, int limit) {
    char c1=a[index++];
    if (isHighSurrogate(c1)) {
        if (index<limit) {
            char c2=a[index];
            if (isLowSurrogate(c2)) {
                return toCodePoint(c1, c2);
            }
        }
    }
    return c1;
}
```

所以，当 index 和 index+1 均小于 length()，且 index 的 char 在高代理范围内，就返回增补字符的代码点，否则返回 index 的 char 值。

int codePointBefore(int index)，实际上调用 Character.codePointBeforeImpl()方法，源代码如下：

```
static int codePointBeforeImpl(char[] a, int index, int start) {
    char c2=a[--index];
    if (isLowSurrogate(c2)) {
        if (index>start) {
            char c1=a[--index];
            if (isHighSurrogate(c1)) {
                return toCodePoint(c1, c2);
            }
        }
    }
    return c2;
}
```

所以，当 index-1 和 index-2 均非负，且 index-2 的 char 在高代理范围内，index-1 的 char 在低代理范围内，则返回增补字符的代码点，否则返回 index-1 的 char 值。

int codePointCount(int beginIndex, int endIndex),调用 Character.codePointCountImpl(),源代码如下:

```
static int codePointCountImpl(char[] a, int offset, int count) {
    int endIndex=offset+count;
    int n=0;
    for (int i=offset; i<endIndex; ) {
        n++;
        if (isHighSurrogate(a[i++])) {
            if (i<endIndex && isLowSurrogate(a[i])) {
                i++;
            }
        }
    }
    return n;
}
```

所以,该方法可以真正计算出字符串中的字符数量。

offsetByCodePoints(int index, int codePointOffset) 这个方法主要是计算从 index 开始,接下来第 codePointOffset 个代码点的下标。

int indexOf(int ch)这个方法中,如果 ch 的大小在 0x0000~0xFFFF 时,返回值是第一次满足 charAt(k)==ch 时的 k 值;如果 ch 的大小超过 0xFFFF,返回值是第一次满足 codePointAt(k)==ch 的 k 值;如果都不满足,返回-1。其他相关方法如 lastIndexOf()等,原理类似。

2. Java 中关于各种编码的举例

【程序 8-12】 TestCharset.java。

```
import java.io.UnsupportedEncodingException;
import java.util.Arrays;

public class TestCharset{
    public static void main(String[] args) throws UnsupportedEncodingException{
        String name="中国";
        String num="123";
        //输出不同编码方式下的字节数
        System.out.println("\"中国\"的 Unicode 字节数:\t"+
        name.getBytes("unicode").length);
        System.out.println("\"123\"的 Unicode 字节数:\t"+
        num.getBytes("unicode").length);
        System.out.println("\"中国\"的 UTF-8 字节数:\t"+
        name.getBytes("utf-8").length);
        System.out.println("\"123\"的 UTF-8 字节数:\t"+
        num.getBytes("utf-8").length);
        System.out.println("\"中国\"的 GBK 字节数:\t"+
        name.getBytes("gbk").length);
```

```
        System.out.println("\"123\"的 GBK 字节数:\t"+
        num.getBytes("gbk").length);

        //输出"中国"的 Unicode 字节编码
        System.out.println("\"中国\"的 Unicode 各字节编码:");
        for(byte b:name.getBytes("unicode"))
            System.out.print(Integer.toHexString(b & 0xff).toUpperCase()+" ");
        System.out.println();
        System.out.println(Arrays.toString(name.getBytes("unicode")));

        //输出"123"的 Unicode 字节编码
        System.out.println("\"123\"的 Unicode 各字节编码:");
        for(byte b:num.getBytes("unicode"))
            System.out.print(Integer.toHexString(b & 0xff).toUpperCase()+" ");
        System.out.println();
        System.out.println(Arrays.toString(num.getBytes("unicode")));

        //输出 GBK 编码字节
        System.out.println("\"联通\"的 GBK 各字节编码:");
        for (byte b : "联通".getBytes())
            System.out.println(Integer.toBinaryString(b & 0xff));
    }
}
```

上述例子输出如图 8-14 所示。

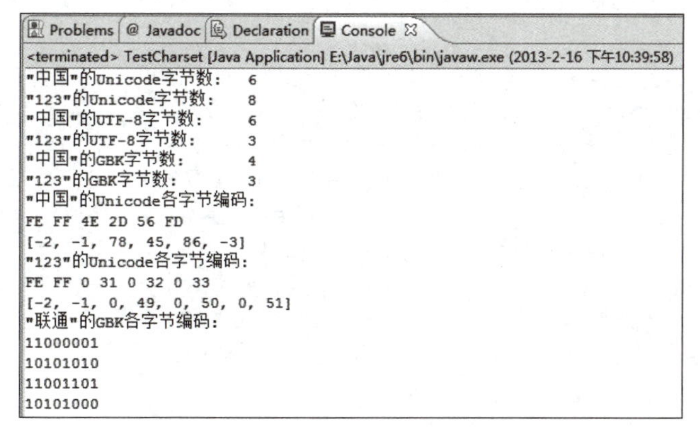

图 8-14 Java 中关于各种编码的举例

在 Java 中,无论中文还是英文,其 Unicode 编码均占两字节,因为这里的 Unicode 编码实现方式是 UTF-16,但图 8-14 中却分别显示是 6 字节与 8 字节,这是因为“中国”和“123”两个字符串的字节序占了两字节,即 FE FF,这是 Unicode Big Endian 的标志。

对于 GBK 编码,每个中文占两字节,而英文字母占一字节。

每个中文的 UTF-8 编码占三字节,英文占一字节,由于 UTF-8 是按字节编码的,因此不存在字节序的问题。

中文“联通”是两个非常有趣的字符。如果在 Windows 下新建一个记事本文件,输入

"联通"两个字,保存后重新打开,发现出现乱码,这是因为记事本采用默认的 ANSI 编码方式保存,而在中文 Windows 下 ANSI 默认编码方式为 GBK(GB 2312),它与 UTF-8 编码产生了冲突。下面仔细分析其原因。

在 Unicode 编码中,"联"的编码是 0x8054,"通"的编码是 0x901A,这两个编码均在 0x0800～0xFFFF,仔细观察表 8-9 中 Unicode 的 UTF-8 实现规则,"联通"两个字的 UTF-8 编码将使用 3 字节模板: 1110xxxx 10xxxxxx 10xxxxxx,根据这种规则可以得到这两个字的 UTF-8 编码: E8 81 94 E9 80 9A。而新建一个文本文件时,记事本的编码默认是 ANSI,即 GBK(GB 2312),此时"联通"的内码是 C1 AA CD A8,其对应的二进制码为 C1＝1100 0001,AA＝1010 1010,CD＝1100 1101,A8＝1010 1000。其中"联"的和"通"的两字节的起始部分都分别是"110"和"10",这与表 8-9 中 Unicode 的 UTF-8 实现规则里的第二行的两字节模板是一致,所以再次用记事本打开时,记事本误认为这是一个 UTF-8 编码的文件,然后根据反编码规则得到 Unicode 的 0x006A 和 0x0368,这些编码什么也不是,这就是"联通"两个字的文件没有办法在记事本里正常显示的原因。如果多输入几个字,由于记事本检测到不是合法的 UTF-8 编码字节转而会采用 GBK 编码,乱码又不出现。

【程序 8-13】 TestChangeCharset.java。

```
/*本类提供方法供字符串的编码转换*/
import java.io.UnsupportedEncodingException;
public class TestChangeCharset{
    //7 位 ASCII 字符,也叫作 ISO646-US、Unicode 字符集的基本拉丁块
    public static final String US_ASCII="US-ASCII";
    //ISO 拉丁字母表 No.1,也叫作 ISO-LATIN-1
    public static final String ISO_8859_1="ISO-8859-1";
    //UTF-8
    public static final String UTF_8="UTF-8";
    //UTF-16,Big Endian(最低地址存放高位字节)字节顺序
    public static final String UTF_16BE="UTF-16BE";
    //UTF-16,Litter Endian(最高地址存放地位字节)字节顺序
    public static final String UTF_16LE="UTF-16LE";
    //UTF-16,字节顺序由可选的字节顺序标记来标识
    public static final String UTF_16="UTF-16";
    //中文超大字符集
    public static final String GBK="GBK";
    public static final String GB2312="GB2312";

    //将字符编码转换成 US-ASCII 码
    public String toASCII(String str) throws UnsupportedEncodingException{
          return this.changeCharset(str, US_ASCII);
    }
    //转换成 ISO-8859-1
    public String toISO_8859_1(String str) throws UnsupportedEncodingException{
          return this.changeCharset(str, ISO_8859_1);
    }
    //转换成 UTF-8
```

```
public String toUTF_8(String str) throws UnsupportedEncodingException{
        return this.changeCharset(str, UTF_8);
}
//转换成 UTF-16BE
public String toUTF_16BE(String str) throws UnsupportedEncodingException{
        return this.changeCharset(str, UTF_16BE);
}
//转换成 UTF-16LE
public String toUTF_16LE(String str) throws UnsupportedEncodingException{
        return this.changeCharset(str, UTF_16LE);
}

//转换成 UTF-16
public String toUTF_16(String str) throws UnsupportedEncodingException{
        return this.changeCharset(str, UTF_16);
}

//转换成 GBK
public String toGBK(String str) throws UnsupportedEncodingException{
        return this.changeCharset(str, GBK);
}

//转换成 GB 2312
public String toGB2312(String str) throws UnsupportedEncodingException{
        return this.changeCharset(str,GB 2312);
}

/*
字符串编码转换的实现方法
    @param str 待转换的字符串
    @param newCharset 目标编码
*/
public String changeCharset(String str, String newCharset) throws
UnsupportedEncodingException{
        if(str !=null) {
          //用默认字符编码解码字符串。与系统相关,中文 Windows 默认为 GB 2312
          byte[] bs=str.getBytes();
          return new String(bs, newCharset);        //用新的字符编码生成字符串
        }
        return null;
}

/*
字符串编码转换的实现方法
    @param str 待转换的字符串
    @param oldCharset 源字符集
    @param newCharset 目标字符集
*/
```

```
public String changeCharset(String str, String oldCharset,
String newCharset) throws UnsupportedEncodingException{
        if(str !=null){
          //用源字符编码解码字符串
          byte[] bs=str.getBytes(oldCharset);
          return new String(bs, newCharset);
        }
        return null;
}

//测试上述方法
public static void main(String[] args) throws UnsupportedEncodingException{
        TestChangeCharset test=new TestChangeCharset();
        String str="This is a 中文的 String!";
        System.out.println("str: "+str);

        String gbk=test.toGBK(str);
        System.out.println("转换成 GBK 码: "+gbk);
        System.out.println();

        String ascii=test.toASCII(str);
        System.out.println("转换成 US-ASCII: "+ascii);
        System.out.println();

        String iso88591=test.toISO_8859_1(str);
        System.out.println("转换成 ISO-8859-1 码: "+iso88591);
        System.out.println();

        gbk=test.changeCharset(iso88591, ISO_8859_1, GBK);
        System.out.println("再把 ISO-8859-1 码的字符串转换成 GBK 码: "+gbk);
        System.out.println();

        String utf8=test.toUTF_8(str);
        System.out.println();
        System.out.println("转换成 UTF-8 码: "+utf8);
        String utf16be=test.toUTF_16BE(str);
        System.out.println("转换成 UTF-16BE 码: "+utf16be);
        gbk=test.changeCharset(utf16be, UTF_16BE, GBK);
        System.out.println("再把 UTF-16BE 编码的字符转换成 GBK 码: "+gbk);
        System.out.println();

        String utf16le=test.toUTF_16LE(str);
        System.out.println("转换成 UTF-16LE 码: "+utf16le);
        gbk=test.changeCharset(utf16le, UTF_16LE, GBK);
        System.out.println("再把 UTF-16LE 编码的字符串转换成 GBK 码: "+gbk);
        System.out.println();
```

```
        String utf16=test.toUTF_16(str);
        System.out.println("转换成 UTF-16 码: "+utf16);
        String gb2312=test.changeCharset(utf16, UTF_16, GB2312);
        System.out.println("再把 UTF-16 编码的字符串转换成 GB2312 码: "+gb2312);
    }
}
```

上述例子的运行结果如图 8-15 所示。

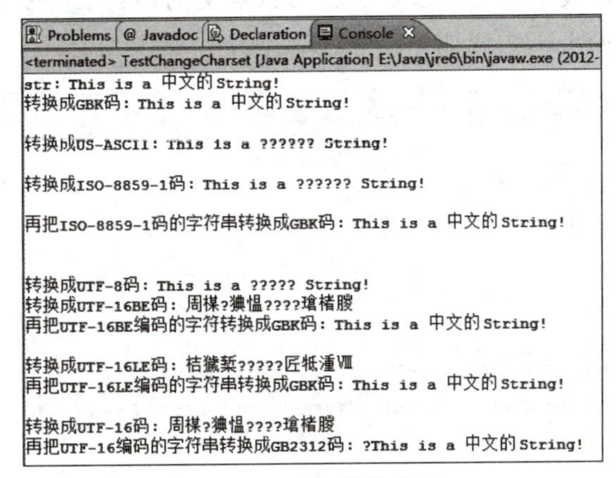

图 8-15 编码转换实例

8.6.8 如何处理中文乱码问题

在 Java 编程中,经常会碰到汉字的处理及显示问题,一不小心就会产生一大堆乱码或者问号。造成这种问题的根本原因是 Java 中默认的编码方式是 Unicode,而中国人通常使用的文件和数据库都是基于 GB 2312 或 BIG5 等编码,故会出现此问题。

对于不同的问题,不同的 JDK 版本,不同的应用服务器(如 Tomcat、JBoss、Weblogic),处理方法都会有一些微小的差异。在这里,主要针对 Tomcat 中 JSP 开发容易出现的中文乱码问题进行讨论,一般有以下几种情况。

1. JSP 中输出中文的乱码问题

在 JSP 中输出中文指直接在 JSP 中输出中文,或者给变量赋中文值再输出等,这种情况下的乱码问题往往是因为没有给 JSP 页面指定显示字符的编码方式,解决办法如下。

(1) 在 JSP 页面头部加上语句＜%@ page contentType="text/html; charset=gbk"%＞(在 Servlet 页面中使用: httpServletResponse.setContentType("text/html; charset=gbk")),最好同时在 JSP 页面的 head 部分加上＜meta http-equiv="Content-Type" content="text/html;charset=gbk"＞。

(2) 在每次要输出中文的地方主动转换编码方式,比如要在页面中输入“中文”二字,就可以用以下方式:

```
<%
    String str="中文";
    byte[] tmpbyte=str.getBtyes("ISO-8859-1");
```

```
    str=new String(tmpbyte);
    out.print(str);
%>
```

2. 获取表单提交的数据时的中文乱码问题

在没有加任何其他处理之前，用 request.getParameter(panamName)获取表单提交中的数据，且表单数据中含有中文时，返回的字符串会出现乱码。出现这种问题的原因是 Tomcat 的 J2EE 实现对表单提交时以 POST 方式提交的参数采用默认的 ISO-8859-1 来处理。例如，建立一个 test.jsp，内容如下：

```
<%@page contentTyp="text/html;charset=GBK"%>
<%
    String str=request.getParameter("chStr");
    if(str==null) str="没有输入值";
%>
<html>
    <head>
        <title>中文 Test</title>
        <meta http-equiv="Content-Type" content="text/html;charset=gbk">
        <meta http-equiv=param content=no-cache>
    </head>
    <body>你输入的内容为：<%=str%><br>
        <form action="test.jsp" method="post">
        请输入中文：<input type="text" name="chStr">
      <input type="submit" value="确定">
      </form>
    </body>
</html>
```

运行后，在输入框中输入汉字"中文"，提交过后再显示出来后就变成了一堆乱码。解决此问题的办法有两个。一是不修改其他设置，只是在将表单中的中文数据取出来过后再转换编码，方法如语句"String str=request.getParameter("chStr");String str=new String(sre.getByte("ISO-8859-1"),"GBK")"，但这种方法只是从一个局部来考虑问题，如果这样的地方太多，就不得不将这条语句重复写很多次，在比较大的项目中，这是一种不太可行的方案。另一个方法就是让对所有页面的请求都通过一个 Filter，将处理字符集设置为 GBK。具体的做法如下(在 Tomcat 的 webapps/servlet-examples 目录有一个完整的例子，也可以参考其中 web.xml 文件的<web-app>后面加上如下配置代码)：

```
<filter>
    <filter-name>Set Character Encoding</filter-name>
    <filter-class>com.ccut.struts.SetCharacterEncodingFilter</filter-class>
    <init-param>
        <param-name>encoding</param-name>
        <param-value>gbk</param-value>
    </init-param>
```

```
</filter>
<filter-mapping>
    <filter-name>Set Character Encoding</filter-name>
    <url-pattern>/*<url-pattern>
</filter-mapping>
```

3. URL 中的中文问题

对于直接通过在 URL 中传递中文参数，如"http://localhost/a.jsp? str=中文"这样的 get 请求，在服务端用 request.getParameter("name")时返回的往往是乱码。按以上的做法设置 Filter 没有用，用 request.setCharacterEncoding("GBK")的方式，仍然不管用。例如，建立 test2.jsp 文件，内容如下：

```
<%@page contentTyp="text/html;charset=gbk"%>
<%
    String str=request.getParameter("chStr");
    if(str==null) str="没有输入值";
%>
<html>
    <head>
        <title>中文 Test</title>
        <meta http-equiv="Content-Type" content="text/html;charset=gbk">
        <meta http-equiv=param content=no-cache>
    </head>
    <body>你输入的内容为：<%=str%><br>
        <form action="test.jsp" method="post">
            <a href="test2.jsp?chStr=中文">单击这里提交中文参数</a>
        </form>
    </body>
</html>
```

运行后，可见通过 URL 传递的中文参数取出来过后变成了乱码，造成这种结果的原因是 Tomcat 中以 get 方式提交的请求对 query-string 处理时采用了和 post 方法不一样的处理方式。

解决这个问题的方法是打开 Tomcat 安装目录下的/conf/server.xml 文件，找到 Connector 块，往其中添加 URIEncoding="GBK"，添加过后完整的 Connector 块代码如下：

```
<Connector port="8080"
    maxThreads="150"
    minSpareThreads="25"
    maxSpareThreads="75"
    enableLookups="false"
    redirectPort="8443"
    acceptCount="100"
    debug="0"
```

```
    connectionTimeout="20000"
    disableUploadTimeout="true"
    URIEncoding="GBK"
/>
```

4. 数据库访问时的乱码问题

在建立数据库时,将数据库中的所有表的编码方式都设置为 GBK,原因是 JSP 中也使用了 GBK 编码,这样统一的结果是可以减少很多不必要的编码转换问题。另外,在使用 JDBC 连接 MySQL 数据库时,连接字符串写成如下形式可以避免一些中文问题:

```
jdbc://mysql://hostname:port/DBname? user=username&password=pwd&useUnicode=
True&characterEncoding=GBK
```

如果是以数据源的方式连接数据库,在配置文件中使用:

```
<parameter>
    <name>url</name>
    <value>
     jdbc://mysql://hostname: port/DBname? &useUnicode = True&characterEncoding
=GBK
    </value>
</parameter>
```

但是,如果使用一个已经存在的数据库,数据库的编码方式是 ISO-8859-1,而 Web 应用中使用 UTF-8,且数据库中已经有很多重要信息,因此不能通过更改数据库的编码方式来解决问题。这个时候,在往数据库中写数据时,一定要在 JDBC 连接字符串中加入 "useUnicode=True&characterEncoding=ISO-8859-1",这样可以顺利地往数据库中写入正常的数据。但是,在将数据读出数据库时,乱码又会出现,这时就应该在数据取出时对其转码,可以将转码功能写为一个函数,具体实现如下:

```
public String charsetConvert(String src){
    String result=null;
    if(src!=null){
        try{
            result=new String(src.getBytes("ISO=8859-1"),"GBK");
        }
        catch(Exception e){
            result=null;
        }
    }
    return result;
}
```

于是,在从数据库读出数据后调用 charsetConvert(rs.getString("colName")),这样就可以正常显示数据库中的中文数据了。

第 9 章　图形用户界面编程

通过图形用户界面(Graphics User Interface, GUI),用户和程序之间可以方便地进行交互。Java 包含了许多支持 GUI 设计的类,如按钮、菜单、列表、文本框等组件类,同时它还包含窗口、面板等容器类。

9.1　AWT 与 Swing

9.1.1　AWT

AWT(Abstract Windowing Toolkit)中文称为抽象窗口工具包,是 Java 早期(Java 1,即 JDK 1.0)就推出的用来构建 GUI 的标准 API,在 Java 的 java.awt 包中。AWT 可用于 Java Applet 和 Java Application 中,它支持 GUI 编程的功能包括用户界面组件;事件处理模型;图形和图像工具,包括形状、颜色和字体类;布局管理器,可以进行灵活的窗口布局而与特定窗口的尺寸和屏幕分辨率无关;数据传送类,可以通过本地平台的剪贴板来进行剪切和粘贴。

AWT 习惯上称为重量级组件,该名称的来源是基于如下的类似事实:当用 java.awt 包中的 Button 类创建一个按钮组件时,都有一个相应的本地组件在为它在工作(称为它的同位体)。AWT 组件的设计原理是把与显示组件有关的许多工作和处理组件事件的工作交给相应的本地组件,因此把有同位体的组件称为重量级组件。基于重量级组件的 GUI 设计有很多不足之处,如程序的外观在不同的平台上可能有所不同,而且重量级组件的类型也不能满足 GUI 设计的需要。例如,不可能把一幅图像添加到 AWT 按钮上或 AWT 标签上,因为 AWT 按钮或标签外观绘制是由本地的对等组件即同位体来完成的,而同位体可能是用 C++ 编写的,它的行为是不能被 Java 扩展的。另外,使用 AWT 进行 GUI 设计可能会消耗大量的系统资源。

Java 1.0 的 AWT(旧 AWT)和 Java 1.1 以后的 AWT(新 AWT)有着很大的区别,新的 AWT 克服了旧 AWT 的很多缺点,在设计上有较大改进,使用也更方便。

Java 刚出来的时候,AWT 作为 Java 最弱的组件受到不小的批评。最根本的缺点是 AWT 在原生的用户界面之上仅提供了一个非常薄的抽象层。例如,生成一个 AWT 的复选框会导致 AWT 直接调用下层原生程序来生成一个复选框。不幸的是,一个 Windows 平台上的复选框同 macOS 平台或者各种 UNIX 风格平台上的复选框并不是那么相同。

这种糟糕的设计选择使得那些拥护 Java“一次编写,到处运行(Write Once, Run Anywhere)”信条的程序员们过得并不舒畅,因为 AWT 并不能保证他们的应用在各种平台上表现得有多相似。一个 AWT 应用可能在 Windows 上表现很好,可是到了 Macintosh 上几乎不能使用,或者正好相反。在 20 世纪 90 年代,程序员中流传着一个笑话:Java 的真正信条是“一次编写,到处测试(Write Once, Test Everywhere)”。导致这种糟糕局面的一个可能原因据说是 AWT 从概念产生到完成实现只用了一个月。

下面是用 AWT 生成一个 GUI 的实例。

【程序 9-1】 TestAWT.java。

```
import java.awt.Frame;
import java.awt.Color;
public class TestAWT extends Frame{
    public TestAWT (String str){
        super(str);
    }
    public static void main(String args[ ]){
        TestAWT fr=new TestAWT ("Hello AWT Frame!");
        //设置 Frame 的大小,默认为(0,0)
        fr.setSize(400,300);
        //设置 Frame 的背景为红色
        fr.setBackground(Color.red);
        //设置 Frame 为可见,默认为不可见
        fr.setVisible(true);
    }
}
```

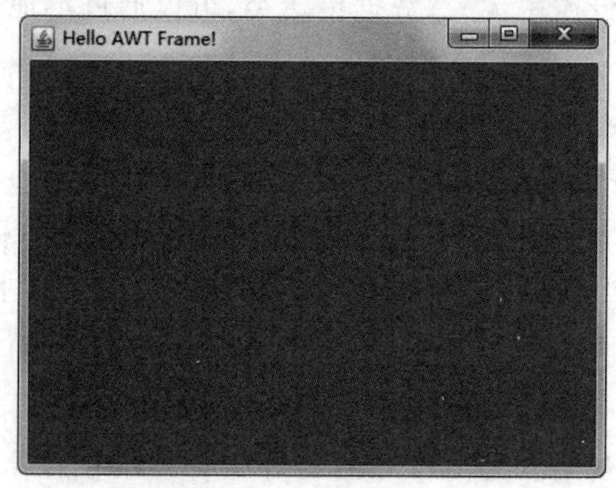

图 9-1 AWT 窗口实例

9.1.2 Swing

1. Swing 概况

在 Java 2 (JDK 1.2)开发包中,AWT 的器件很大程度上被 Swing 工具包替代。Swing 通过自己绘制器件而避免了 AWT 的种种弊端: Swing 调用本地图形子系统中的底层程序,而不是依赖操作系统的高层用户界面模块。Swing 组件的轻量级设计与 AWT 完全不同,这些轻量级组件把与显示组件有关的许多工作和处理组件事件的工作交给相应的 UI 代表来完成,这些 UI 代表是用纯 Java 语言编写的类,这些类被增加到 Java 的运行环境中。因此,组件的外观不依赖平台,不仅在不同平台上的外观是相同的,而且有更高的性能。

注意: 如果 Java 运行环境低于 Java 2(JDK 1.2)版本,就不能运行含有 Swing 组件的程序。

Swing是一个用于开发Java应用程序用户界面的开发工具包。它以抽象窗口工具包(AWT)为基础使跨平台应用程序可以使用任何可插拔的外观风格。Swing开发人员只用很少的代码就可以利用Swing丰富、灵活的功能和模块化组件来创建优雅的用户界面。下面语句导入Swing包：

```
import javax.swing.*;
```

大部分Swing程序用到了AWT的基础底层结构和事件模型,因此需要导入两个包：

```
import java.awt.*;
import java.awt.event.*;
```

如果图形界面中包括了事件处理,那么还需要导入事件处理包：

```
import javax.swing.event.*;
```

Swing工具包具有如下特点。

(1) 所在的包称为javax.swing。

(2) Swing包含的组件的平台相关性较小,所以称为轻量级组件(Lightweight Components),如图9-2所示,同样的代码在不同的操作系统下的界面表现。

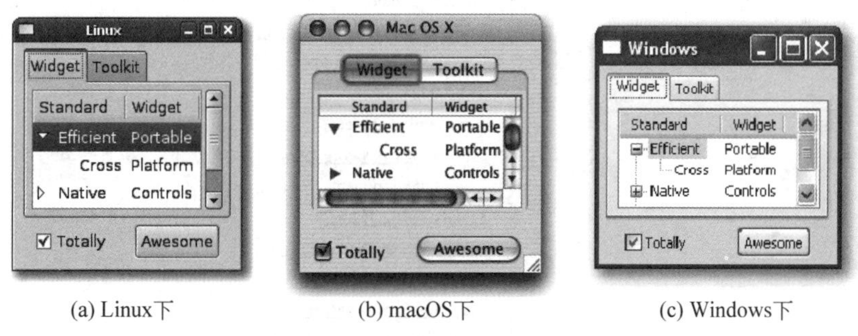

(a) Linux下　(b) macOS下　(c) Windows下

图9-2　同样的Java代码在不同操作系统下的表现

(3) 是由100%纯Java实现的。

2. Swing常用组件

在javax.swing包中,定义了两种类型的组件：容器(Container)和组件(Component)。在使用javax.swing工具包编写的软件界面中,最顶层的窗口是一个容器,其他组件如按钮、菜单、下拉框等必须放在容器内,而容器本身也是组件,因此容器也可以放在容器上,即容器可以嵌套。

图9-3表示了Swing组件的分类。顶层容器是指可以独立显示在操作系统上面,而其他容器只能叠放在顶层容器上。组件中,基本控制组件是指能响应鼠标或键盘的动作组件,不可编辑的信息显示组件是指显示某段文字、进度条或其他文字等,可编辑的信息显示组件是在该组件上可以操作数据,比如颜色选择、数据记录添加修改等。组件只能叠放在容器上,可以直接叠放在顶层容器上,也可以叠放在其他容器上,然后再把这些容器放在顶层容器上,这可打个比方：顶层容器相当于快餐盘子,而碗则相当于其他容器,菜和饭则相当于

组件,菜和饭要放到碗里,然后再将碗放在快餐盘子上。

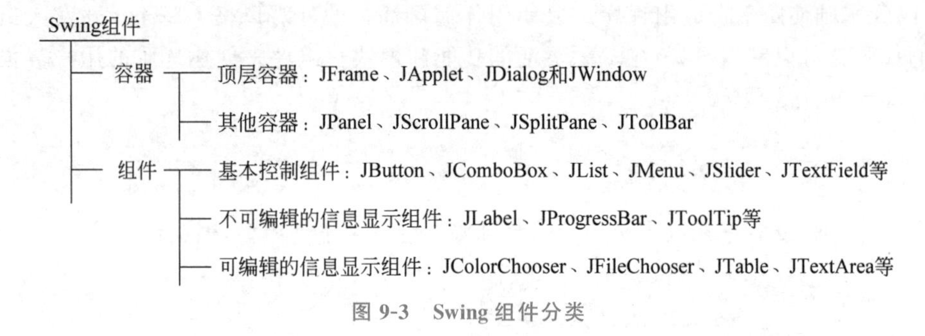

图 9-3 Swing 组件分类

3. Swing 类的继承关系结构

Swing 常用类的继承关系结构如图 9-4 所示,其中黑体且带下画线的即为这些常用的 Swing 类。

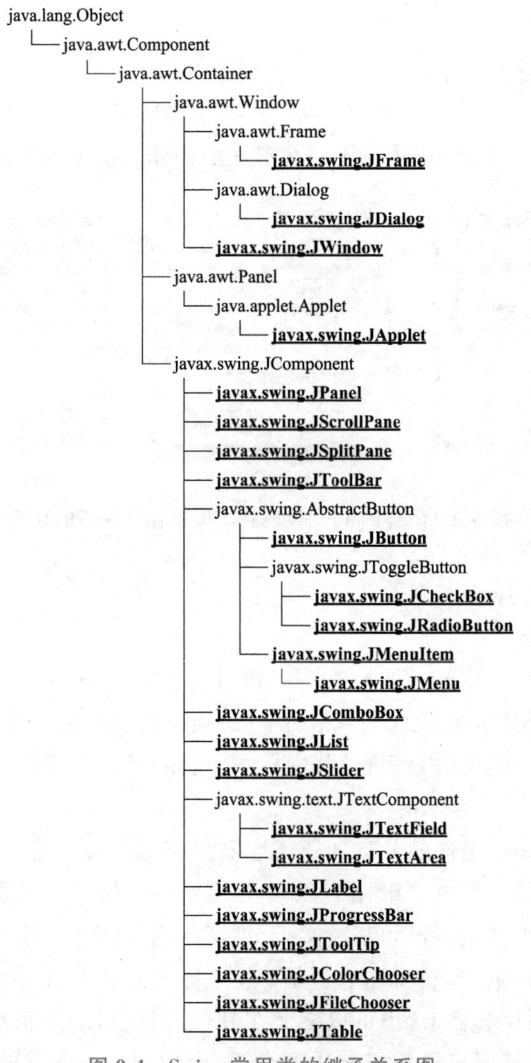

图 9-4 Swing 常用类的继承关系图

9.2 容器组件

9.2.1 JFrame

JFrame 类的核心功能是解决一个容器问题：将其他容器或组件添加到它里面，把它们组织起来，并呈现给用户。JFrame 表面上看起来比较简单，但实际上是 Swing 包中最复杂的组件。为了最大程度地简化组件，在独立于操作系统的 Swing 组件与实际运行这些组件的操作系统之间，JFrame 起着桥梁的作用。JFrame 在本机操作系统中是以窗口的形式注册的，这么做之后，就可以得到许多熟悉的操作系统窗口的特性：最小化/最大化、改变大小、移动等。

从图 9-4 的继承关系可以看出，JFrame 类是 java.awt.Frame 的子类，这意味着，在 Swing 的组件中，JFrame 并不全是由 Java 编写的，它是一种与平台关系比较密切的重量级组件(Heavyweight Component)。

窗口的主要要素包括窗口标题(Title)、窗口菜单(Menu)、窗口图标(Icon)、最小化按钮、最大化按钮、关闭(Close)按钮、窗口区等，如图 9-5 所示。

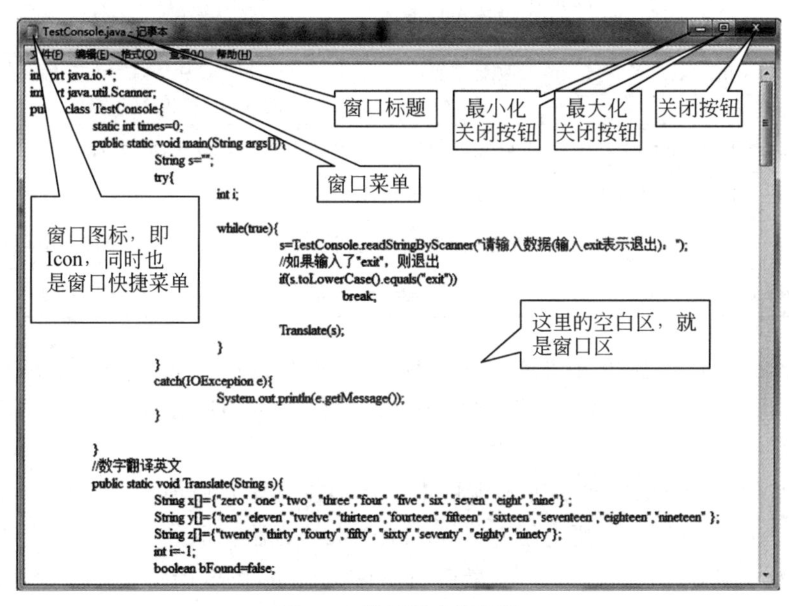

图 9-5 窗口的主要要素

1. JFrame 构造方法

JFrame()//构造一个初始时不可见的新窗体

JFrame(String title) //创建一个新的、初始不可见的、具有指定标题的窗口

2. 常用方法

上述方法中，部分是从其父类中继承而来，如 setSize()、setBounds()、setVisible()、setResizable()等，这在参考 Java API 文档时应该注意这一点。

表 9-1 JFrame 常用方法

方法定义	功能说明
Container getContentPane()	返回此窗体的 contentPane 对象
void setDefaultCloseOperation(int operation)	设置用户在此窗体上发起 close 时默认执行的操作，operation 可取如下有效值：DO_NOTHING_ON_CLOSE(什么也不做)、HIDE_ON_CLOSE(隐藏当前窗口)、DISPOSE_ON_CLOSE(隐藏窗口同时释放窗口占有的其他资源)、EXIT_ON_CLOSE(结束窗体所在的应用程序)。这些常量值是 static，可直接用类似于 JFrame.EXIT_ON_CLOSE 进行设置
static void setDefaultLookAndFeelDecorated(boolean lf)	提供一个关于新创建的 JFrame 是否应该具有当前外观为其提供的 Window 装饰(如边框、关闭窗口的小部件、标题等)的提示
void setIconImage(Image image)	设置要作为此窗口图标显示的图像
void setContentPane(Container contentPane)	设置 contentPane 属性
JMenuBar getJMenuBar()	返回此窗体上设置的菜单栏
void setJMenuBar(JMenuBar menubar)	设置此窗体的菜单栏
void setLayout (LayoutManager manager)	设置布局方式
void setBounds (int x, int y, int width, int height)	改变位置并调整其大小。由 x 和 y 指定左上角的新位置，由 width 和 height 指定新的大小，单位为像素
void setLocation(int x, int y)	设置窗口的左上角在坐标(x, y)处，默认为(0, 0)
void setSize(int width, int height)	设置窗口的大小
void setVisible(boolean b)	设置窗口是否为可见，b 为 true，可见；否则，为不可见，即隐藏
void setResizable(boolean b)	设置窗口是否可调整大小，默认是可调整大小的

开发一个窗口应用程序，首先就是显示窗口，下面是显示一个窗口通常会用到的步骤。

(1) 创建一个 JFrame 窗口对象，如“JFrame frm＝new JFrame("这是我的第一个窗口程序");”。

(2) 将组件(如工具条等)添加到窗口中。在 JDK 1.4 及以前的版本中，不能直接将组件添加到 JFrame 窗口中，而要先用 getContentPane()方法获取到窗口的容器(Container)，然后将组件添加到这个 Container 上，最后用 setContainerPane()将容器设置到窗口中。对于菜单栏(JMenuBar)而言，可直接通过 setJMenuBar()方法添加。

(3) 设置窗口位置和大小。位置是窗口一开始显示出来的位于显示器的哪个地方。对于 Windows 操作系统而言，其坐标系是从上到下，从左到右的，也就是说，其原点(0, 0)在显示屏的左上角，这可用 setBounds 或 setSize 与 setLocation 共同完成。

(4) 显示窗口。这通过调用 setVisible(true)来完成。

创建窗口有两种方法：一种是先继承窗口，然后在 main()方法中创建该窗口；另一种是直接在 main()方法采用上述步骤进行窗口创建。下面以实例说明如何创建一个窗口。

【程序 9-2】 TestJFrameDirect.java。

```
/*我的第一个 Java 窗口程序,采用直接在 main()中创建窗口的方法*/
import java.awt.event.*;
import javax.swing.*;
public class TestJFrameDirect{
    //***************************************************************************
    //以下为成员变量(对象)的定义
    //定义菜单
    static JMenuBar     mb=new JMenuBar();                              //菜单栏
    static FgMenu       mFile=new FgMenu("文件(F)",KeyEvent.VK_F);      //"文件"菜单
    static JMenuItem    miNew=new JMenuItem("新建(N)",KeyEvent.VK_N),
                        miOpen=new JMenuItem("打开(O)...",KeyEvent.VK_O),
                        miSave=new JMenuItem("保存(S)",KeyEvent.VK_S),
                        miFont=new JMenuItem("字体与颜色(F)...",KeyEvent.VK_F),
                        miQuit=new JMenuItem("退出(X)",KeyEvent.VK_X);
//***************************************************************************
    public static void main(String args[]){
        //①创建窗口对象,窗口标题通过构造方法传递进去
        JFrame frm=new JFrame("这是我的第一个窗口应用程序");
        //②添加组件。本例中直接添加菜单
        frm.setJMenuBar(mb);

        mFile.add(miNew);                       //新建
        mFile.add(miOpen);                      //打开
        mFile.add(miSave);                      //保存
        mFile.addSeparator();                   //分割条
        mFile.add(miFont);                      //字体与颜色菜单
        mFile.addSeparator();                   //分割条
        mFile.add(miQuit);                      //退出

        mb.add(mFile);                          //将"文件"菜单添加到菜单栏上

        //③设置窗口位置和大小
        frm.setBounds(10, 10, 400, 300);

        //设置 close 按钮的操作,本例中设置为
        //单击 close 按钮时退出程序(EXIT_ON_CLOSE)
        frm.setDefaultCloseOperation(JFrame.EXIT_ON_CLOSE);

        //④显示窗口
        frm.setVisible(true);
    }
}
//自定义菜单
class FgMenu extends JMenu{
    public FgMenu(String label){
        super(label);
    }
```

```
    public FgMenu(String label,int nAccelerator){
        super(label);
        setMnemonic(nAccelerator);
    }
}
```

在本例中,窗口在显示屏幕上的初始位置坐标为(10, 10),宽和高分别为400像素和300像素。对于菜单,通过继承原来的JMenu和JMenuItem以方便地设置快捷键(用setMnemonic()方法设置),如图9-6中的"文件(F)"中一样,带下画线的字母(F)即为快捷键,这样用户可以通过按下Alt+F组合键来操作对应的"文件(F)"菜单。

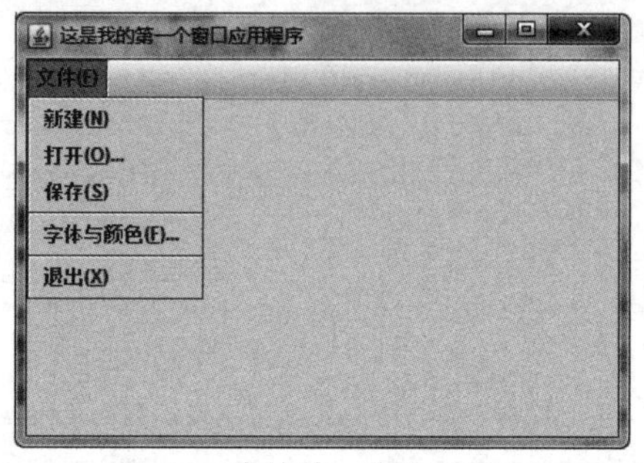

图 9-6 我的第一个窗口程序

【程序 9-3】 TestJFrameExtends.java。

```
/*我的另一个 Java 窗口程序,通过从 JFrame 继承得到自定义的窗口类: TestJFrameExtends */
import java.awt.*;
import java.awt.event.*;
import javax.swing.*;
public class TestJFrameExtends extends JFrame{
    //************************************************************************
    //以下为成员变量(对象)的定义
    //************************************************************************
    //定义菜单
    JMenuBar    mb=new JMenuBar();                                  //菜单栏
    FgMenu      mFile=new FgMenu("文件(F)",KeyEvent.VK_F);          //"文件"菜单
    JMenuItem   miNew=new JMenuItem("新建(N)",KeyEvent.VK_N),
                miOpen=new JMenuItem("打开(O)...",KeyEvent.VK_O),
                miSave=new JMenuItem("保存(S)",KeyEvent.VK_S),
                miFont=new JMenuItem("字体与颜色(F)...",KeyEvent.VK_F),
                miQuit=new JMenuItem("退出(X)",KeyEvent.VK_X);
    //文本框
    JTextArea       ta=new JTextArea();
    //构造方法
    TestJFrameExtends(String sTitle){
        super(sTitle);

        //②添加组件。本例中直接添加菜单与 JTextArea
        addMenus();
        //添加带滚动条(JScrollPane)的文本编辑框 JTextArea
        JScrollPane sp=new JScrollPane(ta);
        add(sp);

        //③设置窗口大小
```

```
        setSize(400, 300);
//设置 close 按钮的操作,本例中设置为单击 close 按钮时退出程序
//(EXIT_ON_CLOSE)
        setDefaultCloseOperation(JFrame.EXIT_ON_CLOSE);

        //使窗口在显示屏居中显示
        centerWindow();

        //改变窗口图标
        Toolkit tk=getToolkit();                          //得到一个 Toolkit 对象
         Image icon=tk.getImage("online.gif");            //获取图标
         setIconImage(icon);
    }
    //添加菜单
    private void addMenus(){
        setJMenuBar(mb);

        mFile.add(miNew);                                 //新建
        mFile.add(miOpen);                                //打开
        mFile.add(miSave);                                //保存
        mFile.addSeparator();                             //分割条
        mFile.add(miFont);                                //字体与颜色菜单
        mFile.addSeparator();                             //分割条
        mFile.add(miQuit);                                //退出

        mb.add(mFile);                                    //将"文件"菜单添加到菜单栏上
    }
    //窗口居中
    public void centerWindow(){
        //获得显示屏桌面窗口的大小
        Toolkit tk=getToolkit();
        Dimension dm=tk.getScreenSize();
        //让窗口居中显示
        setLocation((int)(dm.getWidth()-getWidth())/2,(int)(dm.getHeight()-
       getHeight())/2);
    }
    public static void main(String args[]){
        //①创建窗口对象
        TestJFrameExtends frm=new TestJFrameExtends ("这是我的另一个 Java 窗口程序");

        //④显示窗口
        frm.setVisible(true);
    }
}
//**********************************************************
//这里省略了 FgMenu 类的定义
//**********************************************************
```

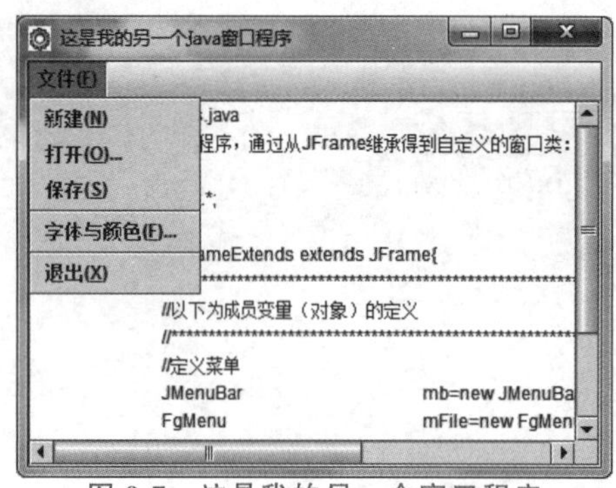

图 9-7　这是我的另一个窗口程序

本例窗口程序显示如图 9-7 所示，与第一个窗口程序的区别如下。

(1) 窗口是通过继承自 JFrame 得到自定义的窗口类，即 TestJFrameExtends。

(2) 在窗口上添加了一个带滚动条的文本编辑框 JTextArea，使得该程序可以进行文本编辑。

(3) 自定义了 centerWindow()方法，以便本窗口程序在显示出来的时候是在整个显示屏桌面窗口的正中间。如图 9-8 所示，屏幕坐标原点(0, 0)位于左上角，X 轴水平向右，Y 轴垂直向下，要使窗口居中显示，关键是计算窗口左上角在屏幕坐标系的位置(x, y)，由于窗口的宽高(用 $\text{Width}_{\text{Window}}$ 和 $\text{Height}_{\text{Window}}$ 表示)已知，屏幕的宽高(用 $\text{Width}_{\text{Screen}}$ 和 $\text{Height}_{\text{Screen}}$ 表示)可通过 Toolkit 对象的 getScreenSize()方法获得，因此，可用下式计算得到坐标(x, y)：

$$x=(\text{Width}_{\text{Screen}}-\text{Width}_{\text{Window}})/2,\ y=(\text{Height}_{\text{Screen}}-\text{Height}_{\text{Window}})/2。$$

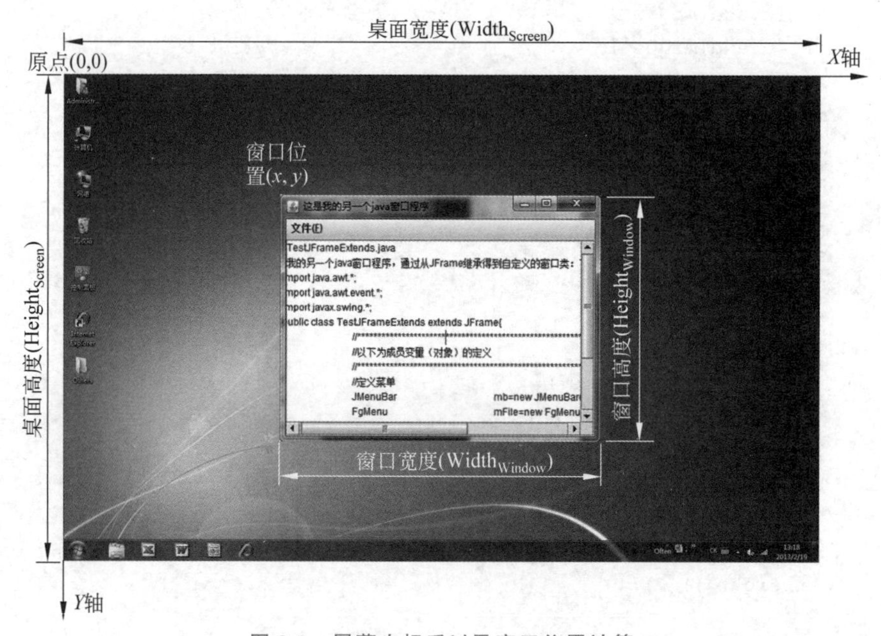

图 9-8　屏幕坐标系以及窗口位置计算

(4) 利用 setIconImage()方法为窗口设置了一个图标，如图 9-7 所示窗口的左上角。

9.2.2　JPanel

JPanel 是一种轻量级的中间容器，称为面板组件，可以在它上面添加其他组件(包括其他面板组件)。面板(JPanel)的大小由它所包含的组件决定，当组件个数增加，面板(JPanel)也会随之而增大。

【程序 9-4】 TestJPanel.java。

```
/*这里如果写成 java.awt.*,则下面的代码中 setBackground 将出错*/
import java.awt.Color;
import java.awt.Container;
import javax.swing.*;
public class TestJPanel extends JFrame{
    public TestJPanel(String sTitle) {
        super(sTitle);

        setSize(400,300);                          //设置大小
        Container c=getContentPane();              //获取窗口面板
        c.setBackground(Color.RED);                //窗口背景颜色设置为红色
        c.setLayout(null);                         //取消布局器

        JPanel pan=new JPanel();
        pan.setBackground(Color.YELLOW);           //设置面板 pan 的背景颜色为黄色
        pan.setSize(200,100);
        add(pan);                                  //用 add()方法把面板 pan 添加到窗口中
        setDefaultCloseOperation(JFrame.EXIT_ON_CLOSE);
    }
    public static void main(String args[]) {
        TestJPanel frm=new TestJPanel ("JFrame with JPanel");
        frm.setVisible(true);
    }
}
```

运行后结果如图 9-9 所示。

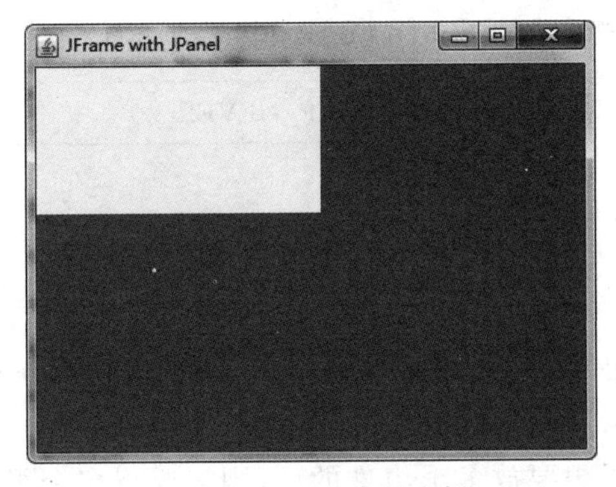

图 9-9 JPanel 应用实例

9.2.3 JScrollPane

JScrollPane 称为滚动面板,当组件内容在窗口中无法一次呈现时,可以将该组件添加到滚动面板中,通过拉动滚动面板的滚动条来查看组件中的内容。JScrollPane()构造方法如表 9-2 所示。

表 9-2　JScrollPane()构造方法

方法定义	功能说明
JScrollPane()	创建一个空的 JScrollPane,需要时水平和垂直滚动条会自动显示
JScrollPane(Component view)	创建一个显示指定组件内容的 JScrollPane,只要组件的内容超过视图大小就会显示水平和垂直滚动条
JScrollPane(Component view, int vsbPolicy, int hsbPolicy)	创建一个 JScrollPane,滚动条策略指定滚动条在何时显示,例如,如果 vsbPolicy 为 VERTICAL_SCROLLBAR_AS_NEEDED,则只有在垂直查看无法完全显示时,垂直滚动条才显示。可用的策略设定在 setVerticalScrollBarPolicy(int) 和 setHorizontalScrollBarPolicy(int) 中列出
JScrollPane(int vsbPolicy, int hsbPolicy)	创建一个具有指定滚动条策略的空 JScrollPane

在表 9-2 中的构造方法中,参数 vsbPolicy 和 hsbPolicy 用来设置滚动条出现的时机,这些参数的取值定义在 ScrollPaneConstants interface 中,而 JScrollPane 实现了该接口,这些取值如表 9-3 所示。

表 9-3　JScrollPane 滚动条策略参数取值含义

参数	常量	含义
vsbPolicy	JScrollPane.HORIZONTAL_SCROLLBAR_ALAWAYS	显示水平滚动条
	JScrollPane.HORIZONTAL_SCROLLBAR_AS_NEEDED	当组件内容水平区域大于显示区域时出现水平滚动轴
	JScrollPane.HORIZONTAL_SCROLLBAR_NEVER	不显示水平滚动条
hsbPolicy	JScrollPane.VERTICAL_SCROLLBAR_ALWAYS	显示垂直滚动条
	JScrollPane.VERTICAL_SCROLLBAR_AS_NEEDED	当组件内容垂直区域大于显示区域时出现垂直滚动轴
	JScrollPane.VERTICAL_SCROLLBAR_NEVER	不显示垂直滚动轴

JScrollPane 的例子可详见图 9-7。

9.2.4　JSplitPane

JSplitPane 称为分割面板,主要用来拆分窗口,支持水平拆分和垂直拆分,水平拆分把窗口分为左右两个子窗口,垂直拆分把窗口分为上下两个子窗口。分割后的窗口中,每个子窗口只能放一个控件,如果想要放多个组件的话,则需要将多个组件先放在一个 JPanel 面板上,然后再将这个 JPanel 面板放在这个子窗口中。JSplitPane()构造方法如表 9-4 所示。

表 9-4　JSplitPane()构造方法

方法定义	功能说明
JSplitPane(int newOrientation, Component newLeft, Component newRight)	创建一个具有指定方向和指定组件的新分割条。newOrientation 的有效值为 JSplitPane.HORIZONTAL_SPLIT 或 JSplitPane.VERTICAL_SPLIT。newLeft 表示将出现在水平分割窗格的左边或者垂直分割窗格的顶部的组件;newRight 表示将出现在水平分割窗格的右边或者垂直分割窗格的底部

续表

方法定义	功能说明
void setDividerSize(int newSize)	设置分割条的大小,newSize 的单位是像素
int getDividerSize()	返回分割条的大小
void setDividerLocation(double proportionalLocation)	设置分割条左面或上面的子窗口在父窗口的宽度方向或高度方向上所占的百分比

表 9-4 所述方法中,若 newOrientation 取值为 JSplitPane.HORIZONTAL_SPLIT,则表示将窗口分为左右两个子窗口;取值为 JSplitPane.VERTICAL_SPLIT,则表示将窗口分为上下两个子窗口。各子窗口具体占多少比例,则由方法 setDividerLocation()进行设置。特别需要注意的是,setDividerLocation()方法的调用必须在 setVisible 之后,否则比例分割将不会有效果。通过深入分析 setDividerLocation()的源代码发现,setDividerLocation()这个方法会用到 getWidth()或者 getHeight()这样的函数,而 Java 桌面程序在没有主窗体 setVisible 之前,如果使用布局,尚未 validate()和 paint(),则每个组件的宽和高默认都是 0。也就是说,一定要在主窗体 setVisible(true)之后再使用 setDividerLocation(double)才会有效。

【程序 9-5】 TestJSplitPane.java。

```
/*分割条实例*/
import javax.swing.*;
import java.awt.*;
public class TestJSplitPane{
    public static void main(String args[]){
    JFrame fr=new JFrame("JFrame with JSplitPane");
    Container c=fr.getContentPane();

    JPanel leftPane=new JPanel();                    //左面板
    JPanel rightPane=new JPanel();                   //右面板
    JSplitPane sp=new JSplitPane(JSplitPane.HORIZONTAL_SPLIT,
                        leftPane,
                        rightPane);                  //创建水平分割条,即分为左右两部分
    sp.setDividerSize(5);                            //设置分割条本身的宽度为 5 像素
    leftPane.add(new JButton("left button"));        //将按钮添加到左边的面板
    rightPane.add(new JButton("right button"));      //将按钮添加到右边的面板
    c.add(sp);                          //将分割条(含左右两个带按钮的面板)添加到窗口上
    fr.setDefaultCloseOperation(JFrame.EXIT_ON_CLOSE);
    fr.setSize(400,300);
    fr.setVisible(true);
    //以下语句须放在 setVisible()之后,否则不会起效果
    sp.setDividerLocation(0.3);     //左边占 0.3(30%),右边占 0.7(70%)
    }
}
```

程序运行结果如图 9-10 所示。

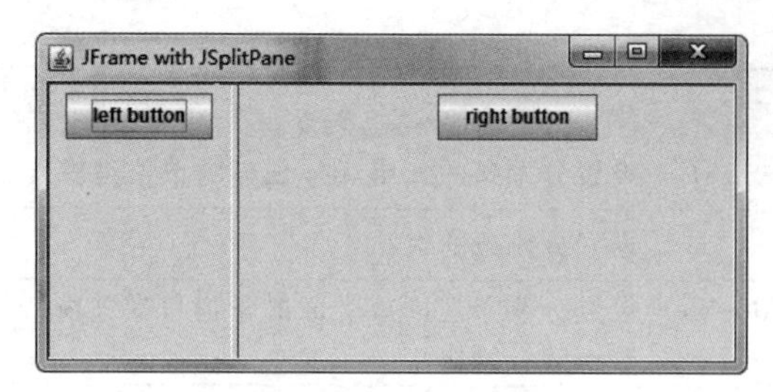

图 9-10　分割条实例

9.3　菜单和工具条

9.3.1　菜单组件

菜单组件通常依附于 JFrame 上，主要包括 JMenuBar、JMenuItem、JMenu 三个组件。图 9-11 为 Java 菜单组件和工具栏组件在 Microsoft Word 文档窗口的对应关系。菜单的三个组件之间的关系是：JMenuBar 利用 JFrame 的 setMenuBar()方法添加到窗口中，JMenu 则利用 JMenuBar 的 add()方法加到 JMenuBar 上，而 JMenuItem 是通过 add()方法添加到 JMenu 上。总结起来，一个窗口中只能有一个 JMenuBar，一个 JMenuBar 可以包括多个 JMenu，一个 JMenu 也可以包含多个 JMenuItem。

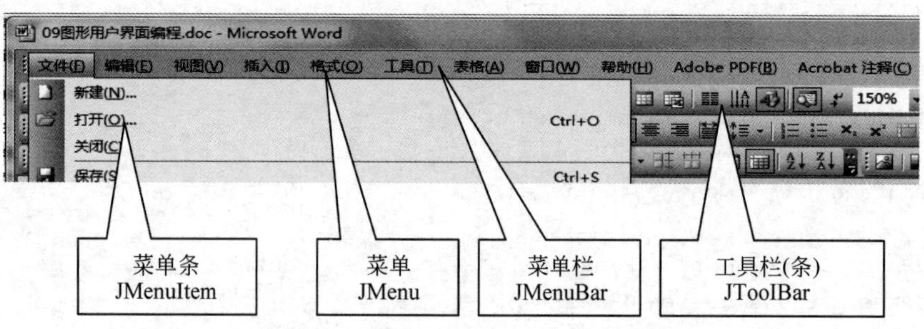

图 9-11　菜单栏与工具栏在窗口应用程序中的对应关系

JMenu 和 JMenuItem 常用的构造方法如表 9-5 所示。

表 9-5　JMenu 和 JMenuItem 常用的构造方法

方法定义	功能说明
JMenu(String s)	构造一个新 JMenu，用提供的字符串作为其文本
JMenuItem(Icon icon)	创建带有指定图标的 JMenuItem
JMenuItem(String text)	创建带有指定文本的 JMenuItem
JMenuItem(String text, Icon icon)	创建带有指定文本和图标的 JMenuItem
JMenuItem(String text, int mnemonic)	创建带有指定文本和加速键助记符的 JMenuItem

1. 菜单中的加速键

菜单中的加速键要区分 JMenu 和 JMenuItem，对于 JMenu 而言，需要按下 Alt+字母进行访问；而对于 JMenuItem 而言，则需要先用 Alt+字母将其对应的 JMenu 显示出来，然后再按下对应的加速键字母才能访问。菜单(JMenu)或菜单项(JMenuItem)中所显示的带下画线的字母即为对应的加速键字母。如图 9-11 所示，如果要通过加速键访问“保存(S)…”菜单，首先按下 Alt+F(文件菜单的加速键)，然后再按下 S 字母键即可(保存菜单的加速键)。

JMenuItem 从 javax.swing.AbstractButton 继承而来，JMenu 又是从 JMenuItem 继承而来，在 AbstractButton 中的 public void setMnemonic(intmnemonic)方法可以设置加速键。对于 JMenuItem 而言，其还提供了一个构造方法用于直接设置加速键。mnemonic 是一个助记符，一个助记符必须对应键盘上的一个键，并且应该使用 java.awt.event.KeyEvent 中定义的 VK_XXX 键代码之一指定，助记符是不区分大小写的。如果在菜单的标签字符串中发现由助记符定义的字符，则第一个出现的助记符将是带下画线的，以向用户指示该助记符。

设置加速键，可采用如下代码片段：

```
JMenu        mFile=new JMenu("文件(F) ");
JMenuItem    miNew=new JMenuItem("新建(N) ", KeyEvent.VK_N),      //构造方法设置
             miOpen=new JMenuItem("打开(O)… ");
mFile.setMnemonic(KeyEvent.VK_F);
mFile.add(miNew);
mFile.add(miOpen);
miOpen.setMnemonic(KeyEvent.VK_O);          //用 setMnemonic 设置
```

上述代码片段要在源文件中添加如“import java.awt.event.*;”语句。

2. 菜单中的快捷键

在 Microsoft Word 或记事本程序中，如图 9-11 所示，“保存”菜单右边对应着有一个 Ctrl+S，这就是快捷键。也就是说，直接按下 Ctrl+S 组合键(同时按下键盘上的 Ctrl 键和 S 键)即可触发“保存”菜单的功能。事实上，带加速键的菜单需要两步才能操作。

设置快捷键的方法定义在 JMenuItem 中，定义如下：

```
public void setAccelerator(KeyStroke keyStroke)
```

其中，keyStroke 通常采用 KeyStroke 的如下静态方法获得：

```
public static KeyStroke getKeyStroke(int keyCode, int modifiers)
```

其中，keyCode 是定义在 java.awt.event.KeyEvent 中的虚拟键常量，称为键代码，例如：

```
java.awt.event.KeyEvent.VK_ENTER
java.awt.event.KeyEvent.VK_TAB
java.awt.event.KeyEvent.VK_SPACE
java.awt.event.KeyEvent.VK_N
⋮
```

而 modifiers 则是定义在 java.awt.event.InputEvent 中的修饰符常量的组合：

```
java.awt.event.InputEvent.SHIFT_DOWN_MASK
java.awt.event.InputEvent.CTRL_DOWN_MASK
java.awt.event.InputEvent.META_DOWN_MASK
java.awt.event.InputEvent.ALT_DOWN_MASK
java.awt.event.InputEvent.ALT_GRAPH_DOWN_MASK
```

例如：

//将如下代码加入到在前面例子 TestJFrameExtends.java 中的 addMenus()方法中

```
miNew.setAccelerator(KeyStroke.getKeyStroke(KeyEvent.VK_N, InputEvent.CTRL_
DOWN_MASK));
miOpen.setAccelerator(KeyStroke.getKeyStroke(KeyEvent.VK_O,
                                    InputEvent.CTRL_DOWN_MASK|
                                    InputEvent.SHIFT_DOWN_MASK));
```

运行结果如图 9-12 所示，在“新建”和“打开”两个菜单的右边多了 Ctrl-N 和 Ctrl＋Shift-O 两个快捷键。

3. 向菜单中添加图标

给 JMenuItem 添加图标可用“public void setIcon(Icon defaultIcon)”实现，例如，下面的代码片段加入到前面例子 TestJFrameExtends.java 中的 addMenus()方法中，其运行界面如图 9-12 所示，在“打开”菜单项前面多了一个图标。

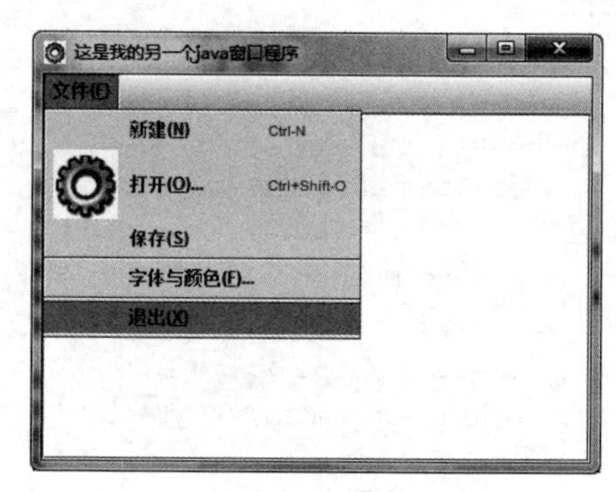

图 9-12 菜单的快捷键和图标实例

```
ImageIcon icon=new ImageIcon("online.gif");
miOpen.setIcon(icon);
```

9.3.2 工具栏组件

工具栏是现代用户界面中主程序窗口的主要部分。工具栏向用户提供了对于常用命令的简单访问，支持这种功能的 Swing 组件就是 JToolBar。JToolBar 是一个存放组件的特殊 Swing 容器。这个容器可以在程序中用作工具栏，而且可以在程序的主窗口之外浮动或是拖曳。JToolBar 是一个非常容易使用与理解的简单组件。

有四个构造函数可以用来创建 JToolBar 组件：

```
public JToolBar()
public JToolBar(int orientation)
public JToolBar(String name)
public JToolBar(String name,int orientation)
```

其中，默认情况下工具栏是以水平方向进行创建的。然而，可以通过改变 orientation 来指定方向，有 JToolBar.HORIZONTAL 或 JToolBar.VERTICAL 两种取值；name 用来指定浮动式(Undocked)工具栏的标题。

一旦拥有一个 JToolBar，需要向其中添加组件。任意的 Component 都可以添加到工具栏。当处理水平工具栏时，由于美观的原因，如果工具栏的组件是大致相同的高度时是最好的。对于垂直工具栏，如果工具栏组件具有大致相同的宽度则是最好的。JToolBar 类只定义了一个方法用于添加工具栏项目；其他的方法，例如，add(Component)是由 Container 继承而来的。另外，可以向工具栏添加分隔符。

```
public JButton add(Action action)          //将实现了 Action 接口的组件添加到工具栏中
public void addSeparator()                  //工具栏添加分隔符
public void addSeparator(Dimension size)  //将指定大小的分隔符添加到工具栏的末尾
```

当使用 JToolBar 的 add(Action)方法时，所添加的 Action 被封装在一个 JButton 对象中。对于分隔符，如果没有指定尺寸，会强制以默认的尺寸设置。

```
public void remove(Component component) //工具栏移除组件可以使用的方法
```

在 TestJFrameExtends.java 实例的基础上，按如下顺序添加代码，则可得到如图 9-13 所示的带工具栏的窗口。

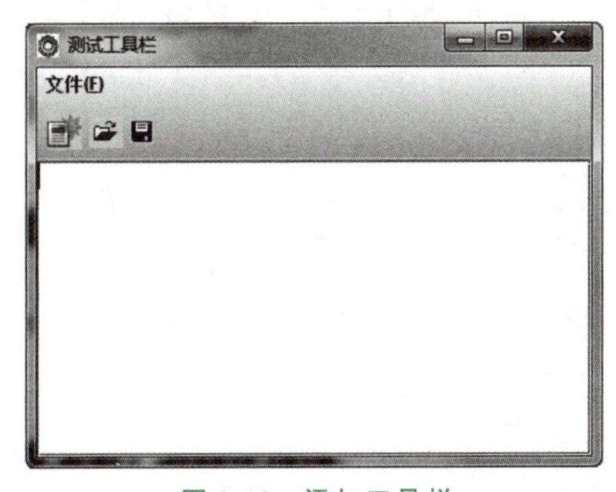

图 9-13　添加工具栏

(1) 在 JMenuBar 对象创建的下一行创建工具栏对象：JToolBar mtb=new JToolBar()；

(2) 自定义类 FgButton 如下。

```
//自定义按钮
class FgButton extends JButton{
    public FgButton(){
        super();
    }
    public FgButton(Icon icon){
        super(icon);
    }
    public FgButton(Icon icon,String strToolTipText){
```

```
        super(icon);
        setToolTipText(strToolTipText);
    }
    public FgButton(String text){
        super(text);
    }
    public FgButton(String text,Icon icon,String strToolTipText){
        super(text,icon);
        setToolTipText(strToolTipText);
    }
}
```

(3) 添加 addToolBar()方法:

```
private void addToolBar(){
        //工具条
        Container c=getContentPane();
        c.add(BorderLayout.NORTH, mtb);

        mtb.setLayout(new FlowLayout(FlowLayout.LEFT));
        FgButton[] btn={new FgButton(new ImageIcon(getClass().getResource("
                              New.gif")),"新建文件"),
                        new FgButton(new ImageIcon(getClass().getResource("
                              open.gif")),"打开文件"),
                        new FgButton(new ImageIcon(getClass().getResource("
                              save.gif")),"保存文件")};


        for(int i=0;i<btn.length;i++)
        {
            btn[i].setBorder(BorderFactory.createEmptyBorder());
            mtb.add(btn[i]);
        }
        //设置不可浮动
        mtb.setFloatable(false);
    }
```

(4) 在构造方法中添加如下代码:

```
addToolBar();
```

运行结果如图 9-13 所示。

9.4 基本组件

9.4.1 标签

JLabel 称为标签组件,可以显示文本、图像或同时显示两者。可以通过设置垂直和水平对齐方式，指定标签显示区中标签内容在何处对齐。默认情况下，标签在其显示区内垂直居中对齐。默认情况下，只显示文本的标签是起始边对齐；而只显示图像的标签则水平居中对齐。还可以指定文本相对于图像的位置。默认情况下，文本位于图像的结尾边上，文本和图像都垂直对齐。JLabel 没有编辑功能。

JLabel 类的构造方法如表 9-6 所示。

表 9-6 JLabel 类的构造方法

方法定义	功能说明
JLabel()	无图像、无文本
JLabel(Icon icon)	有 icon 图像
JLabel(Icon icon, int horizontalAlign)	有 icon 图像和水平对齐方式 horizontalAlign
JLabel(String text)	标签文本为 text
JLabel(String text, Icon icon, int horizontalAlign)	有文本、图像和水对齐方式 horizontalAlign
JLabel(String text, int horizontalAlign)	有文本和水平对齐方式 horizontalAlign

上述方法中，icon 表示将显示在标签上的图像，text 表示将显示在标签上的文本，horizontalAlign 则表示文本或图像或两者同时在水平方向显示在标签的位置，可以有三种取值：JLabel.CENTER（水平居中）、JLabel.LEFT（水平靠左）、JLabel.RIGHT（水平靠右）。

JLabel 类其他常用的 public 方法如表 9-7 所示。

其中，hTextPosition 用于指定标签中的文本在水平方向（*X* 轴）上是位于其图像的左边、中间还是右边，对应的取值为 JLabel.LEFT、JLabel.CENTER、JLabel.RIGHT（默认）；vTextPosition 用于指定标签中的文本在垂直方向上是位于其图像的上边、中间还是下边，对应的取值为 JLabel.TOP、JLabel.CENTER（默认）或 JLabel.BOTTOM。

表 9-7 JLabel 类其他常用的方法

定义	功能说明
String getText()	返回该标签所显示的文本字符串
void setText(String text)	设置此组件将要显示的单行文本
Icon getIcon()	返回该标签显示的图像（图标）
void setIcon(Icon icon)	设置此组件将要显示的图标
void setHorizontalTextPosition(int hTextPosition)	设置标签的文本相对其图像的水平位置
void setVerticalTextPosition(int vTextPosition)	设置标签的文本相对其图像的垂直位置
void setToolTipText(String text)	设置提示文字，当光标位于该组件上时，将显示文字 text

【程序 9-6】 TestJLabel.java。

```
import java.awt.*;
import javax.swing.*;
```

```
public class TestJLabel extends JFrame{
    public TestJLabel(){
        super( "JFrame with JLabel");
        //三个标签上的文字
        String [] s={"第一个标签", "文字在图标的左侧", "文字在图标的下方"};
        ImageIcon[] ic={null, new ImageIcon("online.gif"),new ImageIcon("save.
        gif" )};
        //三个标签在水平方向上的对齐方式
        int [] ih={0, JLabel.LEFT, JLabel.CENTER};
        //三个标签在垂直方向上的对齐方式
        int [] iv={0, JLabel.CENTER, JLabel.BOTTOM};
        Container c=getContentPane( );                              //取得窗口的内容面板
        c.setLayout( new FlowLayout(FlowLayout.LEFT) );     //设置布局管理器

        for (int i=0; i<3; i++){
            //创建三个标签
            JLabel myLabel=new JLabel( s[i], ic[i], JLabel.LEFT);
            if (i>0){
                myLabel.setHorizontalTextPosition(ih[i]);
                myLabel.setVerticalTextPosition(iv[i]);
            }
            //设置边框, setBorder 来自 JLabel 的父类 JComponent
            myLabel.setBorder(BorderFactory.createLineBorder (Color.RED, 2));
            myLabel.setToolTipText("第"+(i+1)+"个标签");
            //加入窗口的内容面板中
            c.add(myLabel);
        }
        setDefaultCloseOperation(JFrame.EXIT_ON_CLOSE);
        setSize(400, 300);
    }
    public static void main(String args[ ]){
        TestJLabel frm=new TestJLabel();
        frm.setVisible(true);
    }
}
```

本例运行界面如图 9-14 所示,图中显示的“第 3 个标签”是鼠标放到“文字在图标的下方”这个标签时自动给出的提示,它是用 setToolTipText ()方法实现的功能。

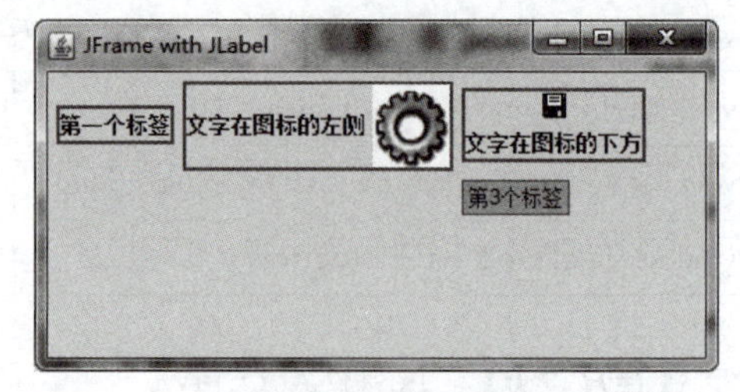

图 9-14 JLabel 实例

9.4.2 单行文本框

JTextField 是一个轻量级组件,称为单行文本框,允许编辑单行文本。JTextField 类的构造方法定义如表 9-8 所示。

表 9-8　JTextField 类的构造方法

方法定义	功能说明
JTextField()	创建空的单行文本框
JTextField(int columns)	创建空的能包含 columns 列的单行文本框
JTextField(String text)	创建初始值为字符串 text 的单行文本框
JTextField(String text, int columns)	初始值为字符串 text 且列宽为 columns 的单行文本框

其中,指定了字符列数 columns,意味着单行文本框组件本身的初始宽度也确定了,也就是说,文本框的可见字符个数由 columns 指定。

JTextField 类的 public 方法如表 9-9 所示。

表 9-9　JTextField 类的 public 方法

方法定义	功能说明
void setText(String text)	设置文本框中的文本为 text
String getText()	获取文本框当前的文本
void setEditable(boolean b)	当 b=true 时,文本框可编辑;否则,不可编辑
void setHorizontalAlignment(int alignment)	设置文本在文本框中的水平对齐方式

其中,alignment 的有效取值为 JTextField.LEFT、JTextField.CENTER 或 JTextField.RIGHT。

使用 JTextField 的子类 JPasswordField 可以建立一个密码框。密码框可以使用 setEchoChar(char c)设置回显字符(默认的回显字符为 *),而使用 char[] getPassword() 方法可以返回密码框中的密码。

【程序 9-7】 TestJTextField.java。

```
import java.awt.*;
import javax.swing.*;
public class TestJTextField{
    public static void main(String args[ ]){
        JFrame frm=new JFrame( "JFrame with JTextField" );
        frm.setDefaultCloseOperation(JFrame.EXIT_ON_CLOSE);
        frm.setSize(260, 100 );
        Container c=frm.getContentPane( );
        c.setLayout(new FlowLayout( ) );

        JTextField[] t={new JTextField("2012103088", 15),
                        new JPasswordField("1234567890", 15)};
        c.add(new JLabel("用户名: "));
        c.add(t[0]);
        c.add(new JLabel("密    码: "));
        c.add(t[1]);
```

```
            t[0].setEditable(false);    //用户名设置为只读
            frm.setVisible( true );
        }
    }
```

程序运行结果如图 9-15 所示。

图 9-15　JTextField 实例

9.4.3　按钮

JButton、JCheckBox 和 JRadioButton 统称为按钮组件。其中,JButton 称为命令按钮。JCheckBox 称为复选框,它提供两种状态:选中或未选中,用户通过单击该组件切换状态。JRadioButton 称为单选按钮,通常几个单选按钮构成一组,而这一组单选按钮中同时只能有一个被选中。

JButton 类的构造方法如表 9-10 所示。

表 9-10　JButton 类的构造方法

方法定义	功能说明
JButton(String text)	创建名称为 text 的按钮
JButton(Icon icon)	创建图标为 icon 的按钮
JButton(String text, Icon icon)	创建包括名称 text 与图标 icon 的按钮

JButton 类的 public 方法如表 9-11 所示。

其中,hTextPosition 的有效取值为 JButton.LEFT(文字在图标的左边)、JButton.RIGHT(文字在图标的右边,这是默认值)、JButton.CENTER(文字位于图标的中间);vTextPosition 的有效取值为 JButton.CENTER(这是默认值,文字与图标的水平中线对齐)、JButton.TOP(文字的上边与图标的上边对齐)、JButton.BOTTOM(文字的下边与图标的下边对齐)。

表 9-11　JButton 类的 public 方法(这些方法基本上都来自于其父类 AbstractButton)

方法定义	功能说明
void setText(String text)	设置按钮中的文本为 text
String getText()	返回当前按钮上的文本
void setIcon(Icon icon)	设置当前按钮上的图标
Icon getIcon()	返回当前按钮上的图标
void setHorizontalTextPosition(int hTextPosition)	设置文本相对于图标的水平位置
void setVerticalTextPosition(int vTextPosition)	设置文本相对于图标的垂直位置
void setMnemonic(int mnemonic)	设置加速键,含义与菜单相同

【程序 9-8】　TestJButton.java。

```
import java.awt.*;
import javax.swing.*;
public class TestJButton extends JFrame{
    TestJButton(String sTitle){
        super(sTitle);

        Container c=getContentPane( );
        c.setLayout( new FlowLayout( ));
        //两个按钮上的图标
        ImageIcon[] ic={new ImageIcon("new.gif"), new ImageIcon("online.gif")};
        //三个按钮
        JButton[] btn={new JButton("新建", ic[0]),
                        new JButton("中间"), new JButton("打开", ic[1])};

        int i;
        for (i=0; i<btn.length; i++)
            c.add(btn[i]);
        //btn[0]的文字在图标左侧
        btn[0].setHorizontalTextPosition(SwingConstants.LEFT);
        //两个复选框
        JCheckBox[] ck={new JCheckBox("左"), new JCheckBox("右")};
        for (i=0; i<ck.length; i++){
                c.add(ck[i]);
                ck[i].setSelected(true);          //将复选框设置为选中状态
        }
        //两个单选框
        JRadioButton[] r={new JRadioButton("左"), new JRadioButton("右")};
        ButtonGroup rg=new ButtonGroup( );
        for (i=0; i <r.length; i++){
            c.add( r[i] );
              rg.add( r[i] );     //将组成一个 ButtonGroup,这样两者只能同时选中一项
        }
        //设置单选按钮的选择状态
        r[0].setSelected(true);
        r[1].setSelected(false);

        setSize(300,150);
        setDefaultCloseOperation(JFrame.EXIT_ON_CLOSE);
    }
    public static void main(String args[]){
        TestJButton frm=new TestJButton("JFrame
        with JButton");
        frm.setVisible(true);
    }
}
```

运行结果如图 9-16 所示。

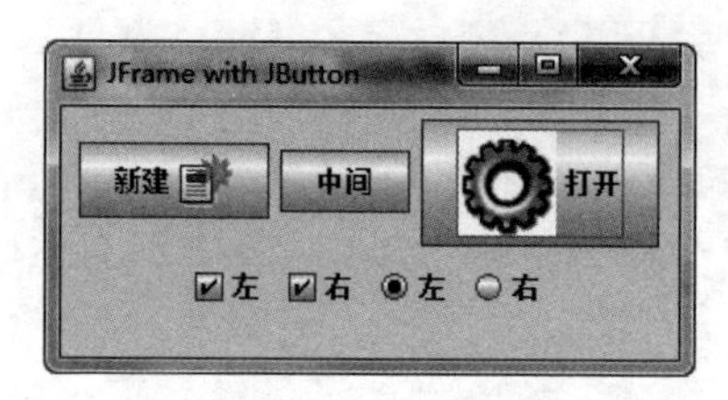

图 9-16　JButton、JCheckBox 和 JRadioButton 实例

9.4.4　下拉框

JComboBox 称为下拉框,又称为组合框,下拉框每次只能选取一项。

JComboBox 类的构造方法如表 9-12 所示。

表 9-12　JComboBox 类的构造方法

方法定义	功能说明
JComboBox()	创建具有默认数据模型的 JComboBox
JComboBox(Object[] items)	创建包含指定数组中的元素的 JComboBox
JComboBox(Vector<?> items)	创建包含指定 Vector 中的元素的 JComboBox

JComboBox 类的其他 public 方法如表 9-13 所示。

表 9-13　JComboBox 类的其他 public 方法

方法定义	功能说明
void addItem(Object anObject)	为项列表添加项
Object getItemAt(int index)	返回指定索引处的列表项。如果 index 超出范围(小于零,大于或等于列表大小),则返回 null
void setEditable(boolean aFlag)	确定 JComboBox 字段是否可编辑
void setMaximumRowCount(int count)	设置 JComboBox 显示的最大行数。如果模型中的对象数大于 count,则组合框使用滚动条
void setSelectedItem(Object anObject)	将组合框显示区域中所选项设置为参数中的对象。如果 anObject 在列表中,则显示区域显示所选的 anObject;如果 anObject 不在列表中,且组合框不可编辑,则不会更改显示区域中的当前选择。对于可编辑的组合框,选择将更改为 anObject
Object getSelectedItem()	返回当前所选项
void setSelectedIndex(int anIndex)	选择索引 anIndex 处的项。其中,0 指定列表中的第一项,-1 指示没有做出选择
int getSelectedIndex()	返回列表中与给定项匹配的第一个选项。如果 JComboBox 允许选择不在列表中的项,则结果并非不总是确定的。如果不存在所选项或者用户指定的项不在列表中,则返回-1
void insertItemAt(Object anObject, int index)	在项列表中的给定索引处插入项
void removeItem(Object anObject)	从项列表中移除项

续表

方法定义	功能说明
void removeItemAt(int anIndex)	移除 anIndex 处的项
void removeAllItems()	从项列表中移除所有项
int getItemCount()	返回列表中的项数

【程序 9-9】 TestJComboBox.java。

```
import java.awt.*;
import javax.swing.*;
public class TestJComboBox extends JFrame{
    //字体与大小下拉框
    JComboBox cbxFont=new JComboBox();
    JComboBox cbxFontSize=new JComboBox();        //字体大小
    TestJComboBox(String sTitle){
        super(sTitle);

        Container c=getContentPane( );
        c.setLayout(new FlowLayout(FlowLayout.LEFT));

        c.add(new JLabel("字体名称: "));
        c.add(cbxFont);
        c.add(new JLabel("字体大小: "));
        c.add(cbxFontSize);

        //初始化字体与大小下拉框
        InitFonts();

        setSize(300,120);
        setDefaultCloseOperation(JFrame.EXIT_ON_CLOSE);
    }
    //初始化字体框
    private void InitFonts(){
        //获得系统的字体数组
        GraphicsEnvironment ge=GraphicsEnvironment.getLocalGraphicsEnvironment();
        String[]  fontList=ge.getAvailableFontFamilyNames();
        int i;

        //添加字体名称
        for(i=0;i<fontList.length;i++)
            cbxFont.addItem(String.valueOf(i)+"  |  "+fontList[i]);

        cbxFont.setSelectedIndex(231);            //选择 index 为 231 的项
        //添加字体大小
        for(i=9;i<=72;i++)
            cbxFontSize.addItem(new Integer(i).toString());
```

```
        cbxFontSize.setSelectedIndex(3);                //选择 index 为 3 的项
    }
    public static void main(String args[]){
        TestJComboBox frm=new TestJComboBox
        ("JFrame with JComboBox");
        frm.setVisible(true);
    }
}
```

运行结果如图 9-17 所示。

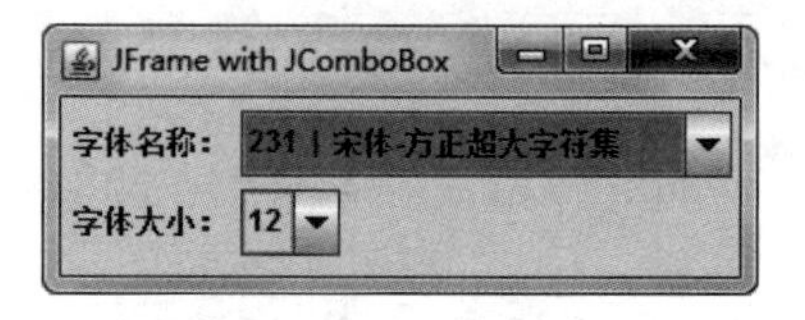

图 9-17　JComboBox 实例

9.4.5　列表框

JList 称为列表框,它会显示给用户一组选项,用户可以从其中选择一个或多个选项。JList 中的项按照先后顺序其索引值依次为 0、1、2 等。

JList 类的构造方法如表 9-14 所示。

表 9-14　JList 类的构造方法

方法定义	功能说明
JList()	创建具有默认数据模型的 JList
JList(Object[] items)	创建包含指定数组中的元素的 JList
JList(Vector<?> items)	创建包含指定 Vector 中的元素的 JList

JList 类的其他 public 方法如表 9-15 所示。

表 9-15　JList 类的其他 public 方法

方法定义	功能说明
void setVisibleRowCount(int vRowCount)	设置可见的列表项的行数,默认值为 8
int getFirstVisibleIndex()	返回当前可见的最小的列表索引。如果任何单元都不可见或者列表为空,则返回−1。注意,返回的单元可能只有部分可见
int getLastVisibleIndex()	返回当前可见的最大列表索引。如果任何单元都不可见或者列表为空,则返回−1
int getNextMatch(String prefix, int startIndex, Position.Bias direction)	返回以 prefix 开头的下一个列表元素的索引,否则返回−1。startIndex 表示开始搜索的索引,direction 表示搜索方向,可取值 Position.Bias.Forward(向前搜索)或 Position.Bias.Backward(向后搜索)
void setListData(Object[] listData)	用对象数组去填充列表框
void setListData(Vector<? > listData)	用向量中的元素去填充列表框
int getMinSelectionIndex()	返回选择的最小索引;如果为空,则返回 −1
int getMaxSelectionIndex()	返回选择的最大索引;如果为空,则返回 −1

续表

方法定义	功能说明
boolean isSelectedIndex(int index)	索引 index 是否被选择
boolean isSelectionEmpty()	如果有选择,则返回 true;否则返回 false
void clearSelection()	清除选择;调用后,isSelectionEmpty 为 true
int[] getSelectedIndices()	以数组形式返回所选的全部索引
void setSelectedIndex(int index)	将索引为 index 的项设置选中状态
void setSelectedIndices(int[] indices)	将索引值在数组 indices 中的全部项设置为选中状态
int getSelectedIndex()	返回最小的选择单元索引;只选择了列表中单个项时,返回该选择。选择了多项时,则只返回最小的选择索引。如果什么也没有选择,则返回-1
Object[] getSelectedValues()	返回由所有被选择的项构成的对象数组
Object getSelectedValue()	返回第一个被选择的项:只选择了一项,返回所选值;若选择了多项,返回最小索引的项;如果什么也没有选择,则返回 null

【程序 9-10】 TestJList.java。

```
import java.awt.*;
import javax.swing.*;
public class TestJList extends JFrame{
    //声明列表框对象
    JList listNames=new JList();
    TestJList(String sTitle){
        super(sTitle);

        Container c=getContentPane( );
        //以下语句保证列表框数据较多时会出现滚动条
        JScrollPane scrollPane=new JScrollPane(listNames);
        c.add(scrollPane);
        //初始化列表框
        InitList();
        setSize(250,150);
        setDefaultCloseOperation(JFrame.EXIT_ON_CLOSE);
    }
    //初始化列表框
    private void InitList(){
        String[] names={"201126100101-曹帝胄","201126100111-洪峰",
                        "201126100128-徐华鹏","201126100131-姚臻平",
                        "201126100202-陈思行","201126100207-姜楠",
                        "201126100210-林一民","201126100211-林泽伟"};
        //用数组填充列表框
        listNames.setListData(names);
        //将索引值为 1、3 的项(即 201126100111 和 201126100131)设置为选择状态
```

```
        listNames.setSelectedIndices(new int[]{1, 3});
    }
    public static void main(String args[]){
        TestJList frm=new TestJList("JFrame with JList");
        frm.setVisible(true);
    }
}
```

运行结果如图 9-18 所示。

图 9-18　JList 实例

JList 可以单选也可以多选,若要选择多个选项,方法是按住 Shift 键或 Ctrl 键,两者的区别是 Shift 键是将上次单击与本次单击之间的选项全部选中,而 Ctrl 键+单击是将选中的项加入到选择集中,即原来选中的不变,而将新单击的选项设置为选中状态。

9.4.6　多行文本框

JTextArea 是一个显示纯文本的多行区域。它作为一个轻量级组件,JTextArea 不管理滚动,但实现了 swing Scrollable 接口。因此,当需要滚动时,把它放置在 JScrollPane 的内部即可。JTextArea 具有用于换行的 bound 属性,该属性控制其是否换行。在默认情况下,换行属性设置为 false(不换行)。

创建 JTextArea 对象通常直接使用其无参数的构造方法:

```
JTextArea ta=new JTextArea();
```

JTextArea 类常用的 public 方法如表 9-16 所示。

表 9-16　JTextArea 类常用的 public 方法

方法定义	功能说明
void setLineWrap(boolean wrap)	设置是否自动换行,默认值为 false
void setWrapStyleWord(boolean word)	设置换行方式,若为 true,当超过文本框边界时,则以单词边界为换行界线;若为 false,则将在字符边界处换行。默认为 false
int getLineCount()	返回文本区中所包含的行数,注意它是根据回车来判断行数的,实际上并不能反映界面上所看到的行数,因为这与文本框的大小有关
void insert(String str, int pos)	将 str 插入指定位置 pos 的前面
void append(String str)	将 str 追加到文档结尾
void replaceRange(String str, int start, int end)	用 str 替换索引位置从 start 到 end 的文本
void setFont(Font f)	设置当前字体

由于 JTextArea 类从 JTextComponent 类继承而来,因此,还有许多有用的方法可以使用,如表 9-17 所示。

表 9-17 JTextArea 类的其他方法(直接继承自 JTextComponent 类)

方法定义	功能说明
void setSelectionColor(Color c)	设置选定文字的背景颜色为 c
void setSelectedTextColor(Color c)	设置选定文字的颜色为 c
void setDisabledTextColor(Color c)	设置当文本框被禁用时的文本颜色
void replaceSelection(String content)	用 content 替换选定的内容;如果没有选择的内容,则该操作插入给定的文本;如果没有替换文本,则该操作移除当前选择的内容
String getText(int offset, int len)	获取从 offset 开始的 len 个字符
String getText()	返回文本框中所有的文本
void cut()	将选定文字传输到系统剪贴板同时从文本框中将这些文字移除
void copy()	将选定文字传输到系统剪贴板
void paste()	将系统剪贴板的内容传输到文本框中,如果在文本框有选定的内容,则使用剪贴板的内容替换它
void setFocusAccelerator(char aKey)	设置将导致接收的文本组件获取焦点的加速键
void setText(String t)	将此文本设置为 t
String getSelectedText()	返回选定的文本。如果选定为 null 或文档为空,则返回 null
boolean isEditable()	返回是否可编辑
void setEditable(boolean b)	设置文本框是否可编辑
void select(int start, int end)	选定从 start 开始到 end 结束的文本
void selectAll()	选中所有文本

9.4.7 表格组件

JTable 称为表格组件,它为显示大块数据提供了一种简单的机制,可用于数据的生成和编辑。JTable 类的构造方法如表 9-18 所示。

表 9-18 JTable 类的构造方法

方法定义	功能说明
JTable(int numRows, int numColumns)	使用 DefaultTableModel 构造具有 numRows 行和 numColumns 列空单元格的 JTable。列名称采用 A、B、C 等形式
JTable(Vector rowData, Vector columnNames)	构造一个 JTable,其列名称为 columnNames,行的数据来自于 rowData 中的值,第 1 行第 5 列的值用下面的语句获取:((Vector)rowData.elementAt(1)).elementAt(5);
JTable(Object[][] rowData, Object[] columnNames)	构造一个 JTable 来显示二维数组 rowData,其列名称为 columnNames,可以通过以下代码获取第 1 行第 5 列的值:rowData[1][5];

JTable 类的其他常用的 public 方法如表 9-19 所示。

表 9-19 JTable 类的其他常用的 public 方法

方 法 定 义	功 能 说 明
void setRowHeight(int rowHeight)	将每行高度设置为 rowHeight 像素
void setRowHeight(int row, int rowHeight)	将 row 行高度设置为 rowHeight
int getRowHeight()	返回行高,以像素为单位,默认 16
int getRowHeight(int row)	返回第 row 行的高度
void setRowMargin(int rowMargin)	设置行间距
int getRowMargin()	返回行间距
void setIntercellSpacing(Dimension intercellSpacing)	将 rowMargin 和 columnMargin 设置为 intercellSpacing,即将行间距设置为 intercellSpacing.width,列间距设置为 intercellSpacing.height
Dimension getIntercellSpacing()	返回单元格之间的行间距和列间距。默认的间距为(1, 1)
void setGridColor(Color gridColor)	设置网格线的颜色为 gridColor
void setShowGrid(boolean showGrid)	设置是否绘制网格线
void setShowHorizontalLines(boolean showHorizontal)	设置是否绘制水平线
void setShowVerticalLines(boolean showVertical)	设置是否绘制垂直线
void setAutoResizeMode(int mode)	设置自动调整模式
void setSelectionMode(int selectionMode)	设置选择模式,即单选或多选模式
void setRowSelectionAllowed(boolean rAllowed)	设置是否可以选择行
void setColumnSelectionAllowed(boolean cAllowed)	设置是否可以选择列
void setCellSelectionEnabled(boolean cellSelectionEnabled)	设置当单击某个单元格时是否允许同时选择该单元格所在的行和列
void selectAll()	选择表中的所有行、列和单元格
void clearSelection()	取消选中所有已选定的行和列
void setRowSelectionInterval(int idx0, int idx1)	选择从 idx0~idx1 的行
void setColumnSelectionInterval(int idx0, int idx1)	选择从 idx0~idx1 的列
void removeRowSelectionInterval(int idx0, int idx1)	取消选中从 idx0~idx1 的行
void removeColumnSelectionInterval(int idx0, int idx1)	取消选中从 idx0~idx1 的列
int getSelectedRow()	返回第一个选定行的索引;如果没有选定的行,则返回 -1
int getSelectedColumn()	返回第一个选定列的索引;如果没有选定的列,则返回 -1
int[] getSelectedRows()	返回所有选定行的索引
int[] getSelectedColumns()	返回所有选定列的索引
int getSelectedRowCount()	返回选定行数

续表

方法定义	功能说明
int getSelectedColumnCount()	返回选定列数
boolean isRowSelected(int row)	判断行 row 是否被选定
boolean isCellSelected(int row, int column)	判断 row 行 column 列是否被选定
Color getSelectionForeground()	返回单元格被选定时的文字颜色
void setSelectionForeground(Color selectionForeground)	设置单元格被选定时的文字颜色
Color getSelectionBackground()	返回单元格被选定时的前景颜色
void setSelectionBackground(Color cBackground)	设置单元格被选定时的背景颜色
String getColumnName(int column)	返回 column 列的名称，其中第一列为列 0
Object getValueAt(int row,int column)	返回单元格(row 行 column 列)的值
void setValueAt(Object aValue, int row, int column)	设置单元格(row 行 column 列)的值

上述方法中，有几点需做如下说明。

(1) 单元格的高度等于行高减去行间距。

(2) JTable 窗口自身的大小变化时，其他列会被相应地缩小或者放大，以适应新的窗口。利用 setAutoResizeMode 可以设置这种自动调整模式，其中 mode 整数字段可能的值如下：

```
AUTO_RESIZE_OFF(不自动调整)
AUTO_RESIZE_NEXT_COLUMN(只调整下一列)
AUTO_RESIZE_SUBSEQUENT_COLUMNS(调整随后的每一列)
AUTO_RESIZE_LAST_COLUMN(调整最后一列)
AUTO_RESIZE_ALL_COLUMNS(调整全部列)
```

(3) 利用 setSelectionMode(int selectionMode)方法可以设置表格中行的选择方法，事实上，选择模式与 JList 类似，可以设置为只允许单个选择(JList.SINGLE_SELECTION)、单个连续间隔选择(JList.SINGLE_INTERVAL_SELECTION)或多间隔无限制选择(JList.MULTIPLE_INTERVAL_SELECTION，这是默认值)。

【程序 9-11】 TestJTable.java。

```
import java.awt.Dimension;
import javax.swing.JFrame;
import javax.swing.JScrollPane;
import javax.swing.JPanel;
import javax.swing.JTable;
import java.awt.Color;
import java.awt.GridLayout;
import javax.swing.table.TableColumn;
public class TestJTable{
```

```
    public static void main (String[] args) {
        JTable table1=new JTable (12, 6);            //12 行 6 列的空表格
        //定义列名与行数据,其中列名最好用 final 修饰
        final Object[] columnNames={"姓名", "性别", "家庭地址","电话号码", "生日"};
        Object[][] rowData={{"张国伟", "男", "浙江杭州", "1378313210", "1985-03-
                        24"},
                        {"叶苛", "女", "浙江金华", "13645181705", "1985-05-
                        05"},
                        {"程陈", "男", "江苏南京", "13585331486", "1985-12-
                        08"},
                        {"曹艳", "女", "浙江温州", "81513779", "1986-10-01"},
                        {"刘飞", "男", "浙江宁波", "13651545936", "1985-12-
                        25"}};
        //创建表格
        JTable table2=new JTable (rowData, columnNames);
        //设置表格属性
        table2.setRowHeight (30);                    //设置每行的高度为 30
        table2.setRowHeight (0, 20);                 //设置第 0 行的高度为 20,作为区别
        table2.setRowMargin (5);                     //设置相邻两行的距离
        table2.setRowSelectionAllowed (true);        //设置可否被选择,默认为 false
        table2.setSelectionBackground (Color.BLUE);     //设置所选择行的背景颜色
        table2.setSelectionForeground (Color.WHITE);    //设置所选择行的前景色
        table2.setGridColor (Color.BLACK);              //设置网格线的颜色
        table2.setRowSelectionInterval (0,2);          //设置初始的选择行(0～2 行)
        table2.setShowHorizontalLines (false);          //是否显示水平的网格线
        table2.setShowVerticalLines (true);   //是否显示垂直的网格线
        table2.setValueAt ("无名氏", 0, 0);    //设置某个单元格的值,这个值是一个对象
        table2.doLayout ();
        table2.setBackground (Color.lightGray);         //设置表格背景色
        //设置表格的大小
        table2.setPreferredScrollableViewportSize(new Dimension(600, 100));
        //创建窗口中将要用到的面板
        JScrollPane pane1=new JScrollPane (table1);
        JScrollPane pane2=new JScrollPane (table2);
        JPanel pan=new JPanel (new GridLayout (0, 1));
        pan.setPreferredSize (new Dimension (600,250));
        pan.setBackground (Color.black);
        pan.add (pane1);
        pan.add (pane2);
        //创建窗口
        JFrame frm=new JFrame ("JFrame with JTable");
        frm.setDefaultCloseOperation (JFrame.EXIT_ON_CLOSE);
        frm.setContentPane (pan);
        frm.pack();
        frm.setVisible(true);
    }
}
```

运行结果如图 9-19 所示。

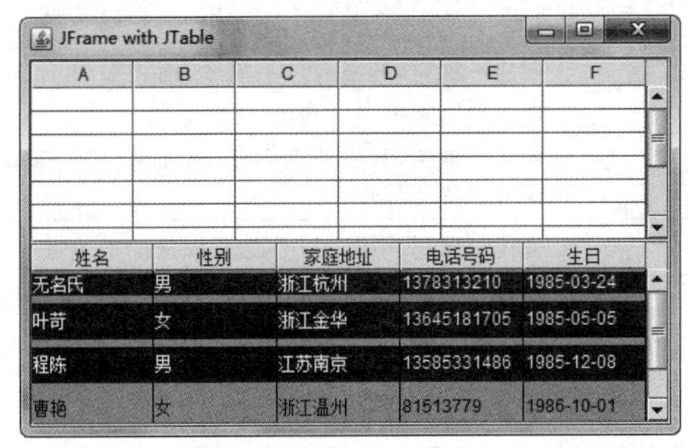

图 9-19 JTable 实例

9.4.8 树形组件

JTree 称为树形组件，它可以显示层次体系的数据。一个 JTree 对象并没有包含实际的数据；它只是提供了数据的一个视图。图 9-20 展示了一个 JTree 组件创建后的实例。

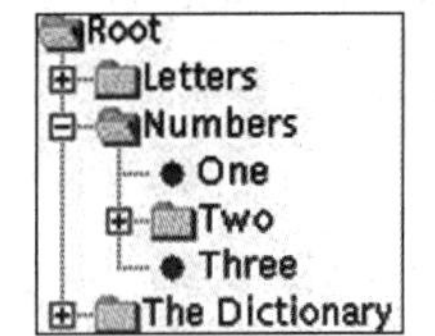

图 9-20 一个 JTree 组件创建后实例

如图 9-20 所示，JTree 垂直显示它的数据。树中显示的每一行包含一项数据，称为节点（Node）。每棵树有一个根节点（Root Node），其他所有节点是它的子孙。默认情况下，树只显示根节点，但是可以设置改变默认显示方式。一个节点可以拥有孩子，也可以不拥有任何子孙。人们称那些可以拥有孩子（不管当前是否有孩子）的节点为分支节点（Branch Node）或称为非叶子节点，而不能拥有孩子的节点称为叶子节点（Leaf Node）。

分支节点可以有任意多个孩子。通常，用户可以通过单击实现展开或者折叠分支节点，使得它们的孩子可见或者不可见。默认情况下，除了根节点以外的所有分支节点默认呈现折叠状态。

在树中，一个节点可以通过 TreePath（一个囊括该节点和它所有祖先节点的路径对象）或者它的折叠行来识别。

树形组件的部分概念如下。

(1) 展开节点（Expanded Node）：一个非叶子节点，此时它的所有祖先都是展开的且它将显示它的孩子。

(2) 折叠节点（Collapsed Node）：隐藏了孩子们的节点。

(3) 隐藏节点（Hidden Node）：折叠节点下的一个孩子。

JTree 类的构造方法如表 9-20 所示。

表 9-20 JTree 类的构造方法

方法定义	功能说明
JTree()	创建一棵空树

续表

方法定义	功能说明
JTree(Object[] value)	创建一棵树,其根节点不显示,而将数组 value 中的每个元素作为该根节点的子节点
JTree(Vector<?> value)	创建一棵树,其根节点不显示,而将向量 value 中的每个元素作为该根节点的子节点
JTree(TreeNode root)	创建一棵树并用 root 作为整棵树的根节点
JTree(TreeNode root, boolean asksAllowsChildren)	创建一棵树并用 root 作为整棵树的根节点,同时用 asksAllowsChildren 指明它是为叶节点还是非叶节点。若为 true,则只有不允许带子节点的节点是叶节点;若为 false,则不带子节点的任何节点都是叶节点

JTree 类的常用 public 方法如表 9-21 所示。

表 9-21　JTree 类的常用 public 方法

方法定义	功能说明
void setEditable(boolean flag)	设置树是否可编辑
boolean isEditable()	判断树是否可编辑
boolean isRootVisible()	返回树的根节点是否可见
void setRootVisible(boolean rootVisible)	设置树的根节点是否可见
void setRowHeight(int rowHeight)	设置每个单元格(每行)的高度(以像素为单位)
void setScrollsOnExpand(boolean newValue)	设置当节点被展开时,是否可以滚动显示该节点的尽可能多的子节点。此属性默认为 true
void setToggleClickCount(int clickCount)	设置单击几次会展开或关闭该节点。默认值为两次
void setSelectionRow(int row)	选择显示的第 row 行的节点。0 是显示的第一行
void setSelectionRows(int[] rows)	选择与显示的数组 rows 中每行对应的节点
int getSelectionCount()	返回选择的节点数
int getMinSelectionRow()	获取选择的第一行
int getMaxSelectionRow()	返回选择的最后一行
TreePath getSelectionPath()	返回选择的第一个节点的路径
boolean isPathSelected(TreePath path)	返回是否选择了路径 path 表示的节点
boolean isRowSelected(int row)	返回是否选择了 row 行的节点
boolean hasBeenExpanded(TreePath path)	返回 path 标识的节点是否已展开
boolean isExpanded(TreePath path)	如果折叠了节点的路径中的任何节点,则返回 false;如果展开了路径中的所有节点,则返回 true
boolean isExpanded(int row)	返回显示的 row 行处的节点是否已经展开
boolean isCollapsed(TreePath path)	如果折叠了节点路径中的任何节点,则返回 true;如果展开了路径中的所有节点,则返回 false

续表

方法定义	功能说明
boolean isCollapsed(int row)	返回显示的 row 行处的节点是否已经折叠
void makeVisible(TreePath path)	使 path 标识的节点当前可见
boolean isVisible(TreePath path)	如果 path 标识的节点可见,则返回 true,这意味着该路径或者是根路径,或者它的所有父路径均被展开;否则,此方法返回 false
void scrollPathToVisible(TreePath path)	确保 path 中的每个节点均展开(最后一个除外)并滚动至可见状态
void scrollRowToVisible(int row)	滚动并使 row 行对应的节点可见
TreePath getPathForRow(int row)	返回 row 行的路径,如果 row 不可见,则返回 null
int getRowForPath(TreePath path)	返回由 path 表示的节点的行,如果路径中任何元素隐藏在折叠的父路径之下,则返回 −1
void expandPath(TreePath path)	展开 path 表示的节点并使其可见。如果路径中的最后一项是叶节点,则此方法无效
void expandRow(int row)	展开 row 行的节点并使其可见
void collapsePath(TreePath path)	折叠 path 表示的节点并使其可见
void collapseRow(int row)	折叠 row 行的节点并使其可见
void removeSelectionPath(TreePath path)	从当前选择中移除 path 表示的节点
void removeSelectionPaths(TreePath[] ps)	从当前选择移除指定路径标识的节点
void removeSelectionRow(int row)	从当前选择移除索引 row 处的行
void removeSelectionRows(int[] rows)	移除在每个指定行处选择的行
void clearSelection()	清除该选择
boolean isSelectionEmpty()	判断当前选择是否为空
void setVisibleRowCount(int newCount)	设置要显示的行数
int getVisibleRowCount()	返回显示区域中显示的行数
TreePath getNextMatch(String prefix,int startingRow,Position.Bias bias)	以 TreePath 形式返回它代表的以 prefix 开头的下一个树元素。要处理 TreePath 到字符串的转换,将用到 convertValueToText。Bias 表示搜索方向,Position.Bias.Forward 或 Position.Bias.Backward
void setExpandedState(TreePath path, boolean state)	如果 state 为 true,则 path 的所有父路径和 path 本身都被标记为展开;否则 path 的所有父路径被标记为展开,但是 path 本身被标记为折叠
void addSelectionPath(TreePath path)	将 path 表示的节点添加到当前选择。如果路径的所有组件都不可见且 getExpandsSelectedPaths 为 true,则使得 path 表示的节点可见。注意:JTree 不允许完全相同的节点作为子节点存在于同一父节点之下——每个兄弟节点必须是唯一的对象

在上述方法中,有以下几点需要说明。

(1) TreeNode 为接口,是在 javax.swing.tree 包中,而 DefaultMutableTreeNode 包含在这个包中的已经实现了 TreeNode 的通用节点类。因此,在实际使用过程中,通常使用 DefaultMutableTreeNode 作为树节点。

(2) TreePath 同样包含在 javax.swing.tree 包中,表示节点的路径,是 Objects 的数组。对数组的元素进行排序,使根始终是数组的第一个元素 (index 为 0)。如图 9-20 中的节点 One 的路径为[Root, Numbers, One],即从树根节点一直访问到本节点所遍历过的所有节点(含节点本身)。

【程序 9-12】 TestJTree.java。

```
import  java.awt.Dimension;
import  java.awt.Color;
import  javax.swing.JFrame;
import  javax.swing.JOptionPane;
import  javax.swing.JPanel;
import  javax.swing.JScrollPane;
import  javax.swing.JTree;
import  javax.swing.BoxLayout;
import  javax.swing.tree.TreePath;
import  javax.swing.tree.DefaultMutableTreeNode;
import  javax.swing.UIManager;
import  javax.swing.SwingUtilities;

public  class  TestJTree{
    public  static  void  main (String[] args){
        JFrame frm=new  JFrame ("JFrame with JTree" );

        //构造方法: JTree()
        JTree example1=new  JTree();
        //构造方法: JTree(Object[] value)
        Object[] letters={"a",  "b",  "c",  "d",  "e" };
        JTree example2=new  JTree (letters);

        //构造函数: JTree(TreeNode root),但是 root 为一个空节点
        DefaultMutableTreeNode node1=new  DefaultMutableTreeNode();   //定义树节点
        //用此树节点做参数调用 JTree 的构造函数创建含有一个根节点的树
        JTree example3=new  JTree (node1);

        //构造函数: JTree(TreeNode root)(同上,只是 root 非空)
        //用一个根节点创建树
        DefaultMutableTreeNode node2=new  DefaultMutableTreeNode( "Color" );
        JTree example4=new  JTree (node2);                  //节点颜色默认为白底黑字
        example4.setBackground (Color.lightGray);          //设置节点的背景颜色

        //构造函数: JTree(TreeNode root, boolean asksAllowsChildren)
        //使用 DefaultMutableTreeNode 类先用一个根节点创建树,设置为可添加孩子节点,
        //再添加孩子节点
```

```
DefaultMutableTreeNode color=new  DefaultMutableTreeNode("Color", true);
DefaultMutableTreeNode gray=new  DefaultMutableTreeNode ("Gray");
color.add (gray);
color.add (new DefaultMutableTreeNode ("Red"));
gray.add (new DefaultMutableTreeNode ("Lightgray"));
gray.add (new DefaultMutableTreeNode ("Darkgray"));
color.add (new DefaultMutableTreeNode ("Green"));
JTree example5=new  JTree (color);

//构造函数: JTree(TreeNode root)(同上,只是 root 非空)
//先创建各个节点
DefaultMutableTreeNode biology=new DefaultMutableTreeNode (" Biology" );
DefaultMutableTreeNode animal=new DefaultMutableTreeNode ("Animal" );
DefaultMutableTreeNode mammal=new DefaultMutableTreeNode ("Mammal" );
DefaultMutableTreeNode horse=new DefaultMutableTreeNode ("Horse" );
mammal.add (horse);
animal.add (mammal);
biology.add (animal);
//根据创建好的节点创建树
JTree example6=new JTree(biology);
//获取并显示 mammal 的路径
TreePath p=new TreePath(mammal.getPath());
example6.expandPath(p);
JOptionPane.showMessageDialog(frm, p.toString(),"Path of Mammal TreeNode",
JOptionPane.INFORMATION_MESSAGE);
//将这些树添加到窗口面板中
JPanel pan =new JPanel();
pan.setLayout(new BoxLayout (pan, BoxLayout.X_AXIS));
pan.setPreferredSize (new Dimension (600, 200));
pan.add(new JScrollPane (example1));
pan.add(new JScrollPane (example2));
pan.add(new JScrollPane (example3));
pan.add(new JScrollPane (example4));
pan.add(new JScrollPane (example5));
pan.add(new JScrollPane (example6));

try{
    //设置使用 Windows 风格外观
    UIManager.setLookAndFeel(
                    "com.sun.java.swing.plaf.windows.WindowsLookAndFeel");
    //更新 JTree 的 UI 外观
    SwingUtilities.updateComponentTreeUI(example1);
    SwingUtilities.updateComponentTreeUI(example6);
}
catch(Exception e){}
//设置窗口属性
frm.setDefaultCloseOperation (JFrame.EXIT_ON_CLOSE);
```

```
        frm.setContentPane (pan);
        frm.pack();
        frm.setVisible(true);
    }
}
```

运行界面如图 9-21 和图 9-22 所示。

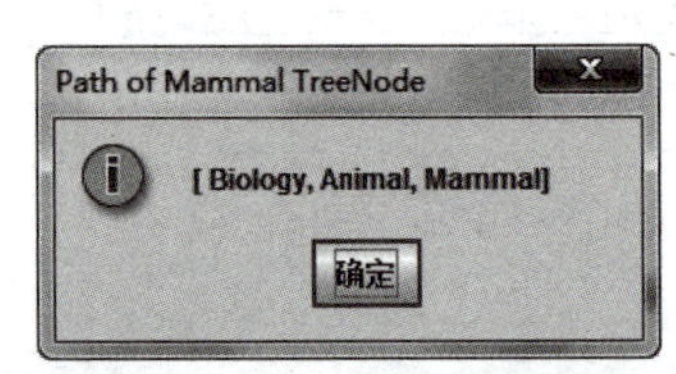

图 9-21 Mammal 的路径

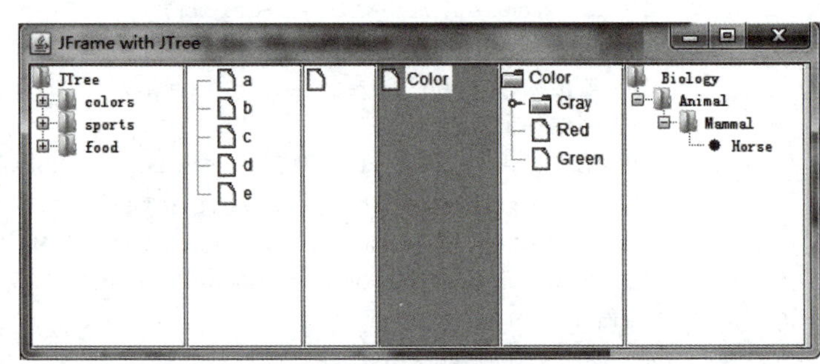

图 9-22 JTree 实例

在实际开发过程中会经常使用 JTree 组件,同时总会遇到这样或那样的问题,下面是常会碰到的问题解决方案。

1. 对象声明

```
private JTree mTree;                    //声明树组件对象 mTree
private JScrollPane panTree;            //声明滚动面板对象 panTree
```

2. 初始化

```
DefaultMutableTreeNode rootNode=new DefaultMutableTreeNode("root");
mTree=new JTree(rootNode);
mTree.setAutoscrolls(true);
getTreeSelectionModel().setSelectionMode(TreeSelectionModel.SINGLE_TREE_
SELECTION);      //设置单选模式
panTree=new JScrollPane();
panTree.getViewport().add(mTree, null);
```

3. 三个经常使用的取值函数

```
//获取树的数据模型
private DefaultTreeModel getTreeModel(){
    return (DefaultTreeModel)mTree.getModel();
}
//获取根节点
private DefaultMutableTreeNode getRootNode(){
    return (DefaultMutableTreeNode)getTreeModel().getRoot();
}
//获取选择模型
private TreeSelectionModel getTreeSelectionModel(){
```

```
    return mTree.getSelectionModel();
}
```

4. 根据 node 得到 path

```
TreePath visiblePath=new TreePath(getTreeModel().getPathToRoot(node));
```

5. 根据 Path 展开到该节点使该节点可见

```
mTree.makeVisible(visiblePath);
```

6. 根据 path 选定该节点

```
mTree.setSelectionPath(visiblePath);
```

7. 选中节点的方法

```
//首先,根据节点得到树路径,其中 chosen 为需要选中的节点
DefaultTreeModel  model=(DefaultTreeModel) mTree.getModel();
TreePath visiblePath=new TreePath(model.getPathToRoot(chosen));
//然后根据 Path 选中该节点
mTree.setSelectionPath(visiblePath);
```

8. 滚动到可见位置

```
mTree.scrollPathToVisible(visiblePath);
```

9. 给 JTree 添加右键弹出菜单

```
void mTree_mouseReleased(MouseEvent e) {
    if (e.isPopupTrigger()) {
        //弹出右键菜单
        jPopupMenu1.show(e.getComponent(), e.getX(), e.getY());
    }
}
```

10. 展开或折叠某个节点

```
//如果 expand 为 true,则展开全部节点;否则折叠全部节点
public void expandAll(JTree tree, boolean expand) {
    TreeNode root=(TreeNode)tree.getModel().getRoot();
    expandAll(tree, new TreePath(root), expand);
}
private void expandAll(JTree tree, TreePath parent, boolean expand) {
    //遍历孩子
    TreeNode node=(TreeNode)parent.getLastPathComponent();
    if(node.getChildCount() >=0) {
        for (Enumeration e=node.children(); e.hasMoreElements(); ) {
            TreeNode n=(TreeNode)e.nextElement();
```

```
            TreePath path=parent.pathByAddingChild(n);
            expandAll(tree, path, expand);
        }
    }
    //自下而上地展开或折叠
    if (expand)
        tree.expandPath(parent);
    else
        tree.collapsePath(parent);
}
```

11. 如何遍历 JTree

```
//创建树
JTree tree=new JTree();
…//添加树节点
//遍历所有节点
visitAllNodes(tree);
//仅遍历展开的节点
visitAllExpandedNodes(tree);

//遍历所有节点
public void visitAllNodes(JTree tree) {
    TreeNode root=(TreeNode)tree.getModel().getRoot();
    visitAllNodes(root);
}
public void visitAllNodes(TreeNode node) {
    //处理节点
    process(node);
    if(node.getChildCount() >=0) {
        for (Enumeration e=node.children(); e.hasMoreElements(); ) {
        TreeNode n=(TreeNode)e.nextElement();
        visitAllNodes(n);
        }
    }
}
//遍历所有展开的节点
public void visitAllExpandedNodes(JTree tree) {
    TreeNode root=(TreeNode)tree.getModel().getRoot();
    visitAllExpandedNodes(tree, new TreePath(root));
}
public void visitAllExpandedNodes(JTree tree, TreePath parent) {
    if (!tree.isVisible(parent))
        return;
    //节点可见,处理节点
    TreeNode node=(TreeNode)parent.getLastPathComponent();
    process(node);
```

```
        //访问孩子
        if (node.getChildCount() >=0){
            for (Enumeration e=node.children(); e.hasMoreElements(); ){
                TreeNode n=(TreeNode)e.nextElement();
                TreePath path=parent.pathByAddingChild(n);
                visitAllExpandedNodes(tree, path);
            }
        }
    }
```

9.4.9 进度条组件

当安装一个新软件时，系统会告诉你目前软件安装的进度，这样才不会让你觉得程序好像死机一样。同样地，若设计的程序所需要的运行超过 2s 以上，应该显示程序正在运行的图标，或直接显示程序运行的进度，这样就能让用户清楚知道程序到底是死机还是在继续运行。在 Swing 中，JProgressBar 组件提供了类似的功能。

JProgressBar 称为进度条组件，它是一种简单的组件，一般是用一种颜色部分或完全地填充矩形。默认情况下，进度条表现为一个凹陷的边框，并水平放置。

进度条还可以选择显示一个字符串，这个字符串在进度条矩形的中央位置上显示。这个字符串默认为任务已完成的百分比，也可用 JProgressBar.setString()方法订制。

它可以简单地输出进度的变化情况，让人们想要提供进度信息时，不再需要自行绘制绘图组件，只需要使用 JProgressBar 再加上几行程序设置就可以了。

以下是 JProgressBar 的范例，在此范例中，使用多线程来控制进度条移动的速度，当用户单击“开始”按钮，则进度条的进度就会开始向右移动，并显示出目前的进度信息。每当 JProgressBar 的值改变一次(利用 setValue()方法)，就会触发一次 ChangeEvent 事件，如果要处理这个事件，必须实现 ChangeListener 接口所定义的 stateChanged()方法。

【程序 9-13】 TestJProgressBar.java。

```
import java.awt.BorderLayout;
import java.awt.FlowLayout;
import java.awt.event.ActionEvent;
import java.awt.event.ActionListener;

import javax.swing.JButton;
import javax.swing.JPanel;
import javax.swing.JFrame;
import javax.swing.JProgressBar;
import java.awt.Color;

public class TestJProgressBar{
    static BarThread stepper;
    //进度条线程
```

```
static class BarThread extends Thread{
    private static int DELAY=500;
    JProgressBar progressBar;
    private boolean m_bStopped;
    private boolean m_bPaused=false;
    //构造方法
    public BarThread(JProgressBar bar) {
        progressBar=bar;
        m_bStopped=false;
        m_bPaused=false;
    }
    //线程体
    public void run() {
        int minimum=progressBar.getMinimum();                    //取得最小值
        int maximum=progressBar.getMaximum();                    //取得最大值
        for (int i=minimum; i <maximum; i++) {
            if(m_bStopped){
                progressBar.setValue(0);
                break;
            }
            try {
                while(m_bPaused)
                    //延时 DELAY 毫秒
                    Thread.sleep(DELAY);
                int value=progressBar.getValue();
                progressBar.setValue(value+1);
                //延时 DELAY 毫秒
                Thread.sleep(DELAY);
            }
            catch (InterruptedException ignoredException) {
            }
        }
    }
    //设置暂停
    public void Pause(boolean bPaused) {
        m_bPaused=bPaused;
    }
    //设置停止
    public void Stop(boolean bStopped) {
        m_bStopped=bStopped;
    }
}

public static void main(String args[]) {
    JFrame frm=new JFrame("JFrame with JProgressBar");
    //设置进度条属性
    final JProgressBar aJProgressBar=new JProgressBar(0, 50);    //进度条从 0~50
```

```
aJProgressBar.setStringPainted(true);
aJProgressBar.setBackground(Color.white);
aJProgressBar.setForeground(Color.blue);
//定义按钮
final JButton btnStart=new JButton("开始");
final JButton btnStop=new JButton("停止");

//按钮事件处理程序
ActionListener actionListener=new ActionListener() {
    public void actionPerformed(ActionEvent e) {
        if(e.getSource()==btnStart) {                          //"开始"按钮
            if(stepper==null) {
                stepper=new BarThread(aJProgressBar);
                btnStop.setEnabled(true);
                stepper.start();
            }
            String s=btnStart.getText();
            if(s.equals("开始") | s.equals("继续")) {            //非暂停状态
                btnStart.setText("暂停");
                stepper.Pause(false);
            }
            else{
                btnStart.setText("继续");
                stepper.Pause(true);
            }
        }else{                                                 //"停止"按钮
            btnStart.setText("开始");
            btnStop.setEnabled(false);
            stepper.Stop(true);
            stepper=null;
        }
    }
};
//关联事件源
btnStart.addActionListener(actionListener);
btnStop.addActionListener(actionListener);
//添加组件到界面上
frm.add(aJProgressBar, BorderLayout.NORTH);
JPanel jp=new JPanel();
jp.setLayout(new FlowLayout(FlowLayout.RIGHT));
jp.add(btnStart);
jp.add(btnStop);
btnStop.setEnabled(false);
frm.add(jp, BorderLayout.SOUTH);
//设置窗口属性
frm.setDefaultCloseOperation(JFrame.EXIT_ON_CLOSE);
frm.setSize(300, 100);
```

```
            frm.setVisible(true);
        }
    }
```

上述程序中初始运行界面如图 9-23(a)所示,单击“开始”按钮,则开始显示工作执行进度,如图 9-23(b)所示,在该图上,可单击“暂停”按钮,此时会变到 9-23(c)所示的状态,单击“继续”按钮则又可以回到图 9-23(b)所示状态,单击“停止”按钮,则回到初始状态,如图 9-23(a)所示。

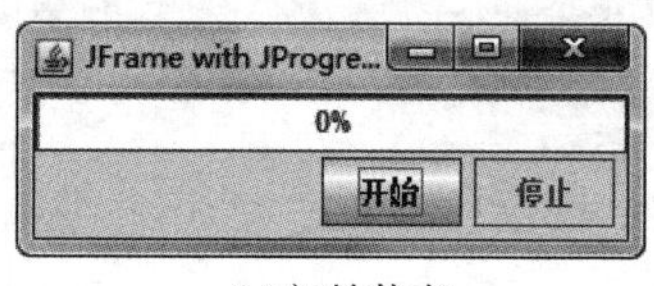

(a) 初始状态

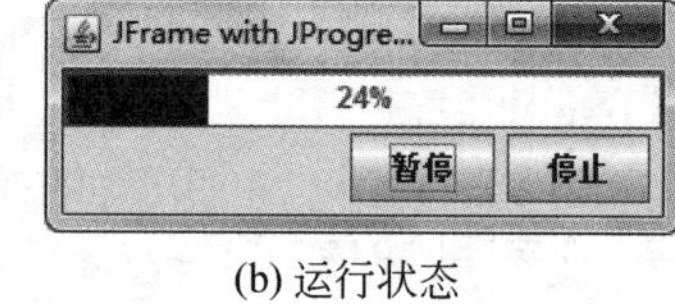

(b) 运行状态

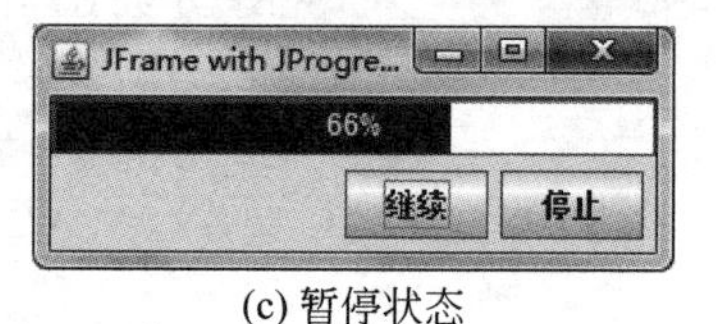

(c) 暂停状态

图 9-23　进度条 JProgressBar 实例

9.5　组件常用方法

JComponent 是常用组件的直接或间接父类,它封装了这些组件通用的一些方法,如颜色、透明性、边框、字体、大小和位置等相关方法,下面逐一介绍。

9.5.1　颜色

颜色相关的 public 方法如表 9-22 所示。

表 9-22　颜色相关的 public 方法

方法定义	功能说明
void setBackground(Color c)	设置组件的背景色为 c
void setForeground(Color c)	设置组件的前景色为 c
Color getBackground()	获取组件的背景色
Color getForeground()	获取组件的前景色

上述方法中,涉及 Color 类,它是 java.awt 包中的类,其中的前景色通常情况下是指字体的颜色。Color 类封装了由红(red)、绿(green)、蓝(blue)三原色表示的颜色,它提供了构造方法 public Color(int red, int green, int blue)来创建颜色对象,其中 red、green、blue 的取值范围为 0～255;提供了 public int getRed()、public int getGreen()、public int getBlue()分别用来获取颜色对象中的红、绿、蓝分量;另外,还提供了 Color.RED(红色)、Color.BLACK(黑色)、Color.CYAN(青色)、Color.GRAY(灰色)、Color.GREEN(绿色)、Color.YELLOW(黄色)、Color.WHITE(白色)等常用颜色的静态常量。

例如：

```
//下面代码片段用于设置 JLabel 的背景色以及字体颜色
import java.awt.Color;
:
JLabel myLabel =new JLabel("测试颜色的标签");
myLabel.setBackground(new Color(0,0,255));          //将背景设置为蓝色(红、绿分量为 0)
myLabel.setForeground(Color.WHITE);                 //将前景即字体颜色设置为白色
:
```

9.5.2 透明性

默认情况下，组件是不透明的，所以当组件 A 叠加在另一个组件 B 上时，B 组件被 A 组件挡住的部分将不可见。表 9-23 表示了两个常用的透明性方法。

表 9-23 透明性相关的 public 方法

方法定义	功能说明
void setOpaque(boolean isOpaque)	设置组件是否不透明，当参数 isOpaque 取 false 时，组件被设置为透明；否则，为不透明
boolean isOpaque()	组件不透明，返回 true；否则，返回 false

9.5.3 边框

组件如果有边框，则通常情况下是默认的黑色矩形边框。表 9-24 表示了两个常用的边框相关的 public 方法。

表 9-24 边框相关的 public 方法

方法定义	功能说明	方法定义	功能说明
void setBorder(Border border)	设置组件的边框	Border getBorder()	返回边框

组件调用 setBorder()方法来设置边框，其参数是一个接口。因此，必须向该参数传递一个实现 Border 接口(Border 接口位于 javax.swing.border 包中)的类的实例，如果传递一个 null，组件将取消边框。可以使用 BorderFactory 类(位于 javax.swing 包中)的类方法返回一个实现 Border 接口的类的实例。

例如：

```
//JLabel 默认没有边框，通过下面语句设置线宽为 2 像素的红色边框
JLabel myLabel =new JLabel("测试边框的标签");
myLabel.setBorder(BorderFactory.createLineBorder (Color.RED, 2));
```

9.5.4 字体

字体相关的 public 方法如表 9-25 所示。

表 9-25　字体相关的 public 方法

方法定义	功能说明
void setFont(Font f)	设置组件上的字体，f 字体对象封装了字体的名称、样式等
Font getFont()	返回组件上当前使用的字体

上述方法中的字体类 Font 包含在 java.awt 包中，该类创建的对象称为字体对象，其常用的构造方法如下：

```
public Font(String fontName, int fontStyle, int fontSize)
```

其中，fontName 表示字体名称，如“宋体”、Times New Roman 等；fontStyle 表示字体的样式，其有效取值通常为 Font.PLAIN（常规）、Font.BOLD（粗体）、Font.ITALIC（斜体）或后面两个有效值的按位或，即 Font.BOLD | Font.ITALIC，它表示粗斜体；fontSize 表示字体的大小，单位为磅，如取值 12 就是人们熟悉的五号大小。

在创建字体对象时，所在的计算机系统上应该有 fontName 给定的字体名称，如果没有，则将利用默认的字体名称来构造字体对象。那如何知道所在系统有哪些字体呢？可调用 GraphicsEnvironment 对象的 public String[] getAvailableFontFamilyNames()方法以字符串数组形式返回所在系统的全部可用字体名称。

【程序 9-14】 TestFontDlg.java。

```
import java.awt.*;
import java.awt.event.*;
import javax.swing.*;
import javax.swing.event.*;
public class TestFontDlg extends JFrame{
    //两个按钮
    JButton btnOk=new JButton("确定");
    JButton btnCancel=new JButton("取消");
    JPanel panButtons=new JPanel();

    //字体名称
    String fontName="黑体";                                //初始字体
    JLabel lblFont=new JLabel("字体名称:",JLabel.LEFT);
    JPanel panFont=new JPanel();
    JComboBox cbFontFamily=new JComboBox();

    //字体大小
    int fontSize=20;                                       //初始大小
    JLabel lblFontSize=new JLabel("字体大小:",JLabel.LEFT);
    JComboBox cbFontSize=new JComboBox();                  //字体大小下拉框,供选择
    JPanel panFontSize=new JPanel();

    //字体预览
    JLabel lblFontPreview=new JLabel("字体预览:",JLabel.LEFT);
```

```
    JLabel lblTextPreview=new JLabel("Java 字体预览区",JLabel.CENTER);
    JPanel panFontPreview=new JPanel();

    //返回值
    static final int RETURN_OK=1,RETURN_CANCEL=2;
    private int miReturnValue=RETURN_CANCEL;

    TestFontDlg(String sTitle){
        super(sTitle);

        GridLayout gl=new GridLayout(4,1,5,5);
        setLayout(gl);

        //初始化字体框
        InitFonts();

        //字体名称
        panFont.setLayout(new BorderLayout());
        panFont.add(lblFont,BorderLayout.WEST);
        panFont.add(cbFontFamily,BorderLayout.CENTER);

        cbFontFamily.addItemListener(new ItemListener(){
            public void itemStateChanged(ItemEvent e){
                fontNameItemStateChanged(e);
            }
        });
        add(panFont);

        //字体大小
        panFontSize.setLayout(new BorderLayout());
        panFontSize.add(lblFontSize,BorderLayout.WEST);
        panFontSize.add(cbFontSize,BorderLayout.CENTER);

        cbFontSize.addItemListener(new ItemListener(){
            public void itemStateChanged(ItemEvent e){
                fontSizeItemStateChanged(e);
            }
        });
        add(panFontSize);

        //字体预览
        panFontPreview.setLayout(new BorderLayout());
        panFontPreview.add(lblFontPreview,BorderLayout.WEST);
        panFontPreview.add(lblTextPreview,BorderLayout.CENTER);
        lblTextPreview.setBorder(BorderFactory.createEtchedBorder());
        lblTextPreview.setOpaque(true);
        add(panFontPreview);
```

```
        //按钮设置
        panButtons.setLayout(new FlowLayout(FlowLayout.RIGHT));
        panButtons.add(btnOk);
        panButtons.add(btnCancel);
        add(panButtons);

        //初始化下拉框
        cbFontFamily.setSelectedItem(fontName);
        cbFontSize.setSelectedItem(new Integer(fontSize).toString());

        //注册事件
        btnOk.addActionListener(new ActionListener(){
            public void actionPerformed(ActionEvent e){
                btnActionPerformed(e);
            }
        });
        btnCancel.addActionListener(new ActionListener(){
            public void actionPerformed(ActionEvent e){
                btnActionPerformed(e);
            }
        });
        //初始化字体预览
        lblTextPreview.setFont(new Font(fontName,Font.PLAIN,fontSize));
    }
    public void btnActionPerformed(ActionEvent e){
        if(e.getSource()==btnOk)                    //确定
            miReturnValue=RETURN_OK;
        if(e.getSource()==btnCancel)                //取消
            miReturnValue=RETURN_CANCEL;

        dispose();                                  //关闭窗口
    }
    //选择字体名称
    public void fontNameItemStateChanged(ItemEvent e){
        fontName=cbFontFamily.getSelectedItem().toString();
        lblTextPreview.setFont(new Font(fontName,Font.PLAIN,fontSize));
    }
    //选择字体大小
    public void fontSizeItemStateChanged(ItemEvent e){
        fontSize=Integer.parseInt(cbFontSize.getSelectedItem().toString());
        lblTextPreview.setFont(new Font(fontName,Font.PLAIN,fontSize));
    }
    //**********************************************************************
    //获取全部系统字体并填充至下拉框
    public void InitFonts(){
        GraphicsEnvironment ge=GraphicsEnvironment.getLocalGraphicsEnvironment();
        String[]  fontList=ge.getAvailableFontFamilyNames();
```

```
        for(int i=0;i<fontList.length;i++)
            cbFontFamily.addItem(fontList[i]);      //将系统字体名称加到下拉框
        for(int i=9;i<=72;i++)
            cbFontSize.addItem(new Integer(i).toString());    //字体大小下拉框
    }
    //*************************************************************************
    public static void main(String[] args){
        TestFontDlg frm=new TestFontDlg("系统字体实例");

        frm.setDefaultCloseOperation(JFrame.
        EXIT_ON_CLOSE);
        frm.setSize(300, 200);
        frm.setVisible(true);
    }
}
```

运行结果如图9-24所示。

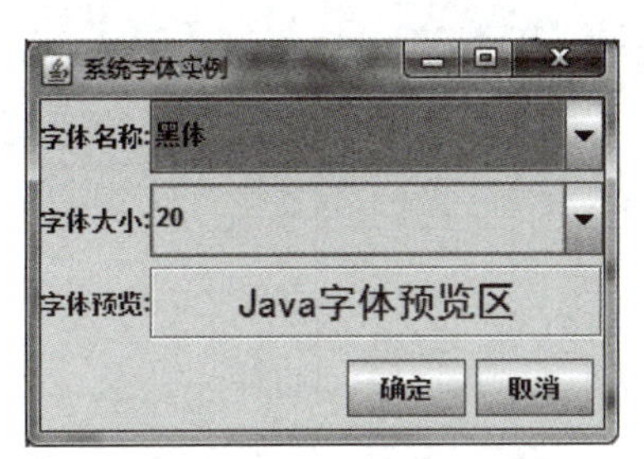

图9-24 获取系统字体的实例

9.5.5 大小与位置

大小与位置相关的public方法如表9-26所示。

表9-26 大小与位置相关的public方法

方法定义	功能说明
void setSize(int width, int height)	将组件的宽设置为width,高设置为height,单位为像素
void setLocation(int x, int y)	将组件左上角定位在所在容器的(x, y)处。包含组件的容器都有默认的坐标系,通常其左上角的坐标是(0, 0),参数x和y指定该组件的左上角在容器的坐标系中的坐标
Dimension getSize()	返回一个Dimension对象的引用,该对象包含有名字是width和height的成员变量,分别表示组件的宽和高,单位为像素
void setBounds(int x, int y, int width, int height)	设置组件在容器中的位置和大小
Rectangle getBounds()	返回组件在容器中的位置和大小

【程序9-15】 TestSize.java。

```
import java.awt.*;
import javax.swing.*;
public class TestSize extends JFrame{
    TestSize(String sTitle){
        super(sTitle);
        Container c=getContentPane();
        c.setLayout(null);                    //将布局设置空,否则 setBounds 不起作用
        JComboBox jcb=new JComboBox();
        JButton btnTest=new JButton("测试按钮");

        jcb.addItem("0-第一项");
        jcb.addItem("1-第二项");
        jcb.setSelectedIndex(1);

        c.add(btnTest);
        c.add(jcb);
        //设置组件位置与大小
        jcb.setBounds(250,150, 100,40);
        btnTest.setBounds(20,20, 100,100);
        setDefaultCloseOperation(JFrame.EXIT_ON_CLOSE);
        setSize(400, 250);
    }
    public static void main(String[] args){
        TestSize frm=new TestSize("测试组件
        大小与位置");
        frm.setVisible(true);
    }
}
```

运行结果如图 9-25 所示。

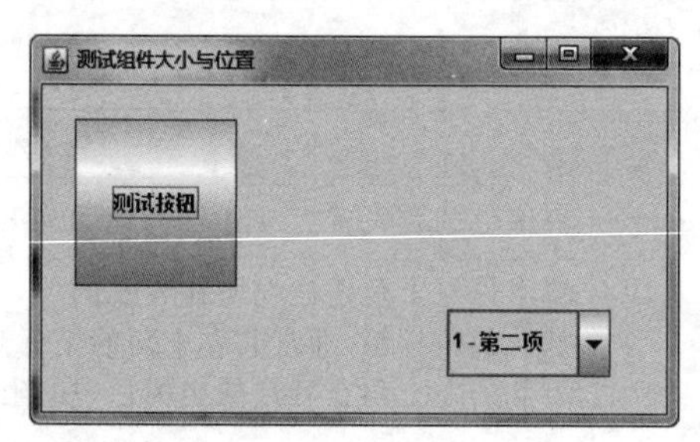

图 9-25　设置大小与位置

9.5.6　激活与可见性

激活与可见性相关的 public 方法如表 9-27 所示。

表 9-27 激活与可见性相关的 public 方法

方法定义	功能说明
void setEnabled(boolean b)	设置组件是否可以激活，若 b 为 false，通常在界面中组件的背景与文字颜色均为灰色
void setVisible(boolean b)	设置组件是否可见

例如：

```
JButton btnStop=new JButton("停止");
//设置为非激活状态，即单击时无反应，其背景与文字颜色均为灰色
btnStop.setEnabled(false);
```

9.6 布局管理器

Java 的 GUI 界面定义是由 awt 包或 swing 包来完成，它在界面布局管理上面采用了容器和布局管理分离的方案。也就是说，容器只管将其他组件放入其中，而不管这些组件是如何放置的。对于布局的管理交给专门的布局管理器类(LayoutManager)来完成。

现在来看 Java 中布局管理器的具体实现。Java 中的容器类(Container)，它只管加入组件，也就是说，它只使用自己的 add()方法向自己内部加入组件，同时它记录这些加入其内部的组件的个数，可以通过 container.getComponentCount()方法类获得组件的数目，通过 container.getComponent(i)来获得相应组件的句柄。然后 LayoutManager 类就可以通过这些信息来实际布局其中的组件了。

Java 的界面布局原理：因为 Java 是跨平台语言，使用绝对坐标显然会导致问题，即在不同平台、不同分辨率下的显示效果不一样。Java 为了实现跨平台的特性并且获得动态的布局效果，Java 将容器内的所有组件安排给一个“布局管理器”负责管理，如排列顺序，组件的大小、位置等，当窗口移动或调整大小后组件如何变化等功能授权给对应的容器布局管理器来管理，不同的布局管理器使用不同的算法和策略，容器可以通过选择不同的布局管理器来决定布局。

Java 中一共有 6 种布局管理器，通过使用 6 种布局管理器组合，能够设计出复杂的界面，而且在不同操作系统平台上都能够有一致的显示界面。6 种布局管理器分别是 BorderLayout(边界布局)、BoxLayout(盒式布局)、FlowLayout(流式布局)、GirdBagLayout(网格包布局)、GirdLayout(网格布局)和 CardLayout(卡片布局)。其中，CardLayout 必须和其他 5 种配合使用，不是特别常用的。每种界面管理器各司其职，都有各自的作用。

9.6.1 流式布局

流式布局(FlowLayout)管理器把容器看成一个行集，好像平时在一张纸上写字一样，一行写满就换下一行，行高由一行中最高的组件决定。FlowLayout 是所有 JPanel 的默认布局。

FlowLayout 位于 java.awt 包中。

FlowLayout 的构造方法如表 9-28 所示。

表 9-28　FlowLayout 的构造方法

方法定义	功能说明
FlowLayout()	生成一个默认的流式布局，组件在容器里的水平方向上居中显示，组件之间的间距、行与行的间距均为 5 像素
FlowLayout(int alignment)	设定每行组件的对齐方式为 alignment，组件之间的间距、行与行的间距均为 5 像素
FlowLayout(int alignment, int horGap, int verGap)	设定每行组件的对齐方式为 alignment，并设定组件水平方向上的间距为 horGap 像素，行间距为 verGap 像素

上述方法中，alignment 的有效取值为 FlowLayout.LEFT、FlowLayout.CENTER(默认)或 FlowLayout.RIGHT。

当容器的大小发生变化时，用 FlowLayout 管理的组件会发生变化，其变化规律是组件的大小不变，但是相对位置会发生变化。

例如：

```
//使面板靠左对齐,组件从左上角开始,按从左至右的方式排列
JPanel  panel=new JPanel(new FlowLayout(FlowLayout.LEFT));
```

9.6.2　边界布局

BorderLayout 是一种非常简单的布局策略，它把容器内的空间简单地划分为东(East)、西(West)、南(South)、北(North)、中(Center)五个区域，每加入一个组件都应该指明把这个组件加在哪个区域中，而每个区域最多只能放一个组件，默认的情况是加入中间。如果想在某个区域放置多个组件呢？此时可以将多个组件放在某个容器内，然后再将这个容器当作一个整体(即对区域所在的容器而言，意味着只有一个组件)加到想放置的区域。

BorderLayout 是顶层容器(JFrame、JDialog 和 JApplet)的默认布局管理器。在 BorderLayout 中调整尺寸时，四周的控件会被调整，调整会按照布局管理器的内部规则计算出应该占多少位置，然后中间的组件会占去剩下的空间。

BorderLayout 位于 java.awt 包中。

在使用 BorderLayout 时，如果容器的大小发生变化，其变化规律是组件的相对位置不变，大小发生变化，例如，容器变高了，则 North、South 区域不变，West、Center、East 区域变高；如果容器变宽了，West、East 区域不变，North、Center、South 区域变宽；如果容器变高变宽，North、South 变宽但高度不变，West、East 变高但宽度不变，Center 则变高变宽。不一定所有的区域都有组件，如果四周的区域(West、East、North、South 区域)没有组件，则由 Center 区域去填充(即填满整个容器空间)，但是如果 Center 区域没有组件，则保持空白。

【程序 9-16】　TestBorderLayout.java。

```
import javax.swing.*;
import java.awt.*;
public class TestBorderLayout{
    public static void main(String args[]){
```

```
        JFrame frm=new JFrame("JFrame with BorderLayout");
        frm.setLayout(new BorderLayout());

        //North 区域放置一个按钮
        frm.add("North", new JButton("North"));
        //South 区域放置一个下拉框 JComboBox
        JComboBox jcb=new JComboBox();
        jcb.addItem("0-First Item");
        jcb.addItem("1-Second Item");
        jcb.setSelectedIndex(1);

        frm.add(jcb,"South");
        //East 区域放置一个单选按钮 JRadioButton
        frm.add(BorderLayout.EAST,new JRadioButton("East"));
        //West 区域放置一个复选框 JCheckBox
        frm.add(new JCheckBox("West"),BorderLayout.WEST);
        //Center 区域放置一个单行文本框 JTextField
        frm.add("Center", new JTextField
        ("Center"));
        //窗口属性
        frm.setSize(400,300);
        frm.setDefaultCloseOperation
        (JFrame.EXIT_ON_CLOSE);
        frm.setVisible(true);
    }
}
```

运行结果如图 9-26 所示。

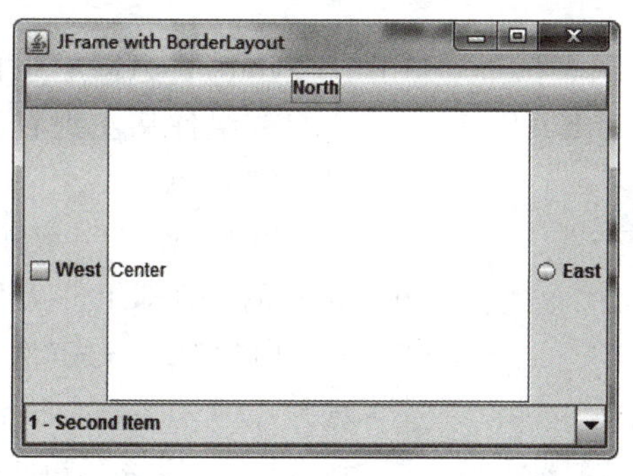

图 9-26 BorderLayout 布局实例

9.6.3 盒式布局

BoxLayout 允许将组件按照 X 轴(从左到右)或者 Y 轴(从上到下)方向来摆放,而且沿着主轴能够设置不同尺寸。构造 BoxLayout 对象时,有两个参数,例如:

```
BoxLayout(Container target,int axis)
```

其中,target 参数表示当前管理的容器,axis 是指哪个轴,有效取值是 BoxLayout.X_AXIS 和 BoxLayout.Y_AXIS。

BoxLayout 位于 javax.swing 包中。

【程序 9-17】 TestBoxLayout.java。

```
import java.awt.*;
import javax.swing.*;
public class TestBoxLayout{
    public static void main(String[] args){
        JPanel  jp=new JPanel();
        //面板布局设置为 BoxLayout,沿 Y 轴从上到下排列
        jp.setLayout(new BoxLayout(jp,BoxLayout.Y_AXIS));
        //将 JTextArea 与 JButton 添加到面板中
        JTextArea  testArea=new JTextArea("This is a multiple text field",4,20);
        JButton   button=new JButton("This is a button");
        jp.add(testArea);
        jp.add(button);
        //设置 JTextArea 的右边与 JButton 的左边对齐
        testArea.setAlignmentX(Component.RIGHT_ALIGNMENT);
        button. setAlignmentX(Component.LEFT_ALIGNMENT);

        JFrame frm=new JFrame("JFrame with BoxLayout");
        frm.setContentPane(jp);                 //替换掉默认的内容面板
        frm.setDefaultCloseOperation(JFrame.EXIT_ON_CLOSE);
        frm.setSize(400, 200);
        frm.setVisible(true);
    }
}
```

其中,setAlignmentX 只有在布局是 BoxLayout.Y_AXIS(组件从上到下排列)才有效,而 setAlignmentY 在布局为 BoxLayout.X_AXIS(组件从左到右排列才有效。上述示例如图 9-27 所示。

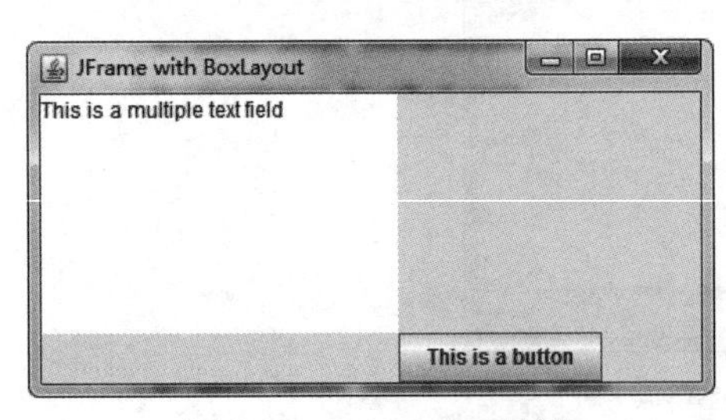

图 9-27 BoxLayout 示例

组件对齐一般而言,所有 top-to-bottom BoxLayout(即组件从上到下排列)应该有相同的 X 方向的对齐方式(例如以左边对齐、中对齐、右对齐)。所有 left-to-right Boxlayout(即组件从左到右排列)应该有相同的 Y 方向的对齐方式(例如上边对齐、中对齐、下边对齐),它们可由 setAlignmentX() 和 setAlignmentY()方法实现。图 9-28 进一步说明了 setAlignmentY()应用(setAlignmentX()的应用以此类推),其中,图 9-28(a)对应的代码如下:

```
panel.setLayout(new BoxLayout(jp,BoxLayout.Y_AXIS));
button1.setAlignmentX(Component.LEFT_ALIGNMENT);
```

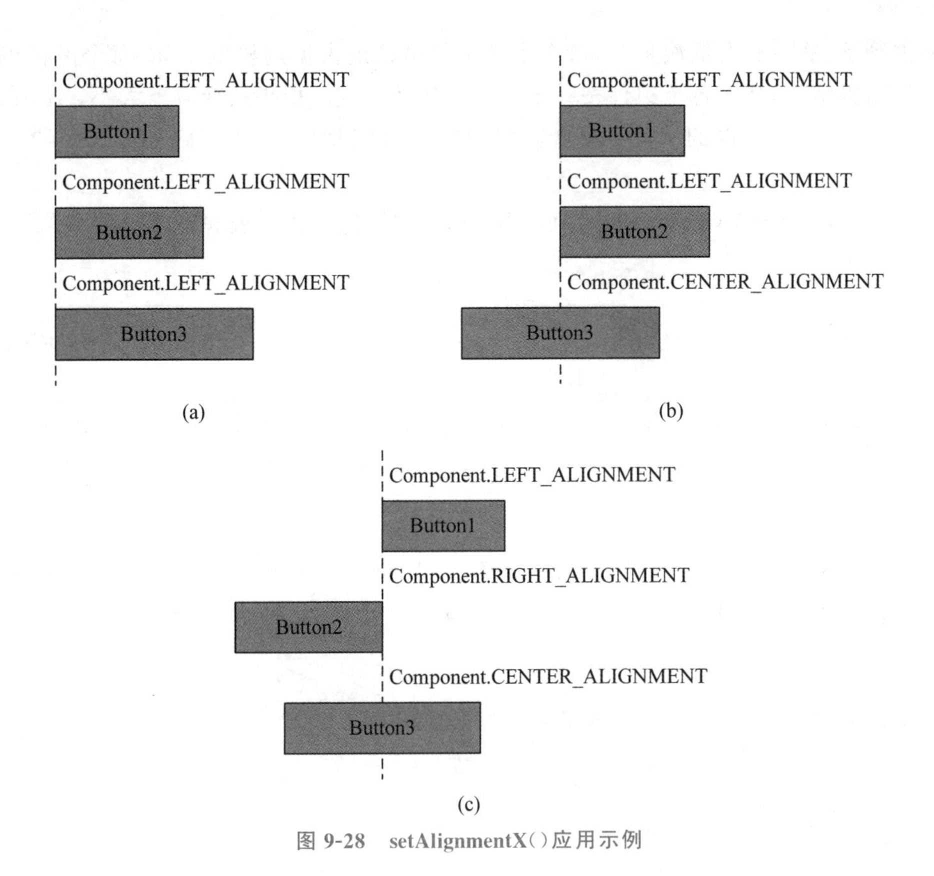

图 9-28　setAlignmentX()应用示例

```
button2.setAlignmentX(Component.LEFT_ALIGNMENT);
button3.setAlignmentX(Component.LEFT_ALIGNMENT);
```

图 9-28(b)对应的代码如下：

```
panel.setLayout(new BoxLayout(jp,BoxLayout.Y_AXIS));
button1.setAlignmentX(Component.LEFT_ALIGNMENT);
button2.setAlignmentX(Component.LEFT_ALIGNMENT);
button3.setAlignmentX(Component.CENTER_ALIGNMENT);
```

图 9-28(c)对应的代码如下：

```
panel.setLayout(new BoxLayout(jp,BoxLayout.Y_AXIS));
button1.setAlignmentX(Component.LEFT_ALIGNMENT);
button2.setAlignmentX(Component.RIGHT_ALIGNMENT);
button3.setAlignmentX(Component.CENTER_ALIGNMENT);
```

9.6.4　网格布局

GridLayout 的基本布局策略是把容器的空间划分成若干行与若干列的网格区域，组件就位于这些划分出来的小区域中，所有的区域大小一样，每个网格区域只能放一个组件，组件按从上到下、从左到右依次加入,每个小区域尽可能地占据网格的空间,每个网格也同样尽可能地占据空间,从而各个组件按一定的大小比例放置。如果改变容器大小,GridLayout 将相应地改变每个网格的大小,以使各个网格尽可能地大,占据 Container 容器全部的空间。

GridLayout 位于 java.awt 包中。GridLayout 的构造方法如表 9-29 所示。

表 9-29　GridLayout 的构造方法

方法定义	功能说明
GridLayout()	生成一个默认的网格布局
GridLayout(int rows, int cols)	生成 rows 行与 cols 列的网格布局,间距均为 5 像素
GridLayout (int rows, int cols, int horz,int vert)	生成 rows 行与 cols 列的网格布局,并设定网格行间距为 horz 像素,列间距为 vert 像素

表 9-29 中,rows 表示有几行,cols 表示有几列,两者有一个可以为 0,但不能都为 0,当容器里增加组件时,容器内将向 0 的那个方向增长。

例如:

```
//在增加组件时,会保持一个列的情况下,不断把行数增长
GridLayout layout=new GridLayout(0, 1);
```

【程序 9-18】 TestGridLayout.java。

```
import java.awt.*;
import javax.swing.*;
import javax.swing.border.*;
import java.awt.Color;
public class TestGridLayout{
    public static void main(String args[]){
        JFrame f=new JFrame("JFrame with GridLayout");
        Container c=f.getContentPane();
        c.setLayout(new GridLayout(3,2));           //3 行 2 列
        JComponent[] ctls={new JCheckBox("1-CheckBox"),
                           new JCheckBox("2-CheckBox"),
                           new JRadioButton("3-RadioButton"),
                           new JRadioButton("4-RadioButton"),
                           new JButton("OK"), new JButton("CANCEL")};
        for(int i=0;i<ctls.length;i++){
            c.add(ctls[i]);                          //从上到下、从左到右添加组件
            //设置边框
            if(i>=0 & i<2)
                ((JCheckBox)ctls[i]).setBorderPainted(true);
            if(i>=2 & i<4)
                ((JRadioButton)ctls[i]).setBorderPainted(true);
            ctls[i].setBorder(BorderFactory.createLineBorder (Color.RED, 2));
        }
```

```
        f.setSize(400,200);
        f.setDefaultCloseOperation(JFrame.
        EXIT_ON_CLOSE);
        f.setVisible(true);
    }
}
```

运行结果如图 9-29 所示。

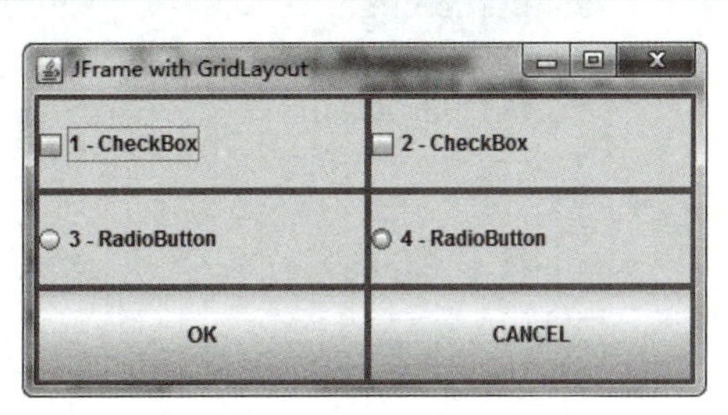

图 9-29 GridLayout 实例

9.6.5 卡片布局

CardLayout 位于 java.awt 包中，它能够帮助用户处理两个以至更多的成员共享同一个显示空间，它把容器分成许多层，每层的显示空间占据整个容器的大小，但是每层只允许放置一个组件，但每层都可以利用 JPanel 来实现复杂的用户界面。CardLayout 就像一副叠得整整齐齐的扑克牌一样，有 54 张牌，但是只能看见最上面的一张牌，每一张牌就相当于布局管理器中的每一层。其实现过程如下。

(1) 定义面板，为每个面板设置不同的布局，并根据需要在每个面板中放置组件：

```
panelOne.setLayout(new FlowLayout);
panelTwo.setLayout(new GridLayout(2, 1));
```

(2) 设置主面板：

```
CardLayout card=new CardLayout();
panelMain.setLayout(card);
```

(3) 将开始准备好的面板添加到主面板：

```
panelMain.add("red panel",panelOne);
panelMain.add("blue panel",panelOne);
```

其中，add()方法带有两个参数：第一个用来表示面板标题；第二个为 JPanel 对象名称。

(4) 完成以上步骤以后，必须给用户提供在卡片之间进行选择的方法。一个常用的方法是每张卡片都包含一个按钮，通常用来控制显示哪张面板。可用如下方法访问哪张面板：

```
card.next(panelMain);                          //下一个
card.previous(panelMain);                      //前一个
card.first(panelMain);                         //第一个
card.last(panelMain);                          //最后一个
card.show(panelMain,"red panel");              //特定面板
```

【程序 9-19】 TestCardLayout.java。

```
import java.awt.*;
import java.awt.event.*;
import javax.swing.*;
public class TestCardLayout implements MouseListener{
    CardLayout layout=new CardLayout();
    JFrame f=new JFrame("JFrame with CardLayout");
    Container c;
    JButton page1Button;
    JLabel page2Label;                                          //标签,一行文本
    JTextArea page3Text;                                        //多行多列的文本区域
    JButton page3Top;
    JButton page3Bottom;
    public static void main(String args[]) {
        TestCardLayout frm=new TestCardLayout();
        frm.show();
    }
    public void show() {
        c=f.getContentPane();
        c.setLayout(layout);                                    //设置为 CardLayout
        //第一张 Card 放了一个 JButton
        c.add(page1Button=new JButton("1st Card: Button page"), "page1Button");
        page1Button.addMouseListener(this);                     //注册监听器

        //第二张 Card 放了一个 JLabel
        c.add(page2Label=new JLabel("2nd Card: Label page"), "page2Label");
        page2Label.addMouseListener(this);                      //注册监听器

        //第三张 Card 放一个 JPanel,在这个 JPanel 上又放了一个 JTextArea、两个 JButton
        JPanel pan=new JPanel();
        pan.setLayout(new BorderLayout());
        pan.add(page3Text=new JTextArea("3rd Card: Composite page"), "Center");
        page3Text.addMouseListener(this);
        pan.add(page3Top=new JButton("Top button"), "North");
        page3Top.addMouseListener(this);
        pan.add(page3Bottom=new JButton("Bottom button"), "South");
        page3Bottom.addMouseListener(this);
        c.add(pan, "panel");

        //窗口属性
        f.setSize(180, 120);
        f.setDefaultCloseOperation(JFrame.EXIT_ON_CLOSE);
        f.setVisible(true);
    }
    public void mouseClicked(MouseEvent arg0) {
        layout.next(c);
    }
```

```
    public void mouseEntered(MouseEvent arg0) {}
    public void mouseExited(MouseEvent arg0) {}
    public void mousePressed(MouseEvent arg0) {}
    public void mouseReleased(MouseEvent arg0) {}
}
```

上述实例的运行结果如图 9-30 所示，当单击图 9-30(a)界面时，将显示图 9-30(b)的界面，再单击，将显示图 9-30(c)的界面，再单击，又回到图 9-30(a)的界面。从上述源代码可知，最先加到 CardLayout 的将显示在最上面，最后加的显示在最下面。

(a) 第一张Card (b) 第二张Card (c) 第三张Card

图 9-30 CardLayout 实例

9.6.6 网格包布局

网格包布局(GridBagLayout)位于 java.awt 包中。

这是最复杂的布局管理器，在此布局中，组件大小不必相同。要使用网格包布局，还必须有其一个辅助类 GridBagConstraints。在容器中的组件如何放置，由与该组件关联的 GridBagConstraints 对象进行设定，GridBagConstraints 对象的相关属性指定了组件在网格中的显示区域以及组件在其显示区域中的放置方式。此外，使用 GridBagLayout 进行布局设计时，有多少行与多少列并非事先指定，而是由容器中有多少个组件以及如何设置 GridBagConstraints 对象来决定的。

GridBagConstraints 属性主要包括 gridx、gridy、gridwidth gridheight、fill、anchor、weightx、weighty 等。这些属性有些取值会互相影响，因此，相对而言较复杂，下面逐一讲解。

1. gridx 和 gridy

gridx 和 gridy 用于设置将要放置组件的网格坐标，它指示了组件在容器中的相对位置。容器网格的总体方向取决于容器的 ComponentOrientation 属性(可取值 ComponentOrientation.LEFT_TO_RIGHT——从左向右或 ComponentOrientation.RIGHT_TO_LEFT，即从右向左，下文中涉及网格坐标系的，默认为 LEFT_TO_RIGHT)，因此，gridx=0 和 gridy=0，即(0,0)位于容器的左上角，其中 X 向右递增，Y 向下递增；而对于从右向左(RIGHT_TO_LEFT)的容器，gridx=0 和 gridy=0 所在的网格坐标(0,0)位于容器的右上角，其中 X 向左递增，Y 向下递增。

gridx 和 gridy 的默认值均为 GridBagConstraints.RELATIVE，若两者均为默认值或 gridx=GridBagConstraints.RELATIVE 而 gridy=0，此时后来加入的组件将按顺序放在前一个组件的右边；若 gridx=0，gridy=GridBagConstraints.RELATIVE，此时后来加入的组

件将顺序地放在前一个组件的下边;若 gridx 和 gridy 均不为 GridBagConstraints. RELATIVE,即 gridx≥0,gridy≥0,其放置规律如下:令当前为第 j 个组件,其 gridx 和 gridy 的值分别为 x_j 和 y_j,同时假设前面有 n 个组件,其网格坐标为(x_i, y_i),$i=0,1,\cdots,n-1$,其中 x_i 按从小到大排列(从左向右排列),y_i 按从小到大(从上到下)排列,设 $x_j \geqslant x_k$,$y_j \geqslant y_h$,则当前组件将加到第 k 个组件的右边(第 $k+1$ 个组件的左边),第 h 个组件的下边(第 $h+1$ 个组件的上边)。

2. gridwidth 和 gridheight

gridwidth 和 gridheight 分别用于指定组件占用几行几列,默认值为 1。可以设置为 GridBagConstraints.REMAINDER,表示该组件占据剩余行或剩余列的全部,即从 gridx 到该行(针对 gridwidth)中的最后一个单元,或者从 gridy 到该列(针对 gridheight)中的最后一个单元。也可以设置为 GridBagConstraints.RELATIVE,它表示该组件占据剩余行或剩余列的除去最后一个单元之后的全部,即从 gridx 到其所在行(针对 gridwidth)的倒数第二个单元,或者从 gridy 到其所在列(针对 gridheight)的倒数第二个单元。

例如:

```
//向窗口中添加一个占两个单元格(两行一列)的按钮
JFrame f=new JFrame();
Container c=f.getContentPane();
GridBagLayout gridbag =new GridBagLayout();
GridBagConstraints cs =new GridBagConstraints();
c.setLayout(gridbag);
cs.gridheight=2;                          //占两行
cs.gridwidth=1;                           //占一列
JButton jButton =new JButton("按钮 1");
gridbag.setConstraints(button, cs);
c.add(jButton);
```

3. fill

fill 属性用于指示当组件的所在区域大于组件的所需大小时,用于确定是否(以及如何)调整组件。其可能的取值有 GridBagConstraints. NONE(默认值)、GridBagConstraints. HORIZONTAL(加宽组件直到它足以在水平方向上填满其显示区域,但不更改其高度)、GridBagConstraints.VERTICAL(加高组件直到它足以在垂直方向上填满其显示区域,但不更改其宽度)和 GridBagConstraints.BOTH(使组件完全填满其显示区域)。

4. anchor

anchor 属性用于设置当组件小于其显示区域时组件置于显示区域的何处。当 GridBagConstraints. fill = GridBagConstraints. NONE(即不打算填充)时,GridBag-constraints.anchor 才起作用,有效取值如下:

```
GridBagConstraints.NORTH
GridBagConstraints.SOUTH
GridBagConstraints.WEST
GridBagConstraints.EAST
GridBagConstraints.NORTHWEST
GridBagConstraints.NORTHEAST
GridBagConstraints.SOUTHWEST
GridBagConstraints.SOUTHEAST
GridBagConstraints.CENTER (默认值,表示不填充而只是放在所在区域中间)
```

5. weightx 和 weighty

weightx 和 weighty 分别为水平方向和垂直方向上的权重值,以 weightx 为例来解释其含义:当某行放置两个组件,其 weightx 设置分别为 1.6 和 0.4,则意味着该行的剩余空间的宽度将分别以 1.6/(1.6+0.4)=80%和 0.4/(1.6+0.4)=20%的比例进行分配,即剩余宽度的 80%分配给第一个组件所在区域,20%分配给另一个组件所在区域;当组件所在容器变宽时,假设增宽了 100 像素,则其 80%(即 80 像素)将分配给第一个组件区域,即第一个组件区域宽度增加 80 像素,第二个组件区域的宽度则增加 20 像素。对于 weighty 而言,其解释与 weightx 类似。两者默认值为 0,表示容器变化不会影响组件所在区域。此外,两者所产生的影响还将受 fill 属性的影响,若 fill 属性为 BOTH,则组件的大小变化将与其所在的区域变化保持相同的特性。

【程序 9-20】 TestGridBagLayout.java。

```
import javax.swing.*;
import java.awt.*;

public class TestGridBagLayout{
    public static void main(String args[]) {
        JFrame f=new JFrame("JFrame with GridBagLayout");
        Container c=f.getContentPane();

        GridBagLayout gridbag=new GridBagLayout();
        GridBagConstraints cs=new GridBagConstraints();
        c.setLayout(gridbag);
        //添加按钮 1
        cs.fill=GridBagConstraints.BOTH;
        cs.gridheight=2;
        cs.gridwidth=1;
        cs.weightx=0.0;                //默认值为 0.0
        cs.weighty=0.0;                //默认值为 0.0
        cs.anchor=GridBagConstraints.SOUTHWEST;
        JButton jButton1=new JButton("按钮 1");
        gridbag.setConstraints(jButton1, cs);
        c.add(jButton1);
        //添加按钮 2
```

```
        cs.fill=GridBagConstraints.NONE;
        cs.gridwidth=GridBagConstraints.REMAINDER;
        cs.gridheight=1;
        cs.weightx=1.0;                          //默认值为 0.0
        cs.weighty=0.8;
        JButton jButton2=new JButton("按钮 2");
        gridbag.setConstraints(jButton2, cs);
        c.add(jButton2);
        //添加按钮 3
        cs.fill=GridBagConstraints.BOTH;
        cs.gridwidth=1;
        cs.gridheight=1;
        cs.weighty=0.2;
        JButton jButton3=new JButton("按钮 3");
        gridbag.setConstraints(jButton3, cs);
        c.add(jButton3);

        f.setDefaultCloseOperation(JFrame.EXIT_ON_CLOSE);
        f.setSize(500,200);
        f.setVisible(true);
    }
}
```

在上述代码中,gridx 和 gridy 均为默认值 RELATIVE。这意味着“按钮 2”将与“按钮 1”呈水平方向排列,但因为“按钮 1”的 gridheight 为 2 且其 fill 为 BOTH,因此,“按钮 1”将占据第 0 列的第 0 行和第 1 行(即占据了两行)。而“按钮 2”的 gridheight 为 1 而其 gridwidth 为 GridBagConstraints.REMAINDER,它将占据第 1 列(在水平方向上紧靠着“按钮 1”排列)的第 0 行的全部空间,但因其 fill 为 NONE,则其大小不变化而保持按钮的默认值,同时其 anchor 仍为 SOUTHWEST。因此,“按钮 2”以原始尺寸显示在第 1 列的第 0 行的左下角。“按钮 3”的 gridx 与 gridy 仍为默认值,而“按钮 1”占了两行,“按钮 2”与“按钮 1”的第 0 行水平排列,则剩余的空间即为“按钮 2”下面的一行。因此,“按钮 3”放置于“按钮 2”下方。另一方面,“按钮 2”的 weighty=0.8,“按钮 3”的 weighty=0.2。这意味着“按钮 2”所在的行与“按钮 3”所在的行的高度将以 0.8 : 0.2 进行分配。因此,“按钮 2”所占区域的高是“按钮 3”所占区域的高的 0.8/0.2=4 倍,而“按钮 3”的 fill 为 BOTH。因此,“按钮 3”将充满整个区域。

程序 9-20 运行结果如图 9-31 所示。

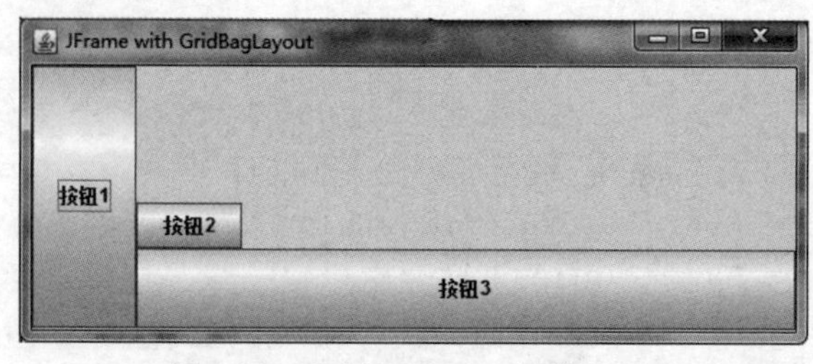

图 9-31　GridBagLayout 实例(一)

【程序 9-21】 TestGridBagLayout2.java。

```
import java.awt.*;
import javax.swing.*;

public class TestGridBagLayout2 extends JFrame{
    TestGridBagLayout2(String sTitle){
        super(sTitle);
    }
    public void init() {
        GridBagLayout gridbag=new GridBagLayout();
        GridBagConstraints cs=new GridBagConstraints();
        Container c=getContentPane();
        c.setLayout(gridbag);
        //设置 Button1、Button2、Button3 的 fill 和 weightx 属性
        cs.fill=GridBagConstraints.BOTH;
        cs.weightx=1.0;
        makeButton("Button1", gridbag, cs, c);
        makeButton("Button2", gridbag, cs, c);
        makeButton("Button3", gridbag, cs, c);
        //设置 Button4 的 gridwidth 属性
        cs.gridwidth=GridBagConstraints.REMAINDER;
        makeButton("Button4", gridbag, cs, c);
        //设置 Button5 的 weightx 属性
        cs.weightx=0.0;
        makeButton("Button5", gridbag, cs, c);
        //设置 Button6 的 gridwidth 属性
        cs.gridwidth=GridBagConstraints.RELATIVE;
        makeButton("Button6", gridbag, cs, c);
        //设置 Button7 的 gridwidth 属性
        cs.gridwidth=GridBagConstraints.REMAINDER;
        makeButton("Button7", gridbag, cs, c);
        //设置 Button8 的 gridwidth、gridheight、weighty 属性
        cs.gridwidth=1;
        cs.gridheight=2;
        cs.weighty=1.0;
        makeButton("Button8", gridbag, cs, c);
        //设置 Button9 和 Button10 的 weighty、gridwidth、gridheight 属性
        cs.weighty=0.0;
        cs.gridwidth=GridBagConstraints.REMAINDER;
        cs.gridheight=1;
        makeButton("Button9", gridbag, cs, c);
        makeButton("Button10", gridbag, cs, c);
    }
    //创建按钮
    protected void makeButton(String buttonText,
                              GridBagLayout gridbag,
                              GridBagConstraints cs,
                              Container c) {
```

```
        JButton button=new JButton(buttonText);
        gridbag.setConstraints(button, cs);
        c.add(button);
    }
    public static void main(String args[]) {
        TestGridBagLayout2 f=new TestGridBagLayout2("JFrame with GridBagLayout2");
        f.init();
        f.pack();
        f.setDefaultCloseOperation(JFrame.EXIT_ON_CLOSE);
        f.setVisible(true);
    }
}
```

上述代码中,其布局可以解释如下。

(1) button1～button4 的 gridx 均为 RELATIVE,则 4 个按钮呈水平排列;其 weightx 均为 1,则这 4 个按钮在宽度方向等分该行(第 0 行)的区域。而 button4 的 gridwidth 为 GridBagConstraints.REMAINDER,它占据了该行(第 0 行)的剩余部分,表明 4 个按钮完全充满该行。

(2) 因第 0 行已被占满,button5 将另起一行,且其 gridwidth 仍为 GridBagConstraints.REMAINDER,所以 button5 占据第 1 行的全部。

(3) 到目前为止,窗口容器被均分成了 4 列,它由 button1～button4 决定。button6 的 gridwidth=GridBagConstraints.RELATIVE,则其占据第 2 行的前三格(倒数第二单元)。button7 的 gridwidth=GridBagConstraints.REMAINDER,它占据该行的剩余部分(即最后一个格)。

(4) button8 的 gridwidth=1 表明其只占一列,gridheight=2 表明其占据两行,weighty=1.0 并不会影响其放置,因此它显得有些多余,事实上设置成 weighty=0.0 也不会有影响;由于 gridx 依然为 RELATIVE,因此 button9 和 button10 将位于 button8 的右边,而两者的 gridwidth 均为 GridBagConstraints.REMAINDER,因此占据每行的剩余全部区域。

程序 9-21 的运行结果如图 9-32 所示。

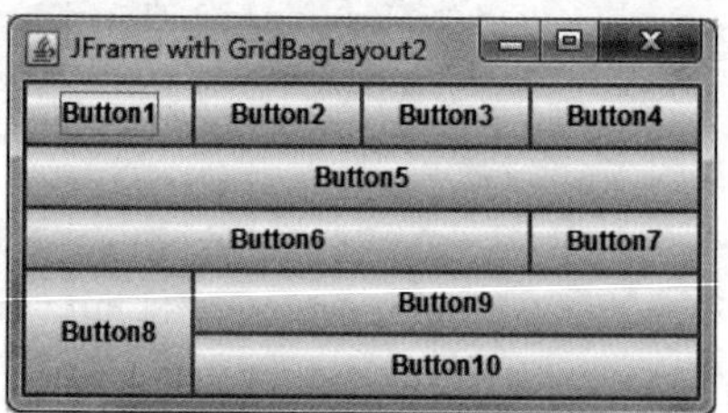

图 9-32　GridBagLayout 实例(二)

9.6.7　布局基本原则及复杂布局举例

常用的容器组件 JFrame 与 JPanel 有其默认的布局管理器,相关的注意事项如下。

(1) JFrame 是一个顶级窗口。JFrame 的默认布局管理器为 BorderLayout。

(2) JPanel 无法单独显示,必须添加到某个容器中。JPanel 的默认布局管理器为 FlowLayout。

(3) 当把 JPanel 作为一个组件添加到某个容器中后,该 JPanel 仍然可以有自己的布局管理器。因此,可以利用 JPanel 使得 BorderLayout 中某个区域显示多个组件,达到设计复杂用户界面的目的。

(4) 如果采用无布局管理器 setLayout(null),则必须使用 setLocation()、setSize()、

setBounds()等方法手工设置组件的大小和位置，但是此方法会导致平台相关，不鼓励使用。

(5) 除了 BoxLayout 位于 javax.swing 包中，其余 5 种布局管理器均位于 java.awt 包中。

那么，六种布局管理器到底如何选择呢？通常情况，可参考如下准则。

(1) 若组件尽量充满容器空间，可以考虑使用 BorderLayout 和 GridBagLayout。

(2) 若用户需要在紧凑的一行中以组件的自然尺寸显示较少的组件，用户可以考虑用面板容纳组件，并使用面板的默认布局管理器 FlowLayout。

(3) 若用户需要在多行或多列中显示一些同样尺寸的组件，GridLayout 最适合此情况。

(4) 若界面较为复杂，可先使用面板来容纳组件，然后选用适当的布局管理器。

当使用布局管理器将界面布置结束后，如果改变各个组件所在容器(通常是窗口 JFrame)的大小时，布局将如何变化？它遵循的规律如下。

① FlowLayout：容器大小发生变化，组件的大小不变，但是相对位置会发生变化。

② BorderLayout、GridLayout：容器的大小发生变化，组件的相对位置不变，大小发生变化。

③ BoxLayout：容器的大小发生变化时，组件占用的空间不会发生变化。

【程序 9-22】 TestComplexLayout.java。

```
import javax.swing.*;
import java.awt.*;
import java.awt.Color;
public class TestComplexLayout extends JFrame{
    TestComplexLayout(String sTitle){
        super(sTitle);
        initComponents();
        pack();
        setDefaultCloseOperation(JFrame.EXIT_ON_CLOSE);
    }
    private void initComponents(){
        //创建 panel1
        JPanel panel1=new JPanel();
        panel1.setLayout(new FlowLayout(FlowLayout.LEFT));
        panel1.add(new JLabel("当前打印机: Canon LBP3410/3460"));
        //创建 panel2
        JPanel panel2=new JPanel();
        panel2.setLayout(new GridLayout(4,1,15,15));
        JButton[] btn={new JButton("确定"), new JButton("取消"),
                        new JButton("设置…"),new JButton("帮助")};
        int maxWidth=0;
        int i;
        for(i=0;i<btn.length;i++)
            panel2.add(btn[i]);

        //创建 panel3
        JPanel panel3=new JPanel();
```

```
panel3.add(new JLabel("打印质量: "));
panel3.setLayout(new FlowLayout(FlowLayout.LEFT));
JComboBox jcb=new JComboBox();
jcb.addItem("高");
jcb.addItem("中");
jcb.addItem("低");
jcb.setSelectedIndex(0);
panel3.add(jcb);
panel3.add(new JCheckBox("打印到文件"));
//创建 panel4
JPanel panel4=new JPanel();
panel4.setLayout(new GridLayout(3,1,15,15));
panel4.add(new JCheckBox("图像"));
panel4.add(new JCheckBox("文本",true));
panel4.add(new JCheckBox("编码"));
//创建 panel5
JPanel panel5=new JPanel();
panel5.setLayout(new GridLayout(3,1,15,15));
ButtonGroup bg=new ButtonGroup();
JRadioButton[] rb={new JRadioButton("所选区域"),
                   new JRadioButton("全部",true),
                   new JRadioButton("Applet")};
for(i=0;i<rb.length;i++){
    bg.add(rb[i]);
    panel5.add(rb[i]);
}
//创建 panel6,并将 panel4、panel5 添加到 panel6 上
JPanel panel6=new JPanel();
panel6.setBackground(Color.WHITE);
panel6.setLayout(new FlowLayout(FlowLayout.LEFT,30,5));
panel6.add(panel4);
panel6.add(panel5);
//创建 panel7,并将 panel1、panel3、panel6 添加到 panel7 中
JPanel panel7=new JPanel();
panel7.setLayout(new BorderLayout());
panel7.add(panel1, "North");
panel7.add(panel6, "Center");
panel7.add(panel3, "South");
panel7.setBorder(BorderFactory.createLineBorder(Color.RED, 2));  //红色边框
//创建 panel8,并将 panel7、panel2 添加到 panel8 中
JPanel panel8=new JPanel();
panel8.setLayout(new BorderLayout());
panel8.add(panel7, "West");
panel8.add(panel2, "Center");
panel8.setBorder(BorderFactory.createLineBorder
(Color.BLUE, 2));           //蓝色边框
//将默认的内容面板替换成 panel8
```

```
            setContentPane(panel8);
        }
        public static void main(String[] args){
            TestComplexLayout f=new
            TestComplexLayout("复杂界面布局实例");
            f.setVisible(true);
        }
    }
```

上述运行界面如图 9-33 所示。

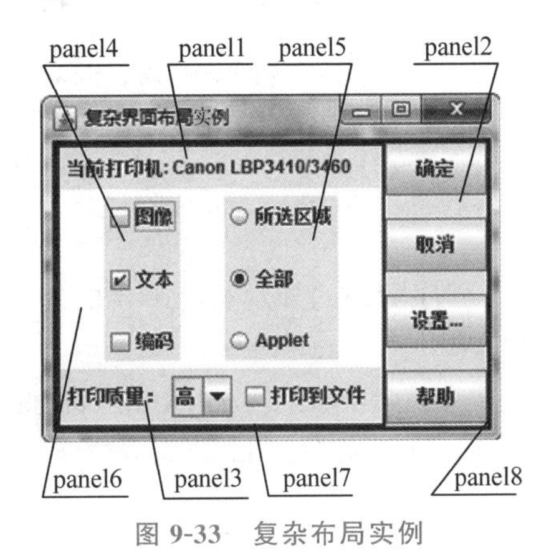

图 9-33 复杂布局实例

9.6.8 界面风格的选择

1. 获取当前系统支持的界面风格

Swing 编写的图形界面可以选择不同的风格，包括 Metal、Nimbus、CDE/Motif、Windows 和 Windows Classic 风格。如下代码将输出当前系统所安装的界面风格字符串：

```
UIManager.LookAndFeelInfo[] ui=UIManager.getInstalledLookAndFeels();
for(i=0;i<ui.length;i++)
    System.out.println((i+1)+"-"+ui[i].getName()+": "+ui[i].getClassName());
```

在笔者系统(Windows 7 简体中文版)环境下，上述代码输出如下：

```
1-Metal: javax.swing.plaf.metal.MetalLookAndFeel
2-Nimbus: com.sun.java.swing.plaf.nimbus.NimbusLookAndFeel
3-CDE/Motif: com.sun.java.swing.plaf.motif.MotifLookAndFeel
4-Windows: com.sun.java.swing.plaf.windows.WindowsLookAndFeel
5-Windows Classic: com.sun.java.swing.plaf.windows.WindowsClassicLookAndFeel
```

从以上输出可以看出，笔者系统共安装了 5 类外观风格，冒号前面为风格类的简称，例如，第 1 种风格简称为 Metal，其完整的风格类的字符串名称为 javax.swing.plaf.metal.MetalLookAndFeel。

2. 获取系统默认、跨平台以及 Java 程序默认的界面风格

如何知道当前系统默认、跨平台以及 Java 程序默认的外观风格呢？如下代码可获知这些信息：

```
System.out.println("系统默认 L&F: "+UIManager.getSystemLookAndFeelClassName());
System.out.println("Java 程序默认 L&F: "+UIManager.getLookAndFeel().toString());
System.out.println("跨平台 L&F:"+
                  UIManager.getCrossPlatformLookAndFeelClassName());
```

在笔者系统(Windows 7 简体中文版)环境下，上述代码输出如下：

```
系统默认 L&F: com.sun.java.swing.plaf.windows.WindowsLookAndFeel
Java 程序默认 L&F: [The Java(tm) Look and Feel-
                  javax.swing.plaf.metal.MetalLookAndFeel]
跨平台 L&F: javax.swing.plaf.metal.MetalLookAndFeel
```

从上述输出可以看出，Java 程序默认的外观与跨平台的外观一致，均为 Metal 类型。

3. 设置 Java 程序的界面风格

利用 UIManager.setLookAndFeel(String lookAndFeelClassName)方法可以设置当前 Java 程序的界面风格，其中 lookAndFeelClassName 为完整的外观风格类的字符串名称。

例如：

```
//将如下代码片段插入 TestComplexLayout.javainitComponents()方法
//中 setContentPane(panel8)的后面
try{
    //以下风格简称 Nimbus
    String lfClassName="com.sun.java.swing.plaf.nimbus.NimbusLookAndFeel";
    UIManager.setLookAndFeel(lfClassName);              //设置外观风格
    //更新 UI 外观
    SwingUtilities.updateComponentTreeUI(this);
}
catch (Exception e) { }
```

上述代码将产生如图 9-34(a)所示的界面效果，将 lfClassName 依次换成如下外观类：

```
com.sun.java.swing.plaf.motif.MotifLookAndFeel (简称 CDE/Motif)
com.sun.java.swing.plaf.windows.WindowsLookAndFeel(简称 Windows)
com. sun. java. swing. plaf. windows. WindowsClassicLookAndFeel (简 称 Windows Classic)
```

则产生的外观效果(测试环境 Windows 7 简体中文版)依次如图 9-34(b)～图 9-34(d)所示。

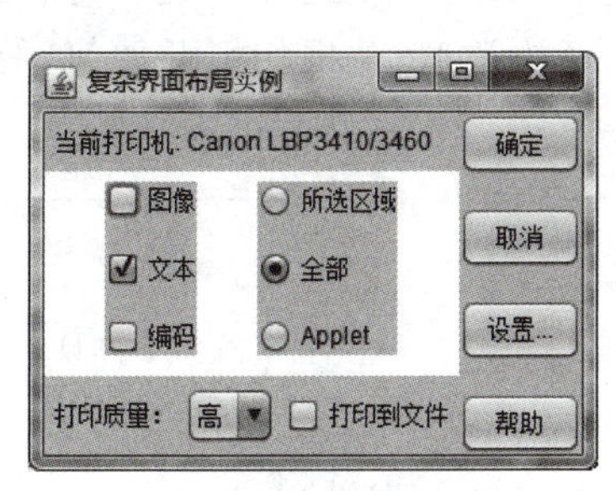

(a) Nimbus风格

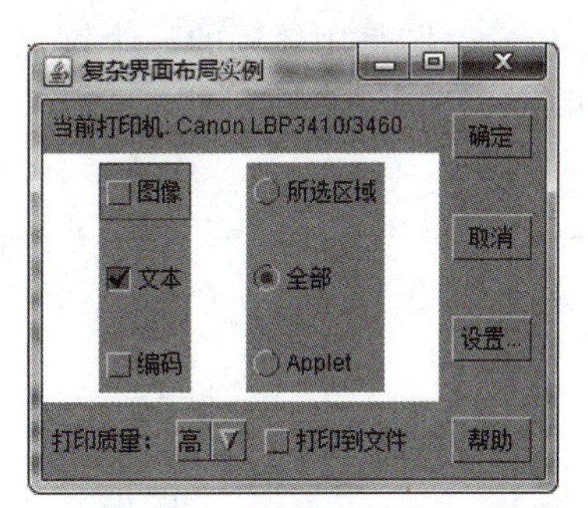

(b) CDE/Motif风格

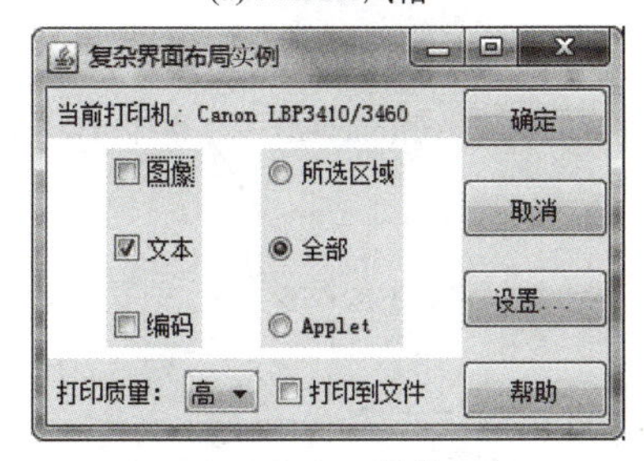

(c) Windows风格

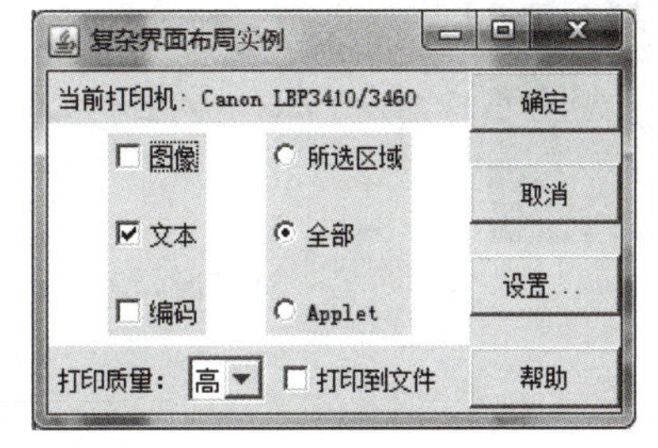

(d) Windows Classic风格

图 9-34 不同 Java 程序外观风格实例

9.7 事件处理模型

前面的主要内容是如何放置各种组件,使图形界面更加丰富多彩,但是还不能响应用户的任何操作,要能够让图形界面接收用户的操作,就必须给各个组件加上事件处理机制。GUI 程序是由事件(Event)驱动的,当用户与 GUI 交互可以产生事件(Events),通过对不同事件的处理形成不同的响应。常见的交互方式包括移动鼠标、在文本框中输入数据、关闭窗口等。

9.7.1 事件处理机制

在整个事件处理机制中,主要涉及三种对象。

(1) 事件源:事件源回答事件是由谁发生的,也就是事件发生的场所或者来源,通常是组件的对象,例如,按钮 JButton、下拉框 JComboBox、列表框 JList、树 JTree 等。

(2) 事件对象:事件对象主要回答发生了什么事情。事件对象本身封装了包含所发生的各种事件的有效信息,包括事件源对象以及处理该事件所需要的其他各种信息(如单击时的坐标等),这些有效信息被封装在 java.awt AWTEvent 类或其子类的实例对象中。

(3) 事件监听器:事件监听器主要回答当某个事件发生由谁处理以及怎么处理。一旦注册完成一个事件监听器,它将能接受事件对象并进行处理。

为增进理解,图 9-35 给出了编程中的事件与现实中的事件(如交通事故)的映射关系,其中,“登录”按钮的点击事件对应于交通事故(翻车)本身,按钮点击事件的事件源则为“登录”按钮本身,对应于交通事故中的车辆,按钮点击事件的事件对象则封装了“鼠标点击在窗口中的哪个位置?即(x, y)坐标”“是哪个组件发生了点击?即登录按钮”“是什么事件?

即鼠标单击(clicked)”“是用鼠标的哪个键点击的？即是左键还是右键?”等信息，对应于交通事故中的事件(涵盖了“在哪里?”“谁?”“什么事故类型?”“损伤情况如何”等交通事故信息)。

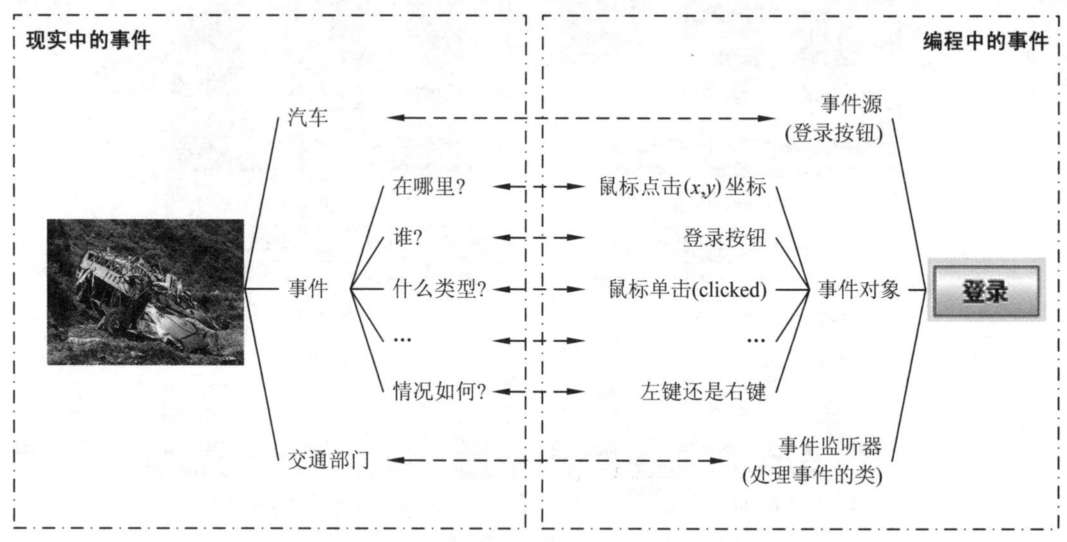

图 9-35　编程中的事件与现实中的事件映射

9.7.2　事件对象

在 Java 中，所有事件类均在 java.awt.event 包中，常用的事件类包括 ActionEvent、AdjustmentEvent、FocusEvent、InputEvent、KeyEvent、MouseEvent、WindowEvent、ItemEvent、TextEvent 等。如图 9-36 所示，java.util.EventObject 类是所有事件对象的基础父类，所有事件都是由它派生出来的。AWT 的相关事件继承于 java.awt.AWTEvent 类，这些 AWT 事件分为两大类：低级事件和高级事件。低级事件是指基于组件和容器的事件，当一个组件上发生鼠标的进入、单击、拖放或单击窗口关闭按钮等动作，将触发该组件或容器事件。高级事件是基于语义的事件，它可以不和特定的动作相关联，而依赖于触发此事件的类，如滑动滚动条会触发 AdjustmentEvent 事件或是选中项目列表的某一条就会触发 ItemEvent 事件。

- java.lang.Object
  - java.awt.event.ComponentAdapter (implements java.awt.event.ComponentListener)
  - java.awt.event.ContainerAdapter (implements java.awt.event.ContainerListener)
  - java.util.EventListenerProxy (implements java.util.EventListener)
    - java.awt.event.AWTEventListenerProxy (implements java.awt.event.AWTEventListener)
  - java.util.EventObject (implements java.io.Serializable)
    - java.awt.AWTEvent

图 9-36　Java 事件类

- ○ java.awt.event.ActionEvent
- ○ java.awt.event.AdjustmentEvent
- ○ java.awt.event.ComponentEvent
  - ○ java.awt.event.ContainerEvent
  - ○ java.awt.event.FocusEvent
  - ○ java.awt.event.InputEvent
    - ○ java.awt.event.KeyEvent
    - ○ java.awt.event.MouseEvent
      - ○ java.awt.event.MouseWheelEvent
  - ○ java.awt.event.PaintEvent
  - ○ java.awt.event.WindowEvent
- ○ java.awt.event.HierarchyEvent
- ○ java.awt.event.InputMethodEvent
- ○ java.awt.event.InvocationEvent (implements java.awt.ActiveEvent)
- ○ java.awt.event.ItemEvent
- ○ java.awt.event.TextEvent

○ java.awt.event.FocusAdapter (implements java.awt.event.FocusListener)
○ java.awt.event.HierarchyBoundsAdapter (implements java.awt.event.Hierarchy-BoundsListener)
○ java.awt.event.KeyAdapter (implements java.awt.event.KeyListener)
○ java.awt.event.MouseAdapter (implements java.awt.event.MouseListener, java.awt.event.MouseMotionListener, java.awt.event.MouseWheelListener)
○ java.awt.event.MouseMotionAdapter (implements java.awt.event.Mouse-Motion-Listener)
○ java.awt.event.WindowAdapter (implements java.awt.event.WindowFocusListener, java.awt.event.WindowListener, java.awt.event.WindowStateListener)

图 9-36 Java 事件类(续)

9.7.3 监听器接口

要处理某个事件,必须实现某个监听器接口。这类似于交通事故是一种事件对象,而成立交通部门并完善处理制度相当于成立了事件监听器(实现了某个监听器接口),而对外发布公文规定:凡是交通事故即交给该交通部门进行处理,这个过程相当于注册完成事件监听器。

在 Java 中,对于每种类型的事件,都定义了相应的事件处理(监听器)接口,其命名规则是 XXXEvent 事件对应的事件处理(监听器)接口通常命名为 XXXListener。这相当于整个 Java 体系做了如下约定:针对每种类型的事件规定必须成立某个部门进行处理,但具体如何处理,则交给程序员去设计,即编写事件处理程序去覆盖对应接口中的所有方法。常用监听器接口如图 9-37 所示。

表 9-30 是常用事件接口与应对的事件(动作)描述,其中第三列表示要响应对应的动作必须要实现的方法,而其参数即为对应动作发生时该方法所能感知的事件对象,例如,要响应单击按钮(JButton)事件,则必须实现(覆盖)actionPerformed(ActionEvent e)方法,该方法中的 e 是 ActionEvent 实例对象,它是在用户单击按钮时自动实例化的。

- java.util.EventListener
  - java.awt.event.ActionListener
  - java.awt.event.AdjustmentListener
  - java.awt.event.AWTEventListener
  - java.awt.event.ComponentListener
  - java.awt.event.ContainerListener
  - java.awt.event.FocusListener
  - java.awt.event.HierarchyBoundsListener
  - java.awt.event.HierarchyListener
  - java.awt.event.InputMethodListener
  - java.awt.event.ItemListener
  - java.awt.event.KeyListener
  - java.awt.event.MouseListener
  - java.awt.event.MouseMotionListener
  - java.awt.event.MouseWheelListener
  - java.awt.event.TextListener
  - java.awt.event.WindowFocusListener
  - java.awt.event.WindowListener
  - java.awt.event.WindowStateListener

图 9-37　常用监听器接口

表 9-30　常用事件接口与对应的事件(动作)描述

事件描述信息	监听器接口	监听器接口中的方法
单击按钮、菜单项等动作	ActionListener	actionPerformed(ActionEvent e)
选择了复选框、单选按钮、下拉框或列表框	ItemListener	itemStateChanged(ItemEvent e)
移动了滚动条等组件	AdjustmentListener	adjustmentValueChanged(AdjustmentEvent e)
鼠标移动	MouseMotionListener	mouseDragged(MouseEvent e) mouseMoved(MouseEvent e)
按下或释放鼠标按键	MouseListener	mousePressed(MouseEvent e) mouseReleased(MouseEvent e) mouseEntered(MouseEvent e) mouseExited(MouseEvent e) mouseClicked(MouseEvent e)
键盘输入	KeyListener	keyPressed(KeyEvent e) keyReleased(KeyEvent e) keyTyped(KeyEvent e)
组件收到或失去焦点	FocusListener	focusGained(FocusEvent e) focusLost(FocusEvent)
组件移动、缩放、显示/隐藏等	ComponentListener	componentMoved(ComponentEvent e) componentHidden(ComponentEvent e) componentResized(ComponentEvent e) componentShown(ComponentEvent e)

9.7.4 编写事件处理程序

要编写一个完整的事件处理程序，通常包含如下四部分内容。

(1) 引入系统事件类包：import java.awt.event.* 。

(2) 自定义事件处理类，即加上 implements XXXListener，例如：

```
public class MyFrame implements ActionListener {
 ⋮
}
```

(3) 注册事件源对象的监听者，即告诉程序一旦发生相应的事件后，由谁处理，例如：

```
public class MyFrame extends JFrame implements ActionListener{
    MyFrame(String sTitle){
        super(sTitle);
        JButton btn=new JButton("确定");
         ⋮
        btn.addActionListener (this);
         ⋮
    }
}
```

这个例子中，btn.addActionListener(this)即注册监听者，它相当于宣布一旦发生单击事件(ActionEvent，对应的事件监听器接口为 ActionListener，而 MyFrame 已经 implements 了该接口)由 this 处理，this 即为 MyFrame。

(4) 注册了监听者还不能响应相应的事件，还需要实现监听器接口中的所有方法。例如，在上例中，需加入如下代码：

```
//实现 ActionListener 接口中的方法
public void actionPerformed(ActionEvent e) {
    …//响应某个动作的代码
}
```

1. 事件监听者与事件源属于同一个类

【程序 9-23】 TestJButtonClick.java。

```
import java.awt.event.* ;                      //第①步，引入事件包
import java.awt.*;
import javax.swing.*;
//第②步，即声明 implements 某个监听器接口
public class TestJButtonClick implements ActionListener{
    public TestJButtonClick(){
        JFrame f=new JFrame("单击按钮事件");
        Container c=f.getContentPane();
        JButton b=new JButton("Press Me!");
        b.addActionListener(this);             //第③步，注册监听者
```

```
        c.add(b, "Center");

        f.setDefaultCloseOperation(JFrame.EXIT_ON_CLOSE);
        f.setSize(200,100);
        f.setVisible(true);
    }
    public void actionPerformed(ActionEvent e){          //第④步,监听者如何监听
        //e.getActionCommand()方法返回事件源的名称
        JOptionPane.showMessageDialog(null,
                        "你单击了按钮\""+e.getActionCommand()+"\"","提示",
                        JOptionPane.INFORMATION_MESSAGE);
    }
    public static void main(String args[ ]){
        new TestJButtonClick();
    }
}
```

上述例子的运行界面如图 9-38(a)所示,当单击其中的“Press Me!”按钮,将调用上述源码中的第④步的 actionPerformed 程序,其参数 e 将自动被赋予“Press Me!”按钮对象,执行后弹出如图 9-38(b)所示的消息框。

(a) 初始运行界面

(b) 单击按钮弹出消息框

图 9-38　JButton 单击事件处理程序实例

2. 事件监听者与事件源不属于同一类

在上述例子中,事件监听者与事件源是同属一个类 TestJButtonClick 的,也可以将事件监听者与事件源所在的类分离。

【程序 9-24】　TestJButtonClick1.java。

```
import java.awt.*;
import java.awt.event.*;                                    //第①步,引入事件包
import javax.swing.*;
public class TestJButtonClick1{
    TestJButtonClick1(){
        JFrame f=new JFrame("事件监听者与事件源所在的类分离");
        Container c=f.getContentPane();
        JButton b=new JButton("Press Me!");

        b.addActionListener(new JButtonHandler());        //第③步,注册监听者
        c.add(b, "Center");
```

```
        f.setDefaultCloseOperation(JFrame.EXIT_ON_CLOSE);
        f.setSize(200,100);
        f.setVisible(true);
    }
    public static void main(String args[ ]){
        new TestJButtonClick1();
    }
}
//第②步,单独定义一个类声明 implements 某个监听器接口
class JButtonHandler implements ActionListener{
    public void actionPerformed(ActionEvent e){//第④步,监听者如何监听
        JOptionPane.showMessageDialog(null,
                                "你单击了按钮""+e.getActionCommand()+"\","提示",
                                JOptionPane.INFORMATION_MESSAGE);
    }
}
```

上述例子中,单独定义了 JButtonHandler 来处理单击事件,而事件源则来自于 TestJButtonClick1 类中的按钮。其运行效果与图 9-38 一样。

3. 利用匿名类实现监听

【程序 9-25】 TestJButtonClick2.java。

```
import java.awt.*;
import java.awt.event.*;//第①步,引入事件包
import javax.swing.*;
public class TestJButtonClick2{
    TestJButtonClick2(){
        JFrame f=new JFrame("匿名类实现监听");
        Container c=f.getContentPane();
        JButton b=new JButton("Press Me!");
        //以下利用匿名类实现第②~④步
        b.addActionListener(new ActionListener(){
            public void actionPerformed(ActionEvent e){
                JOptionPane.showMessageDialog(null,
                                "你单击了按钮""+e.getActionCommand()+"\","提示",
                                JOptionPane.INFORMATION_MESSAGE);
            }
        });

        c.add(b, "Center");

        f.setDefaultCloseOperation(JFrame.EXIT_ON_CLOSE);
        f.setSize(200,100);
        f.setVisible(true);
    }
    public static void main(String args[ ]){
```

```
        new TestJButtonClick2();
    }
}
```

在上述例子中,利用匿名类实现了第②~④步,运行效果与图 9-38 一样。

4. 监听多个组件

【程序 9-26】 TestListenMulti.java。

```
import java.awt.*;
import java.awt.event.*;
import javax.swing.*;
public class TestListenMulti extends JFrame implements ActionListener{
    JTextField txtNumber;
    JButton btnInc,btnDec;
    TestListenMulti(String sTitle){
        super(sTitle);
        initComponents();
    }
    public void initComponents(){
        Container c=getContentPane();
        c.setLayout(new FlowLayout());
        //添加单行框
        txtNumber=new JTextField("0",20);
        c.add(txtNumber);
        //btnInc 按钮
        btnInc=new JButton("∧");
        c.add(btnInc);
        btnInc.addActionListener(this);
        //btnDec 按钮
        btnDec=new JButton("∨");
        c.add(btnDec);
        btnDec.addActionListener(this);
        try{
            //设置 Windows 风格
            StringlfClassName="com.sun.java.swing.plaf.windows.WindowsLookAndFeel";
            UIManager.setLookAndFeel(lfClassName);
            //更新 UI 外观
            SwingUtilities.updateComponentTreeUI(this);
        }
        catch (Exception e){}
        setDefaultCloseOperation(JFrame.EXIT_ON_CLOSE);
        pack();
    }
    public void actionPerformed(ActionEvent e){
        int oldNum=Integer.parseInt(txtNumber.getText());
        int newNum=oldNum;
```

```
        if(e.getSource()==btnInc)                  //单击 btnInc 按钮
            newNum++;
        else if (e.getSource()==btnDec)            //单击 btnDec 按钮
            newNum--;

        txtNumber.setText(String.valueOf(newNum));
    }
    public static void main(String args[]) {
        TestListenMulti f=new TestListenMulti ("监听多个组件事件");
        f.setVisible(true);
    }
}
```

上述例子实现了在同一个方法中监听多个组件的事件，它允许用户单击一次就将此数加1的按钮，而单击另一个按钮将此数减1，实现效果如图9-39所示。

图 9-39 监听多个组件实例

9.8 鼠标事件处理

鼠标事件的监听器接口有MouseListener(鼠标事件)、MouseMotionListener(鼠标移动事件)和MouseWheelListener(鼠标滚轮事件)，前两个接口中的鼠标事件对应的类为MouseEvent，鼠标滚轮事件则对应MouseWheelEvent。表9-31定义了MouseEvent常用的常量与方法。

表 9-31 MouseEvent 常用的常量与方法

常量或方法定义	功能说明
MouseEvent.MOUSE_PRESSED	鼠标按下
MouseEvent.MOUSE_CLICKED	鼠标单击(按下并释放鼠标按键)
MouseEvent.MOUSE_RELEASED	鼠标松开
MouseEvent.MOUSE_ENTERED	鼠标进入
MouseEvent.MOUSE_EXITED	鼠标离开
int getX()	取得鼠标的 X 坐标
int getY()	取得鼠标的 Y 坐标
int getClickCount()	取得鼠标连续单击的次数

【程序 9-27】 TestMouseListener.java。

```
import java.awt.event.MouseEvent;
import java.awt.event.MouseListener;
import java.awt.event.MouseMotionListener;
import java.awt.Graphics;
```

```
import java.awt.BorderLayout;
import java.awt.Container;
import javax.swing.JPanel;
import javax.swing.JFrame;
class MousePanel extends JPanel{
    int x_pos,y_pos;
    MousePanel(){
        //注册鼠标事件监听器,并用匿名类来实现事件处理程序
        //注意,必须实现(覆盖)接口中的全部方法,哪怕实现代码一句也没有
        addMouseListener(new MouseListener(){
            public void mouseClicked(MouseEvent e){}
            public void mouseEntered(MouseEvent e){}
            public void mouseExited(MouseEvent e){}
            public void mouseReleased(MouseEvent e){}
            public void mousePressed(MouseEvent e){
                x_pos=e.getX();
                y_pos=e.getY();
                repaint();          //本方法会自动触发 paintComponent()方法的运行
            }
        });
        //注册鼠标移动事件监听器,并用匿名类来实现事件处理程序
        addMouseMotionListener(new MouseMotionListener(){
            public void mouseDragged(MouseEvent e){}
            public void mouseMoved(MouseEvent e){
                x_pos=e.getX();
                y_pos=e.getY();
                repaint();          //本方法会自动触发 paintComponent()方法的运行
            }
        });
    }
    //覆盖父类的 paintComponent()方法以绘制当前鼠标的坐标
    protected void paintComponent(Graphics g){
        super.paintComponent(g);
        g.drawString( "当前位置: ["+x_pos+", "+y_pos+"]",x_pos, y_pos);
    }
}
public class TestMouseListener extends JFrame{
    TestMouseListener(){
        super("鼠标位置");
        setContentPane(new MousePanel());
    }
    public static void main(String args[ ]){
        TestMouseListener f=new TestMouseListener();
        f.setDefaultCloseOperation(JFrame.EXIT_ON_CLOSE);
        f.setSize(300, 180);
        f.setVisible(true);
    }
}
```

上述例子主要实现的功能是鼠标在窗口上移动时，将实时显示当前鼠标的坐标(这里的坐标是相对于窗口的坐标系而言的，窗口的坐标系原点(0，0)在左上角，*X* 轴向右，*Y* 轴向下)，如图 9-40 所示。其实现原理是从 JPanel 继承一个面板 MousePanel，在该面板上用匿名类注册并实现监听器 MouseListener 和 MouseMotionListener，定义成员变量 x_pos 和 y_pos 来记录鼠标按下或鼠标移动时的坐标，记录过程是通过实现 MouseListener 接口的 mousePressed()方法和 MouseMotionListener 接口的 mouseMoved()方法来保存，一旦记录好之后，就用 repaint()方法去触发 paintComponent()方法，后者是通过覆盖父类的同名方法而得到，在该方法中实现了实时显示当前鼠标的坐标(x_pos，y_pos)。

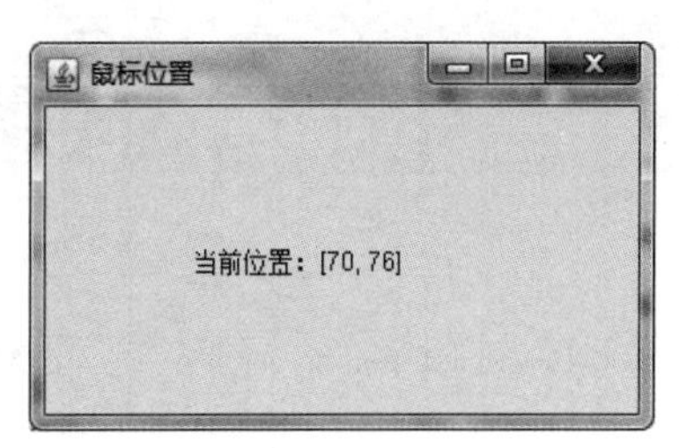

图 9-40 鼠标事件实例

9.9 事件适配器类

在前述鼠标事件处理中，为了监听 MOUSE_PRESSED 事件(通过覆盖 mousePressed()方法来监听)，要把 mouseClicked、mouseEntered、mouseExited、mouseReleased 等方法全部实现，这是因为 Java 语法中规定，无论实现了几个接口，接口中已定义的方法必须一一实现，如果对某事件不感兴趣，可以不具体实现其方法，而用空的方法体来代替，但却必须把所有方法都要写上。这一规定给程序员带来了一些麻烦与不便，使程序员的工作量变大了，为了解决这个问题，Java 中为那些具有多个方法的监听器接口提供了事件适配器类。这个类通常命名为 XXXAdapter，在该类中以空方法体实现了相应接口的所有方法，这样程序员要实现监听器时，可通过继承适配器类来编写监听者类，在类中只需给出关心的方法，从而减轻工作量。表 9-32 列出了常用的事件适配器类。

表 9-32 MouseEvent 常用的事件适配器类

监听器接口	事件适配器类	接口方法
ComponentListener	ComponentAdapter	componentHidden()
		componentMoved()
		componentResized()
		componentShown
ContainerListener	ContainerAdapter	componentAdded()
		componentRemoved()
FocusListener	FocusAdapter	focusGained()
		focusLost()
KeyListener	KeyAdapter	keyPressed()
		keyReleased()
		keyTyped()

续表

监听器接口	事件适配器类	接 口 方 法
MouseListener	MouseAdapter	mouseClicked()
		mouseEntered()
		mouseExited()
		mousePressed()
		mouseReleased()
MouseMotionListener	MouseMotionAdapter	mouseDragged()
		mouseMoved()
WindowListener	WindowAdapter	windowActivated()
		windowClosed()
		windowClosing()
		windowDeactivated()
		windowDeiconified()
		windowIconified()
		windowOpened()

例如，将前述鼠标事件实例的源代码 TestMouseListener.java 中的注册监听器的代码改为如下即可实现同样的功能：

```
⋮
addMouseListener(new MouseAdapter(){                    //匿名继承 MouseAdapter 类
    public void mousePressed(MouseEvent e){
        x_pos=e.getX();
        y_pos=e.getY();
        repaint();
    }
});
addMouseMotionListener(new MouseMotionAdapter(){     //匿名继承 MouseMotionAdapter 类
    public void mouseMoved(MouseEvent e){
        x_pos=e.getX();
        y_pos=e.getY();
        repaint();
    }
});
⋮
```

9.10　键盘事件处理

键盘事件的监听器接口为 KeyListener，适配器类为 KeyAdapter，键盘事件对应的类是 KeyEvent，位于 java.awt.event 包中。KeyEvent 定义了一些常量和方法，如表 9-33 所示。

表 9-33 KeyEvent 常用的常量和方法

常量或方法定义	功能说明
KEY_PRESSED	“按下键”事件
KEY_RELEASED	“释放键”事件
KEY_TYPED	“输入键”事件，即按下并释放
VK_*	代表键盘上的某个键，如 KeyEvent.VK_A 到 KeyEvent.VK_Z 与 ASCII 码的'A'到'Z'(0x41-0x5A) 相同，KeyEvent.VK_F1 表示 F1 功能键，以此类推
char getKeyChar()	返回与此事件中的键相关联的字符。例如，Shift+"a"的 KEY_TYPED 事件返回值"A"。本方法只适用于 KEY_TYPED 事件
int getKeyCode()	返回与此事件中的键相关联的整数 keyCode。与 getKeyChar 不同的地方在于，本方法返回的是 getKeyCode 得到的是键码常量，是在 KeyEvent 定义的常量(例如 KeyEvent.VK_Z 代表 Z)，对应物理键；而 getKeyChar 返回的是实际输入的字符(区分大小写)
int getKeyLocation()	某些键在键盘上有多个，如数字键、Shift 键、Ctrl 键等，本方法提供了一种区分这些键的方式
static String getKeyModifiersText(int modifiers)	返回描述组合键的 String，如"Shift"或"Ctrl+Shift"
static String getKeyText (int keyCode)	返回描述 keyCode 的 String，如"HOME"、"F1"或"A"

例如：

```
//下面的代码用于判断是不是左边的 Shift 键
if(e.getKeyCode()==KeyEvent.VK_SHIFT &
    e.getkeyLocation()==KeyEvent.KEY_LOCATION_LEFT){
        ⋮
}
```

【程序 9-28】 TestKeyListener.java。

```
import java.awt.*;
import java.awt.event.*;
import javax.swing.*;

public class TestKeyListener extends JFrame{
    TestKeyListener(String sTitle){
        super(sTitle);
        Container c=getContentPane();
        c.setLayout(new GridLayout(4,1,2,2));
        //选择角色
        JPanel panel1=new JPanel();
        panel1.setLayout(new FlowLayout(FlowLayout.LEFT));
        panel1.add(new JLabel("选择角色: "));
        JComboBox jcb=new JComboBox();
```

```
        jcb.addItem("教师");
        jcb.addItem("学生");
        jcb.setSelectedIndex(1);
        panel1.add(jcb);
        c.add(panel1);
        //输入学号
        JPanel panel2=new JPanel();
        panel2.setLayout(new FlowLayout(FlowLayout.LEFT));
        panel2.add(new JLabel("输入学号: "));
        FgTextField txtNum=new FgTextField("", 15, true);
        panel2.add(txtNum);
        c.add(panel2);
        //输入密码
        JPanel panel3=new JPanel();
        panel3.setLayout(new FlowLayout(FlowLayout.LEFT));
        panel3.add(new JLabel("输入密码: "));
        panel3.add(new JPasswordField("", 15));
        c.add(panel3);
        //登录按钮
        JPanel panel4=new JPanel();
        panel4.setLayout(new FlowLayout(FlowLayout.RIGHT));
        panel4.add(new JButton("登录"));
        panel4.add(new JButton("取消"));
        c.add(panel4);
    }
    public static void main(String args[ ]){
        TestKeyListener f=new TestKeyListener("键盘事件");
        f.setDefaultCloseOperation(JFrame.EXIT_ON_CLOSE);
        f.pack();
        f.setVisible(true);
    }
}
//自定义单行文本框,从 JTextField 继承过来
class FgTextField extends JTextField{
    boolean m_bOnlyInteger;                          //用于指示是否只允许输入整数
    FgTextField(String sText, int columns, boolean bOnlyInteger){
        super(sText,columns);

        m_bOnlyInteger=bOnlyInteger;
        addKeyListener(new KeyAdapter(){
            public void keyTyped(KeyEvent e){
                if(m_bOnlyInteger){
                    char c=e.getKeyChar();
                    if(c<'0'|c>'9')
                        e.consume();                 //取消输入
                }
            }
```

```
            });
        }
    }
```

上述实例演示了如何利用键盘事件限制某个文本框只能输入整数，其中通过继承JTextField得到可只允许输入整数的FgTextField自定义组件，图9-41为运行界面，其中输入学号的文本框只能输入数字，其他字符将无法输入到该文本框中。

图 9-41　键盘事件实例

第 10 章　多　线　程

多线程是为了使多个线程并行工作以同步完成多项任务，来提高系统的效率。CPU 是通过时间片的方式来分配 CPU 处理时间，通过多线程将程序划分成多个独立的任务，可以使 CPU 处理的效率大大提高。多线程的使用具备如下一些优点。

(1) 多线程技术使程序的响应速度更快。

(2) 当前没有处理任务时可以将 CPU 处理时间让给其他任务。

(3) 需要使用大量 CPU 处理时间的任务可以定期将处理时间让给其他任务。

(4) 可以随时停止任务。

(5) 可以通过设置任务的优先级来优先处理任务。

因此，在执行需要大量 CPU 处理时间的任务或者需要等待外部资源(Internet 连接或远程文件)时最适合采用多线程。

10.1　线程简介

10.1.1　进程与线程

程序是计算机指令的集合，而进程就是一个运行中的程序，它指的是从代码加载、执行到执行结束这样一个完整的过程。每个进程都占用不同的内存空间。

线程(Thread)则是进程中某个单一顺序的控制流，也被称为轻量进程，它被操作系统调度，并在处理器或内核上运行。一个进程都有一个主线程(Primary Thread)，一个进程可以由多个线程组成，每个线程并行执行不同的任务，这些线程共享同一个内存空间。

10.1.2　线程生命周期

线程生命周期是指线程从产生到消亡的过程。一个线程的生命周期包括以下几种状态。

1. 新建状态

当用 new 创建一个线程对象后，该线程即处于新建状态。新建状态时虽然对象已经创建，但是还没有使用 start()方法进行启动，因此并不会被执行。处于新建状态的线程对象可以通过 start()方法启动或者通过 stop()方法进行停止。

2. 就绪状态

当线程对象调用了 start()后，该线程处于就绪状态。就绪状态只是说明线程对象已经具备了运行的条件，系统运行多线程程序时，是根据系统资源状况来调度线程的。因此，线程是否在运行，除了线程对象具备就绪条件，还需要系统分配资源使线程运行。

3. 运行状态

如果处于就绪状态的线程获得 CPU 时间片，开始执行 run()方法的线程执行体，该线程即处于运行状态，此时，除非此线程自动放弃 CPU 资源或者有优先级更高的线程进入，否则，线程将一直运行到结束。那么，我们是否可以强迫某个线程获得 CPU 时间片以便主动运行呢？不能，线程是否进入运行状态是由操作系统调度的。

4. 不可运行状态

当线程处于不可运行状态时，操作系统不会给线程分配 CPU，直到线程重新进入就绪状态，它才有机会转到运行状态。

不可运行状态分为三种情况。

(1) 等待态：位于对象等待池中的等待状态。当线程运行时，如果执行了某个对象的 wait()方法，线程就会被放到这个对象的等待池中。

(2) 阻塞态：位于对象锁中的阻塞状态，当线程处于运行状态时，试图获得某个对象的同步锁时，如果该对象的同步锁已经被其他的线程占用，线程就会被放到这个对象的锁池中。

(3) 睡眠态：其他的阻塞状态。当前线程执行了 sleep()方法，或者调用了其他线程的 join()方法，或者发出了 I/O 请求时，就会进入这个状态。

5. 终止状态

如果线程的 run()执行完成，或者调用了 stop()方法，或者抛出一个未捕获的异常等原因，则该线程就进入了终止状态，线程一旦进入终止状态就不再存在了，也无法改变为其他状态。

图 10-1 给出了线程的状态转换图，其中线程的新建状态可以转换为就绪状态；就绪状态可以转换为运行状态、阻塞状态、终止状态或者重置为可运行状态；不可运行状态可以转换为可运行状态或终止状态；终止状态不可以转换为其他任何状态。表 10-1 给出了不同方法对于线程可适用的当前状态以及转换后的目的状态。

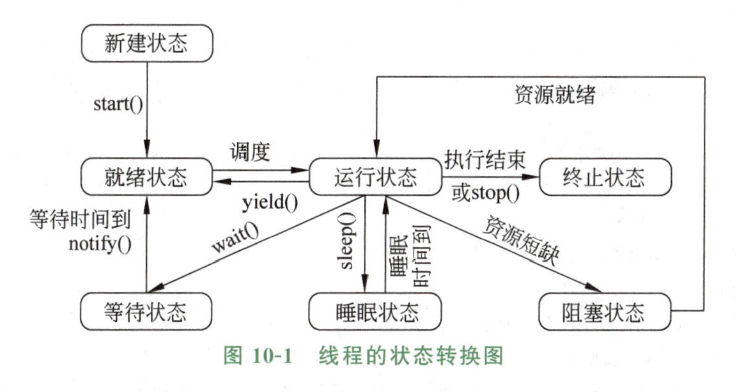

图 10-1　线程的状态转换图

表 10-1　线程状态转换方法

方　法	描　述	当前状态	目的状态
start()	开始执行线程	新建状态	就绪状态
stop()	终止线程	运行状态	终止状态
sleep(long), sleep(long, int)	根据时间暂停线程	运行状态	睡眠状态
suspend()	挂起执行	运行状态	阻塞状态
resume()	恢复执行	阻塞状态	就绪状态
yield()	放弃执行	运行状态	就绪状态
wait()	进入等待	运行状态	等待状态
notify()	等待状态解除	等待状态	就绪状态

10.2 编写线程程序

10.2.1 第一种方法：继承 Thread 类

在 Java 中有两种方式实现多线程：一种是继承 Thread 类并覆盖 run()方法，另一种是实现 Runnable 接口来创建。Thread 类是在 java.lang 包中定义的。一个类只要继承了 Thread 类同时覆写了本类中的 run()方法就可以实现多线程操作了，但是一个类只能继承一个父类，这是该方法的局限。继承 Thread 类的写法如下：

```
public class ThreadExample extends Thread {
    //实现了接口的 run()方法
    public void run() {
        System.out.println("线程在运行");
    }
}
```

以上代码只是一个简单的单一线程，还没有涉及多线程的概念，java.lang.Thread 类是一个通用的线程类，其 run()方法默认是空的，因此直接对 Thread 类进行实例化并不能完成任何事，必须要对 Thread 类进行继承并覆写 Thread 类中的 run()方法，来实现人们想要的功能。因此，要创建新的线程，方法一就是先继承 Thread 类建立子类，然后覆写 run()方法，再通过 Thread 子类声明线程对象。

下面建立一个 ThreadExample 子类来继承 Thread 类，这个类模拟了车站窗口卖票的功能，这个窗口有 10 张票，可以一直卖票直到剩余票数为 0，才停止运行。程序如下：

```
/* ThreadExample1 类继承了 Thread 类 */
class ThreadExample1 extends Thread {
    int ticket=10;
    //覆写 Thread 类的 run()方法
    public void run() {
        //持续卖票，一直到剩余票数为 0
        while(this.ticket>0) {
            System.out.println(this.getName()+"卖票-->"+(this.ticket--));
        }
    }
}
```

建立好线程类 ThreadExample1 后，利用其来创建一个线程的方法如下：

```
ThreadExample1 t1=new ThreadExample1 ();
t1.start();//运行创建的线程，即将 t1 线程转为就绪状态，以便于操作系统调度运行
```

通过 ThreadExample1 类来模拟多个窗口的售票，程序如下。

【程序 10-1】 ThreadExample1.java。

```
class ThreadExample1 extends Thread {
    int ticket=10;
    //重写 Thread 类的 run()方法
    public void run() {
        //持续卖票,一直到剩余票数为 0
        while(this.ticket>=0) {
            System.out.println(this.getName()+"卖票-->"+(this.ticket--));
        }
    }
    static public void main(String args[]) {
        ThreadExample1 t1=new ThreadExample1();            //创建线程类
        ThreadExample1 t2=new ThreadExample1();
        ThreadExample1 t3=new ThreadExample1();
        t1.setName("窗口 1");                               //给线程命名
        t2.setName("窗口 2");
        t3.setName("窗口 3");
        t1.start();            //线程运行
        t2.start();
        t3.start();
    }
}
```

运行后,输出结果可能如图 10-2 所示(读者的运行结果可能不同)。

需要注意的是,例子中创建了 3 个线程并运行,多次运行的输出结果可能会不一样。这是因为线程是通过操作系统调度来执行的,即,虽然很多线程都处于就绪状态,但同一时间只有一个线程在运行,因为一个 CPU 同时只能执行一条指令。因此,操作系统会在一个线程空闲时撤下这个线程,改让其他线程来执行,这就是线程的抢占方式,或者称为线程调度。因此,线程运行时并没有按照程序调用顺序来执行,如果需要线程按照顺序执行,必须要在执行一个线程前来判断前面的线程是否已经终止,如果已经终止再调用该线程,这部分内容将在线程同步中学习。

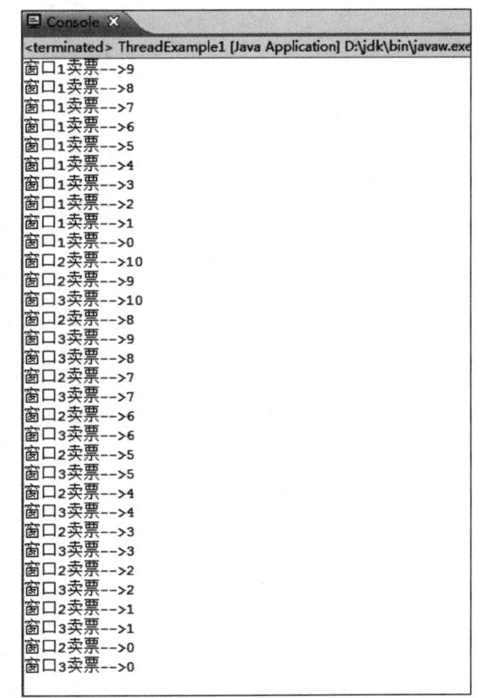

图 10-2 输出结果

10.2.2 第二种方法:实现 Runable 接口

实现线程的第二种方法是通过实现 Runnable 接口。因为 Java 语言不支持多重继承,而需要的线程类需要继承其他类,因此利用 Runnable 接口就可以创建线程而又不需要继承 Thread 类。Runnable 接口定义如下:

```
public interface Runnable {
    public abstract void run();
}
```

Runnable 接口只有一个抽象方法 run()，因此要实现这个接口只需要实现这个抽象方法即可。而要建立一个线程类，必须要实现这个接口。例如：

```
public class RunnableExample1 implements Runnable {
    //实现了接口的 run()方法
    public void run() {
        System.out.println("线程在运行");
    }
}
```

通过线程类 RunnableExample1 来创建一个线程的例子如下：

```
RunnableExample1 t1=new RunnableExample1();
Thread t1s=new Thread(t1);          //创建线程，通过 Runnable 的实例来创建一个线程对象
t1s.start();                        //运行创建的线程，即将 t1s 加入就绪队列
```

同样以车站窗口售票为例，通过 Runnable 接口来创建多线程，程序如下。

【程序 10-2】 RunnableExample1.java。

```
class RunnableExample1 implements Runnable{
    private int ticket=10;
    public void run(){
        while(this.ticket>=0) {                        //持续卖票，一直到剩余票数为 0
            System.out.println(Thread.currentThread().getName()+"卖票-->"+
            (this.ticket--));
        }
    }
    //建立三个售票窗口的线程类来模拟窗口售票
    static public void main(String args[]) {
        RunnableExample1 t1=new RunnableExample1 ();      //创建线程类
        RunnableExample1 t2=new RunnableExample1 ();
        RunnableExample1 t3=new RunnableExample1 ();
        Thread t1s=new Thread(t1);                        //创建线程
        Thread t2s=new Thread(t2);
        Thread t3s=new Thread(t3);
        t1s.setName("窗口 1");                            //给线程命名
        t2s.setName("窗口 2");
        t3s.setName("窗口 3");
        t1s.start();                                      //线程运行
        t2s.start();
        t3s.start();
    }
}
```

运行后，输出结果如图 10-3 所示。

读者的程序运行结果顺序有可能与此不符，这仍然是线程并行运行并抢占资源引起的，本书后续会讨论如何解决线程顺序问题。

```
Console ✕
<terminated> RunnableExample1 [Java Application] D:\jdk\bin\javaw.exe
窗口1卖票-->10
窗口1卖票-->9
窗口1卖票-->8
窗口1卖票-->7
窗口1卖票-->6
窗口1卖票-->5
窗口1卖票-->4
窗口2卖票-->10
窗口2卖票-->9
窗口2卖票-->8
窗口2卖票-->7
窗口2卖票-->6
窗口2卖票-->5
窗口2卖票-->4
窗口2卖票-->3
窗口2卖票-->2
窗口2卖票-->1
窗口2卖票-->0
窗口1卖票-->3
窗口1卖票-->2
窗口1卖票-->1
窗口1卖票-->0
窗口3卖票-->10
窗口3卖票-->9
窗口3卖票-->8
窗口3卖票-->7
窗口3卖票-->6
窗口3卖票-->5
窗口3卖票-->4
窗口3卖票-->3
窗口3卖票-->2
窗口3卖票-->1
窗口3卖票-->0
```

图 10-3 程序 10-2 的输出结果

10.2.3 两种方法比较

Thread 是类，使用时需要继承该类。Runnable 是接口，使用时需要实现接口，其实目的是一样的，都是要重写 run()方法。实际上，run()方法是 Runnable 独有的，但 Thread 类本身已经封装了 Runnable 接口，所以继承 Thread 类时，也可以调用 run()方法。但是 Java 只支持单继承，继承 Thread 实现多线程很简单，它也有一个很大的缺点，那就是如果类已经继承了某个类，也就无法再继承 Thread 类了，那就只能通过实现 Runnable 接口来达到多线程。另外，实现 Runnable 有一个好处，就是可以共享一个目标对象，实现多个线程处理同一个资源。

下面对 10.2.2 节中的售票窗口例子进行修改，程序如下。

【程序 10-3】 RunnableExample2.java。

```
public class RunnableExample2 implements Runnable{
    private int ticket=10;
    public void run(){
        while(this.ticket>=0) {                          //持续卖票,一直到剩余票数为 0
            System.out.println(Thread.currentThread().getName()+"卖票-->"+
            (this.ticket--));
        }
    }
    //建立三个售票窗口的线程类来模拟窗口售票
    static public void main(String args[]) {
        RunnableExample2 t1=new RunnableExample2();     //创建线程类
        Thread t1s=new Thread(t1);                      //创建线程
        Thread t2s=new Thread(t1);
        Thread t3s=new Thread(t1);
        t1s.setName("窗口 1");                           //给线程命名
        t2s.setName("窗口 2");
        t3s.setName("窗口 3");
        t1s.start();                                    //线程运行
        t2s.start();
        t3s.start();
```

```
        }
    }
```

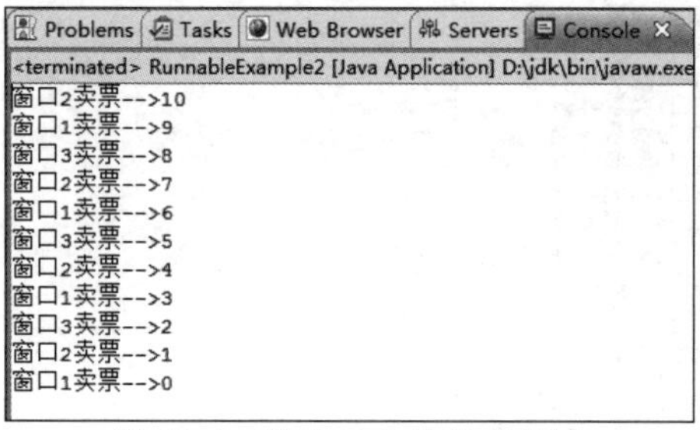

```
Problems  Tasks  Web Browser  Servers  Console ✕
<terminated> RunnableExample2 [Java Application] D:\jdk\bin\javaw.exe
窗口2卖票-->10
窗口1卖票-->9
窗口3卖票-->8
窗口2卖票-->7
窗口1卖票-->6
窗口3卖票-->5
窗口2卖票-->4
窗口1卖票-->3
窗口3卖票-->2
窗口2卖票-->1
窗口1卖票-->0
```

图 10-4　程序 10-3 的输出结果

运行后,输出结果如图 10-4 所示。

由输出结果可以看出,三个窗口(线程)同时在对一个对象 t1 的 10 张票进行销售,因此三个窗口总共卖出了 10 张票,而不是 10.2.2 节中例子中的 30 张票,因此在用多线程处理共用资源的时候非常适合采用 Runnable 接口的方法。

比较 Thread 类和 Runnable 接口两种方式,其优缺点如下。

采用继承 Thread 类方式的优点和缺点如下。

(1) 优点:编写简单,如果需要访问当前线程,无须使用 Thread.currentThread()方法,直接使用 this,即可获得当前线程。

(2) 缺点:因为线程类已经继承了 Thread 类,所以不能再继承其他的父类。

采用实现 Runnable 接口方式的优点和缺点如下。

(1) 优点:线程类只是实现了 Runable 接口,还可以继承其他的类。在这种方式下,可以多个线程共享同一个目标对象,所以非常适合多个相同线程来处理同一份资源的情况,从而可以将 CPU 代码和数据分开,形成清晰的模型,较好地体现了面向对象的思想。

(2) 缺点:编程稍显复杂,如果需要访问当前线程,必须使用 Thread.currentThread()方法。

10.2.4　线程基本控制方法

线程创建并通过 start()启动线程后,就需要根据线程的特点和线程之间的协调要求,对线程进行控制。对线程的控制可以通过调用 Thread 对象已有的方法来实现,主要如表 10-2 所示。

表 10-2　线程的控制方法

方　法	说　明	方　法	说　明
stop()	线程终止	suspend()	线程暂停
isAlive()	线程状态测试	resume()	线程恢复
sleep()	线程睡眠		

1. 线程睡眠

Thread.sleep()使当前线程的执行暂停一段指定的时间,这可以有效地使应用程序的其他线程或者运行在计算机上的其他进程可以使用处理器时间,该方法不会放弃 CPU 之外的其他资源。Sleep 有两个重载的版本:一个以毫秒指定睡眠时间;另一个以纳秒,指定睡眠时间,但不保证这些睡眠时间的精确性,因为它们受系统计时器和调度程序精度和准确性的影响。等到指定时间结束后,暂停状态就会停止,然后继续执行没有完成的任务。另外,中断(interrupt)可以终止睡眠时间。sleep()方法的结构如下:

```
public static void sleep(long millis) throws interruptedException
public static void sleep(long millis, int nanos) throws interruptedException
```

其中,millis参数是指休眠的毫秒数,需要注意的是,sleep()方法声明可能会抛出interruptedException异常,当另一个线程中断了已经启动sleep()的当前线程时就抛出这个异常。

下面建立一个睡眠的例子,程序如下。

【程序10-4】 TestSleep.java。

```
public class TestSleep extends Thread {
    private int i=0;
    public void run(){
        long start=System.nanoTime();
        for (int i=0; i <10; i++) {
            System.out.println("睡眠: "+i);
            try {
                sleep(1000);
            } catch (InterruptedException e) {
                e.printStackTrace();
            }
        }
        long end=System.nanoTime();
        System.out.println("总的运行时间:"+(end-start)/1000000+"毫秒");
    }
    public static void main(String[] arg) {
        TestSleep t1=new TestSleep();
        t1.start();
    }
}
```

运行后,显示如图10-5所示。

总的运行时间:10059毫秒。

需要注意的是,总的运行时间可能因为不同的计算机性能而有所不同。

```
Console ✕
<terminated> TestSleep [Java Application] D:\jdk\bin\javaw.exe
睡眠: 0
睡眠: 1
睡眠: 2
睡眠: 3
睡眠: 4
睡眠: 5
睡眠: 6
睡眠: 7
睡眠: 8
睡眠: 9
总的运行时间:10059毫秒
```

图10-5 程序10-4的输出结果

2. 线程唤醒

如果当一个线程已经处于睡眠状态,而需要让它继续执行,那么一种方法等待线程一直睡眠到事先设定的时间自动醒来,第二种方法就是通过调用interrupt()来唤醒线程。

举例来说明interrupt()的使用,先建立一个线程,并且让它睡眠10s(即10000ms),程序如下:

【程序 10-5】 TestInterrupt.java。

```
package lesson.thread;

public class TestInterrupt extends Thread{
    public void run(){
        long start=System.nanoTime();
        System.out.println("线程睡眠");
        try {
            sleep(10000);
        } catch (InterruptedException e) {
            System.out.println("线程被唤醒");
        }
        long end=System.nanoTime();
        System.out.println("总的运行时间:"+(end-start)/1000000+"毫秒");
    }
    public static void main(String[] arg) {
        TestInterrupt t1=new TestInterrupt();
        t1.start();
    }
}
```

运行后，输出结果显示如图 10-6 所示。

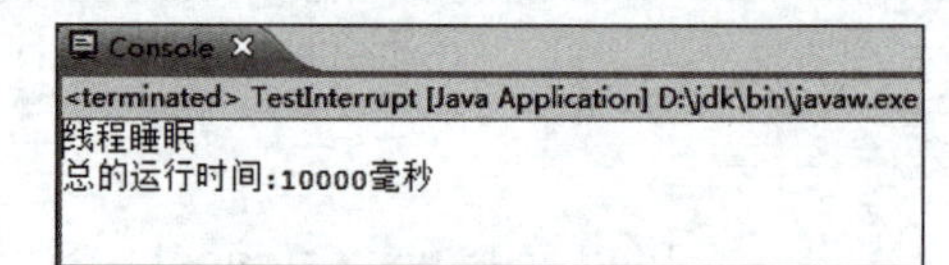

图 10-6　程序 10-5 的输出结果

可见，在没有被唤醒时，线程会自动按照程序设计的那样，线程在被建立后就进入了睡眠状态，睡眠 10 000ms 以后才会自动恢复，并结束。对以上例子进行修改，加入 interrupt()方法。程序如下。

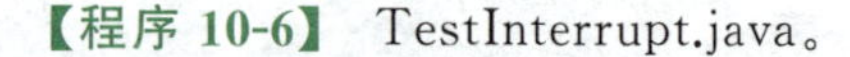

【程序 10-6】 TestInterrupt.java。

```
package lesson.thread;

public class TestInterrupt extends Thread{
    public void run(){
        long start=System.nanoTime();
        System.out.println("线程睡眠");
        try {
            sleep(10000);
        } catch (InterruptedException e) {
            System.out.println("线程被唤醒");
        }
        long end=System.nanoTime();
        System.out.println("总的运行时间:"+(end-start)/1000000+"毫秒");
    }
    public static void main(String[] arg) {
        TestInterrupt t1=new TestInterrupt();
```

```
        t1.start();
        t1.interrupt();
    }
}
```

运行后，输出结果显示如图10-7所示。

图10-7 程序10-6的输出结果

正如前面所述，当线程在sleep()状态时被其他程序中断，会抛出InterruptedException，因此在main()程序里中断t1的睡眠，并在t1里捕获了这个异常，就可以获知线程已经被唤醒。由于线程刚睡眠就马上被唤醒，因此运行时间非常短暂。

3. 线程让步

线程让步是指让当前正在运行的线程对象退出运行状态，而让其他线程运行。这种让步是通过调用yield()方法来实现的。但需要注意的是，让步只是让当前线程退出，却不能指定将运行权让给谁，运行权仍然要依靠操作系统来分配。

下面通过一个例子来演示yield()的使用。建立一个线程类Thread1，并且让它循环10次，每次都输出字符，并且在循环到3的倍数时，自动让步一次；然后在main()方法中创建Thread1的三个线程实例，并使之运行。

【程序10-7】 TestYield.java。

```
public class TestYield {
    static public void main(String args[]) {
        Thread1 t1=new Thread1();                   //创建三个线程对象
        t1.setName("第一个线程");                    //线程命名
        Thread1 t2=new Thread1();
        t2.setName("第二个线程");
        Thread1 t3=new Thread1();
        t3.setName("第三个线程");
        t1.start();                                  //启动线程
        t2.start();
        t3.start();
    }
}

class Thread1 extends Thread {
    int i=0;
    public void run() {
        for (int i=1; i <=10; i++) {
            if(i% 3==0){                             //线程运行到3的倍数次时就让步一次
                System.out.println(Thread.currentThread().getName()+"第"+i+"
                次运行,让步");
                Thread.yield();                      //线程让步
            } else {
```

```
                System.out.println(Thread.currentThread().getName()+"第"+i+"
                次运行");
            }
        }
    }
}
```

程序运行后显示如图 10-8 所示。

可以看到，程序运行时，三个线程分别以抢占的方式争夺 CPU 的运行资源，因此会交相运行，但是每个线程在运行到 3 的倍数次时，都会执行一次让步操作，将运行权让出来，从而供其他两个线程抢占运行。当然这种让步并不一定每次都见效，在调度机制的影响下也有可能没有成功让步，因为让步出来 CPU 资源仍然有可能被原线程抢到，不同的计算机执行上面的程序其结果都有可能不同。

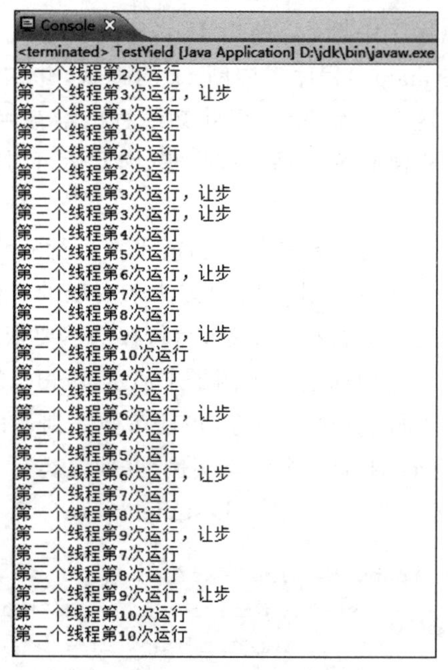

图 10-8　程序 10-7 的输出结果

4. 线程等待

join()方法是让一个线程等待另一个线程的完成，例如 t1、t2 是两个线程对象，在 t1 中调用了 t2.join()，就会导致 t1 线程暂停执行，一直等待到 t2 线程完成了，t1 才会恢复执行。join()方法有 3 种，其中，第一种方法是默认等待线程直到线程结束，后面两种方法是通过指定线程等待的上限时间，当上限时间到了以后，线程就不再等待继续执行了。

void join()：等待该线程直到线程结束。

void join(long millis)：等待该线程终止的时间，最长为 millis 毫秒。

void join(long millis, int nanos)：等待该线程终止的时间，最长为 millis 毫秒＋nanos 纳秒。

下面给出一个例子来演示 join()的使用，程序如下。

【程序 10-8】 TestJoin.java。

```
public class TestJoin  extends Thread{
    public void run() {
        for (int i=1; i <=10; i++) {                //线程循环 10 次输出字符
            System.out.println(Thread.currentThread().getName()+"第"+i+"次输出");
        }
        System.out.println(Thread.currentThread().getName() +"运行结束");
    }

    public static void main(String[] arg) {
        System.out.println("主线程开始运行");     //main()函数的主线程开始运行
```

```
        TestJoin t=new TestJoin();
        t.setName("线程 1");                         //给线程命名
        try {
            long start=System.nanoTime();
            t.start();
            t.join();                                //等待 t 线程运行结束
            //计算 t 线程运行的时间
            long end=System.nanoTime();
            System.out.println("耗时"+(end-start)/1000000+"毫秒");
        } catch (Exception e) {
            e.printStackTrace();
        }
        System.out.println("主线程运行结束");          //main()函数的主线程运行结束
    }
}
```

程序运行后输出结果如图 10-9 所示。

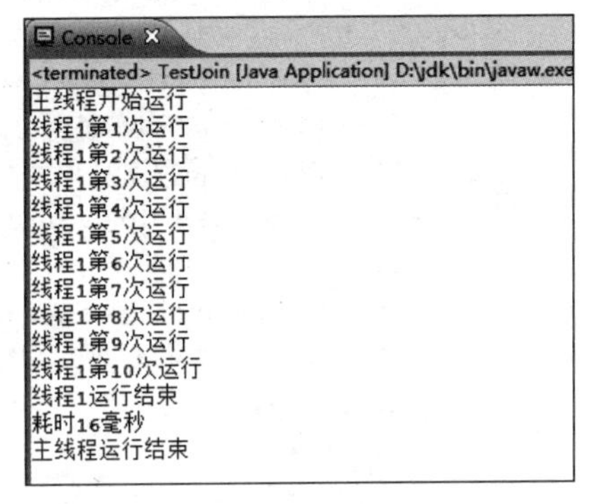

图 10-9 程序 10-8 的输出结果

从程序输出结果可以看出，main()方法代表的主线程在建立 t 这个线程对象后，调用 t.start()来运行线程，并调用 t.join()来等待线程 t 的完成，在线程 t 完成了 10 次字符输出并结束线程后，主线程才计算了线程 t 的耗时，并输出字符然后结束主线程的运行。大家可以试着在程序中将t.join()这行程序注释掉再运行，大家就会发现，如果没有使用 join()方法，那么主线程就会在 t 线程还未运行结束前就会结束，因此就很容易理解 join()方法的用处了。

10.3 线程互斥与同步

线程的运行权是通过线程的抢占方式来获得的，常常是一个线程运行到一半，就被另一个线程抢占了运行权。在多线程程序中，线程之间一般来说都不是孤立运行的，同时运行的多个线程常常共用资源，例如相同的对象或者变量。如果多个线程同时对一个变量进行读、写操作，就很有可能造成数据读和写的不正确。例如，售票时，线程 A 发现 1 号票还未售出，准备销售时被线程 B 抢占，B 抢先销售了 1 号票(而此时线程 A 并不知情)，而当线程 A 恢复运行权并对 1 号票进行销售时，就会出错。

通过窗口售票例子来了解线程运行的抢占方式带来的问题。程序如下。

【程序 10-9】 TestSynchronized.java。

```
public class TestSynchronized  implements Runnable {
    private int ticket=10;                           //一共有 10 张票
    public void run(){
        while(true) {                                //持续卖票，一直到剩余票数为 0
```

```
            if (ticket >0) {
                try {
                    //为了演示产生的问题,线程在这里睡眠
                    Thread.sleep(10);
                } catch (InterruptedException e) {
                    e.printStackTrace();
                }
                //睡眠结束后,继续销售当前的票
                System.out.println(Thread.currentThread().getName()+"卖票-->"
                +(this.ticket--));
            } else {
                break;
            }
        }
    }
    //建立三个售票窗口的线程类来模拟窗口售票
    static public void main(String args[]) {
        TestSynchronized ru=new TestSynchronized();        //创建线程类
        Thread t=new Thread(ru);                            //创建线程
        t.setName("窗口 1");                                //线程命名
        Thread t1=new Thread(ru);
        t1.setName("窗口 2");
        Thread t2=new Thread(ru);
        t2.setName("窗口 3");
        t.start();
        t1.start();
        t2.start();
    }
}
```

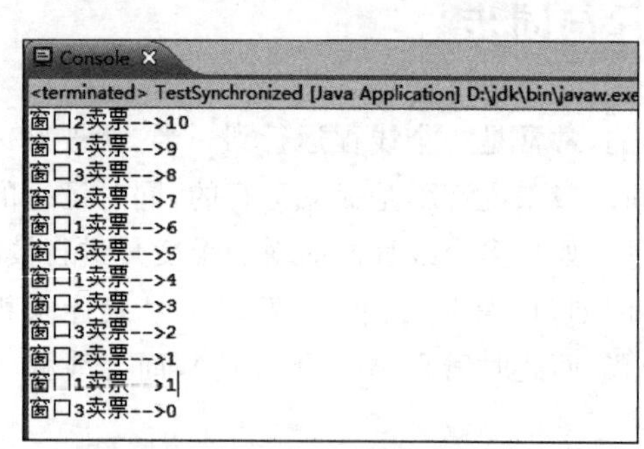

图 10-10　程序 10-9 的可能输出结果

运行以后输出结果可能如图 10-10 所示。

每次运行结果可能有所不同,但是会出现以下问题,人们发现不同的窗口在售出同样编号的车票,例如上述运行结果中,第 10 行和第 11 行,窗口 2 和窗口 1 都售出了同样编号为 1 的车票,这样在现实中是不允许的。那么是什么原因导致这样的错误结果出现?原因在于不同线程在对同一个数据对象 ticket 进行访问,事实上,车票销售是两个原子操作,即出票和减去售出的票数,上述程序中的 println 就相当于出票,而 ticket--则相当于减去售出的票数,当 ticket=1 时,若线程 2 在出票(println)后失去了运行权,此时 ticket 尚未减去票数,而此时线程 1 获得了运行权,然后也出票(println),即卖出的编号也为 1,此时即出现了图 10-10 中窗口 2 和窗口 1 同时卖出了编号为 1 的票的情况。同样,运行输出中窗口销售编号 0 的票也是因为多个线程同时操作 ticket,导致某一线程读取 ticket 以及操作 ticket 时，ticket 的值已经发生变化，因此出现了有悖于人们意图的错误。

基于以上错误，如何保证线程之间的协调运行是编写多线程程序必须要考虑的问题，线程的同步就是为了让多个线程能够协调地并发运行。对线程进行同步处理可以通过同步方法和同步语句块来实现。

10.3.1 多线程同步的基本原理

在 Java 中，虚拟机是通过给每个对象加锁（Lock）的方式来实现多线程的同步，Java 虚拟机为每个对象（类对象或者实例对象）准备一把锁（Lock）和等候集（Wait Set）。Java 虚拟机通过锁来确保某一对象在任何同一个时刻最多只有一个线程能够运行与该对象相关联的同步语句块和同步方法。

同步块是指对程序中的语句块使用 synchronized 修饰词进行同步，同步语句块的定义格式如下：

```
synchronized (obj) {
    同步语句块
}
```

需要注意的是，synchronized 获得的是参数中 obj 对象的锁，它必须获得 obj 这个对象的锁才能执行同步语句，否则只能等待获得锁，因为 obj 对象的作用范围不同，控制情况也不尽相同。

同步方法是指对整个方法使用 synchronized 修饰词进行同步，同步方法的定义格式如下：

```
synchronized void f() {
    代码
}
```

Java 中锁的原理是每个线程运行与对象相关联的同步方法和同步语句块之前，必须获得锁，否则就不能运行，每次只能有一个线程获得锁，并进入运行这些代码。一旦有线程进入并运行代码，对象锁就自动锁上，从而使其他需要进去的线程处于阻塞态，停留在等候集中等待。如果线程执行完同步方法或同步语句块并从中退出，则对象锁自动打开，等待中的线程就能获得锁。如果有多个线程等待进入运行同步方法和同步语句块，则由线程的优先级决定，如果优先级相同，则随机决定获得锁的线程。

10.3.2 多线程同步实例

1. 同步语句块实例

对 TestSynchronized.java 中的例子进行改进，通过同步语句块来确保每个窗口销售的都是不同编号的车票，程序修改如下。

【程序 10-10】 TestSynchronizedExample1.java。

```
public class TestSynchronizedExample1 implements Runnable {
    //一共有 10 张票
    private int ticket=10;
    public void run(){
        while(true) {                          //持续卖票,一直到剩余票数为 0
            synchronized (this) {
                if (ticket >0) {
                    try {
                        //为了演示产生的问题,线程在这里睡眠一次
                        Thread.sleep(10);
                    } catch (InterruptedException e) {
                        e.printStackTrace();
                    }
                    //睡眠结束后,继续销售当前的票
                    System.out.println(Thread.currentThread().getName()+"卖票-->"+
                   (this.ticket--));
                } else {
                    break;
                }
            }
        }
    }

    static public void main(String args[]) {      //建立三个售票窗口的线程类来模拟窗口售票
        TestSynchronizedExample1 ru=new TestSynchronizedExample1();  //新建线程类
        Thread t=new Thread(ru);                                       //新建线程
        t.setName("窗口 1");                                           //线程命名
        Thread t1=new Thread(ru);
        t1.setName("窗口 2");
        Thread t2=new Thread(ru);
        t2.setName("窗口 3");
        t.start();                                                     //线程运行
        t1.start();
        t2.start();
    }
}
```

输出结果可能如图 10-11 所示。

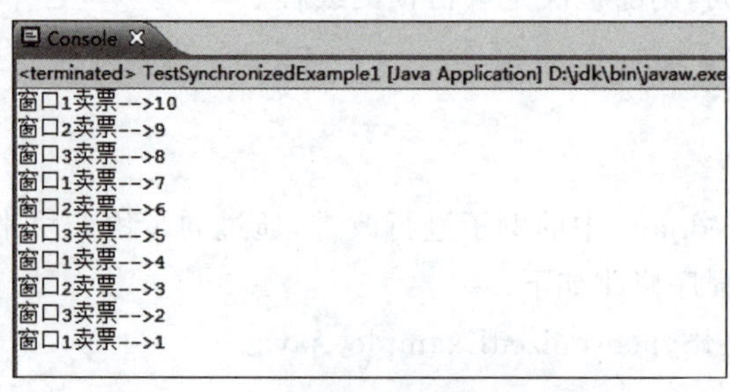

图 10-11　程序 10-10 的输出结果

从结果可以看到，原有的问题已经得到解决。原因在于使用了 synchronized(this)，当多个并发线程访问同一个对象 object 中的这个 synchronized(this)同步语句块时，一个时间内只能有一个线程得到执行。其他线程必须等待当前线程执行完这个语句块以后才能执行该语句块。因此，在某一线程准备销售某编号的车票，并同时进入睡眠时，已经锁定了该同步语句块，而其他线程必须等待当前线程苏醒并完成售票工作，才能接手销售工作，因此确保了当前线程在销售时对当前编号车票的占有权。

2. 同步化方法实例

同步化方法是指对整个方法进行同步，利用同步化方法来实现刚才的例子，程序如下。

【程序 10-11】 TestSynchronizedExample2.java。

```
public class TestSynchronizedExample2 implements Runnable {
    //一共有 10 张票
    private int ticket=10;
    public void run() {
        while(ticket>0) {                           //持续卖票,一直到剩余票数为 0
            sell();
        }
    }

    public synchronized void sell() {
        if (ticket >0) {
            try {
                //为了演示产生的问题,线程在这里睡眠一次
                Thread.sleep(10);
            } catch (InterruptedException e) {
                e.printStackTrace();
            }
            //睡眠结束后,继续销售当前的票
            System.out.println(Thread.currentThread().getName()+"卖票-->"+
            (this.ticket--));
        }
    }

    static public void main(String args[]) {      //建立三个售票窗口的线程类来模拟窗口售票
        TestSynchronizedExample2 ru=new TestSynchronizedExample2();  //新建线程类
        Thread t=new Thread(ru);                                      //新建线程
        t.setName("窗口 1");                                          //线程命名
        Thread t1=new Thread(ru);
        t1.setName("窗口 2");
        Thread t2=new Thread(ru);
        t2.setName("窗口 3");
        t.start();                                                    //线程运行
        t1.start();
        t2.start();
    }
}
```

程序的输出结果如图 10-12 所示。

```
Console ×
<terminated> TestSynchronizedExample2 [Java Application] D:\jdk\bin\javaw.exe
窗口1卖票-->10
窗口2卖票-->9
窗口3卖票-->8
窗口1卖票-->7
窗口2卖票-->6
窗口3卖票-->5
窗口1卖票-->4
窗口2卖票-->3
窗口3卖票-->2
窗口1卖票-->1
```

图 10-12　程序 10-11 的输出结果

在同步化方法里,单独将售票的语句包装成 sell()方法,并使用 synchronized 修饰词进行同步,达到了与同步语句块同样的效果。

10.4　后台线程

后台线程是指 Daemon 线程,又称为"守护线程",它是指在后台执行服务的线程,例如,操作系统中的隐藏线程,Java 的垃圾自动回收线程等。与后台线程相对应的就是前台线程,所有使用 Thread 建立的线程默认情况都是前台线程,例如,main 主线程就是一个前台线程。

前台线程和后台线程两者的区别是,在进程中,只要有一个前台线程未退出,进程就不会终止,而后台线程不管本身线程是否结束,只要所有的前台线程都已退出,该后台进程就会自动终结。

可以使用 Thread 类中的 setDaemon(boolean on)方法来设置一个线程为后台线程,on 设为 true 则为后台线程,设为 false 则为前台线程。但是必须在线程启动之前调用 setDaemon(boolean on)方法,这样才能将这个线程设置为后台线程。当设置完成一个后台线程后,可以使用 Thread 类中的 isDaemon()方法来判断线程是否是后台线程。

建立后台线程的程序实例如下:

```
public class DaemonThread extends Thread{
    public DaemonThread(){
        setDaemon(true);                          //在线程启动之前设置后台线程
        start();                                  //启动线程
    }
}
```

判断一个线程是否为后台线程的程序实例如下:

```
public static void main(String[] args) {
    Thread thread=new DaemonThread();             //实例化 Thread 对象
    thread.isDaemon();                            //判断 thread 是否为后台线程
}
```

下面通过一个例子来演示后台线程的建立和运行,程序如下。

【程序 10-12】　TestDaemon.java。

```
import java.io.IOException;

public class TestDaemon extends Thread {

    public TestDaemon() {
  }

    public void run() {                    //线程的 run()方法,它将和其他线程同时运行
        for(int i=1; i <=100; i++) {
            try{
                Thread.sleep(100);
            } catch (InterruptedException ex) {
                ex.printStackTrace();
            }
            System.out.println(i);      //后台线程持续输出 i
        }
    }

    public static void main(String [] args) {
        TestDaemon test=new TestDaemon();
        test.setDaemon(true);
        //在 start 之后再设置为守护线程的话,就会抛出异常,线程是正常工作的,只是不再是
        守护线程
        test.start();
        System.out.println("isDaemon="+test.isDaemon());
        try {
            //接收输入,使程序在此停顿,
            //一旦接收到用户输入,main 线程结束,
            //守护线程自动结束,如果用户不输入东西,
            //那么程序会一直从 1 输出到 100,
            //之后才算完了,但主进程还没结束;
            //而当在运行这个程序时输入回车,
            //那全部线程都结束了,包括主线程都退出
            System.in.read();
        } catch (IOException ex) {
            ex.printStackTrace();
        }
    }
}
```

在程序中,建立了一个 TestDaemon 后台线程,并且线程一旦运行,就持续不断地从 1 输出到 100,而 main 是一个前台线程,main 线程运行后,会一直运行,直到用户输入回车,main 线程就会结束。因此,程序运行以后,用户如果不输入回车,main 线程会一直运行,TestDaemon 这个后台线程也会一直运行并且输出。如果用户输入回车,main 线程就立即结束,由于所有前台线程都结束了,TestDaemon 这个后台线程也会立即结束。

第11章 网络编程

11.1 网络编程基础

在网络上，计算机通过网际协议(Internet Protocol，IP)地址标识来使不同的计算机能够相互访问和通信。计算机可以存放一定的资源，其资源可以通过网络进行共享，而如果需要通过网络来获得所需的计算机资源，必须要遵循一定的协议，来保证计算机相互顺利通行。

11.1.1 网络编程的两个基本问题

网络编程的目的是指直接或间接地通过网络协议与其他计算机进行通信。网络编程中有两个主要的问题：一个是如何准确地定位网络上一台或多台主机，另一个就是找到主机后如何可靠高效地进行数据传输。因此，网络编程的重点就在于找到主机和找到进程。

在操作系统中，同一个系统中不同的两个进程间进行通信时，通过系统分配的进程号(Process ID)就可以唯一标识一个进程。也就是说，两个相互通信的进程，只要知道对方的进程号就可以进行通信。而网络情况下进程间的通信问题，就要复杂得多，不能只简单地用进程号来标识不同的进程。首先要解决如何识别网络中不同的主机，其次因为各个主机系统中都独立地进行进程号分配，并且不同系统中进程号的产生与分配策略也不同。所以在网络环境中不能再通过进程号来简单地识别两个相互通信的进程。

在网络中为了标识通信的进程，首先要标识网络中进程所在的主机，其次要标识主机上不同的进程。网络环境下不同主机在互联网中使用IP地址来进行标识，在网络协议中使用端口号来标识主机上的不同进程。网络应用程序由于不同的主机可能使用不同的网络协议，其工作方式不同，地址的表示格式也不同。因此，网络中进程的通信还要解决多种协议的识别问题。为了唯一标识网络中通信的一个进程(即通信的某一方)就要了解：本地协议、本地IP地址、本地端口号。

11.1.2 网络编程相关的基本概念

IP地址：IP是英文Internet Protocol的缩写，中文简称为“网协”，也就是为计算机网络相互连接进行通信而设计的协议。在因特网中，它是能使连接到网上的所有计算机网络实现相互通信的一套规则，规定了计算机在因特网上进行通信时应当遵守的规则。任何厂家生产的计算机系统，只要遵守IP就可以与因特网互联互通。IP地址是进行TCP/IP通信的基础，每个连接到网络上的计算机都必须有一个IP地址。

IP地址的格式为

```
IP地址=网络地址+主机地址
```

或者

```
IP 地址=主机地址+子网地址+主机地址
```

一个简单的IP地址包含了网络地址和主机地址两部分重要的信息。IP地址是人们在Internet上为了区分数以亿计的主机而给每台主机分配的一个专门的地址,通过IP地址就可以访问每一台主机。

主机名:因特网上的主机或Web站点由主机名识别。主机名有时称为域名。主机名映射到IP地址,但是主机名和IP地址之间没有一对一关系。主机名由称为DNS服务器或域名服务器的服务器映射到IP地址。DNS代表域名服务。在大型网络中,许多DNS服务器可以相互协作,以提供主机名和IP地址之间的映射。

端口号:"端口"是英文Port的意译,是TCP/IP中,应用层进程与传输层协议实体间的通信接口,可以认为是计算机与外界通信交流的接口。类似于文件描述符,每个端口都有一个为整数型识别符的端口号(Port Number)。端口号的范围是0~65535,例如,用于浏览网页服务的80端口,用于FTP服务的21端口等。

TCP/UDP:TCP(Transmission Control Protocol)和UDP(User Datagram Protocol)协议属于传输层协议。其中,TCP提供IP环境下的数据可靠传输,它提供的服务包括数据流传送、可靠性、有效流控、全双工操作和多路复用。通过面向连接、端到端和可靠的数据包发送。通俗地说,它是事先为所发送的数据开辟出连接好的通道,然后再进行数据发送。而UDP则不为IP提供可靠性、流控或差错恢复功能。一般来说,TCP对应的是可靠性要求高的应用,而UDP对应的则是可靠性要求低、更看重传输经济性的应用。TCP支持的应用协议主要有Telnet、FTP、SMTP等;UDP支持的应用层协议主要有NFS(网络文件系统)、SNMP(简单网络管理协议)、DNS(域名系统)、TFTP(通用文件传输协议)等。

11.2 URL编程

11.2.1 URL简介

URL(Uniform Resource Locator)是统一资源定位器的简称,它表示Internet上某一资源的地址。通过URL可以访问Internet上的各种网络资源,例如最常见的WWW、FTP站点。浏览器通过解析给定的URL可以在网络上查找相应的文件或其他资源。

URL的组成如下:

```
protocol://resourceName:port/resourcename#anchor
```

协议名(protocol):指明获取资源所使用的传输协议,如HTTP、FTP、Gopher、File等。

端口号(port):可选,表示连接的端口号,如默认,将连接到协议默认的端口。

资源名(resourceName):是资源的完整地址,包括主机名、端口号、文件名或文件内部的一个引用。

标记(anchor):可选,指文件内的有特定标记的位置。

URL常见的形式如下:

```
http://www.sun.com/  协议名://主机名
http://home.netscape.com/home/welcome.html  协议名://机器名+文件名
http://www.gamelan.com:80/Gamelan/network.html# BOTTOM  协议名://机器名+端口号
+文件名+内部引用
```

其中,主机名也可以用 IP 来代替。例如以下两个 URL:

```
http://166.111.4.100
http://www.tsinghua.edu.cn
```

就表示同一个 URL 地址。

为什么使用 IP 以及主机名都可以访问同一个网络资源呢? 这是因为最早人们使用 IP 地址标识网站及连入网络的主机的位置,IP 地址是由四组数字组成的,表示了主机在网络上的真实地址。随着网络的发展,大量的网络站点相继出现,使用 IP 地址来表示网络资源位置太难记忆。为了简单好记,才出现了使用域名来代替 IP 地址标识网络资源地址,如域名 www.163.com 就是表示网易的网络地址。但是由于机器之间只能相互认识 IP 地址,因此需要一种机制来把域名转换成其代表的 IP,就是 DNS(Domain Name Server)。DNS 是指域名服务器,在 Internet 上域名与 IP 之间是一一对应的,它们之间的映射关系由 DNS 来完成,凭借域名可以在 DNS 上找到其对应的 IP 地址。URL 表示 Internet 上某一资源的地址,因此其主机地址部分可以由 IP 表示,也可以由域名表示,如果用域名表示,就会自动提交到 DNS 服务器来转换为对应的 IP,从而也能正确访问指定的网络资源。

11.2.2 URL 类

为了表示 URL,java.net 中实现了 URL 类。可以通过下面的构造方法来初始化一个 URL 对象。

(1) public URL (String spec);//通过一个表示 URL 地址的字符串可以构造一个 URL 对象。

例如:

```
URL urlBase=new URL("http://www. 163.com/")
```

(2) public URL(URL context, String spec);//通过基 URL 和相对 URL 构造一个 URL 对象。

例如:

```
URL com163=new URL ("http://www.163.com/");
URL index163=new URL(com163, "index.html")
```

(3) public URL(String protocol, String host, String file);//通过协议、域名及文件名构造一个 URL 对象。

例如:

```
URL gamelan=new URL("http", "www.gamelan.com", "/pages/Gamelan.net. html");
```

(4) public URL(String protocol, String host, int port, String file);//通过协议、域名、端口号以及文件名构造一个 URL 对象。

例如：

```
URL gamelan=new URL("http", "www.gamelan.com", 80, "Pages/Gamelan.network.
html");
```

需要注意的是，类 URL 的构造方法都可能会抛出异常(MalformedURLException)，因此生成 URL 对象时，必须要对这个 Exception 进行处理，通常使用 try catch 语句进行捕获。格式如下：

```
try{
    URL myURL=new URL(…);
}catch (MalformedURLException e){
    ⋮
}
```

一个 URL 对象生成后，其属性是不能被改变的，但是可以通过 URL 类所提供的方法来获取这些属性，如表 11-1 所示。

表 11-1 URL 类部分方法

方　　法	说　　明
String getProtocol()	获取该 URL 的协议名
String getHost()	获取该 URL 的主机名
int getPort()	获取该 URL 的端口号，如果没有设置端口，返回 -1
String getFile()	获取该 URL 的文件名，如果没有则返回空串
String getRef()	获取该 URL 中记录的引用，如果 URL 不含引用，返回 null
String getQuery()	获取该 URL 的查询信息
String getPath()	获取该 URL 的路径
String getAuthority()	获取该 URL 的权限信息
String getUserInfo()	获得使用者的信息

11.2.3 从 URL 读取万维网资源

当得到一个 URL 对象后，就可以通过它读取指定的 WWW 资源。这时使用 URL 的方法 openStream()，其定义如下。

```
InputStream openStream()
```

方法 openSteam()与指定的 URL 建立连接并返回 InputStream 类的对象，以从这一连接中读取数据。下面给出一个使用 URL 来读取网页资源的例子，程序如下。

【程序 11-1】 TestWeb.java。

```java
import java.io.BufferedReader;
import java.io.InputStreamReader;
import java.net.URL;

public class TestWeb  {
    public static void main(String[] args) {        //声明抛出所有异常
        try {
            //构建一个 URL 对象
            URL tirc=new URL("http://www.tsinghua.edu.cn/publish/th/index.html");
            //使用 openStream 得到一输入流,并由此构造一个 BufferedReader 对象
            BufferedReader in= new BufferedReader(new InputStreamReader(tirc.
            openStream()));
            String inputLine;
            //从输入流不断地读数据,直到读完为止
            while ((inputLine=in.readLine()) !=null) {
                System.out.println(inputLine);    //把读入的数据输出到屏幕上
            }
            in.close();                               //关闭输入流
        } catch (Exception e) {
            e.printStackTrace();
        }
    }
}
```

运行后,输出结果如图 11-1 所示。

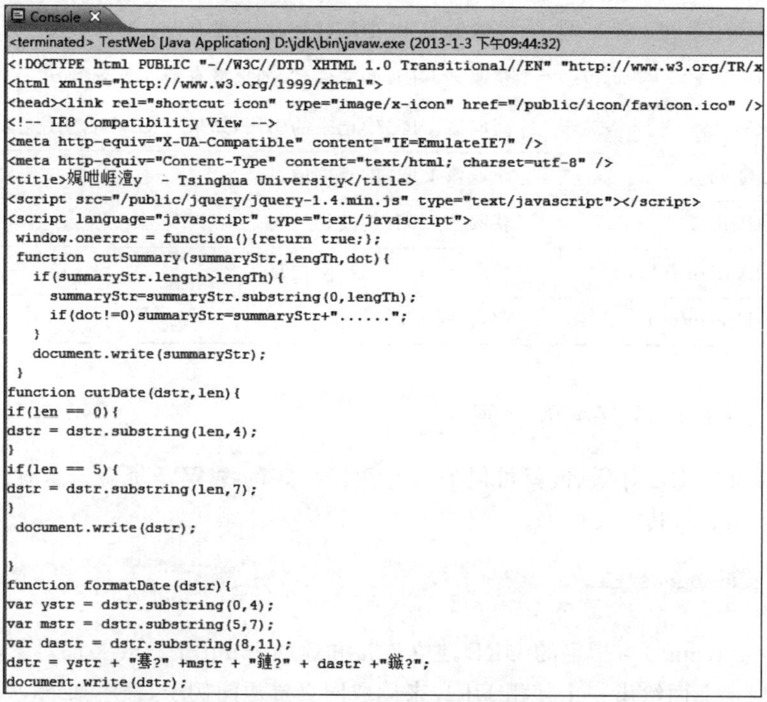

```
Console ✕
<terminated> TestWeb [Java Application] D:\jdk\bin\javaw.exe (2013-1-3 下午09:44:32)
<!DOCTYPE html PUBLIC "-//W3C//DTD XHTML 1.0 Transitional//EN" "http://www.w3.org/TR/x
<html xmlns="http://www.w3.org/1999/xhtml">
<head><link rel="shortcut icon" type="image/x-icon" href="/public/icon/favicon.ico" />
<!-- IE8 Compatibility View -->
<meta http-equiv="X-UA-Compatible" content="IE=EmulateIE7" />
<meta http-equiv="Content-Type" content="text/html; charset=utf-8" />
<title>娓呭崕澶у  - Tsinghua University</title>
<script src="/public/jquery/jquery-1.4.min.js" type="text/javascript"></script>
<script language="javascript" type="text/javascript">
 window.onerror = function(){return true;};
 function cutSummary(summaryStr,lengTh,dot){
   if(summaryStr.length>lengTh){
     summaryStr=summaryStr.substring(0,lengTh);
     if(dot!=0)summaryStr=summaryStr+"......";
   }
   document.write(summaryStr);
 }
function cutDate(dstr,len){
if(len == 0){
dstr = dstr.substring(len,4);
}
if(len == 5){
dstr = dstr.substring(len,7);
}
 document.write(dstr);

}
function formatDate(dstr){
var ystr = dstr.substring(0,4);
var mstr = dstr.substring(5,7);
var dastr = dstr.substring(8,11);
dstr = ystr + "骞?" +mstr + "鏈?" + dastr +"鏃?";
document.write(dstr);
```

图 11-1　程序 11-1 的输出结果

输出结果显示指定 URL 地址网页的 HTML 代码。但是可发现，虽然控制台会显示指定网址的 HTML 代码，但中文部分却是以乱码显示。这是因为网址的网页是以某种指定的中文编码方式进行编码的，而读取时却没有指定相应的编码方式，因而中文部分就有可能会出现乱码。

11.2.4 网络编程的乱码问题

本节将通过对编码方式进行分析来解决网络编程中的乱码问题。计算机要准确地处理各种字符集文字，需要进行字符编码，以便计算机能够识别和存储各种文字。这里的编码方式是指网络资源特别是网页上的文字内容需要依据某种字符集来编译成机器能够识别和存储、传输的二进制机器码。字符集(Character Set)是多个字符的集合，字符集种类较多，每个字符集包含的字符个数不同。常见的字符集名称有 ASCII 字符集、UTF-8 字符集、GB 2312 字符集、GBK 字符集、GB 18030 字符集、Unicode 字符集等。中文网页中常用的编码为 UTF-8 字符集、GB 2312 字符集以及 GBK 字符集。每个网页编码以后都会在 HTML 标签中标明其所用的字符集，而浏览者在访问该网页的时候，浏览器就会自动根据其标明的字符集来进行解码，从而使浏览者能看到正确的字符。

UTF-8 编码：用以解决国际上字符的一种多字节编码，它包含全世界所有国家需要用到的字符。UTF-8 对英文使用 8 位(即 1B)，中文使用 24 位(3B)来编码。UTF-8 编码的文字可以在各种支持 UTF-8 字符集的浏览器上显示。它的通用性比较好，是一种国际编码，全球各个国家的用户都能很方便地访问浏览。

GB 2312 编码：是我国自己的汉字编码字符集，该字符集以一个 16 位的二进制数据单元表示一个汉字，所以能够将两个 char 型数据单元保存一个汉字。但其文字编码是双字节来表示的，即不论中、英文字符均使用双字节来表示。

GBK 编码：是在 GB 2312 的基础上扩容后兼容 GB 2312 的标准，GB 2312 包含 7000 多个汉字和字符，GBK 包含 21 000 多个。

对程序 11-1 的例子进行分析，会发现控制台输出的信息中有一行 HTML 代码：

```
<meta http-equiv="Content-Type" content="text/html; charset=utf-8" />
```

此行 HTML 代码表示该网页是根据 UTF-8 字符集进行编码的，因此如果需要对网页中的中文进行正确的解码，就必须采用 UTF-8 的字符集进行解码。对程序 11-1 的实例代码进行修改如下。

【程序 11-2】 TestWeb2.java。

```
import java.io.BufferedReader;
import java.io.InputStreamReader;
import java.net.URL;

public class TestWeb2  {
    public static void main(String[] args) {            //声明抛出所有异常
        try {
            //构建一个 URL 对象
```

```
            URL tirc=new URL("http://www.tsinghua.edu.cn/publish/th/index.html");
            BufferedReader in=new BufferedReader( new InputStreamReader(tirc.
            openStream(), "utf-8"));
            //使用 openStream 得到一输入流,并由此构造一个 BufferedReader 对象
            String inputLine;
            //从输入流不断地读数据,直到读完为止
            while ((inputLine=in.readLine()) !=null) {
                System.out.println(inputLine);          //把读入的数据输出到屏幕上
            }
            in.close();                                 //关闭输入流
        } catch (Exception e) {
            e.printStackTrace();
        }
    }
}
```

这样显示结果中就能正确显示中文了,如图 11-2 所示。

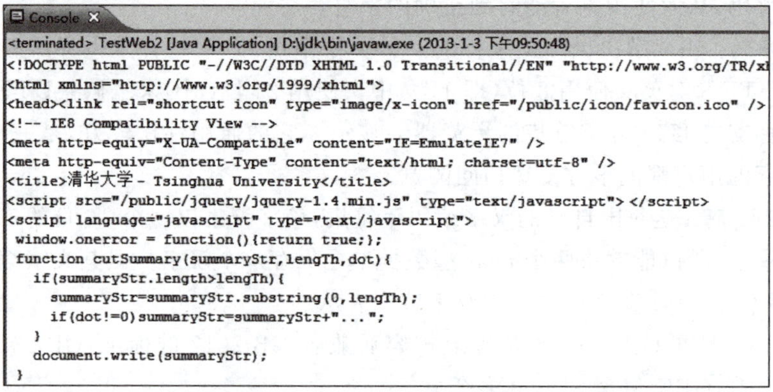

```
Console ✕
<terminated> TestWeb2 [Java Application] D:\jdk\bin\javaw.exe (2013-1-3 下午09:50:48)
<!DOCTYPE html PUBLIC "-//W3C//DTD XHTML 1.0 Transitional//EN" "http://www.w3.org/TR/xl
<html xmlns="http://www.w3.org/1999/xhtml">
<head><link rel="shortcut icon" type="image/x-icon" href="/public/icon/favicon.ico" />
<!-- IE8 Compatibility View -->
<meta http-equiv="X-UA-Compatible" content="IE=EmulateIE7" />
<meta http-equiv="Content-Type" content="text/html; charset=utf-8" />
<title>清华大学 - Tsinghua University</title>
<script src="/public/jquery/jquery-1.4.min.js" type="text/javascript"> </script>
<script language="javascript" type="text/javascript">
 window.onerror = function(){return true;};
 function cutSummary(summaryStr,lengTh,dot){
   if(summaryStr.length>lengTh){
     summaryStr=summaryStr.substring(0,lengTh);
     if(dot!=0)summaryStr=summaryStr+"...";
   }
   document.write(summaryStr);
 }
```

图 11-2　程序 11-2 的输出结果

程序 11-2 与程序 11-1 的区别在于如下代码:

```
BufferedReader in=new BufferedReader(new InputStreamReader(tirc.openStream(),
"utf-8"));
```

其表示以 UTF-8 的字符集编码对指定输入流进行解码,从而能获得正确的中文字符。而对于以 GBK 2312 或者 GBK 编码的网页,只要使用以下代码即可:

```
BufferedReader in=new BufferedReader(new InputStreamReader(tirc.openStream(),
"GBK"));
BufferedReader in=new BufferedReader(new InputStreamReader(tirc.openStream(),
"GBK 2312"));
```

11.2.5　利用 URLConnection 实现双向通信

通过 URL 的方法 openStream(),只能从网络上读取数据,如果同时还想输出数据,例

如，向服务器端的CGI程序发送一些数据，必须先与URL建立连接，然后才能对其进行读写，这时就要用到类URLConnection了。CGI(Common Gateway Interface)是公共网关接口的简称，它是用户浏览器和服务器端的应用程序进行连接的接口。

类URLConnection也在包java.net中定义，它表示Java程序和URL在网络上的通信连接。当与一个URL建立连接时，首先要在一个URL对象上通过方法openConnection()生成对应的URLConnection对象。例如，下面的程序段首先生成一个指向地址http://www.yahoo.com/的对象，然后用openConnection()打开该URL对象上的一个连接，返回一个URLConnection对象。如果连接过程失败，将产生IOException。类URLConnection的使用方法如下。

建立连接：

```
URL url=new URL("http://www.yahoo.com/");
URLConnection con=url.openConnection();
```

向服务器端发送数据：

```
PrintStream ps=new PrintStream(con.getOutputStream());
```

从服务器读数据：

```
DataInputStream dis=new DataInputStream(con.getInputStream());
dis.readLine();
```

下面以一个例子来演示URLConnection的使用，程序如下。

【程序11-3】 TestURLConnection.java。

```
import java.io.DataInputStream;
import java.io.PrintStream;
import java.net.URL;
import java.net.URLConnection;

public class TestURLConnection {
    public static void main(String[] args) throws Exception {
        //创建一个URL对象
        URL url=new URL("http://www.javasoft.com/cgi-bin/backwards");
        //由URL对象获取URLConnection对象
        URLConnection connection=url.openConnection();
        connection.setDoOutput(true);
        //由URLConnection获取输出流,并构造PrintStream对象
        PrintStream ps=new PrintStream(connection.getOutputStream());
        ps.println("123456");              //服务器输出字符串
        ps.close();
        //由URLConnection获取输入流,并构造DataInputStream对象
        DataInputStream dis=new DataInputStream(connection.getInputStream());
        String inputLine;
        //从服务器持续读入,并显示
```

```
        while((inputLine=dis.readLine())!=null) {
            System.out.println(inputLine);
        }
        dis.close();
    }
}
```

11.3 Socket 编程

网络上的两个程序通过一个双向的通信连接实现数据的交换,这个双向链路的一端称为一个 Socket,又称为"套接字"。应用层通过传输层进行数据通信时,TCP 和 UDP 会遇到同时为多个应用程序进程提供并发服务的问题。多个 TCP 连接或多个应用程序进程可能需要通过同一个 TCP 协议端口传输数据。为了区别不同的应用程序进程和连接,许多计算机操作系统为应用程序与 TCP/IP 交互提供了 Socket 的接口,区分不同应用程序进程间的网络通信和连接。

生成 Socket,主要有 3 个参数:通信的目的 IP 地址、使用的传输层协议(TCP 或 UDP,在 Java 环境下,Socket 编程主要是指基于 TCP/IP 的网络编程)和使用的端口号。Socket 原义是"插座"。通过将这 3 个参数结合起来,与一个"插座"Socket 绑定,应用层就可以和传输层通过套接字接口,区分来自不同应用程序进程或网络连接的通信,实现数据传输的并发服务。Socket 通常用来实现客户端和服务端的连接,在 Java 环境中,一个 Socket 由一个 IP 地址和一个端口号唯一确定。Socket 实际在计算机中提供了一个通信端口,可以通过这个端口与任何一个具有 Socket 接口的计算机通信。应用程序在网络上传输,接收的信息都通过这个 Socket 接口来实现。

11.3.1 Socket 编程的过程

使用 Socket 进行 Client/Server(客户端/服务端)程序设计的一般连接过程是这样的:Server 端 Listen(监听)某个端口是否有连接请求,Client 端向 Server 端发出 Connect(连接)请求,Server 端向 Client 端发回 Accept(接受)消息。一个连接就建立起来了。Server 端和 Client 端都可以通过 Send()、Write()等方法与对方通信。

对于一个功能齐全的 Socket,其工作过程包含以下 4 个基本的步骤。

(1) 创建 Socket。

(2) 打开连接到 Socket 的输入输出流。

(3) 按照一定的协议对 Socket 进行读写操作。

(4) 关闭 Socket。

Java 在包 java.net 中提供了两个类——Socket 和 ServerSocket,分别用来表示双向连接的客户端和服务端。这是两个封装得非常好的类,使用很方便。ServerSocket 类表示连接服务端,其一次只能与一个客户端相连接,如果有多客户端要求与服务器连接,那么这些请求就会被存入队列中,服务器同时可以接受的连接数即队列的大小,默认为 50。

ServerSocket 的常用方法如表 11-2 所示。

表 11-2 ServerSocket 的常用方法

方　法	说　明
ServerSocket(int port)	构造方法，使用指定的端口创建服务器 Socket
ServerSocket(int port, int backlog)	构造方法，使用指定的端口创建服务器 Socket，backlog 用来设置队列大小
ServerSocket(int port, int backlog, InetAddress bindAddr)	构造方法，使用指定的 IP 地址、端口号及队列大小，创建服务器 Socket
Socket accept()	等待客户机请求，若连接，则创建一个 Socket，并且将其返回
void close()	关闭服务器的 Socket
Boolean isClosed()	若服务器 Socket 成功关闭，返回 true；否则，返回 false
InetAddress getInetAddress()	返回与服务器 Socket 结合的 IP 地址
int getLocalPort()	获取服务器 Socket 等待的端口号
void bind(SocketAddress endpoint()	绑定于 endpoint 相对应的 Socket 地址(IP 与端口号)
Boolean isBound()	判断服务器 Socket 已经与某个 Socket 地址绑定，正确返回 true；否则，返回 false

Socket 的常用方法如表 11-3 所示。

表 11-3 Socket 的常用方法

方　法	说　明
Socket(String host, int port)	创建连接指定的服务器(主机与端口)的 Socket
Socket(InetAddress address, int port)	根据 IP 地址和端口号创建连接指定服务器的 Socket
InetAddress getInetAddress()	获取被连接的服务器的地址
int getPort()	获取端口号
InetAddress getLocalAddress()	获取本地地址
int getLocalPort()	获取本地端口号
Inputstream getInputStream()	获取 Socket 的输入流
OutputStream getOutputStream()	获取 Socket 的输出流
void bind(SocketAddress bindpoint)	绑定指定的 IP 地址和端口号
Boolean isBound()	获取绑定状态
synchronized void close()	关闭 Socket
Boolean isClose()	获取 Socket 是否关闭
Boolean isConnected()	判断 Socket 是否被连接，是返回 true；否则，返回 false
void shutdownInput()	关闭输入流
Boolean isInputShutdown()	判断输入流是否被关闭

下面以一个程序示范服务器端和客户端 Socket 建立连接的例子，程序先在本地建立一

个 ServerSocket 服务,并监听 3001 端口,然后等待客户机连接。接着程序建立 10 个客户机 Socekt,并尝试同本地 ServerSocket 连接,其中 127.0.0.1 表示本机 IP,3001 表示尝试连接的端口,连接成功则输出显示"已经与第 i 个客户机连接"。

【程序 11-4】 TalkServer.java。

```
import java.net.*;

public class TalkServer {
    public static void main(String args[]) {
        try {
            //创建一个服务器 Socket 对象 server
            ServerSocket server=new ServerSocket(3001);
            System.out.println("服务器的 Socket 已经创建成功");      //输出相应信息
            System.out.println("正在等待客户机连接……");
            //循环建立客户机连接
            for(int i=0; i<10; i++) {
                //创建 Socket 对象 s 并连接到服务器 Socket 上
                Socket s =new Socket("127.0.0.1", 3001);
                System.out.println("已经与第
                "+i+"个客户机连接");
            }
        } catch (Exception e) {
            e.printStackTrace();                                    //输出错误信息
        }
    }
}
```

程序运行后,输出结果如图 11-3 所示。

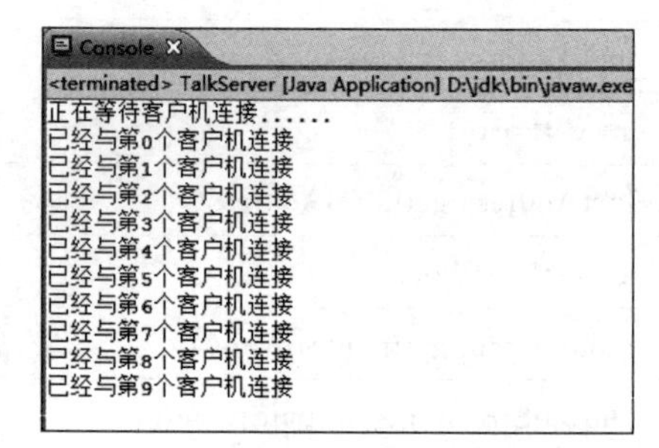

图 11-3 程序 11-4 的输出结果

11.3.2 利用 Socket 实现断点续传

1. 断点续传的原理

其实断点续传的原理很简单,就是在 HTTP 的请求上和一般的下载有所不同而已。打个比方,浏览器请求服务器上的一个文件时,假设服务器的域名为 www.zjut.edu.cn,文件名为 down.zip,所发出的请求如下:

```
GET /down.zip HTTP/1.1
Accept: image/gif, image/x-xbitmap, image/jpeg, image/pjpeg, application/vnd.ms-
excel, application/msword, application/vnd.ms-powerpoint, */*
Accept-Language: zh-cn
Accept-Encoding: gzip, deflate
User-Agent: Mozilla/4.0 (compatible; MSIE 5.01; Windows NT 5.0)
Connection: Keep-Alive
```

服务器收到请求后，按要求寻找请求的文件，提取文件的信息，然后返回给浏览器，返回信息如下：

```
200
Content-Length=106786028
Accept-Ranges=bytes
Date=Mon, 30 Apr 2001 12:56:11 GMT
ETag=W/"02ca57e173c11:95b"
Content-Type=application/octet-stream
Server=Microsoft-IIS/5.0
Last-Modified=Mon, 30 Apr 2001 12:56:11 GMT
```

断点续传就是要从文件已经下载的地方开始继续下载。所以在客户端浏览器传给Web服务器的时候要多加一条信息“从哪里开始？”。下面是用自己编写的一个“浏览器”来传递请求信息给Web服务器，要求从2000070字节开始。

```
GET/down.zip HTTP/1.0
User-Agent: NetFox
RANGE: bytes=2000070-
Accept: text/html, image/gif, image/jpeg, *;q=.2, */*;q=.2
```

仔细看一下就会发现多了一行RANGE：bytes=2000070-。

这一行的意思就是告诉服务器down.zip这个文件从2000070字节开始传，前面的字节不用传了。

服务器收到这个请求以后，返回的信息如下：

```
206
Content-Length=106786028
Content-Range=bytes 2000070-106786027/106786028
Date=Mon, 30 Apr 2001 12:55:20 GMT
ETag=W/"02ca57e173c11:95b"
Content-Type=application/octet-stream
Server=Microsoft-IIS/5.0
Last-Modified=Mon, 30 Apr 2001 12:55:20 GMT
```

与前面服务器返回的信息比较，就会发现增加了一行：

```
Content-Range=bytes 2000070-106786027/106786028
```

返回的代码也改为206，而不再是200。

知道了以上原理，就可以进行断点续传的编程了。

2. Java实现断点续传的关键点

用什么方法实现提交“RANGE：bytes=2000070－”？

当然用最原始的Socket是肯定能完成的，不过那样太费事了，其实Java的net包中提供了这种功能。代码如下：

```
URL url=new URL("http://www.zjut.edu.cn/down.zip");
HttpURLConnection httpConnection=(HttpURLConnection)url.openConnection();
//设置 User-Agent
httpConnection.setRequestProperty("User-Agent","NetFox");
//设置断点续传的开始位置
httpConnection.setRequestProperty("RANGE","bytes=2000070");
//获得输入流
InputStream input=httpConnection.getInputStream();
```

从输入流中取出的字节流就是 down.zip 文件从 2000070 开始的字节流。接下来要做的事就是怎么保存获得的流到文件中去了。保存文件采用的方法是 IO 包中的 RandomAccessFile 类。操作相当简单,假设从 2000070 处开始保存文件,代码如下:

```
RandomAccess oSavedFile=new RandomAccessFile("down.zip","rw");
long nPos=2000070;                          //定位文件指针到 nPos 位置
oSavedFile.seek(nPos);
byte[] b=new byte[1024];
int nRead;
//从输入流中读入字节流,然后写到文件中
while((nRead=input.read(b,0,1024)) >0) {
    oSavedFile.write(b,0,nRead);
}
```

这样文件就下载好了。接下来要做的就是整合成一个完整的程序,包括一系列的线程控制等。

3. 断点续传程序的实现

断点续传程序的实现主要用了 6 个类,包括一个测试类。

SiteFileFetch.java:负责整个文件的抓取,控制内部线程(FileSplitterFetch 类)。

FileSplitterFetch.java:负责部分文件的抓取。

FileAccess.java:负责文件的存储。

SiteInfoBean.java:要抓取的文件的信息,如文件保存的目录、名字、抓取文件的 URL 等。

Utility.java 工具类:放一些简单的方法。

TestMethod.java 测试类。

【程序 11-5】 SiteFileFetch.java。

```
import java.io.*;
import java.net.*;
/* SiteFileFetch 类负责整个文件的抓取,以及控制内部线程 */
public class SiteFileFetch extends Thread {
    SiteInfoBean siteInfoBean=null;                         //文件信息 Bean
    long[] nStartPos;                                       //开始位置
    long[] nEndPos;                                         //结束位置
    FileSplitterFetch[] fileSplitterFetch;                  //子线程对象
```

```
    long nFileLength;                                   //文件长度
    boolean bFirst=true;                                //是否第一次取文件
    boolean bStop=false;                                //停止标志
    File tmpFile;                                       //文件下载的临时信息
    DataOutputStream output;                            //输出到文件的输出流

    public SiteFileFetch(SiteInfoBean bean) throws IOException {
        siteInfoBean=bean;
        tmpFile=new File(bean.getSFilePath()+File.separator+bean.getSFileName()+".
        info");
        if (tmpFile.exists()) {
            bFirst=false;
            read_nPos();
        } else {
            nStartPos=new long[bean.getNSplitter()];
            nEndPos=new long[bean.getNSplitter()];
        }
    }

    public void run(){
        try{
            if(bFirst){
                nFileLength=getFileSize();                          //获得文件长度
                if(nFileLength==-1){
                    System.err.println("File Length is not known!");
                }else if(nFileLength==-2){
                    System.err.println("File is not access!");
                }else{
                    for(int i=0;i<nStartPos.length;i++){        //分割文件
                        nStartPos[i]=(long)(i*(nFileLength/nStartPos.length));
                    }
                    for(int i=0;i<nEndPos.length-1;i++){
                        nEndPos[i]=nStartPos[i+1];
                    }
                    nEndPos[nEndPos.length-1]=nFileLength;
                }
            }
            fileSplitterFetch=new FileSplitterFetch[nStartPos.length];
            //实例 FileSplitterFetch
            //启动 FileSplitterFetch 线程
            for(int i=0;i<nStartPos.length;i++){
                fileSplitterFetch[i]=new     FileSplitterFetch     ( siteInfoBean.
                getSSiteURL(), siteInfoBean.getSFilePath() + File.separator +
               siteInfoBean.getSFileName(),nStartPos[i],nEndPos[i],i);
                Utility.log("Thread "+i+", nStartPos="+nStartPos[i]+", nEndPos
                ="+nEndPos[i]);
                fileSplitterFetch[i].start();
            }
```

```
            //等待所有的子线程结束,就表示下载完毕
            boolean breakWhile=false;
            while(!bStop){
                write_nPos();
                Utility.sleep(500);
                breakWhile=true;
                for(int i=0;i<nStartPos.length;i++){
                    if(!fileSplitterFetch[i].bDownOver){
                        breakWhile=false;
                        break;
                    }
                }
                if(breakWhile) break;
            }
            System.err.println("文件下载结束!");
        } catch(Exception e){
            e.printStackTrace ();
        }
    }

    //获得文件长度
    public long getFileSize() {
        int nFileLength=-1;
        try {
            URL url=new URL(siteInfoBean.getSSiteURL());
            HttpURLConnection httpConnection=(HttpURLConnection) url
                    .openConnection();
            httpConnection.setRequestProperty("User-Agent", "NetFox");
            int responseCode=httpConnection.getResponseCode();
            if (responseCode >=400) {
                processErrorCode(responseCode);
                return -2;          //-2 表示返回错误
            }
            String sHeader;
            for (int i=1;; i++) {
                sHeader=httpConnection.getHeaderFieldKey(i);
                if (sHeader !=null) {
                    if (sHeader.equals("Content-Length")) {
                        nFileLength=Integer.parseInt(httpConnection
                                .getHeaderField(sHeader));
                        break;
                    }
                } else
                    break;
            }
        } catch (IOException e) {
            e.printStackTrace();
```

```
    } catch (Exception e) {
        e.printStackTrace();
    }
    Utility.log(nFileLength);
    return nFileLength;
}

//保存下载信息(文件指针位置)
private void write_nPos() {
    try {
        output=new DataOutputStream(new FileOutputStream(tmpFile));
        output.writeInt(nStartPos.length);
        for (int i=0; i <nStartPos.length; i++) {
            //output.writeLong(nPos[i]);
            output.writeLong(fileSplitterFetch[i].nStartPos);
            output.writeLong(fileSplitterFetch[i].nEndPos);
        }
        output.close();
    } catch (IOException e) {
        e.printStackTrace();
    } catch (Exception e) {
        e.printStackTrace();
    }
}

//读取保存的下载信息(文件指针位置)
private void read_nPos() {
    try {
        DataInputStream input=new DataInputStream(new FileInputStream(
                tmpFile));
        int nCount=input.readInt();
        nStartPos=new long[nCount];
        nEndPos=new long[nCount];
        for (int i=0; i <nStartPos.length; i++) {
            nStartPos[i]=input.readLong();
            nEndPos[i]=input.readLong();
        }
        input.close();
    } catch (IOException e) {
        e.printStackTrace();
    } catch (Exception e) {
        e.printStackTrace();
    }
}

private void processErrorCode(int nErrorCode) {
    System.err.println("Error Code : "+nErrorCode);
}
```

```
    //停止文件下载
    public void siteStop() {
        bStop=true;
        for (int i=0; i <nStartPos.length; i++)
            fileSplitterFetch[i].splitterStop();
    }
}
```

【程序 11-6】 FileSplitterFetch.java。

```
import java.io.*;
import java.net.*;
/*FileSplitterFetch 类负责文件片段的抓取*/
public class FileSplitterFetch extends Thread {
    String sURL;                                    //文件 URL
    long nStartPos;                                 //文件的起始位置
    long nEndPos;                                   //文件的结束位置
    int nThreadID;                                  //线程 ID
    boolean bDownOver=false;                        //下载是否结束
    boolean bStop=false;                            //停止标志
    FileAccess fileAccess=null;                     //文件存储接口

    public FileSplitterFetch(String sURL, String sName, long nStart, long nEnd,
            int id) throws IOException {
        this.sURL=sURL;
        this.nStartPos=nStart;
        this.nEndPos=nEnd;
        nThreadID=id;
        fileAccess=new FileAccess(sName, nStartPos);
    }

    public void run() {
        while (nStartPos <nEndPos && !bStop) {
            try {
                URL url=new URL(sURL);
                HttpURLConnection httpConnection=(HttpURLConnection) url
                        .openConnection();
                httpConnection.setRequestProperty("User-Agent", "NetFox");
                String sProperty="bytes="+nStartPos+"-";
                httpConnection.setRequestProperty("RANGE", sProperty);
                Utility.log(sProperty);
                InputStream input=httpConnection.getInputStream();
                byte[] b=new byte[1024];
                int nRead;
                while ((nRead=input.read(b, 0, 1024)) >0
```

```
                    && nStartPos <nEndPos && !bStop) {
                nStartPos +=fileAccess.write(b, 0, nRead);
            }
            Utility.log("Thread "+nThreadID+" is over!");
            bDownOver=true;
        } catch (Exception e) {
            e.printStackTrace();
        }
    }
}

//打印回应的头信息
public void logResponseHead(HttpURLConnection con) {
    for (int i=1;; i++) {
        String header=con.getHeaderFieldKey(i);
        if (header !=null)
            Utility.log(header+" : "+con.getHeaderField(header));
        else
            break;
    }
}

public void splitterStop() {
    bStop=true;
}
}
```

【程序 11-7】 FileAccess.java。

```
import java.io.*;

/* FileAccess 类负责文件的存储 */
public class FileAccess implements Serializable {
    RandomAccessFile oSavedFile;
    long nPos;

    public FileAccess() throws IOException {
        this("", 0);
    }

    public FileAccess(String sName, long nPos) throws IOException {
        oSavedFile=new RandomAccessFile(sName, "rw");
        this.nPos=nPos;
        oSavedFile.seek(nPos);
    }

    public synchronized int write(byte[] b, int nStart, int nLen) {
```

```
        int n=-1;
        try {
            oSavedFile.write(b, nStart, nLen);
            n=nLen;
        } catch (IOException e) {
            e.printStackTrace();
        }
        return n;
    }
}
```

【程序 11-8】 SiteInfoBean.java。

```
/* SiteInfoBean 类表示要抓取的文件的信息,如文件保存的目录、名字、抓取文件的 URL 等 */
public class SiteInfoBean {
    private String sSiteURL;                    //网址 URL
    private String sFilePath;                   //文件保存路径
    private String sFileName;                   //文件名
    private int nSplitter;                      //文件分解块数

    public SiteInfoBean() {
        //默认文件分为 5 块
        this("", "", "", 5);
    }

    public SiteInfoBean(String sURL, String sPath, String sName, int nSpiltter) {
        sSiteURL=sURL;
        sFilePath=sPath;
        sFileName=sName;
        this.nSplitter=nSpiltter;
    }

    public String getSSiteURL() {
        return sSiteURL;
    }

    public void setSSiteURL(String value) {
        sSiteURL=value;
    }

    public String getSFilePath() {
        return sFilePath;
    }

    public void setSFilePath(String value) {
        sFilePath=value;
```

```
    }

    public String getSFileName() {
        return sFileName;
    }

    public void setSFileName(String value) {
        sFileName=value;
    }

    public int getNSplitter() {
        return nSplitter;
    }

    public void setNSplitter(int nCount) {
        nSplitter=nCount;
    }
}
```

【程序 11-9】 Utility.java。

```
/* Utility 工具类,放一些简单的方法 */
public class Utility {
    public Utility() {
    }

    public static void sleep(int nSecond) {
        try {
            Thread.sleep(nSecond);
        } catch (Exception e) {
            e.printStackTrace();
        }
    }

    public static void log(String sMsg) {
        System.err.println(sMsg);
    }

    public static void log(int sMsg) {
        System.err.println(sMsg);
    }
}
```

【程序 11-10】 TestMethod.java。

```
/* TestMethod 测试类 */
public class TestMethod {
```

```
    public TestMethod() {
        try {
            /**
             * 默认从网上下载一个 tomcat.zip 文件
             * 并将其保存到 D 盘的 temp 文件夹下
             * 保存文件名为 tomcat.zip
             */
            SiteInfoBean bean=new SiteInfoBean(
                    "http://apache. etoak. com/tomcat/tomcat - 6/v6. 0. 36/bin/
                    apache-tomcat-6.0.36-windows-x86.zip", "D:\temp",
                    "tomcat.zip", 5);
            SiteFileFetch fileFetch=new SiteFileFetch(bean);
            fileFetch.start();
        } catch (Exception e) {
            e.printStackTrace();
        }
    }

    public static void main(String[] args) {
        new TestMethod();
    }
}
```

运行 TestMethod 类的 main()方法,fileFetch 就以 5 个线程的方式从指定网址上下载文件,并保存到本地 D:\\temp 目录下。控制台的输出信息如图 11-4 所示。

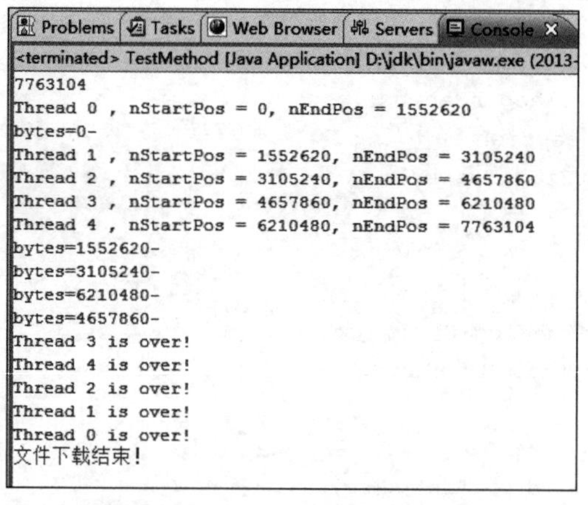

图 11-4 程序 11-10 的输出结果

从输出信息看到,网址所指定的文件长度为 7763104B,被分配成 5 个文件块,分别由 0、1、2、3、4 这 5 个线程分别同时下载,各个线程下载完成后,分别输出信息表示下载完成,最后完成整个文件的下载。

11.3.3 利用 Socket 实现聊天程序

基于 TCP 的网络程序设计目前有很多应用,比较常见的有聊天系统。下面给出一个基于 TCP 的聊天程序，程序由两个 Java 源程序文件组成。它们分别位于服务器端和客户端。服务器端的程序文件为 SocketServerExample.java，其程序如下。

【程序 11-11】 SocketServerExample.java。

```
import java.io.*;
import java.net.*;
import java.awt.*;
import java.awt.event.*;

/* SocketServerExample 聊天系统的服务器端 */
public class SocketServerExample extends Frame implements ActionListener {
    Label label=new Label("输入聊天信息");
    TextField tf=new TextField(20);                          //输入框
    TextArea ta=new TextArea();                              //聊天记录框
    Panel panel=new Panel();                                 //创建面板对象
    ServerSocket server;
    Socket Client;
    InputStream DataIn;
    OutputStream DataOut;

    public SocketServerExample() {
        super("这里是服务器");
        setSize(300, 180);
        panel.add(label);                                    //在面板上添加标签
        panel.add(tf);                                       //在面板上添加文本框
        tf.addActionListener(this);                          //注册
        add("North", panel);                                 //在窗体上添加面板
        add("Center", ta);                                   //在窗体上添加文本区
        addWindowListener(new WindowAdapter() {
            public void windowClosing(WindowEvent e) {
                System.exit(0);
            }
        });
        show();
        try {
            server=new ServerSocket(5000);
            Client=server.accept();
            ta.append("已经和客户机连接:"+Client.getInetAddress().getHostName()
                    +"\n\n");
            DataIn=Client.getInputStream();
            DataOut=Client.getOutputStream();
        } catch (IOException ioe) {
        }
        while (true) {
            try {
                byte buff[]=new byte[512];                   //缓冲数组
                DataIn.read(buff);
```

```
                String str=new String(buff);            //接收客户端发送的数据包
                ta.append("客户机说:"+str+"\n");
            } catch (IOException ioe) {
            }
        }
    }

    public static void main(String args[]) {
        new SocketServerExample();
    }

    public void actionPerformed(ActionEvent e)              //事件处理程序
    {
        try {
            String str=new String(tf.getText());
            byte buf[]=str.getBytes();
            tf.setText(" ");
            DataOut.write(buf);
            ta.append("服务器说:"+str+"\n");
        } catch (IOException ioe) {
        }
    }
}
```

【程序 11-12】 SocketClientExample.java。

```
import java.io.*;
import java.net.*;
import java.awt.*;
import java.awt.event.*;

/* SocketClientExample.java 聊天系统的客户端 */
public class SocketClientExample extends Frame implements ActionListener {
    Label label=new Label("输入聊天信息");
    TextField tf=new TextField(20);                     //输入框
    TextArea ta=new TextArea();                         //聊天记录框
    Panel panel=new Panel();                            //创建面板对象
    Socket Client;
    InputStream DataIn;
    OutputStream DataOut;

    public SocketClientExample() {
        super("这里是客户机");
        setSize(300, 180);
        panel.add(label);                               //在面板上添加标签
        panel.add(tf);                                  //在面板上添加文本框
        tf.addActionListener(this);                     //注册
```

```
        add("North", panel);                         //在窗体上添加面板
        add("Center", ta);                           //在窗体上添加文本区
        addWindowListener(new WindowAdapter() {
            public void windowClosing(WindowEvent e) {
                System.exit(0);
            }
        });
        show();
        try {
            Client=new Socket("127.0.0.1", 5000);
            ta.append("已经和服务器连接:"+Client.getInetAddress().getHostName()
                    +"\n\n");
            DataIn=Client.getInputStream();
            DataOut=Client.getOutputStream();
        } catch (IOException ioe) {
        }
        while (true) {
            try {
                byte buff[]=new byte[512];           //缓冲数组
                DataIn.read(buff);
                String str=new String(buff);         //接收客户端发送的数据包
                ta.append("服务器说:"+str+"\n");
            } catch (IOException ioe) {
            }
        }
    }

    public static void main(String args[]) {
        new SocketClientExample();
    }

    public void actionPerformed(ActionEvent e)    //事件处理程序
    {
        try {
            String str=new String(tf.getText());
            byte buf[]=str.getBytes();
            tf.setText(" ");
            DataOut.write(buf);
            ta.append("客户机说:"+str+"\n");
        } catch (IOException ioe) {
            ioe.printStackTrace()
        }
    }
}
```

在这个例子中，服务器端和客户端可以位于同一台计算机上，也可以位于连接在互联网上的两台计算机。如果服务器端和客户端是同一台计算机，则如客户端程序所示：

```
Client=new Socket("127.0.0.1", 5000);
```

上述语句用来建立同本机服务端的连接。如果服务器端不是在本机上,则需要将 127.0.0.1 改成服务器端真实的 IP 就可以了。

在运行时,首先要编译运行 SocketServerExample. java,再编译运行 SocketClientExample.java。否则,如果未运行服务器端,先运行客户端,则会抛出异常,因为无法连接服务器端。

运行后,显示的聊天程序界面如图 11-5 和图 11-6 所示。

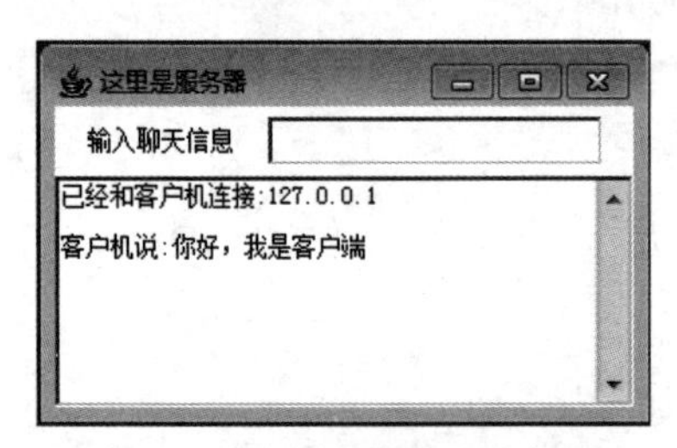

图 11-5 聊天程序服务器端界面

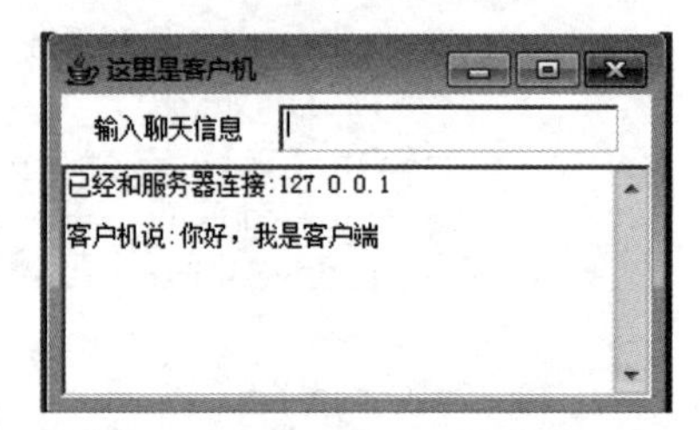

图 11-6 聊天程序客户端界面

服务器端和客户端程序的图形界面非常相似,其上端是单行的输入区域,下端是允许多行显示区域。客户端运行后,首先会尝试连接指定的服务器端 Socket,如果连接成功,则显示"已经和服务器连接: 127.0.0.1",此时服务器端则同样会提示"已经和客户机连接: 127.0.0.1"。这时,服务器端和客户端的输入区域都允许输入,在这两端进行聊天,聊天的记录都会显示在各自的显示区域中。

在程序中,输入流和输出流分别采用类 java.io.InputStream 和 java.io.OutputStream,在发送聊天记录后,会调用 setText(" ")方法清空输入框。要获取输入的聊天内容,则可通过 getText()方法。

11.4 IntelAddress 类

IP 地址使用 32 位(IPv4)或 128 位(IPv6)位的无符号数字,它是传输层协议 TCP、UDP 的基础。InetAddress 是 Java 对 IP 地址的封装,在 java. net 中有许多类都使用到了 InetAddress,包括 ServerSocket、Socket、DatagramSocket 等。

InetAddress 的实例对象包含以数字形式保存的 IP 地址,同时还可能包含主机名(如果使用主机名来获取 InetAddress 的实例,或者使用数字来构造,并且启用了反向主机名解析的功能)。InetAddress 类提供了将主机名解析为 IP 地址(或反之)的方法。

InetAddress 对域名进行解析是使用本地机器配置或者网络命名服务(如域名系统(Domain Name System,DNS)和网络信息服务(Network Information Service,NIS))来实现。对于 DNS 来说,本地需要向 DNS 服务器发送查询的请求,然后服务器根据一系列的操作,返回对应的 IP 地址,为了提高效率,通常本地会缓存一些主机名与 IP 地址的映射,这样访问相同的地址,就不需要重复发送 DNS 请求了。在 java.net.InetAddress 类同样采用了这种策略。在默认情况下,会缓存一段有限时间的映射,对于主机名解析不成功的结果,会缓存非常短的时间(10s)来提高性能。

由于 InetAddress 类只有一个构造函数,而且不能传递参数,所以不能直接创建 InetAddress 对象,下面的做法就是错误的:

```
InetAddress ia=new InetAddress ();
```

但可以通过下面的 5 个方法来创建一个 InetAddress 对象或 InetAddress 数组。

getAllByName(String host):方法返回一个 InetAddress 对象的引用,每个对象包含一个表示相应主机名的单独的 IP 地址,这个 IP 地址是通过 host 参数传递的,对于指定的主机,如果没有 IP 地址存在,那么这个方法将抛出一个 UnknownHostException 异常对象。

getByAddress(byte [] addr):该方法返回一个 InetAddress 对象的引用,这个对象包含了一个 Ipv4 地址或 Ipv6 地址,Ipv4 地址是一个 4 字节地址数组,Ipv6 地址是一个 16 字节地址数组,如果返回的数组既不是 4 字节的也不是 16 字节的,那么方法将会抛出一个 UnknownHostException 异常对象。

getByAddress(String host, byte [] addr):该方法返回一个 InetAddress 对象的引用,这个 InetAddress 对象包含了一个由 host 和 4 字节的 addr 数组指定的 IP 地址,或者是 host 和 16 字节的 addr 数组指定的 IP 地址,如果这个数组既不是 4 字节的也不是 16 位字节的,那么该方法将抛出一个 UnknownHostException 异常对象。

getByName(String host):该方法返回一个 InetAddress 对象,该对象包含了一个与 host 参数指定的主机相对应的 IP 地址,对于指定的主机如果没有 IP 地址存在,那么方法将抛出一个 UnknownHostException 异常对象。

getLocalHost():该方法返回一个 InetAddress 对象,这个对象包含了本地主机的 IP 地址,考虑到本地主机既是客户程序主机又是服务器程序主机,为避免混乱,将客户程序主机称为客户主机,将服务器程序主机称为服务器主机。

11.4.1 获取本机的计算机名与 IP 地址

使用 getLocalHost()可以得到描述本机 IP 的 InetAddress 对象。这个方法的定义如下:

```
public static InetAddress getLocalHost() throws UnknownHostException
```

这个方法抛出了一个 UnknownHostException 异常,因此,必须在调用这个方法的程序中捕捉或抛出这个异常。下面的代码演示了如何使用 getLocalHost()来得到本机的 IP 和计算机名。

【程序 11-13】 Test.java。

```
import java.net.*;

public class Test {
    public static void main(String[] args) throws Exception {
        InetAddress localAddress=InetAddress.getLocalHost();
```

```
            System.out.println(localAddress);
        }
    }
```

运行结果:

```
ComputerName/192.168.2.10
```

在 InetAddress 类中覆盖了 Object 类的 toString()方法,实现如下:

```
public String toString() {
    return ((hostName !=null)? hostName : "") +"/"+getHostAddress();
}
```

从上面的代码可以看出,InetAddress 方法中的 toString()方法返回了用"/"隔开的主机名和 IP 地址。因此,在上面的代码中直接通过 localAddress 对象来输出本机计算机名和 IP 地址(将对象参数传入 println()方法后,println()方法会调用对象参数的 toString()方法来输出结果)。

当本机绑定了多个 IP 时,getLocalHost 只返回第一个 IP。如果想返回本机全部的 IP,可以使用 getAllByName()方法。

11.4.2 获取 Internet 上主机的 IP 地址

通过 InetAddress 类来获取 Internet 上主机的 IP 地址有两个方法,分别是 getByName(String host)和 getAllByName(String host)。

1. getByName(String host)

该方法是 InetAddress 类最常用的方法。它可以通过指定域名从 DNS 中得到相应的 IP 地 址。getByName 有一个 String 类型参数,可以通过这个参数指定远程主机的域名,它的定义如下:

```
public static InetAddress getByName(String host) throws UnknownHostException
```

如果 host 所指的域名对应多个 IP,getByName()返回第一个 IP。如果本机名已知,可以使用 getByName()方法来代替 getLocalHost。当 host 的值是 localhost 时,返回的 IP 一般是 127.0.0.1。如果 host 是不存在的域名,getByName()将抛出 UnknownHostException 异常;如果 host 是 IP 地址,无论这个 IP 地址是否存在,getByName()方法都会返回这个 IP 地址(因此 getByName()并不验证 IP 地址的正确性)。下面代码演示了如何使用 getByName()方法。

【程序 11-14】 GetAddress1.java。

```
import java.net.*;

public class GetAddress1{
    public static void main(String[] args) throws Exception {
```

```
        //根据域名获取:主机名/IP
        InetAddress ia=InetAddress.getByName("www.google.com");
        System.out.println("主机名/IP \t"+ia);
        System.out.println("主机名: \t"+ia.getHostName());
        System.out.println("IP: \t"+ia.getHostAddress());
    }
}
```

程序输出结果如图 11-7 所示。

```
Console ✕
<terminated> GetURL (1) [Java Application] D:\jdk\bin\javaw.exe
主机名/IP	www.google.com/74.125.128.147
主机名:	www.google.com
IP:	74.125.128.147
```

图 11-7　程序 11-14 的输出结果

2. getAllByName(String host)

使用 getAllByName()方法可以从 DNS 上得到域名对应的所有的 IP。这个方法返回一个 InetAddress 类型的数组。这个方法的定义如下:

```
public static InetAddress[] getAllByName(String host) throws UnknownHostException
```

与 getByName()方法一样,当 host 不存在时,getAllByName()也会抛出 UnknowHostException 异常,getAllByName()也不会验证 IP 地址是否存在。下面的代码演示了 getAllByName 的用法。

【程序 11-15】 GetAddress2.java。

```
import java.net.*;

public class GetAddress2 {
    public static void main(String[] args) throws Exception {
        //根据域名获取:主机名/IP
        InetAddress[] address4=InetAddress.getAllByName("www.google.com");
        for (InetAddress ia : address4) {
            System.out.println("主机名/IP \t"+ia);
            System.out.println("主机名: \t"+ia.getHostName());
            System.out.println("IP: \t"+ia.getHostAddress());
            System.out.println();
        }
    }
}
```

程序输出结果如图 11-8 所示。

```
Console ×
<terminated> GetURL (1) [Java Application] D:\jdk\bin\javaw.exe
主机名/IP        www.google.com/74.125.128.147
主机名：www.google.com
IP:     74.125.128.147

主机名/IP        www.google.com/74.125.128.99
主机名：www.google.com
IP:     74.125.128.99

主机名/IP        www.google.com/74.125.128.103
主机名：www.google.com
IP:     74.125.128.103

主机名/IP        www.google.com/74.125.128.104
主机名：www.google.com
IP:     74.125.128.104

主机名/IP        www.google.com/74.125.128.105
主机名：www.google.com
IP:     74.125.128.105

主机名/IP        www.google.com/74.125.128.106
主机名：www.google.com
IP:     74.125.128.106
```

图 11-8　程序 11-15 的输出结果

第 12 章　数据库编程

数据库应用已经成为各类应用系统非常重要的一部分，而且在日常生活中也是不可或缺的一部分。例如，目前的购物网站、邮箱服务、网络硬盘等服务都离不开数据库。Java 语言通过 JDBC(Java DataBase Connection)提供了强大的数据库开发功能。通过 JDBC，Java 程序能够方便地访问各种常用的数据库。从而可以对数据库中的记录进行添加、删除、修改等操作。本章在介绍数据库的概念、SQL 语言、JDBC 以及 SQL Server 数据库的基础上，通过数据库操作例子，向读者介绍 Java 中使用 JDBC 访问数据库编程方法。

12.1　JDBC 概述

JDBC 是 Java 操作数据库的技术规范。它实际上定义了一组标准的操作数据库的接口。为了能让 Java 操作数据库，必须要有实现了 JDBC 这些接口的类，不同的数据库厂商为了让 Java 语言能操作自己的数据库，都提供了对 JDBC 接口的实现——这些实现了 JDBC 接口的类打成一个 jar 包，就是人们平时看到的数据库驱动。由于不同的数据库操作数据的机制不一样，因此 JDBC 的具体实现也就千差万别。但是作为 Java 程序员，只需要使用 Java JDBC 的接口而不需要了解接口是如何实现的。

12.1.1　JDBC 模型

Java 语言利用 JDBC 进行数据库程序设计的基本模型如图 12-1 所示。程序一般通过调用 JDBC 所定义的类和接口来处理数据库中的数据，也就是通过调用 JDBC 的驱动程序实现对数据库的操作。基于 JDBC 的数据库程序设计通常包括三步：首先是连接数据库，然后是执行结构化查询语言(Structured Query Language，SQL)语句并处理查询结果，最后是关闭连接。通过执行 SQL 语句可以处理数据库数据，例如对数据库中的记录进行添加、删除、修改等操作，或者查询满足某种条件的数据等。

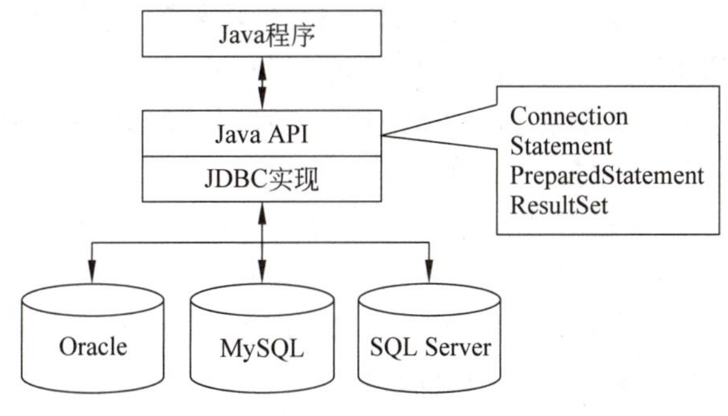

图 12-1　Java 使用 JDBC 进行数据库程序设计的基本模型

12.1.2 JDBC 驱动方式

JDBC 规定了一套访问数据库的 API,而具体如何实现对底层数据库的操作则依赖于具体的 JDBC 驱动程序。目前应用比较广泛的商业数据库有 Oracle 数据库系统、SQL Server 数据库系统,以及 MySQL 数据库系统等。对于任何一种数据库,只要提供了相应的 JDBC 驱动程序,就可以通过 JDBC 程序对该数据库进行操作。

JDBC 驱动程序有下列 4 种。

1. JDBC-ODBC 桥接 ODBC 驱动程序(Type1 型)

JDBC-ODBC 桥产品利用 ODBC 驱动程序提供 JDBC 访问。在服务器上必须安装 ODBC 驱动程序。JDBC-ODBC 桥是一个 JDBC 驱动程序,它通过将 JDBC 操作转换为 ODBC 操作来实现 JDBC 操作。其工作原理如图 12-2 所示。

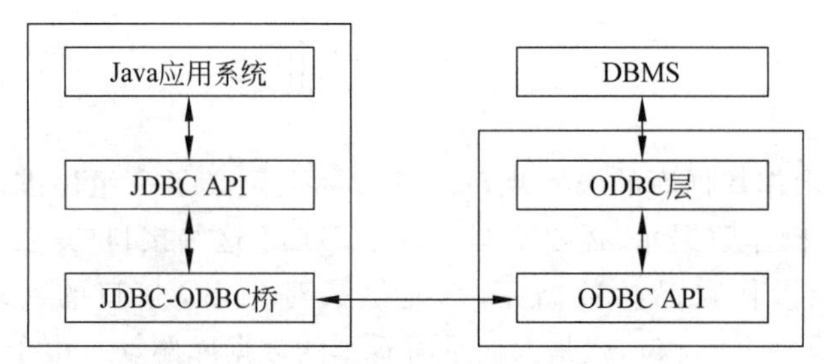

图 12-2 JDBC-ODBC 桥工作原理示意图

对 ODBC,它像是通常的应用程序,桥为所有对 ODBC 可用的数据库实现 JDBC。它作为 sun.jdbc.odbc 包实现,其中包含一个用来访问 ODBC 的本地库。桥是由 Intersolv 和 Java Soft 联合开发的。由于 ODBC 被广泛地使用,该桥的优点是让 JDBC 能够访问几乎所有的数据库。桥支持 ODBC 2.x,这是当前大多数据 ODBC 驱动程序支持的版本。桥作为包 sun.jdbc.odbc 与 JDK 一起自动动安装,无须特殊配置。但由于 JDBC-ODBC 先调用 ODBC,再由 ODBC 去调用本地数据库接口访问数据库,需要经过多层调用,所以执行效率比较低,对于那些大数据量存取的应用是不适合的。而且这种方法要求客户端必须安装 ODBC 驱动,所以对于基于 Internet 的应用是不现实的。

JDBC-ODBC 桥比"纯"ODBC 多了几项优势:ODBC API 主要面向 C/C++ 程序员,它使 Java 程序员无须应付非 Java 概念。ODBC API 非常复杂,它把高级功能和低级函数混合起来。而 JDBC API 相对来说简单易学,因此 JDBC-ODBC 桥使程序员可以依赖 JDBC API。JDBC-ODBC 桥允许程序通过标准化 JDBC 接口处理 ODBC。在提出更好的解决方案时,这就可以使程序避免束缚到 ODBC 上。

尽管 JDBC-ODBC 桥应被看成是过渡性解决方案,不过,在数据库没有提供 JDBC 驱动,只有 ODBC 驱动的情况下,也只能采用 JDBC-ODBC 桥的方式访问数据库。例如,对微软公司的 Access 数据库操作时,就只能用 JDBC-ODBC 桥来访问。

2. 本地 API 结合 Java 驱动程序(Type2 型)

大部分数据库厂商提供与其数据库产品进行通信所需要的 API,这些 API 往往用 C 语言编写,依赖于具体的平台,本地 API Java 驱动程序通过 JDBC 驱动程序将应用程序中的调用请求转化为本地 API 调用,由本地 API 与数据库通信,数据库处理完请求将结果通过本地 API 返回，进而返回给 JDBC 驱动程序，JDBC 驱动程序将返回的结果转化为 JDBC 标准形式，再返回给客户程序，其工作原理如图 12-3 所示。

这种 JDBC 驱动的优点是减少了 ODBC 的调用环节，提高了数据访问的效率，并且能够充分利用厂商提供的本地 API 功能，但前提是需要在客户的机器上安装本地 JDBC 驱动程序和特定数据库厂商的本地 API，这样就不适合基于 Internet 的应用，并且它的执行效率比起纯 JDBC 驱动还是不够高。

3. 网络纯 Java 驱动程序（Type3 型）

这种驱动程序将 JDBC 转换为与 DBMS 无关的网络协议，之后这种协议又被某个服务器转换为一种 DBMS 协议，如图 12-4 所示。

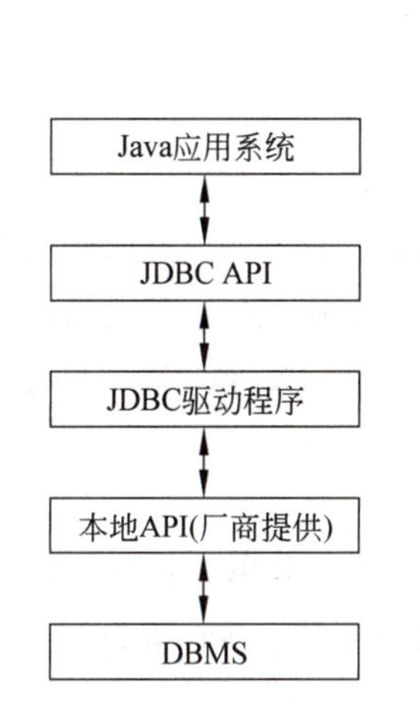

图 12-3　本地 API 结合 Java 驱动程序工作原理示意图

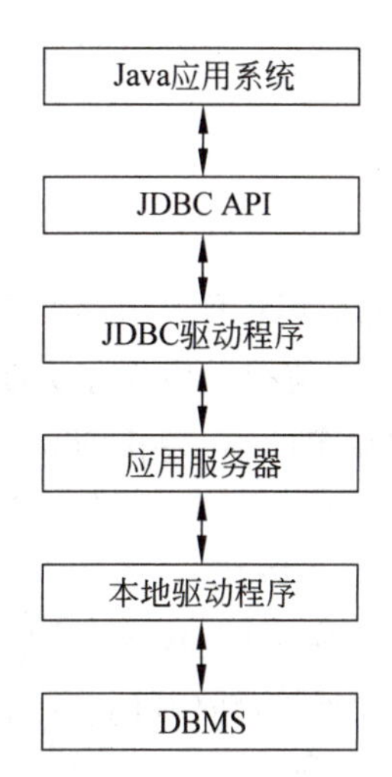

图 12-4　网络纯 Java 驱动程序工作原理示意图

这种网络服务器中间件能够将它的纯 Java 客户机连接到多种不同的数据库上。所用的具体协议取决于提供者。通常，这是最为灵活的 JDBC 驱动程序，能提供适合于 Intranet 用的产品。为了使这些产品也支持 Internet 访问，它们必须处理 Web 所提出的安全性、通过防火墙的访问等方面的额外要求。

这种驱动实际上是根据人们熟悉的三层结构建立的。JDBC 先把对数据库的访问请求传递给网络上的中间件服务器。中间件服务器再把请求翻译为符合数据库规范的调用，再把这种调用传给数据库服务器。Bea 公司的 WebLogic 和 IBM 公司的 Websphere 应用服务器就包含了这种类型的驱动。由于这种驱动是基于 Server 的，所以它不需要在客户端加载数据库厂商提供的代码库，而且它在执行效率和可升级性方面是比较好的。因为大部分功能实现都在 Server 端，所以这种驱动可以设计得很小，可以非常快速地加载到内存中。但是，这种驱动在中间件层仍然需要配置其他数据库驱动程序，并且由于多了一个中间层传递数据，从某种意义上说，它的执行效率不是最好的。

4. 本地协议纯 Java 驱动程序（Type4 型）

这种类型的驱动程序将 JDBC 调用直接转换为 DBMS 所使用的网络协议。这种驱动与数据库建立直接的套接字连接，采用具体数据库厂商的网络协议把 JDBC API 调用转换为直接网络调用,也就是允许从客户机机器上直接调用 DBMS 服务器,是 Intranet 访问的一个很实用的解决方法。因此,这种驱动写的应用可以直接和数据库服务器通信。这种类型的驱动完全由 Java 实现,因此实现了平台独立性,如图 12-5 所示。

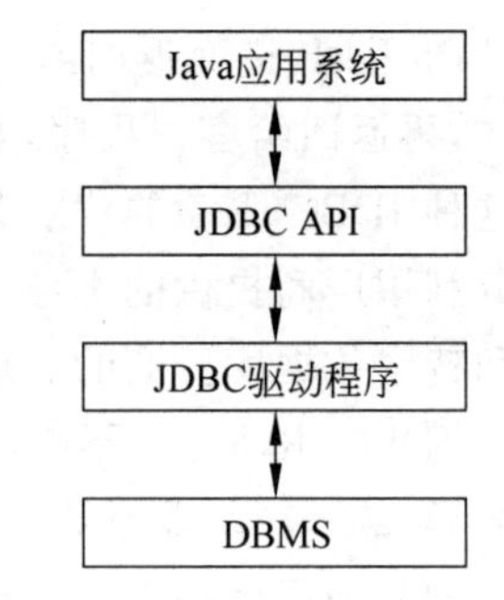

图 12-5　本地协议纯 Java 驱动程序工作原理示意图

建议尽可能地使用纯 Java JDBC 驱动程序代替桥和 ODBC 驱动程序,这可以完全省去 ODBC 所需的客户机配置,也免除了 Java 虚拟机被桥引入的本地代码(即桥本地库、ODBC 驱动程序管理器库、ODBC 驱动程序库和数据库客户机库)中的错误所破坏的可能性。

12.2　JDBC API

JDBC 向应用程序开发者提供独立于某种数据库的统一的 API。JDBC API 是一系列抽象的接口,它使得应用程序员能够进行数据库连接,执行 SQL 声明,并且返回结果。下面分别介绍数据源(javax.sql.DataSource)、数据库连接(java.sql.Connection)、SQL 语句执行器(java.sql.Statement)和 SQL 查询结果集(java.sql.ResultSet)。

1. javax.sql.DataSource

数据源对应接口 javax.sql.DataSource 的实例对象,是用来获取数据库连接的。通过数据源可以创建连接,即接口 java.sql.Connection 的实例对象。接口 javax.sql.DataSource 的常用方法如表 12-1 所示。

表 12-1　javax.sql.DataSource 的常用方法

方　法	说　明
Connection getConnection( )	尝试建立到该对象所代表的数据源的数据库连接
Connection getConnection (String username, String password)	尝试建立到该对象所代表的数据源的数据库连接
int getLoginTimeout( )	获取登录超时时间
PrintWriter getLogWriter( )	获取日志打印流
void setLoginTimeout(int seconds)	设定登录超时
void setLogWriter(PrintWriter out)	设定日志打印流
void setServerName(String ip)	指定数据库服务器 IP 地址
void setDatabaseName(String databaseName)	指定要使用的数据库名称

2. java.sql.Connection

数据库连接对应接口 java.sql.Connection 的实例对象,用来维护一个到数据库的网络连接。java.sql.Connection 接口代表与特定数据库的连接,在接连的上下文中可以执行

SQL 语句并返回结果。java.sql.Connection 的常用方法如表 12-2 所示。

表 12-2 java.sql.Connection 的常用方法

方　法	说　明
Statement createStatement( )	创建 SQL 语句执行器
PreparedStatement prepareStatement(String sql)	创建预编译的 SQL 语句执行器
CallableStatement prepareCall(String sql)	创建访问存储过程的 SQL 语句执行器
DatabaseMetaData getMetaData( )	获取数据库元数据
void close( )	关闭数据库连接

3. java.sql.Statement

SQL 语句执行器对应于接口 java.sql.Statement 的实例对象。通过 SQL 语句执行器可以执行各种 SQL 语句。接口 java.sql.Statement 的常用方法如表 12-3 所示。

表 12-3 java.sql.Statement 的常用方法

方　法	说　明
boolean execute(String sql)	执行 SQL 语句
ResultSet executeQuery(String sql)	执行 SQL 查询语句
int executeUpdate(String sql)	执行 insert、delete 或 update 类型的 SQL 语句
ResultSet getResultSet( )	若用 execute()方法执行了 select 类的 SQL 语句，可以通过该方法获得执行该 SQL 语句返回的结果集
void close( )	关闭 SQL 语句执行器

4. SQL 查询结果集

SQL 查询结果集对应于接口 java.sql.ResultSet 的实例对象。接口 java.sql.ResultSet 的实例对象不仅记录了查询集结果中的每行数据，同时也记录了各列的类型信息。接口 java.sql.ResultSet 的常用方法如表 12-4 所示。

表 12-4 java.sql.ResultSet 的常用方法

方　法	说　明
×××get×××( )	这里×××表示各种数据类型，如 String、int 等，该方法获取类型为×××的数据
×××update×××( )	这里×××表示各种数据类型，该方法更新类型为×××的数据
void updateRow( )	将 ResultSet 中被更新过的行提交给数据库，更新数据库中对应的行
void deleteRow( )	删除 ResultSet 中当前行，并更新数据库
void insertRow( )	将 ResultSet 内部的缓冲区行插入到数据库中
void beforeFirst( )	让指针指向第一行的前面
void afterLast( )	让指针指向最后一行的后面
boolean next( )	让指针移动到下一行

续表

方法	说明
boolean previous( )	让指针移动到前一行
boolean absolute(int row)	让指针移动到第 row 行
boolean relative(int rows)	让指针相对于当前行移动 rows 行
void close( )	关闭结果集

12.3 JDBC 编程实例

本章中介绍在 Eclipse 3.2 中怎样设置和测试 SQL Server 的 JDBC 驱动程序,以及利用 JDBC 如何对数据库进行操作。同时也介绍了如何对 Oracle、MySQL 进行连接的方法。

在学习本章内容前,要先安装 SQL Server 2000。

12.3.1 JDBC 驱动程序设置

1. Microsoft SQL Server 2000 JDBC 驱动安装

安装好 SQL Server 2000 后,如果需要通过 JDBC 连接 SQL Server,则必须还要安装 SQL Server 2000 Driver。

(1) 下载 SQL Server 2000 Driver for JDBC Service Pack 3,这个补丁是支持 JDK 1.4 的。下载网址如下: http://www.microsoft.com/downloads/details.aspx? FamilyID=07287b11-0502-461a-b138-2aa54bfdc03a&displaylang=en。

(2) 执行 setup.exe 安装 SQL Server JDBC 驱动程序。在安装目录下有帮助文件,安装过程请参阅帮助文件。

(3) 在 Eclipse 安装目录,如 D:/Java/Eclipse/eclipse 下创建路径: D:\eclipse\jdbc\SQLServerJDBC\lib。

(4) 将 setup.exe 安装的下面 3 个 Java 归档文件放入其中(msbase.jar、mssqlserver.jar、msutil.jar)。

2. Oracle JDBC 驱动安装

如数据库使用 Oracle,则需要安装 Oracle 数据库,安装好后,需要通过 JDBC 连接 Oracle,必须还要安装 Oracle JDBC Driver。

(1) 下载 Oracle JDBC Driver 驱动 jar 包,包括 ocrs12.jar、ojdbc14.jar、ojdbc14dms.jar、orai18n.jar。

下载网址: http://www.oracle.com/technology/global/cn/software/tech/java/sqlj_jdbc/index.html。

(2) 在 Eclipse 安装目录,如 D:\lecture\Java\Eclipse\eclipse 下创建路径: D:\lecture\Java\Eclipse\eclipse\jdbc\OracleJDBC\lib。

(3) 下载 4 个 Java 归档文件放入上面创建的文件夹内。

(4) 如 Eclipse 建立的 Java 项目需要通过 JDBC 访问 Oracle 数据库,则在该项目中导入以上4个jar包就可以了。

3. MySQL JDBC 驱动安装

如果数据库使用MySQL，则需要安装MySQL数据库，安装好后，必须还要安装MySQL for JDBC Driver。

(1) 下载MySql JDBC Driver驱动jar包mysql-connector-java-3.1.10.zip（不同的MySQL版本需要不同的驱动包，请根据自己的MySQL版本选择相应的驱动进行下载）。

下载网址：http://dev.mysql.com/downloads/connector/j/3.1.html。

(2) 在Eclipse安装目录，例如D:\lecture\Java\Eclipse\eclipse下创建路径：D:\lecture\Java\Eclipse\eclipse\jdbc\MysqlJDBC\lib。解压下载好的zip压缩包，并将其中的mysql-connector-java-3.1.10-bin.jar复制到创建好的lib文件夹内。

(3) 如Eclipse建立的Java项目需要通过JDBC访问MySQL数据库，则在该项目中导入以上jar包就可以了。

12.3.2 建立数据库连接

接下来，首先在SQL Server 2000中建立数据库和表，用于例子中对于数据库读取的操作。

1. 准备数据库环境

1) 新建数据库

在企业管理器窗口中，选择"数据库"，右键选择"新建数据库"。在出现的"数据库属性"对话框中填写数据库名jdbctest，再单击"确定"按钮，如图12-6所示。

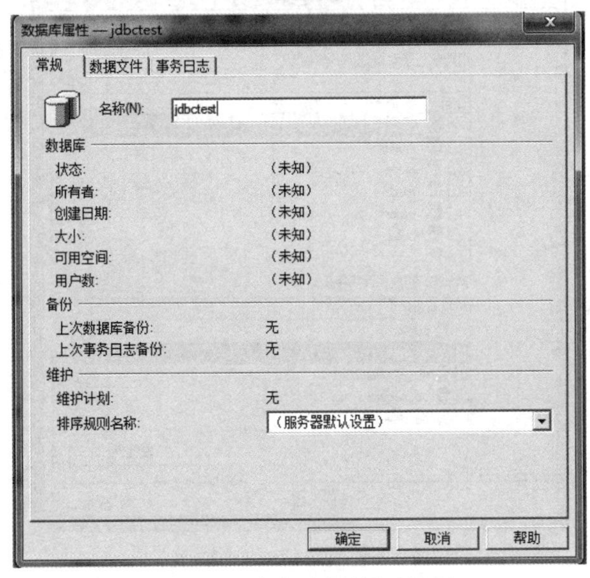

图12-6 "数据库属性"对话框

2) 创建数据库用户

单击"安全性"，选择"登录"，右键选择"新建一个登录"。在出现的" SQL Server登录属性-新建登录"对话框的"常规"选项卡中，输入用户名testuser、SQL Server身份验证密码

123456,并选中刚才新建的数据库 jdbctest,如图 12-7 所示。

在"服务器角色"选项卡中,在 Database Creators 前面打勾,如图 12-8 所示。

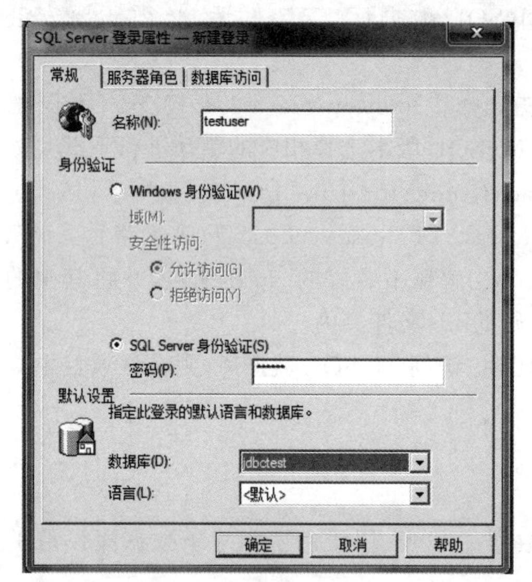

图 12-7 "常规"选项卡

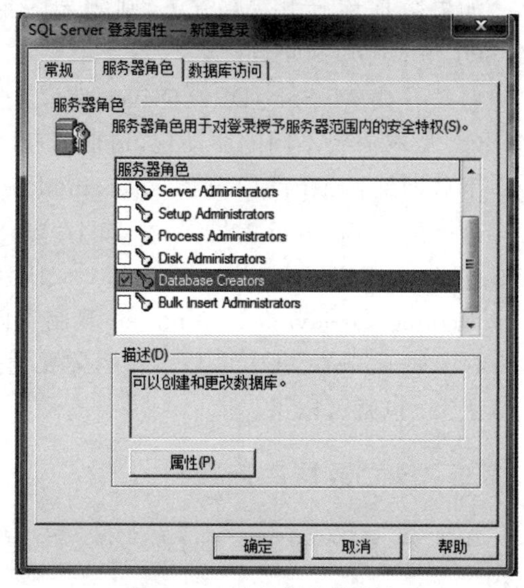

图 12-8 选择服务器角色

在"数据库访问"选项卡中,勾选新建的数据库,并勾选 public 和 db_owner 这两个数据库角色。单击"确定"按钮,再次输入一遍确认密码。

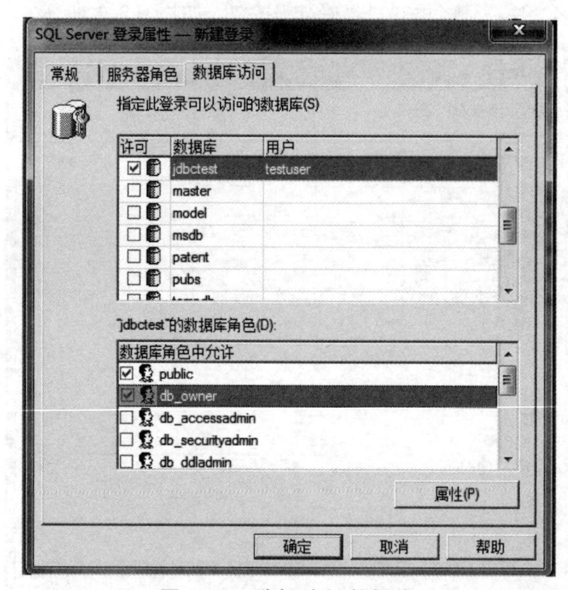

图 12-9 选择访问数据库

完成对数据库的准备工作后,接下来就要在 Eclipse 中建立一个 Java 项目来对数据库进行连接,并根据需要来对数据库的数据进行添加、更改和删除。

2. 创建新项目

单击文件→新建→项目命令,打开"新建项目"对话框,如图 12-10 所示。

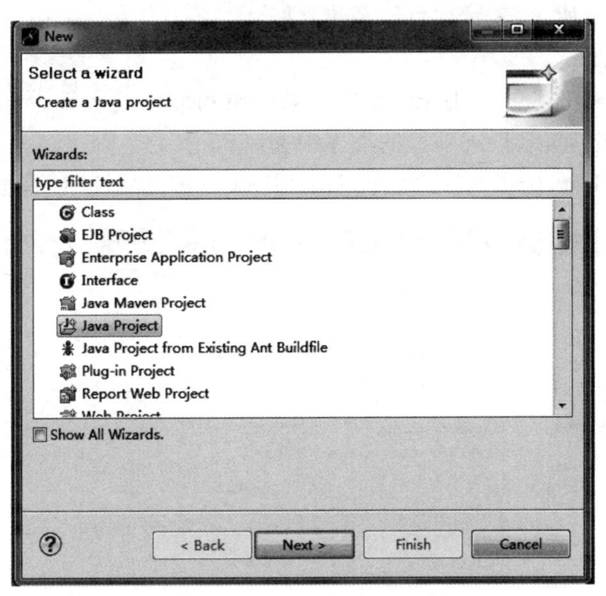

图 12-10 “新建项目”对话框

选中 Java Project，单击 Next 按钮，打开“新建 Java 项目”对话框，如图 12-11 所示。

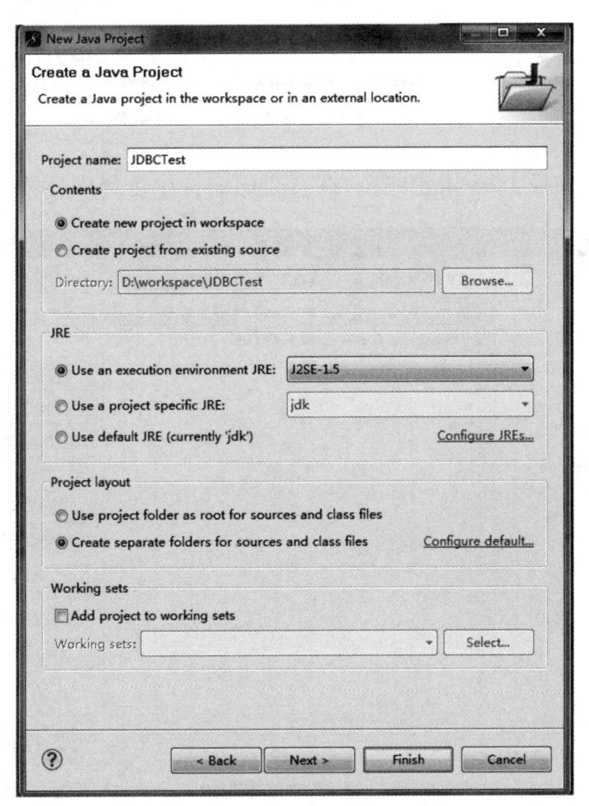

图 12-11 “新建 Java 项目”对话框

输入项目名 JDBCTest，并单击 Finish 按钮完成创建项目。打开导航器窗口，检查新创建的项目,如图 12-12 所示,表示项目已经建立好。

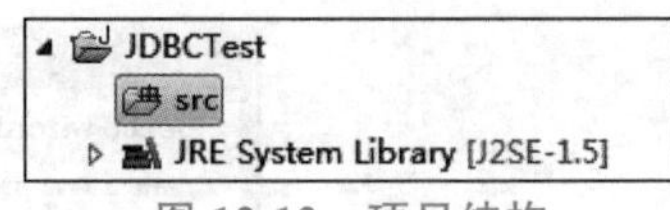

图 12-12　项目结构

3. 添加驱动文件

接下来需要将 SQL Server JDBC 连接所需的驱动 jar 文件添加到刚建好的 JDBCTest 项目的类库中去。

右击项目 JDBCTest,选择“属性”命令,打开“JDBCTest 的属性”对话框,如图 12-13 所示。

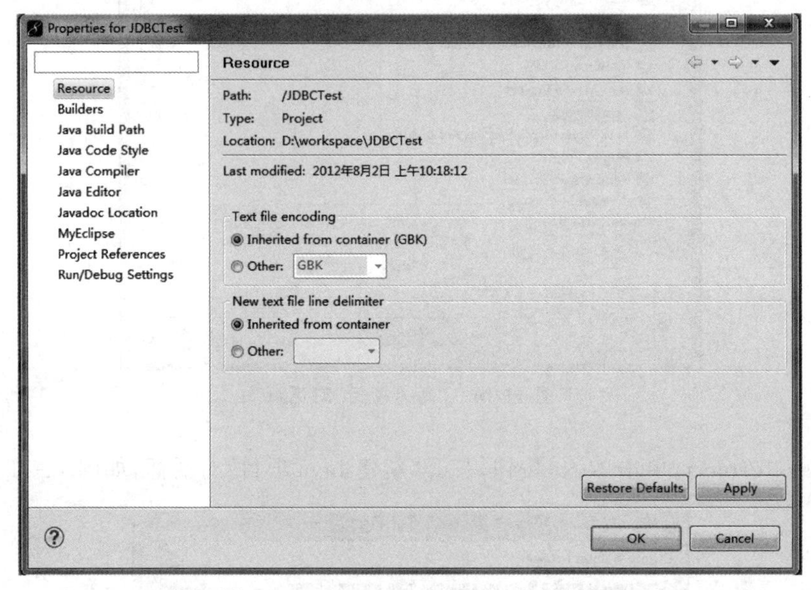

图 12-13　“JDBC Test 的属性”对话框

在左边的窗格中选择 Java 构建路径,在右边的窗格中选择库标签,如图 12-14 所示。

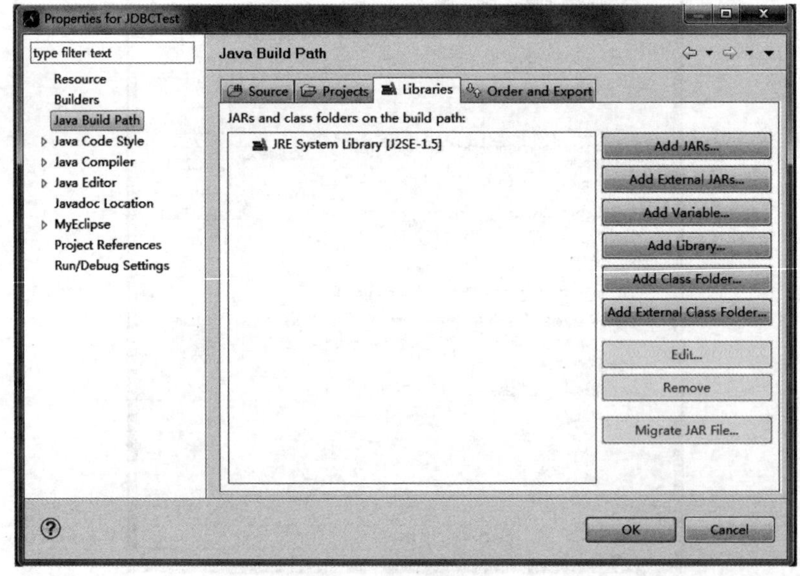

图 12-14　查询项目库文件

单击按钮添加外部 jar,选择前面下载的 3 个 SQL Server JDBC 驱动程序的 jar 文件后单击 OK 按钮，如图 12-15 所示。完成了对 SQL Server JDBC 连接所需的驱动文件的添加。

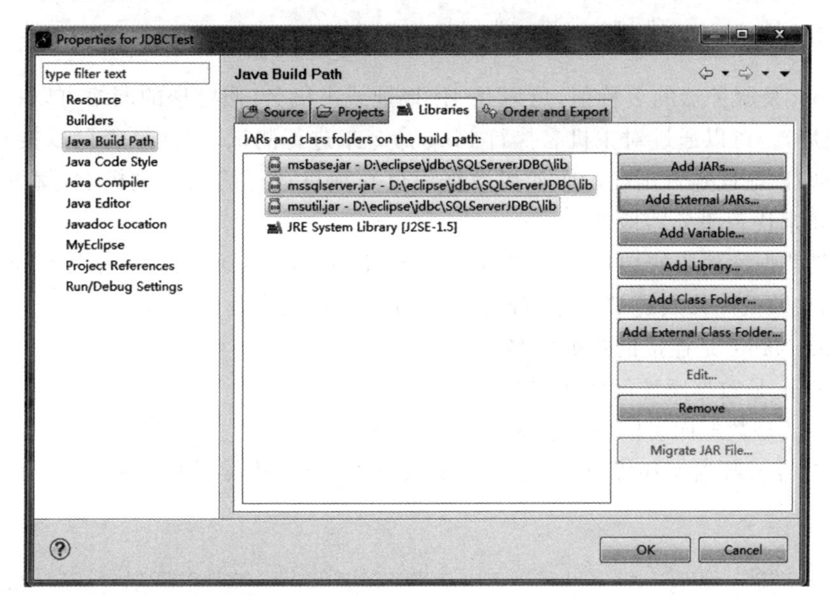

图 12-15　添加项目库文件

添加完成后，回到 Eclipse 的导航窗口，展开项目 JDBCTest，会发现项目多了一个 Referenced Libraries（引用类库），其中就是刚才添加的驱动文件，如图 12-16 所示。至此，就可以在程序中直接使用数据库的驱动文件了。

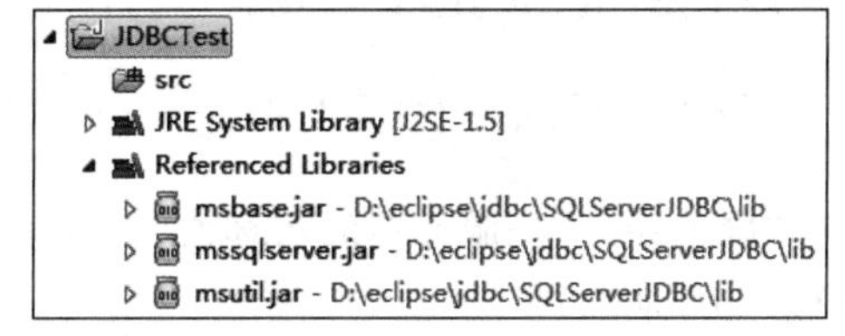

图 12-16　项目结构

4. 注册驱动程序

注册驱动程序的目的是通知 JDBC 驱动程序管理器载入哪个驱动程序。当使用 Class.forName 函数载入驱动程序时，必须指定驱动程序的名称。以下是 Microsoft SQL Server 2000 JDBC 驱动程序的名称：

```
com.microsoft.jdbc.sqlserver.SQLServerDriver
```

下面的代码实例演示如何注册驱动程序：

```
Driver d = (Driver) Class.forName ("com.microsoft.jdbc.sqlserver.
SQLServerDriver").newInstance();
```

5. 传递连接 URL

1）Microsoft SQL Server 2000 JDBC 驱动程序 URL

必须以连接 URL 的形式传递数据库连接信息。以下是 Microsoft SQL Server 2000 JDBC 驱动程序的模板 URL：

```
jdbc:microsoft:sqlserver://servername:1433;databaseName=test;
```

下面的代码实例演示如何指定连接 URL：

```
con=DriverManager.getConnection("jdbc:microsoft:sqlserver://localhost:1433;
databaseName=test;", "userName", "password");
```

localhost 是服务器的名称值,可以是 IP 地址或主机名(假定您的网络可以将主机名解析为 IP 地址)。可以通过对主机名执行 Ping 命令来进行测试,验证是否可以接收到响应,以及响应的 IP 地址是否正确。而如果数据库就在项目运行的同一主机上,就可以直接使用 localhost 来代替服务器地址。

1433 是数据库侦听的端口号。Microsoft SQL Server 2000 默认数据库侦听的端口号是 1433,如果数据库修改过端口号,就需要把 1433 修改为实际的端口号。

databaseName 是连接的数据库名。

userName 是数据库访问的用户名。

password 是数据库访问用户名对应的登录密码。

根据在"准备数据库环境"小节中所建的数据库环境,连接数据库的 URL 代码应该书写如下:

```
con=DriverManager.getConnection("jdbc:microsoft:sqlserver://localhost:1433;
databaseName=jdbctest;", "testuser", "123456");
```

2) Oracle JDBC 驱动程序 URL

以下是 Oracle JDBC 驱动程序的模板 URL:

```
jdbc:oracle:thin:@服务器 ip:1521:数据库名称
```

"服务器 ip"是服务器的名称值,可以是 IP 地址或主机名(假定您的网络可以将主机名解析为 IP 地址)。

1521 是数据库侦听的端口号,Oracle 数据库默认侦听端口号为 1521。

"数据库名称"是连接的数据库名。

下面代码演示了如何利用 URL 连接 Oracle:

```
Class.forName("oracle.jdbc.driver.OracleDriver").newInstance();
String url="jdbc:oracle:thin:@ 服务器 ip:1521:数据库名称";
String user="test";                    //数据库用户名
String password="test";                //对应的密码
Connection conn=DriverManager.getConnection(url,user,password);
```

3) MySQL JDBC 驱动程序 URL

以下是 MySQL JDBC 驱动程序的模板 URL:

```
jdbc: mysql://localhost: port/databaseName? user = userName&password =
passWord&useUnicode=true&characterEncoding=8859_1
```

localhost 是服务器的名称值,可以是 IP 地址或主机名(假定您的网络可以将主机名解析为 IP 地址)。而如果数据库就在项目运行的同一主机上,就可以直接使用 localhost 来代替服务器地址。

port 是数据库侦听的端口号。

databaseName 是连接的数据库名。

userName 是数据库访问的用户名。

password 是数据库访问用户名对应的登录密码。

useUnicode 是否使用 Unicode 字符集，如果参数 characterEncoding 设置为 GB 2312 或 GBK，本参数值必须设置为 true。

characterEncoding 是字符编码，当 useUnicode 设置为 true 时，指定字符编码，例如可设置为 GB 2312 或 GBK。

下面代码演示了如何利用 URL 连接 MySQL：

```
Class.forName("org.gjt.mm.mysql.Driver").newInstance();
String   url   ="   jdbc:   mysql://localhost:   port/databaseName?  user   =
userName&password=passWord&useUnicode=true&characterEncoding=8859_1"
Connection conn=DriverManager.getConnection(url);
```

6. 测试数据库连接代码

接下来，将用一段代码来测试是否能连接至数据库。在 Eclipse 的 JDBCTest 项目下新建类包 jdbctest，并在类包下新建类文件 SQLServerJDBCTest，类文件 SQLServerJDBCTest 的代码如程序 12-1 所示。代码实例尝试连接到数据库，并显示数据库名称、版本和可用编目。

【程序 12-1】 SQLServerJDBCTest.java。

```
package jdbctest;

public class SQLServerJDBCTest {
    private java.sql.Connection con=null;
    private final String url="jdbc:microsoft:sqlserver://";  //数据库连接 URL 前缀
    private final String serverName="localhost";             //数据库服务器名称
    private final String portNumber="1433";                  //数据库连接端口
    private final String databaseName="jdbctest";            //数据库名
    private final String userName="testuser";                //数据库访问用户名
    private final String password="123456";                  //用户名对应的密码
    //告诉驱动器使用服务器端游标,它允许在一个连接上的多个活动语句
    private final String selectMethod="cursor";

    private java.sql.Connection getConnection() {
        try {
            //注册 SQL Server JDBC 驱动程序
            Class.forName("com.microsoft.jdbc.sqlserver.SQLServerDriver");
            //创建新数据库连接
            con=java.sql.DriverManager.getConnection(getConnectionUrl(),
                    userName, password);
            if (con !=null)
                System.out.println("Connection Successful!");
```

```
        } catch (Exception e) {
            e.printStackTrace();
            System.out.println("Error Trace in getConnection() : "
                    +e.getMessage());
        }
        return con;
    }

    private String getConnectionUrl() {
        return url+serverName+":"+portNumber+";databaseName="
                +databaseName+";selectMethod="+selectMethod+";";
    }

    private void closeConnection() {
        try {
            if (con !=null)
                con.close();
            con=null;
        } catch (Exception e) {
            e.printStackTrace();
        }
    }
    /* 显示驱动器属性,数据库详细信息 */
    public void displayDbProperties() {
        java.sql.DatabaseMetaData dm=null;
        java.sql.ResultSet rs=null;
        try {
            con=this.getConnection();
            if (con !=null) {
                dm=con.getMetaData();
                System.out.println("驱动器信息: ");
                System.out.println("/t 驱动器名字: "+dm.getDriverName());
                System.out.println("/t 驱动器版本: "+dm.getDriverVersion());
                System.out.println("/n 数据库信息: ");
                System.out.println("/t 数据库名字: "+dm.getDatabaseProductName());
                System.out.println("/t 数据库版本: "+dm.getDatabaseProductVersion());
                System.out.println("显示可用的数据库目录: ");
                rs=dm.getCatalogs();
                while (rs.next()) {
                    System.out.println("/tcatalog: "+rs.getString(1));
                }
                while (rs.next()) {
                    System.out.println("/tcatalog: "+rs.getString(1));
                }
                rs.close();
                rs=null;
                closeConnection();
            } else
                System.out.println("Error: No active Connection");
        } catch (Exception e) {
```

```
            e.printStackTrace();
        }
        dm=null;
    }

    public static void main(String[] args) {
        SQLServerJDBCTest sQLServerJDBCTest=new SQLServerJDBCTest();
        sQLServerJDBCTest.displayDbProperties();
    }
}
```

在程序中，方法 getConnectionUrl()定义了数据库连接的 URL 字符串。方法 getConnection()则根据数据库连接 URL、数据库服务器地址、用户名、密码返回一个数据库连接。方法 displayDbProperties()则通过以下代码获得一个数据库连接：

```
java.sql.DatabaseMetaData dm=null;
java.sql.ResultSet rs=null;
con=this.getConnection();
```

如果获取数据库连接成功，则通过以下代码获得数据库的配置信息：

```
dm=con.getMetaData();
```

并通过输出端来显示配置信息，程序运行后，控制台显示如图 12-17 所示。

```
Console ✕
<terminated> SQLServerJDBCTest [Java Application] D:\jdk\bin\javaw.exe (2013-1-6 下
数据库连接成功!
驱动器信息:
/t驱动器名字: SQLServer
/t驱动器版本: 2.2.0040
/n数据库信息:
/t数据库名字: Microsoft SQL Server
/t数据库版本: Microsoft SQL Server  2000 - 8.00.2039 (Intel X86)
        May  3 2005 23:18:38
        Copyright (c) 1988-2003 Microsoft Corporation
        Developer Edition on Windows NT 6.1 (Build 7600: )

显示可用的数据库目录:
/tcatalog: center
/tcatalog: gjjl
/tcatalog: gjjlcn
/tcatalog: hzfz
/tcatalog: jdbctest
```

图 12-17　程序 12-1 的输出结果

由此，可以表示 Java 程序已经成功连接到 SQL Server 2000 数据库。同时程序中利用 try catch 来获取异常。如果 SQL Server 2000 设置有问题，有可能会导致数据库连接不成功，如果数据库连接不成功，控制台将会输出错误。

下面是尝试连接到 SQL 服务器时常见的错误信息：

```
java.sql.SQLException: [Microsoft][SQLServer 2000 Driver for JDBC][SQLServer]
Login failed for user 'user'. Reason: Not associated with a trusted SQL Server
connection.
```

如果将 SQL Server 2000 的验证模式设置为"Windows 验证模式",则会出现此错误信息。Microsoft SQL Server 2000 JDBC 驱动程序不支持使用 Windows NT 验证进行连接。必须将 SQL Server 的验证模式设置为"混合模式",该模式既允许 Windows 验证,也允许 SQL Server 验证。

```
java.sql.SQLException:[Microsoft][SQLServer 2000 Driver for JDBC]This version
of the JDBC driver only supports Microsoft SQL Server 2000. You can either upgrade
to SQL Server 2000 or possibly locate another version of the driver.
```

当尝试连接到 SQL Server 2000 以前的 SQL Server 版本时,则会出现此错误信息。Microsoft SQL Server 2000 JDBC 驱动程序仅支持与 SQL Server 2000 进行连接。

同时需要注意的是,有时连接错误是由防火墙造成的,所以在用 JDBC 进行数据库开发时要关闭防火墙,包括 Window 系统自带的防火墙。

12.3.3 添加记录

1. 新建表

在 Java 项目成功连接到数据库后,接下来需要利用 Java 程序来操作数据库,达到如何添加、更改、删除数据库表中的数据。

选择新建立的 jdbctest 数据库,并选择数据库下面的"表",右击选择"新建表",在弹出的新建表对话框中,设置如下字段。

```
id int(4)
name char(10)
birthday char(10)
Email char(20)
```

设置好的字段如图 12-18 所示。

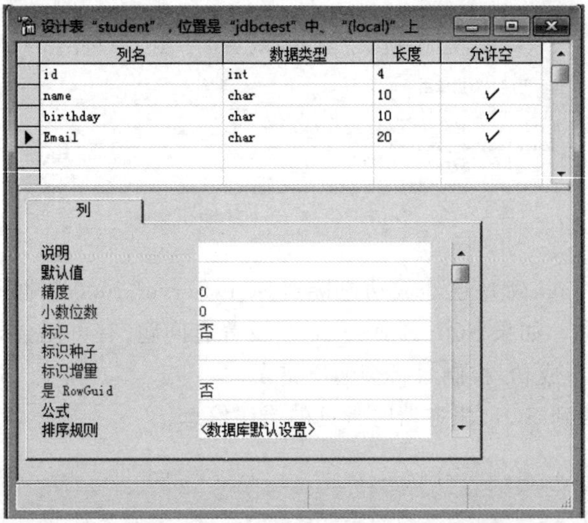

图 12-18 表字段设置

单击企业管理器窗口左上角的保存按钮，在弹出的“选择名称”对话框中填写表名student，如图 12-19 所示。最后单击“确定”按钮，完成表的建立。

在数据库 jdbctest 的表中，右击刚才新建好的 student 表，然后选择“打开表”→“返回所有行”，出现如下界面，会发现表是空的，还没有任何数据。

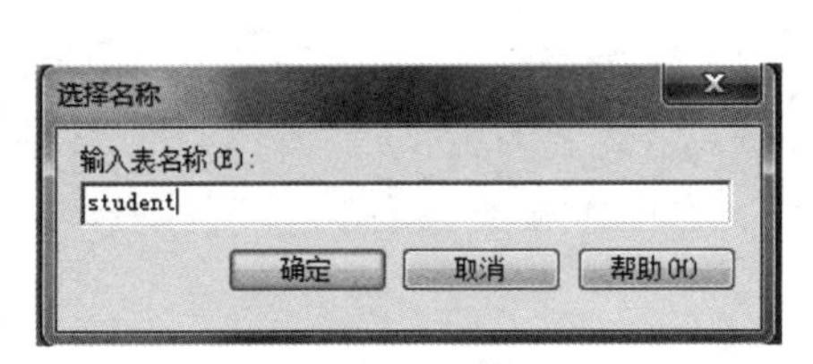

图 12-19　新建表

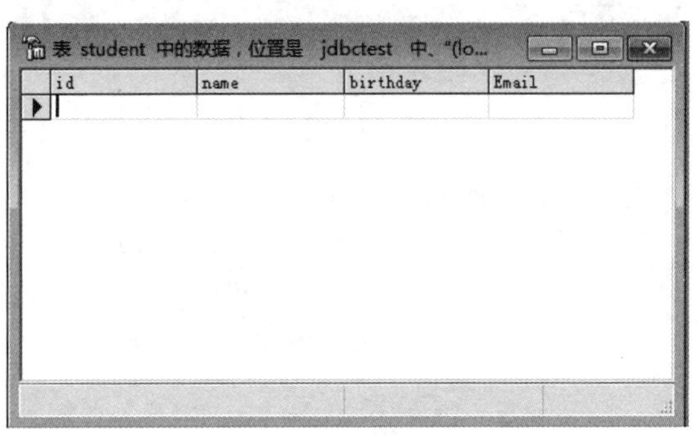

图 12-20　查看表

2. 测试数据库记录添加

建好表 student 后，就可以准备往表里添加指定的数据记录了。数据库表格的每一行，称为一个记录。数据库表的记录操作包括记录的添加、删除、修改与查询。下面的程序代码就给出了添加记录的实例。

【程序 12-2】 SQLJDBCInsert.java。

```
package jdbctest;
import java.sql.Statement;

public class SQLJDBCInsert {
    private java.sql.Connection con=null;
    private final String url="jdbc:microsoft:sqlserver://";   //数据库连接 URL 前缀
    private final String serverName="localhost";              //数据库服务器名称
    private final String portNumber="1433";                   //数据库连接端口
    private final String databaseName="jdbctest";             //数据库名
    private final String userName="testuser";                 //数据库访问用户名
    private final String password="123456";                   //用户名对应的密码
    //告诉驱动器使用服务器端游标，它允许在一个连接上的多个活动语句
    private final String selectMethod="cursor";

    /* 通过 getConnection 可以直接获得一个数据库连接 */
    private java.sql.Connection getConnection() {
        try {
            //注册 SQL Server JDBC 驱动程序
            Class.forName("com.microsoft.jdbc.sqlserver.SQLServerDriver");
            //创建新数据库连接
            con=java.sql.DriverManager.getConnection(getConnectionUrl(),
                    userName, password);
            if (con !=null)
```

```
            System.out.println("数据库连接成功!");
        } catch (Exception e) {
            e.printStackTrace();
            System.out.println("Error Trace in getConnection() : "
                    +e.getMessage());
        }
        return con;
    }

    /* 返回数据库连接的字符串 */
    private String getConnectionUrl() {
        return url+serverName+":"+portNumber+";databaseName="
                +databaseName+";selectMethod="+selectMethod+";";
    }

    /* 关闭一个数据库连接 */
    private void closeConnection() {
        try {
            if (con !=null)
                con.close();
            con=null;
            System.out.println("数据库连接关闭!");
        } catch (Exception e) {
            e.printStackTrace();
        }
    }

    /* 建立一个数据库连接,并往 student 表中添加 3 条记录,最后关闭连接 */
    public void insertData() {
        try {
            //创建一个数据库连接
            con=this.getConnection();
            //创建一个数据库会话对象
            Statement s=con.createStatement();
              s. executeUpdate ( " insert  into  student (id, name, birthday, Email)
              values ('1201','王新','1990/12/1','wangxin@ 163.com')");
              s. executeUpdate ( " insert  into  student (id, name, birthday, Email)
              values ('1202','周艳','1990/11/3','zhouyan@ 163.com')");
              s. executeUpdate ( " insert  into  student (id, name, birthday, Email)
              values ('1203','胡国强','1991/9/5','huguoqiang@ 163.com')");
            System.out.println("给数据库表 student 添加 3 条学生数据完成!");
            //关闭数据库会话对象
            s.close();
            //关闭数据库连接
            this.closeConnection();
        } catch (Exception e) {
            e.printStackTrace();
```

```
        }
    }

    /**
     * 测试类主程序,建立数据库连接往 student 表中添加记录
     * /
    public static void main(String[] args) {
        //建立一个数据添加测试类对象
        SQLJDBCInsert insert=new SQLJDBCInsert();
        //执行数据添加方法
        insert.insertData();
    }
}
```

在程序中,通过 insertData()方法来对数据库表进行添加记录操作,首先程序通过

```
con=this.getConnection();
Statement s=con.createStatement();
```

来获得一个数据库连接,进而通过数据库连接获得一个数据库会话对象。有了会话对象,就能进行指定的数据库操作,程序使用了 java.sql.Statement 接口中的 executeUpdate(String sql)方法,该方法适合执行 insert(添加)、delete(删除)或 update(修改)的 SQL 语句。

```
s.executeUpdate("insert into student(id,name,birthday,Email) values ('1201','
王新','1990/12/1','wangxin@ 163.com')");
```

添加记录的 SQL 语句格式如下:

```
insert into 表名 (字段名 1,字段名 2,…,字段名 n) values (值 1,值 2,…,值 n)
(注意如果值为字符,需使用' ')
```

当插入 3 条记录的操作完成,程序使用了以下语句来关闭会话对象和数据库连接:

```
s.close();
this.closeConnection();
```

需要注意的是,当使用完 ResultSet、Statement、Connection 对象时,应立即调用 close()方法关闭连接对象。这些对象都使用了规模较大的数据结构,因此使用完毕应立即回收。如果不及时回收,在多次使用数据库连接后会导致连接被分配完,新的请求将无法获得连接导致无法操作数据库。

最后如程序所示,在 main 主程序中,建立了 SQLJDBCInsert 类对象,并调用 SQLJDBCInsert 类对象的 insertData()方法,执行数据库添加记录操作。程序运行后,控制台显示如下:

```
数据库连接成功!
给数据库表 student 添加 3 条学生数据完成!
数据库连接关闭!
```

这表示数据库连接成功,并成功添加 3 条记录,此时再打开 SQL Server 2000 的 student 表,会发现,表中已多了 3 条记录,如图 12-21 所示。

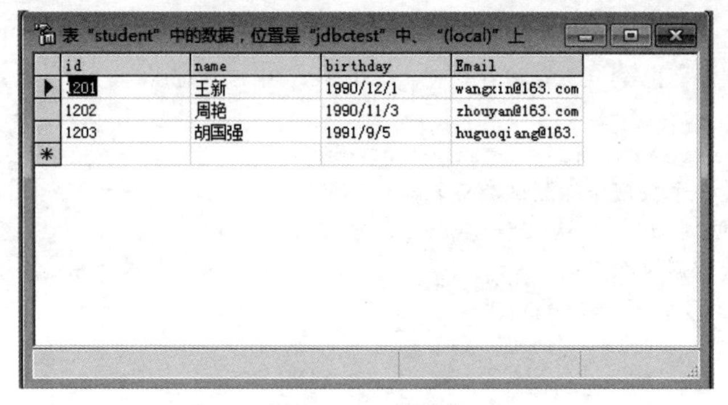

图 12-21 查看表

此时,表示往数据库表中添加记录的测试已经成功。

12.3.4 查询记录

查询操作是数据库中最基本的操作。通过 SQL 的 select 语句,可以对数据库执行查询,查询的结果是以结果集 ResultSet 的形式返回,再通过结果集来获得指定字段的内容。如果表中列是字符型数据,那么就可以通过 getString()方法获得,而 getString()中的参数可以是这个表的列名,也可以是表中列的序号。如果是数字型数据,就可以通过 getInt()方法获得,需要根据不同的数据使用不同的方法。表 12-5 给出了 SQL 类型到 Java Object 的映射,具体请查阅相关 API。

表 12-5 SQL 类型到 Java Object 的映射

SQL 类型	Java Object 类型
CHAR,VARCHAR,LONG VARCHAR	String
NUMERIC	java.sql.Numeric
TINYINT,SMALLINT,INTEGER	Integer
BIT	Boolean
BIGINT	Long
REAL	Float
FLOAT,DOUBLE	Double
BINARY,VARBINARY,LONG VARBINARY	Byte
TIME	java.sql.Time
DATE	java.sql.Date
TIMESTAMP	java.sql.TimStamp

下面给出一个例子,用来查询指定数据库表中已有的数据,并且全部显示出来。程序中,首先利用上一节插入数据的 insert 方法往表中插入数据,继而从数据库中读取插入的数

据，程序如下。

【程序 12-3】 SQLJDBCSelect.java。

```
package jdbctest;
import java.sql.ResultSet;
import java.sql.Statement;

public class SQLJDBCSelect {
    private java.sql.Connection con=null;
    private final String url="jdbc:microsoft:sqlserver://";  //数据库连接 URL 前缀
    private final String serverName="localhost";        //数据库服务器的名称
    private final String portNumber="1433";             //数据库连接端口
    private final String databaseName="jdbctest";       //数据库名
    private final String userName="testuser";           //数据库访问用户名
    private final String password="123456";             //用户名对应的密码
    //告诉驱动器使用服务器端游标
    private final String selectMethod="cursor";

    /*通过 getConnection()可以直接获得一个数据库连接*/
    private java.sql.Connection getConnection() {
        try {
            //注册 SQL Server JDBC 驱动程序
            Class.forName("com.microsoft.jdbc.sqlserver.SQLServerDriver");
            //创建新数据库连接
            con=java.sql.DriverManager.getConnection(getConnectionUrl(),
                    userName, password);
            if (con !=null)
                System.out.println("数据库连接成功!");
        } catch (Exception e) {
            e.printStackTrace();
            System.out.println("Error Trace in getConnection() : "
                    +e.getMessage());
        }
        return con;
    }
    /*返回数据库连接的字符串*/
    private String getConnectionUrl() {
        return url+serverName+":"+portNumber+";databaseName="
                +databaseName+";selectMethod="+selectMethod+";";
    }

    /*关闭一个数据库连接*/
    private void closeConnection() {
        try {
            if (con !=null)
                con.close();
            con=null;
```

```
            System.out.println("数据库连接关闭!");
        } catch (Exception e) {
            e.printStackTrace();
        }
    }

    /* 建立一个数据库连接,并查询显示 student 表中所有记录,最后关闭连接 */
    public void selectData() {
        int count=0;
        try {
            //创建一个数据库连接
            con=this.getConnection();
            //创建一个数据库会话对象
            Statement s=con.createStatement();
            //执行查询记录总数的 SQL 语句
            ResultSet rs=s.executeQuery("select count(*) from student");
            if (rs.next()) {
                count=rs.getInt(1);
            }
            System.out.println("数据库表 student 已有数据"+count+"条!");
            //执行添加记录的 SQL 语句
            s.executeUpdate ( " insert  into  student ( id, name, birthday, Email)
            values ('1204','王新','1990/12/1','wangxin@ 163.com')");
            System.out.println("给数据库表 student 添加 1 条学生数据完成!");
            //执行查询记录总数的 SQL 语句
            rs=s.executeQuery("select count(*) from student");
            if (rs.next()) {
                count=rs.getInt(1);
            }
            System.out.println("数据库表 student 现有数据"+count+"条!");
            //执行查询记录的 SQL 语句
            rs=s.executeQuery("select * from student order by id asc");
            //只要查询结果集的下一条记录不为空
            while (rs.next()) {
                String id=rs.getString("id");
                String name=rs.getString("name");
                String birthday=rs.getString("birthday");
                String Email=rs.getString("Email");
                System.out.println("编号: "+id+"\t 姓名: "+name+"\t 出生年月: "+
               birthday+"\t 邮箱: "+Email);
            }
            System.out.println("数据库表 student 记录查询显示完成!");
            //关闭数据库会话对象
            s.close();
            //关闭数据库连接
            this.closeConnection();
        } catch (Exception e) {
```

```
                e.printStackTrace();
            }
        }

        /*测试类主程序,建立数据库连接并在 student 表中修改记录*/
        public static void main(String[] args) {
            //建立一个数据查询测试类对象
            SQLJDBCSelect select=new SQLJDBCSelect();
            //执行数据查询方法
            select.selectData();
        }
    }
```

程序中,数据记录查询测试类主要通过 selectData()方法来操作记录查询。首先通过了 SQL 语句:

```
ResultSet rs=s.executeQuery("select count(*) from student");
```

利用 count(*)来获取当前 student 中记录的总数,而结果的获取是通过

```
count=rs.getInt(1);
```

表示,将结果的第一个内容以 int 的形式返回给 count。然后程序利用 12.3.3 节的数据添加方法往 student 表中添加了一条数据。

```
s.executeUpdate("insert into student(id,name,birthday,Email) values ('1204','王新','1990/12/1','wangxin@ 163.com')");
```

添加完成后,程序再次通过执行 count(*)来获取变化后的 student 表记录的总数来验证是否添加成功,最后就是通过使用 SQL 查询语句把当前 student 表中的所有数据显示出来,利用的是以下 SQL 语句。

```
ResultSet rs=s.executeQuery("select * from student order by id asc");
```

查询结果返回给查询结果集 ResultSet,查询记录的 SQL 语句格式如下:

```
select * from 表名
```

语句中的*表示查询记录的所有字段。*可以替换为指定的字段名,表示只查询某字段内容,形式如下:

```
select 字段名 1,字段名 2,…,字段名 n from 表名
```

如果查询指定记录,则需要添加查询条件,SQL 语句格式如下:

```
select * from 表名 where 字段名 1=值 1, 字段名 2=值 2, …, 字段名 n=值 n
```

where 后面跟的是查询条件，where 条件为可选。如果不加 where 条件，则查询所有的记录。

如果需要对查询结果进行排序，则可以通过在 SQL 语句后面添加 order by 来实现，排序关键字有 asc、desc(顺序为 asc，倒序为 desc)，默认为 asc。如以下 SQL 语句：

```
select 字段名 1,字段名 2,…,字段名 n from 表名 where 字段名 1=值 1,字段名 2=值 2,…,字段名 n=值 n order by 字段名 asc
```

程序中获得结果集后，使用了 while 语句块来循环读取所有的记录，rs.next()表示结果集下一记录不为空，如果下一条数据为空了，就停止循环。

```
while (rs.next()) {
    …
}
```

待所有的记录显示完毕后，程序关闭了数据库会话和数据库连接。程序在 main 主程序中建立了 SQLJDBCSelect 类对象，并调用 SQLJDBCSelect 类对象的 selectData()，执行数据库查询记录操作。程序运行后，控制台显示如图 12-22 所示。

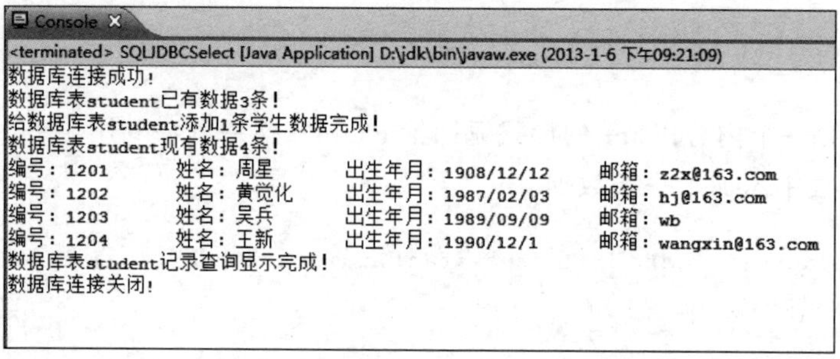

```
Console ✕
<terminated> SQLJDBCSelect [Java Application] D:\jdk\bin\javaw.exe (2013-1-6 下午09:21:09)
数据库连接成功!
数据库表student已有数据3条!
给数据库表student添加1条学生数据完成!
数据库表student现有数据4条!
编号: 1201    姓名: 周星    出生年月: 1908/12/12    邮箱: z2x@163.com
编号: 1202    姓名: 黄觉化  出生年月: 1987/02/03    邮箱: hj@163.com
编号: 1203    姓名: 吴兵    出生年月: 1989/09/09    邮箱: wb
编号: 1204    姓名: 王新    出生年月: 1990/12/1     邮箱: wangxin@163.com
数据库表student记录查询显示完成!
数据库连接关闭!
```

图 12-22　程序 12-3 运行结果

当然，数据库表记录的显示与原来表里的记录有关，不同人的显示结果可能有所不同。这样就完成了对数据表记录查询读取的操作。

12.3.5　删除记录

在程序 12-3 中，已经示范了如何往数据库表中添加和查询数据，在接下来的例子中将示范删除一条记录。删除记录的数据库操作方法与添加记录的方法类似，只是使用的 SQL 语句不同，实例如下。

【程序 12-4】 SQLJDBCDelete.java。

```
package jdbctest;
import java.sql.ResultSet;
import java.sql.Statement;

public class SQLJDBCDelete {
```

```
private java.sql.Connection con=null;
private final String url="jdbc:microsoft:sqlserver://";   //数据库连接 URL 前缀
private final String serverName="localhost";              //数据库服务器的名称
private final String portNumber="1433";                   //数据库连接端口
private final String databaseName="jdbctest";             //数据库名
private final String userName="testuser";                 //数据库访问用户名
private final String password="123456";                   //用户名对应的密码
//告诉驱动器使用服务器端游标
private final String selectMethod="cursor";
/*通过 getConnection()可以直接获得一个数据库连接*/
private java.sql.Connection getConnection() {
    try {
        //注册 SQL Server JDBC 驱动程序
        Class.forName("com.microsoft.jdbc.sqlserver.SQLServerDriver");
        //创建新数据库连接
        con=java.sql.DriverManager.getConnection(getConnectionUrl(),
                userName, password);
        if (con !=null)
            System.out.println("数据库连接成功!");
    } catch (Exception e) {
        e.printStackTrace();
        System.out.println("Error Trace in getConnection() : "
                +e.getMessage());
    }
    return con;
}
/*返回数据库连接的字符串*/
private String getConnectionUrl() {
    return url+serverName+":"+portNumber+";databaseName="
            +databaseName+";selectMethod="+selectMethod+";";
}
/*关闭一个数据库连接*/
private void closeConnection() {
    try {
        if (con !=null)
            con.close();
        con=null;
        System.out.println("数据库连接关闭!");
    } catch (Exception e) {
        e.printStackTrace();
    }
}
/*建立一个数据库连接,并在 student 表中删除所有记录,最后关闭连接*/
public void deleteData() {
    int count=0;
    try {
        //创建一个数据库连接
```

```
            con=this.getConnection();
            //创建一个数据库会话对象
            Statement s=con.createStatement();
            //执行查询记录总数的 SQL 语句
            ResultSet rs=s.executeQuery("select count(*) from student");
            if (rs.next()) {
                count=rs.getInt(1);
            }
            System.out.println("数据库表 student 现有数据"+count+"条!");
            //执行删除记录的 SQL 语句
            s.executeUpdate("delete from student");
            System.out.println("删除数据库表 student 记录成功!");
            //执行查询记录总数的 SQL 语句
            rs=s.executeQuery("select count(*) from student");
            if (rs.next()) {
                count=rs.getInt(1);
            }
            System.out.println("数据库表 student 现有数据"+count+"条!");
            //关闭数据库会话对象
            s.close();
            //关闭数据库连接
            this.closeConnection();
        } catch (Exception e) {
            e.printStackTrace();
        }
    }
    /*测试类主程序,建立数据库连接并在 student 表中删除记录*/
    public static void main(String[] args) {
        //建立一个数据删除测试类对象
        SQLJDBCDelete delete=new SQLJDBCDelete();
        //执行数据删除方法
        delete.deleteData();
    }
}
```

在程序中,数据记录删除测试类主要通过 deleteData()方法来操作记录删除,程序首先通过了 SQL 语句:

```
ResultSet rs=s.executeQuery("select count(*) from student");
```

利用 count(*)来获取当前 student 中记录的总数,然后程序主要就是通过使用 SQL 删除语句删除 student 整个表的数据记录。

```
s.executeUpdate("delete from student");
```

删除记录的 SQL 语句格式如下:

```
delete from 表名 where 字段名 1=值 1
```

这里 where 后面跟着的就是条件，如果只删除指定的记录，必须附加该记录的条件，如 id=1203，即 id 内容为 1203 的数据库记录。如果 delete 语句不跟 where 条件，将会删除“表名”所对应整个表的记录。

最后程序再次利用 count(*)来获取当前 student 中记录的总数，以验证是否删除成功。

程序在 main 主程序中，建立了 SQLJDBCDelete 类对象，并调用 SQLJDBCDelete 类对象的 deleteData()方法，执行数据库删除记录操作。程序运行后，控制台显示如图 12-23 所示。

此时再去查看 SQL Server 2000 的 student 表，会发现表中已经没有记录了，如图 12-24 所示。

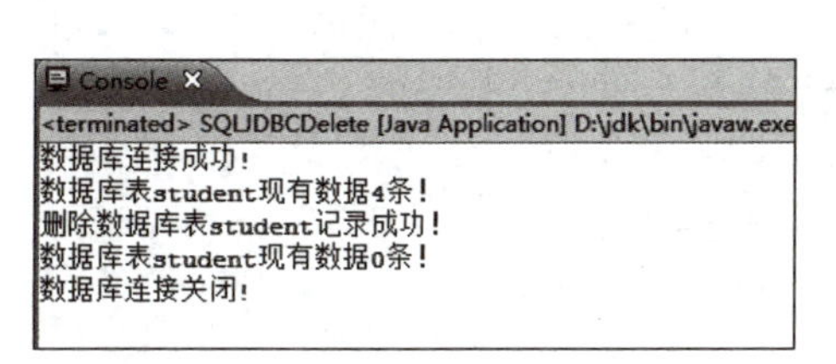

图 12-23 程序 12-4 运行结果

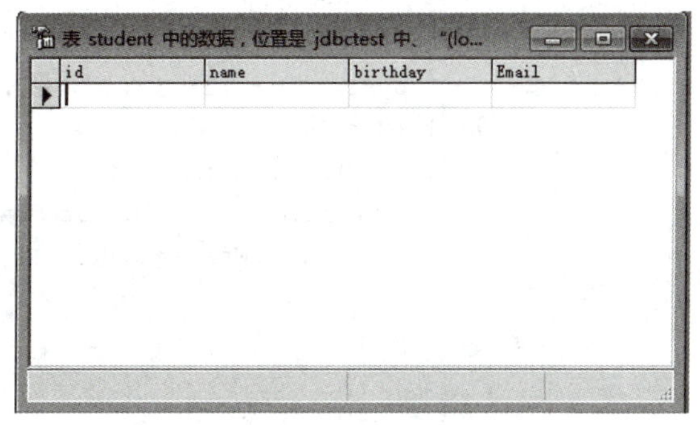

图 12-24 查看表

如果多执行几次该程序，会发现，虽然表中记录早已被删掉，但是控制台仍然会显示删除记录成功。这是因为表中即使没有记录，删除操作仍然会被执行，只是没有记录会被删除，自然也不会抛出异常。

12.3.6 修改记录

完成对表的添加和删除操作后，再来学习如何修改表中已有的记录。下面的例子将示范如何查找出一条记录，并将其某个字段的内容进行修改，修改记录的数据库操作方法与添加记录的方法类似，只是使用的 SQL 语句不同。

【程序 12-5】 SQLJDBCUpdate.java。

```
package jdbctest;
import java.sql.ResultSet;
import java.sql.Statement;

public class SQLJDBCUpdate {
    private java.sql.Connection con=null;
    private final String url="jdbc:microsoft:sqlserver://";  //数据库连接 URL 前缀
    private final String serverName="localhost";              //数据库服务器的名称
    private final String portNumber="1433";                   //数据库连接端口
    private final String databaseName="jdbctest";             //数据库名
```

```
private final String userName="testuser";          //数据库访问用户名
private final String password="123456";            //用户名对应的密码
//告诉驱动器使用服务器端游标
private final String selectMethod="cursor";

/*通过 getConnection()可以直接获得一个数据库连接*/
private java.sql.Connection getConnection() {
    try {
        //注册 SQL Server JDBC 驱动程序
        Class.forName("com.microsoft.jdbc.sqlserver.SQLServerDriver");
        //创建新数据库连接
        con=java.sql.DriverManager.getConnection(getConnectionUrl(),
                userName, password);
        if (con !=null)
            System.out.println("数据库连接成功!");
    } catch (Exception e) {
        e.printStackTrace();
        System.out.println("Error Trace in getConnection() : "
                +e.getMessage());
    }
    return con;
}

/*返回数据库连接的字符串*/
private String getConnectionUrl() {
    return url+serverName+":"+portNumber+";databaseName="
            +databaseName+";selectMethod="+selectMethod+";";
}

/*关闭一个数据库连接*/
private void closeConnection() {
    try {
        if (con !=null)
            con.close();
        con=null;
        System.out.println("数据库连接关闭!");
    } catch (Exception e) {
        e.printStackTrace();
    }
}

/*建立一个数据库连接,并在 student 表中修改一条记录,最后关闭连接*/
public void updateData() {
    int count=0;
    try {
        //创建一个数据库连接
        con=this.getConnection();
```

```
    //创建一个数据库会话对象
    Statement s=con.createStatement();
    //执行查询记录总数的 SQL 语句
    ResultSet rs=s.executeQuery("select count(*) from student");
    if (rs.next()) {
        count=rs.getInt(1);
    }
    System.out.println("数据库表 student 现有数据"+count+"条!");
    //执行删除记录的 SQL 语句
    s.executeUpdate("delete from student");
    System.out.println("删除数据库表 student 记录成功!");
    //执行查询记录总数的 SQL 语句
    rs=s.executeQuery("select count(*) from student");
    if (rs.next()) {
        count=rs.getInt(1);
    }
    System.out.println("数据库表 student 现有数据"+count+"条!");
    //执行添加记录的 SQL 语句
    s.executeUpdate ( " insert  into  student ( id, name, birthday, Email)
    values ('1201','王新','1990/12/1','wangxin@ 163.com')");
    System.out.println("给数据库表 student 添加 1 条学生数据完成!");
    //执行查询记录的 SQL 语句
    rs=s.executeQuery("select * from student");
    //只要查询结果集的下一条记录不为空
    while (rs.next()) {
        String id=rs.getString("id");
        String name=rs.getString("name");
        String birthday=rs.getString("birthday");
        String Email=rs.getString("Email");
        System.out.println("编号: "+id+"\t 姓名: "+name+"\t 出生年月: "+
      birthday+"\t 邮箱: "+Email);
    }
    //执行修改记录的 SQL 语句
    s.executeUpdate("update student set name='王国强' where id='1201' ");
    System.out.println("修改数据库表 student 中记录!");
    //执行查询记录的 SQL 语句
    rs=s.executeQuery("select * from student");
    //只要查询结果集的下一条记录不为空
    while (rs.next()) {
        String id=rs.getString("id");
        String name=rs.getString("name");
        String birthday=rs.getString("birthday");
        String Email=rs.getString("Email");
        System.out.println("编号: "+id+"\t 姓名: "+name+"\t 出生年月: "+
      birthday+"\t 邮箱: "+Email);
    }
```

```
                System.out.println("将数据库表 student 中名字叫'王新'的学生修改为'王国
                强'成功!");
                //关闭数据库会话对象
                s.close();
                //关闭数据库连接
                this.closeConnection();
            } catch (Exception e) {
                e.printStackTrace();
            }
        }

        /*测试类主程序,建立数据库连接并在 student 表中修改记录*/
        public static void main(String[] args) {
            //建立一个数据修改测试类对象
            SQLJDBCUpdate update=new SQLJDBCUpdate();
            //执行数据修改方法
            update.updateData();
        }
    }
```

在程序中,数据记录修改测试类主要通过 updateData()方法来操作记录修改,程序首先通过了 count(*)语句获取当前记录总数,然后程序通过使用 SQL 删除语句删除 student 整个表的数据记录。再通过 insert 语句来插入一条新的记录。准备工作完毕后,程序再通过 update 语句来修改指定的记录,SQL 修改语句如下:

```
    s.executeUpdate("update student set name='王国强' where id='1201'");
```

表示获取 id 号为 1201 的记录并将其 name 字段修改为"王国强",修改记录的 SQL 语句格式如下:

```
    update 表名 set 字段名 1=值 1, 字段名 2=值 2, …, 字段名 n=值 n where 字段名 1=值 1
```

修改语句可以同时修改多条记录的多个字段,这里 where 后面跟着的就是条件,因为需要修改指定的记录,所以必须附加该记录的条件,如 id='1201',即 name 内容为王新的数据库记录。如果 update 语句不跟 where 条件,将会修改 student 表中所有记录的 name 字段的值。

最后程序在 main 主程序中,建立了 SQLJDBCUpdate 类对象,并调用 SQLJDBCUpdate 类对象的 updateData(),执行数据库修改记录操作。程序运行后,控制台显示如图 12-25 所示。

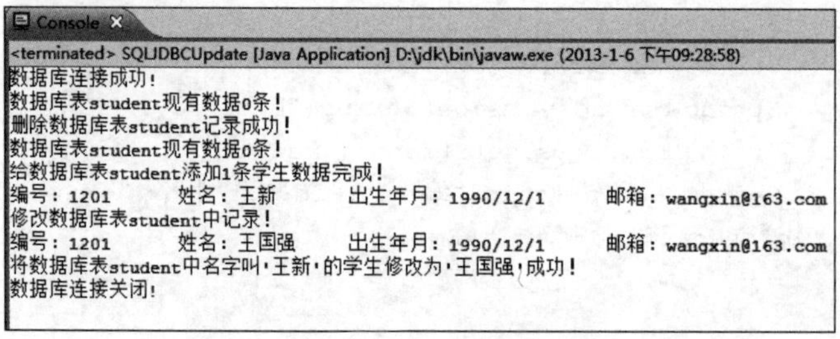

```
Console
<terminated> SQLJDBCUpdate [Java Application] D:\jdk\bin\javaw.exe (2013-1-6 下午09:28:58)
数据库连接成功!
数据库表student现有数据0条!
删除数据库表student记录成功!
数据库表student现有数据0条!
给数据库表student添加1条学生数据完成!
编号: 1201        姓名: 王新        出生年月: 1990/12/1        邮箱: wangxin@163.com
修改数据库表student中记录!
编号: 1201        姓名: 王国强      出生年月: 1990/12/1        邮箱: wangxin@163.com
将数据库表student中名字叫'王新'的学生修改为'王国强'成功!
数据库连接关闭!
```

图 12-25　程序 12-5 运行结果

此时再去查看 SQL Server 2000 的 student 表，会发现表中对应记录的字段已经被修改，如图 12-26 所示。

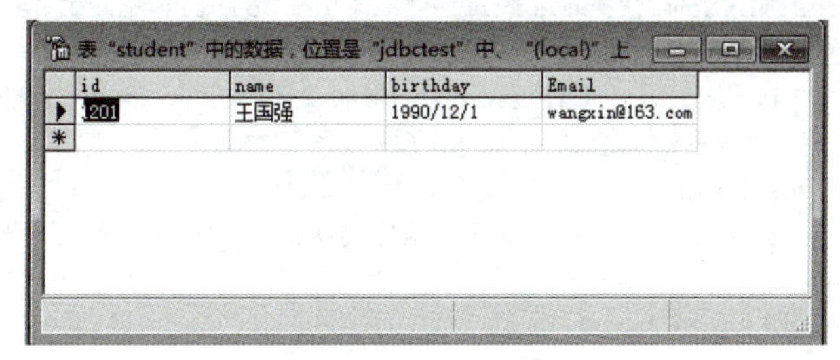

图 12-26 查看表

至此，修改记录的测试就完成了。

12.3.7 数据库操作综合实例

接下来，将通过一个实例来示范对数据库的查询、更改、删除等操作。该实例是一个学生信息管理系统，该系统提供了一个 Java GUI 的界面，拥有录入界面、查询界面等。用户在系统界面上可以对学生信息进行录入、查询、更改、删除。同时系统对于用户的输入还可以进行检查，对用户错误的操作还会弹出提示的对话框进行提醒。

学生信息管理系统包括了两个类：一个是数据库连接管理类，用于对数据库连接的创建和关闭；另一个是系统界面管理类，用于显示系统界面，并根据用户的动作执行相应的数据库操作。

该系统使用的数据库、表以及访问的用户名和方法配置与前几节相同。首先在 JDBCTest 的项目下，新建包 jdbctest.gui。接着，在 jdbctest.gui 包下新建两个类 JDBCConnect.java 和 StudentManager.java，如图 12-27 所示。

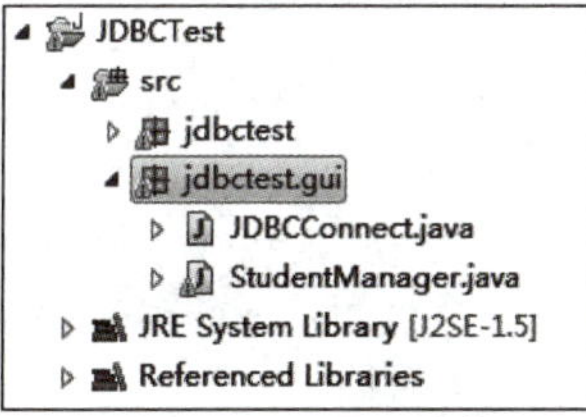

图 12-27 项目结构

两个类文件的代码如程序 12-6 和程序 12-7 所示。

【程序 12-6】 JDBCConnect.java。

```
package jdbctest.gui;

public class JDBCConnect {
    private java.sql.Connection con=null;
    private final String url="jdbc:microsoft:sqlserver://";   //数据库连接 URL 前缀
    private final String serverName="localhost";              //数据库服务器的名称
    private final String portNumber="1433";                   //数据库连接端口
    private final String databaseName="jdbctest";             //数据库名
    private final String userName="testuser";                 //数据库访问用户名
    private final String password="123456";                   //用户名对应的密码
    //告诉驱动器使用服务器端游标
    private final String selectMethod="cursor";
    /* 通过 getConnection()可以直接获得一个数据库连接 */
    public java.sql.Connection getConnection() {
```

```
        try {
            //注册 SQL Server JDBC 驱动程序
            Class.forName("com.microsoft.jdbc.sqlserver.SQLServerDriver");
            //创建新数据库连接
            con=java.sql.DriverManager.getConnection(getConnectionUrl(),
                    userName, password);
            if (con !=null)
                System.out.println("数据库连接成功!");
        } catch (Exception e) {
            e.printStackTrace();
            System.out.println("Error Trace in getConnection() : "
                    +e.getMessage());
        }
        return con;
    }
    /*返回数据库连接的字符串*/
    private String getConnectionUrl() {
        return url+serverName+":"+portNumber+";databaseName="
                +databaseName+";selectMethod="+selectMethod+";";
    }
    /*关闭一个数据库连接*/
    public void closeConnection() {
        try {
            if (con !=null)
                con.close();
            con=null;
            System.out.println("数据库连接关闭!");
        } catch (Exception e) {
            e.printStackTrace();
        }
    }
}
```

【程序 12-7】 StudentManager.java。

```
package jdbctest.gui;
import java.awt.*;
import java.awt.event.*;
import javax.swing.*;
import java.sql.*;

public class StudentManager extends JFrame {
    private static final long serialVersionUID=1L;
    //数据库连接类声明
    private JDBCConnect connect=new JDBCConnect();
    private java.sql.Connection con=null;
    //界面帮助内容
```

```
JLabel lb=new JLabel("录入请先输入记录,查询、删除请先输入学号,修改是对查询"+"内
容改后的保存!");
//输入框声明
JTextField 学号, 姓名, EMAIL, 出生日期;
//按钮声明
JButton 录入, 查询, 删除, 修改, 显示;
//界面面板区域声明
JPanel p1, p2, p3, p4, pv, ph;

public StudentManager() {
    super("学生基本信息管理系统");
    //输入框定义
    学号=new JTextField(10);
    姓名=new JTextField(10);
    EMAIL=new JTextField(10);
    出生日期=new JTextField(10);
    //按钮定义
    录入=new JButton("录入");
    查询=new JButton("查询");
    删除=new JButton("删除");
    修改=new JButton("修改");
    显示=new JButton("显示");
    //按钮与操作类的映射绑定
    录入.addActionListener(new InputAct());
    查询.addActionListener(new InquestAct());
    修改.addActionListener(new ModifyAct());
    删除.addActionListener(new DeleteAct());
    显示.addActionListener(new ShowAct());
    修改.setEnabled(false);
    //界面面板区域定义
    p1=new JPanel();
    p1.add(new JLabel("学号:", JLabel.CENTER));
    p1.add(学号);
    p2=new JPanel();
    p2.add(new JLabel("姓名:", JLabel.CENTER));
    p2.add(姓名);
    p3=new JPanel();
    p3.add(new JLabel("Email:", JLabel.CENTER));
    p3.add(EMAIL);
    p4=new JPanel();
    p4.add(new JLabel("出生日期:", JLabel.CENTER));
    p4.add(出生);
    pv=new JPanel();
    pv.setLayout(new GridLayout(4, 1));
    pv.add(p1);
    pv.add(p2);
    pv.add(p3);
```

```
        pv.add(p4);
        ph=new JPanel();
        ph.add(录入);
        ph.add(查询);
        ph.add(修改);
        ph.add(删除);
        ph.add(显示);
        //窗口界面声明定义
        Container container=getContentPane();
        container.setLayout(new BorderLayout());
        container.add(lb, BorderLayout.NORTH);
        container.add(pv, BorderLayout.CENTER);
        container.add(ph, BorderLayout.SOUTH);
        setDefaultCloseOperation(EXIT_ON_CLOSE);
        //设置区域的位置和尺寸,以及是否可见
        setBounds(100, 100, 600, 300);
        setVisible(true);
    }

    public static void main(String[] args) {
        //运行学生基本信息管理系统主界面
        StudentManager ff=new StudentManager();
    }

    /*记录输入操作类*/
    public class InputAct implements ActionListener {
        public void actionPerformed(ActionEvent e) {
            修改.setEnabled(false);
            String number="";
            number=学号.getText();
            boolean exist=false;
            //检测用户输入的学号是否为空
            if (number.length() >0) {
                try {
                    //创建一个数据库连接
                    con=connect.getConnection();
                    //创建一个数据库会话对象
                    Statement stmt=con.createStatement();
                    //执行 SQL 语句,查询数据库中是否有相同学号 ID 的记录
                    ResultSet rs=stmt.executeQuery("select * from student where id=
                    '"+number+"' ");
                    //如果存在
                    if (rs.next()) {
                        exist=true;
                    }
                    //如果存在相同学号 ID 记录,跳出提示,并且不保存记录
                    if (exist) {
```

```
                    String warning="该学号信息已存在,请到修改页面修改!";
                    JOptionPane.showMessageDialog(null, warning, "警告",
                            JOptionPane.WARNING_MESSAGE);
                } else {//再次提示用户进行确认
                    //弹出提示框,再次确认用户是否进行保存操作
                    int ok=JOptionPane.showConfirmDialog(null, "确定保存该学
                    生信息吗!", "确认",
                            JOptionPane.YES_NO_OPTION,
                            JOptionPane.INFORMATION_MESSAGE);
                    if (ok ==JOptionPane.YES_OPTION) {//如确认,执行记录保存
                        try {
                            //数据库添加信息 SQL
                            String sql =" INSERT INTO student (id, name, email,
                            birthday) VALUES (?,?,?,?)";
                            //创建一个数据库会话对象
                            PreparedStatement parepare= con.prepareStatement
                            (sql);
                            //界面显示刚添加好的记录信息
                            parepare.setString(1, 学号.getText());
                            parepare.setString(2, 姓名.getText());
                            parepare.setString(3, EMAIL.getText());
                            parepare.setString(4, 出生日期.getText());
                            parepare.executeUpdate();
                        } catch (SQLException e1) {
                            System. out. println ( " SQL  Exception  occur.
                            Message is:");
                            System.out.println(e1.getMessage());
                        }
                    }
                }
            } catch (SQLException e1) {
                System.out.println("SQL Exception occur.Message is:");
                System.out.println(e1.getMessage());
            } finally {
                //最后关闭数据库连接
                connect.closeConnection();
            }
        } else {
            String warning="必须输入学号!";
            JOptionPane.showMessageDialog(null, warning, "警告",
                    JOptionPane.WARNING_MESSAGE);
        }
    }
}

/*记录查询操作类*/
class InquestAct extends JFrame implements ActionListener {
```

```
int ok1;
public void actionPerformed(ActionEvent e) {
    String number="";
    //读取学号输入框内容
    number=学号.getText();
    //检测用户输入的学号是否为空
    if (number.length() >0) {
        //弹出提示框再次确认用户是否进行查询操作
        ok1=JOptionPane.showConfirmDialog(null, "确定查询该学号学生信息
        吗!", "确定",
                JOptionPane.YES_NO_OPTION);
        if (ok1 ==JOptionPane.YES_OPTION) {//如确认,执行查询操作
            try {
                //创建一个数据库连接
                con=connect.getConnection();
                //创建一个数据库会话对象
                Statement stmt=con.createStatement();
                //执行数据库记录查询操作
                ResultSet rs= stmt.executeQuery("select * from student
                where id='"+number+"'");
                //如果指定学号 ID 的记录存在,则读取该记录的所有信息
                if (rs.next()) {
                    //修改按钮变为可用
                    修改.setEnabled(true);
                    学号.setText(rs.getString("id"));
                    姓名.setText(rs.getString("name"));
                    EMAIL.setText(rs.getString("email"));
                    出生日期.setText(rs.getString("birthday"));
                } else {
                    String warning="该学号不存在!";
                    JOptionPane.showMessageDialog(null, warning, "警告",
                            JOptionPane.WARNING_MESSAGE);
                    姓名.setText(null);
                    EMAIL.setText(null);
                    出生日期.setText(null);
                }
            } catch (SQLException e111) {
                System.out.println("数据操作错误");
                e111.printStackTrace();
            } finally {
                //最后关闭数据库连接
                connect.closeConnection();
            }
            //释放占有的资源
            this.dispose();
        }
```

```
        } else {
            修改.setEnabled(false);
            String warning="必须输入学号!";
            JOptionPane.showMessageDialog(null, warning, "警告",
                    JOptionPane.WARNING_MESSAGE);
        }
    }
}

/*修改记录操作类*/
class ModifyAct extends JFrame implements ActionListener {
    public void actionPerformed(ActionEvent e) {
        //弹出提示框,再次确认用户是否进行修改操作
        int ok= JOptionPane.showConfirmDialog(null, "确定修改该学号学生信息
        吗", "确定",
                JOptionPane.YES_NO_OPTION,
                JOptionPane.INFORMATION_MESSAGE);
        if (ok ==JOptionPane.YES_OPTION) {//如确定,执行记录保存
            try {
                //创建一个数据库连接
                con=connect.getConnection();
                //创建一个数据库会话对象
                Statement stmt=con.createStatement();
                //执行数据库记录修改操作
                stmt.executeUpdate("update student set name='"
                        +姓名.getText().trim()+"',email='"
                        +EMAIL.getText().trim()+"',birthday='"
                        +出生日期.getText().trim()+"' where ID='"
                        +学号.getText().trim()+"'");
                JOptionPane.showMessageDialog(null, "修改信息成功");
                //释放占有的资源
                this.dispose();
            } catch (SQLException e11) {
                System.out.println("数据库连接错误");
                e11.printStackTrace();
            } finally {
                //关闭数据库连接
                connect.closeConnection();
            }
        }


    }
}

/*数据库记录删除操作类*/
class DeleteAct implements ActionListener {
    public void actionPerformed(ActionEvent e) {
        //设置修改按钮为不可用
```

```
修改.setEnabled(false);
//读取学号输入框内容
String number=学号.getText();
//检测用户输入的学号是否为空
if (number.length() >0) {
    try {
        //创建一个数据库连接
        con=connect.getConnection();
        //创建一个数据库会话对象
        Statement stmt=con.createStatement();
        //执行数据库记录查询语句,检查是否存在指定学号的记录
        ResultSet rs=stmt.executeQuery("select * from student where
        id='"+number+"'");
        //如果记录存在,准备执行删除操作
        if (rs.next()) {
            修改.setEnabled(true);
            学号.setText(rs.getString("id"));
            姓名.setText(rs.getString("name"));
            EMAIL.setText(rs.getString("email"));
            出生日期.setText(rs.getString("birthday"));
            //弹出提示框,再次确认用户是否进行删除操作
            int ok=JOptionPane.showConfirmDialog(null, "确定要删除该
            学生的记录吗?", "确定",
                    JOptionPane.YES_NO_OPTION,
                    JOptionPane.QUESTION_MESSAGE);
            if (ok ==JOptionPane.YES_OPTION) {
                //只是数据库记录删除操作
                stmt.executeUpdate("delete from student where ID='"
                +学号.getText().trim()+"'");
                学号.setText(null);
                姓名.setText(null);
                EMAIL.setText(null);
                出生日期.setText(null);
                JOptionPane.showMessageDialog(null, "删除信息成功");
                this.DeleteAct(e);
            }
        } else {//如果记录不存在,提示学号不存在,不执行删除操作
            String warning="该学号不存在!";
            JOptionPane.showMessageDialog(null, warning, "警告",
                    JOptionPane.WARNING_MESSAGE);
        }
    } catch (SQLException err) {
        System.out.println("数据操作错误");
        String error=err.getMessage();
        JOptionPane.showMessageDialog(null, error);
    } finally {
        //关闭数据库连接
        connect.closeConnection();
```

```
                }
            } else {
                String warning="必须输入学号!";
                JOptionPane.showMessageDialog(null, warning, "警告",
                        JOptionPane.WARNING_MESSAGE);
            }
        }

        /*数据库记录删除操作类内部构造方法*/
        public void DeleteAct(ActionEvent e) {
            DeleteAct adaptee=null;
            adaptee.DeleteAct(e);
        }
    }

    /*显示数据库记录操作类,调用外部类 ShowStudentList*/
    class ShowAct implements ActionListener {
        public void actionPerformed(ActionEvent e) {
            new ShowStudentList();
        }
    }
}

/*显示数据库记录操作类*/
class ShowStudentList extends JFrame {
    //数据库连接类声明
    private JDBCConnect connect=new JDBCConnect();
    //数据库连接声明
    private Connection con;
    //数据库查询结果集声明
    private ResultSet rs;
    //带滚动条的文本区域
    private JScrollPane jScrollPane1=new JScrollPane();
    //二维数组,用来保存记录,最多100条
    private Object[][] rowData=new Object[100][4];
    //一维字符数组,保存数据表列名
    private String[] columnNames={ "学号", "姓名", "Email", "出生日期" };
    //表格显示区域
    private JTable jTable1=new JTable(rowData, columnNames);
    //按钮
    private JButton ok=new JButton();
    public ShowStudentList() {
        try {
            //界面程序初始化
            jbInit();
        } catch (Exception e) {
            e.printStackTrace();
        }
```

```
        try { //连接数据库
            int i=0;
            //创建一个数据库连接
            con=connect.getConnection();
            //创建一个数据库会话对象
            Statement stmt=con.createStatement();
            //执行数据库查询操作,读取所有记录
            rs=stmt.executeQuery("select * from student");
            while (rs.next()) {
                //将所有记录依次加入二维数组
                rowData[i][0]=rs.getString("id");
                rowData[i][1]=rs.getString("name");
                rowData[i][2]=rs.getString("email");
                rowData[i][3]=rs.getString("birthday");
                i=i+1;
            }
        } catch (Exception err) {
            String error=err.getMessage();
            JOptionPane.showMessageDialog(null, error);
            err.printStackTrace();
        } finally {
            connect.closeConnection();
        }
    }

    /*界面初始化方法*/
    private void jbInit() throws Exception {
        this.setResizable(false);
        this.setTitle("浏览用户");
        this.getContentPane().setLayout(null);
        jScrollPane1.setBounds(new Rectangle(2, 10, 433, 185));
        ok.setBounds(new Rectangle(177, 209, 92, 34));
        ok.setFont(new java.awt.Font("Dialog", 0, 15));
        ok.setText("确  定");
        ok.addActionListener(new ShowStudentList_ok_actionAdapter(this));
        this.getContentPane().add(jScrollPane1, null);
        jScrollPane1.getViewport().add(jTable1, null);
        this.getContentPane().add(ok, null);
        this.setBounds(250, 250, 450, 350);
        this.setVisible(true);
    }

    void ok_actionPerformed(ActionEvent e) {
        this.dispose();
    }
}
```

```
/* 动作监听类,用来监听用户对数据记录显示界面的按钮操作 */
class ShowStudentList_ok_actionAdapter implements java.awt.event.ActionListener {
    ShowStudentList adaptee;

    ShowStudentList_ok_actionAdapter(ShowStudentList adaptee) {
        this.adaptee=adaptee;
    }

    public void actionPerformed(ActionEvent e) {
        adaptee.ok_actionPerformed(e);
    }
}
```

系统界面管理类 StudentManager 通过以下几个类实现录入、查询、修改、删除和显示功能。

录入：InputAct()。

查询：InquestAct()。

修改：ModifyAct()。

删除：DeleteAct()。

显示：ShowAct()。

通过以下代码实现按钮通过类方法的绑定：

```
录入.addActionListener(new InputAct());
查询.addActionListener(new InquestAct());
修改.addActionListener(new ModifyAct());
删除.addActionListener(new DeleteAct());
显示.addActionListener(new ShowAct());
```

具体的程序代码分析已经在程序的注释中给出，请根据注释来理解程序。运行 StudentManager 的主程序后，系统界面如图 12-28 所示。

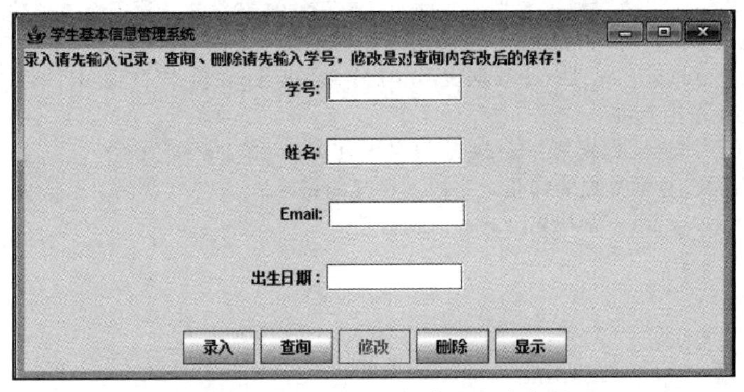

图 12-28　学生基本信息管理系统主界面

在该界面上，可以完成信息的录入、查询、修改、删除操作。而单击“显示”按钮后，则会显示数据库 student 表中现有的记录，界面显示如图 12-29 所示。

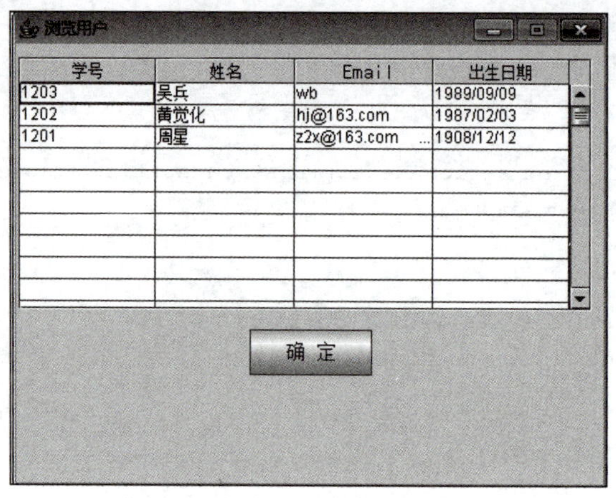

图 12-29 显示界面

该例子通过一种界面交互的方式,提供了数据库表记录录入、查询、更改和删除功能的示范,通过该例子可以全面地理解和使用数据库操作的具体方法。现在很多使用数据库的办公应用系统,其实是使用了更多字段的表,更多功能的按钮,以及更多的数据记录操作过程,但实质仍然是对数据库表的操作。因此,在熟悉本例子的基础上,读者可以开发更多面向数据库的应用系统。

12.3.8 SQL 数据库常用命令

SQL 数据库常用命令及语法举例。

1. 数据记录筛选

```
//准确查询
sql="select * from 数据表 where 字段名=字段值 orderby 字段名 [desc] "
//模糊查询, % : 代表任意长的一段字符, _: 代表一个字符
sql="select * from 数据表 where 字段名 like '% 字段值% ' orderby 字段名 [desc]"
//根据排序条件读取前 10 条查询记录
sql="select top 10 * from 数据表 where 字段名 orderby 字段名[desc]"
//根据值的范围查询,(a,b,c,d)表示 a、b、c、d 中的任意一个,(^a,b,c,d)表示不在 a、b、c、d 中的
任意一个 sql="select * from 数据表 where 字段名 in('值 1','值 2','值 3')"
//根据值的起止范围查询
sql="select * from 数据表 where 字段名 between 值 1 and 值 2"
//Distinct 函数,查询数据表内指定字段不重复的记录
sql="select Distinct 字段名 from 数据表"
```

2. 更新数据记录

```
//更新一个字段
sql="update 数据表 set 字段名=字段值 where 条件表达式"
//更新多个字段
sql="update 数据表 set 字段 1=值 1,字段 2=值 2,…,字段 n=值 n where 条件表达式"
```

3. 删除数据记录

```
//删除符合条件表达式的数据记录
sql="delete from 数据表 where 条件表达式"
//将数据表所有记录删除
sql="delete from 数据表 "
```

4. 添加数据记录

```
//添加一条记录
sql="insert into 数据表(字段1,字段2,字段3…) values(值1,值2,值3…)"
//把源数据表查询到的记录都添加到目标数据表中
sql="insert into 目标数据表 select * from 源数据表"
```

5. 数据记录统计函数

AVG(字段名)：得出一个表格栏平均值。

COUNT(*|字段名)：对数据行数的统计或对某一栏有值的数据行数统计。

MAX(字段名)：取得一个表格栏最大的值。

MIN(字段名)：取得一个表格栏最小的值。

SUM(字段名)：把数据栏的值相加。

引用以上函数的方法：

```
sql="select sum(字段名) as 别名 from 数据表 where 条件表达式"
setrs=conn.excute(sql)
```

用 rs("别名")获取统计的值,其他函数运用同上。

6. 数据表的建立和删除

```
CREATETABLE 数据表名称(字段1类型1(长度),字段2类型2(长度)…)
```

例如：

```
CREATETABLEtab01 (namevarchar (50), datetimedefaultnow ())
DROPTABLE 数据表名称(永久性删除一个数据表)
```

7. 记录集对象的方法

rs.movenext()：将记录指针从当前位置向下移一行。

rs.moveprevious()：将记录指针从当前位置向上移一行。

rs.movefirst()：将记录指针移到数据表第一行。

rs.movelast()：将记录指针移到数据表最后一行。

rs.absoluteposition=N：将记录指针移到数据表第N行。

rs.absolutepage=N：将记录指针移到第N页的第一行。

rs.pagesize=N：设置每页为N条记录。

rs.pagecount()：根据 pagesize 的设置返回总页数。

rs.recordcount()：返回记录总数。

rs.bof():返回记录指针是否超出数据表首端,true 表示是,false 为否。

rs.eof():返回记录指针是否超出数据表末端,true 表示是,false 为否。

rs.delete():删除当前记录,但记录指针不会向下移动。

rs.addnew():添加记录到数据表末端。

rs.update():更新数据表记录。

第 13 章　XML 及程序打包

13.1　XML 简介

XML 是 Extensible Markup Language 的缩写，即可扩展标记语言。它是一种用来创建标记的标记语言。从 XML 诞生之日起，它就一直是业界的焦点话题之一。经过多年的发展，XML 技术日趋成熟，现在越来越多的应用都是基于 XML 开发的。在 Internet 日益普及的今天，分布式编程日显重要，越来越多的应用都开始向这一方向转型。在这一领域中，XML 作为一种中间的数据接口，已经显示出其不可替代的重要性。

1996 年，万维网协会(或者叫 W3C，http://www.w3c.org)开始设计一种可扩展的标记语言，1998 年 2 月，XML 1.0 成为了 W3C 的推荐标准。这种 XML 语言继承了 SGML (Standard Generalized Markup Language)的规范，是一种基于记号文本的语言。另外 XML 还保持了对现有的面向 SGML 系统的向下兼容性。XML 将 SGML 的灵活性和强大功能与已经被广泛采用的 HTML 结合起来，简化了计算机对文档和数据交换的处理，使得现有的协议和软件更为协调，从而简化了数据的处理和传输。

首先 XML 是一种元标记语言，"元标记"就是开发者可以根据自己的需要定义自己的标记，例如开发者可以定义标记<book>和<name>，任何满足 XML 命名规则的名称都可以作为标记，这就为不同的应用程序打开了大门。与 XML 相比，HTML 是一种预定义标记语言，它只认识诸如<html>、<p>等已经定义的标记，对于用户自己定义的标记是不认识的。

使用 XML 标记语言可以做到数据或数据结构在任何编程语言环境下的共享。例如，在某台计算机平台上用某种编程语言编写了一些数据或数据结构，然后用 XML 标记语言进行处理，那样的话，其他人就可以在其他的计算机平台上来访问这些数据或数据结构，甚至可以用其他的编程语言来操作这些数据或数据结构了。这就是 XML 标记语言作为一种数据交换语言存在的价值。

XML 与 HTML 相比，XML 和 HTML 都从 SGML 继承了使用尖括号(＜和＞)将标签(Tag)括起来的语法。每对标签将 XML 文档分割为多个部分，称为元素(Element)。一个元素可以包括内容(如 HTML 中的<p>标签)，也可以没有内容(如 HTML 中的<HR>标签)。HTML文档一般以<HTML>或者<DOCTYPE…> 标签开始，XML 文档一般也以一个 XML 修饰符开始。

不同的是，HTML 是在 SGML 定义下的一个描述性的语言，这是 SGML 的一个应用，其 DTD 作为标准被固定下来，而 XML 是 SGML 的一个简化版本，是 SGML 的一个子集，严格意义上来说，XML 仍然是 SGML。XML 与 HTML 的比较如下。

(1) XML 将数据与显示分开：HTML 是决定数据显示方式的语言，而 XML 只描述数据内容，本身并不决定数据该如何显示，数据的显示由 XSL 决定。

(2) 开始标签必须要有一个结束标签：在 HTML 文档中，可以直接使用<p>、<tr>、

<td>等标签,而不用结束标签。在 XML 中,开始标签和结束标签必须配套,也就是必须写成<p>…</p>、<tr>…</tr>、<td>…</td>。

(3) 空元素标签必须被关闭:在 HTML 文档中,可以使用
、<hr>、<img src="logo.gif"width="197" height="81">等单标签。而在 XML 中,空元素标签必须被关闭。空元素标签采用斜杠(/)来关闭,例如:
、<hr/>、<img src="logo.gif" width="197" height="81"/>。

(4) 所有的标签都区分大小写:在 HTML 文档中,标签是不区分大小写的,<tr>和<TR>是 tr元素的开始标签和结束标签。但是在 XML 中,<tr>和<TR>是两个不同的标签,开始标签和结束标签的大小写形式必须一致。

(5) 所有的标签都必须合理嵌套:在 HTML 文档中,<b><i>…</b></i>是允许的,但是在 XML 中,这是错误的。在 XML 中,所有的标签都要成对出现,合理嵌套,正确的形式是<b><i>…</i></b>。

(6) 所有标签的属性值都必须用双引号(" ")或者单引号(' ')括起来:在 HTML 文档中,属性值可以加引号,也可以不加,例如,<hr color="blue">和<hr color=blue>都是合法的。在 XML 文档中,即使是数字字符,也必须加双引号或单引号(' '),例如,<studentname="zhangsan" age='18'/>。

(7) XML 有且只有一个根元素:在 HTML 中,可以有多个根元素,语句如下:

```
<table>
⋮
</table>
<table>
⋮
</table>
```

但是在 XML 中,有且只能有一个根元素,语句如下:

```
<table>
⋮
</table>
```

XML 文档在逻辑上主要有以下 6 个部分组成。

1. XML 声明

XML 文档总是以一个 XML 声明开始,其中指明所用的 XML 版本、文档的编码、文档的独立性信息。其格式如下:

```
<?xml 版本信息 [编码信息] [文档独立性信息] ?>
```

一对方括号([])中的部分表示是可选信息。

版本声明

```
<?xml version="1.0"?>
```

文档编码声明

在XML声明中还可以加上文档编码信息，默认是UTF-8，如果要使用中文，可以在声明中加上encoding="gb2312"，如下所示：

```
<?xml version="1.0" encoding="gb2312"?>
```

如果文档不依赖于外部文档，在XML声明中，可以通过standalone="yes"来声明这个文档是独立的文档。如果文档依赖于外部文档，可以通过standalone="no"来声明、完整的XML声明如下：

```
<?xml version="1.0" encoding="gb2312" standalone="yes"?>
```

XML声明必须位于文档的第一行，前面不能有任何字符。

2. DTD：文档类型定义

XML从SGML继承了用于定义语法规则的DTD机制，但DTD本身并不要求遵循XML规则，几乎所有的XML应用都是使用DTD来定义的。HTML就是一个标准的DTD文件，所有其组织结构和所有的标签都是固定的。DTD文件也是一个文本文件，通常用dtd作为其扩展名。

通过文档类型声明，指出XML文档所用的DTD。文档类型声明有两种形式，一种是声明DTD在一个外部的文件中，语句如下：

```
<!DOCTYPE greeting SYSTEM "hello.dtd">
```

另一种是直接在XML文档中给出DTD，语句如下：

```
<?xml version="1.0" encoding="gb2312" standalone="yes"?>
<!DOCTYPE greeting [
<!ELEMENT greeting (# PCDATA)>
]>
```

3. 元素

在XML中，元素由开始标签、元素内容和结束标签构成，对于空元素，由空元素标签构成。

每一个元素有一个用名字标识的类型，同时它可以有一个属性说明集，每一个属性说明有一个名字和一个值。

在给元素命名的时候要注意，以XML或其他任何匹配(('X'|'x')('M'|'m')('L'|'l'))的字符串开头的名字，被保留用于XML规范的当前版本或后续版本的标准化。此外，在给元素命名时，还要遵守下列规范：

(1) 名称只能以字母、下画线(_)或者冒号(:)开头。

(2) 名称中可以包含字母、数字、下画线以及其他在XML标准中允许的字符。

(3) 名称中不能包含空格。

(4) 名称中尽可能不要使用冒号(:)，因为冒号在名称控件中被用于分隔名称空间前缀和本地部分。

空元素：

```
<student/>
```

带有属性的空元素：

```
<student name="张三" age="18"/>
```

带有内容的元素：

```
<student>
```

这是一个学生的信息

```
<name>张三</name>
<age>18</age>
</student>
```

带有内容和属性的元素：

```
<student name="张三">
<age>18</age>
</student>
```

其中，元素内容可以包含子元素、字符数据、字符引用和实体引用、CDATA 段。

4. 注释

注释可以出现在文档中其他标记之外的任何位置。注释形式：＜!——注释内容——＞。注释内容会被 XML 处理器忽略掉。使用注释需要注意：注释不能出现在 XML 声明之前；注释不能出现在标记中；注释可以包围或隐藏标记；字符串“——”不能出现在注释中；注释不能以“———＞”结尾。

5. 处理指令

处理指令允许文档中包含由应用程序来处理的指令。在 XML 文档中，有可能会包含一些非 XML 格式的数据，这些数据 XML 处理器无法处理，就可以通过处理指令来通知其他应用程序来处理这些数据。

处理指令的语法：

```
<?xml-stylesheet href="hello.css" type="text/css"?>
```

在开始标记“＜?”之后的第一个字符串 xml-stylesheet 叫作处理指令的目标，它必须标识要用到的应用程序，要注意的是，对于其他非 W3C 定义的处理指令，不能以字符串"xml"或"XML"开头；其余部分是传递给应用程序的字符数据。应用程序从处理指令中取得目标和数据，执行要求的动作。

下面给出一个简单的 XML 实例来熟悉 XML 文档的基础格式：

```
<?xml version="1.0" encoding="gb2312"?>  <!--文档声明-->
<学生>
```

```
    <学生信息>
    <学生姓名>王明</学生姓名>
    <出生年月>1995-12</出生年月>
    <Email>wangming@ 163.com</Email>
    </学生信息>
</学生>
```

将以上信息复制粘贴至记事本中，然后保存为 student.xml，保存后通过 IE 浏览器打开，就能看到如图 13-1 的效果。

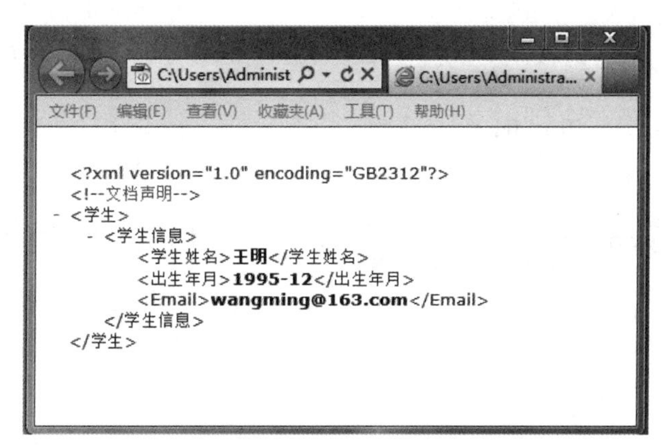

图 13-1　文件效果

13.2　XML 在 Java 程序中的应用

XML 在电子商务中的数据交换已经有其不可替代的作用，同时 Java 程序的配置文件都开始使用 XML 格式，以前是使用类似 Windows 的 INI 格式（Java 中也有 Properties 这样的类专门处理这样的属性配置文件）。使用 XML 作为 Java 的配置文件有很多好处，从 Tomcat 的安装配置文件和 J2EE 的配置文件中，已经看到 XML 的普遍应用。一个单独的 XML 文件不能做任何工作，它需要与应用程序结合起来实现各种功能，应用程序通过 XML 解析器和 XML 应用程序接口处理 XML 文件。因此，学习如何利用 Java 来使用 XML 文件，非常有意义。

用 Java 解析 XML 文档，最常用的有两种方法：使用基于事件的 XML 简单 API（Simple API for XML），称为 SAX；基于树和节点的文档对象模型（Document Object Module），称为 DOM。SUN 公司提供了 Java API for XML Parsing（JAXP）接口来使用 SAX 和 DOM，通过 JAXP，可以使用任何与 JAXP 兼容的 XML 解析器。

JAXP 接口包含了三个包。

（1）org.w3c.dom：W3C 推荐的用于 XML 标准规划文档对象模型的接口。

（2）org.xml.sax：用于对 XML 进行语法分析的事件驱动的 XML 简单 API(SAX)。

（3）javax.xml.parsers：解析器工厂工具，程序员获得并配置特殊的特殊语法分析器。

13.2.1 DOM 编程

DOM 编程不要其他的依赖包，因为 JDK 里自带有上面提到的 org.w3c.dom、org.xml.sax 和 javax.xml.parsers 包。

使用 DOM 操作 XML 并不复杂，就是将 XML 看作是一棵树，DOM 就是对这棵树的一个数据结构的描述。

首先来了解 Java DOM 的 API。

1. 解析器工厂类：DocumentBuilderFactory

```
DocumentBuilderFactory dbf=DocumentBuilderFactory.newInstance();
```

2. 解析器：DocumentBuilder

创建方法是通过解析器工厂类来获得：

```
DocumentBuilder db=dbf.newDocumentBuilder();
```

3. 文档树模型 Document

创建方法如下。

(1) 通过 XML 文档：

```
Document doc=db.parse("bean.xml");
```

(2) 将需要解析的 XML 文档转化为输入流：

```
InputStream is=new FileInputStream("bean.xml");Document doc=db.parse(is);
```

Document 对象代表了一个 XML 文档的模型树，所有的其他 Node 都以一定的顺序包含在 Document 对象之内，排列成一个树结构，以后对 XML 文档的所有操作都与解析器无关，直接在这个 Document 对象上进行操作即可。

4. 节点列表类 NodeList

NodeList 代表了包含一个或者多个 Node 的列表，根据操作可以将其看作数组。

5. 节点类 Node

Node 对象是 DOM 中最基本的对象，代表了文档树中的抽象节点。但在实际使用中很少会直接使用 Node 对象，而是使用 Node 对象的子对象 Element、Attr、Text 等。

6. 元素类 Element

Node 类最主要的子对象，在元素中可以包含属性，因而 Element 中有存取其属性的方法。

7. 属性类 Attr

代表某个元素的属性，虽然 Attr 继承自 Node 接口，但因为 Attr 是包含在 Element 中的，并不能将其看作是 Element 的子对象，因为 Attr 并不是 DOM 树的一部分。

DOM 对象的常用方法如下。

1) getElementById()

查询给定ID属性值的元素，返回该元素的元素节点，也称为元素对象。所以方法的名称为getElementById()，而不是getElementsById()。该方法只能用于document对象，类似于Java的static关键字。

2) getElementsByName()

查找给定name属性的所有元素，这个方法将返回一个节点集合，也可以称为对象集合。这个集合可以作为数组来对待，length属性的值表示集合的个数。

3) getElementsByTagName()

查询给定标签名的所有元素。返回值为节点的集合。这个集合可以当作数组来处理，length属性为集合里所有元素的个数，可以有两种形式来执行这个方法：

```
NodeList elements=document.getElementsByTagName(tagName);
NodeList elements=element.getElementsByTagName(tagName);
```

从这两种方法可以看出持有这个方法的对象并不一定是整个文档对象(Document)，也可以是某一个元素节点。

4) hasChildNodes()

该方法用来判断一个元素是否有子节点，返回值为true或者false。文本节点和属性节点不可能再包含子节点，所以对于这两类节点使用ChildNodes()方法，返回值永远为false。如果hasChildNodes()，返回值为false，则childNodes、firstChild、lastChild将为空数组或者空字符串。

5) nodeName

如果节点是元素节点，nodeName返回元素的名称；如果给定节点为属性节点，nodeName返回属性的名称；如果给定节点为文本节点，nodeName返回为#text的字符串。

6) nodeType

元素节点类型，值为1；属性节点类型，值为2；文本节点类型，值为3。

7) nodeValue

如果给定节点是属性节点，返回值是这个属性的值；如果给定节点是文本节点，返回值是这个文本节点的内容；如果给定节点是元素节点，返回值是null。

8) replaceChild()

把一个给定父元素里的一个子节点替换为另外一个子节点，返回值指向已经被替换掉的那个子节点的引用，使用代码如下：

```
Node reference=element.replaceChild(newChild,oldChild);
```

9) getAttribute()

返回一个给定元素的给定属性的节点的值：

```
String attributeValue=element.getAttribute(attributeName)
```

给定属性的名字必须以字符串的形式传递给该方法，给定属性的值将以字符串的形式返回，通过属性获取属性节点。

10) setAttribute()

为给定元素添加一个新的属性或改变它现有属性的值,形式如下:

```
element.setAttribute(attributeName,attributeValue);
```

属性的名字和值必须以字符串的形式传递,如果这个属性已经存在,那么值将被 attributeValue 取代;如果这个属性不存在,那么先创建它,再给它赋值。

11) createElement()

按照给定的标签名创建一个新的元素节点,方法的参数为被创建的元素的名称,形式如下:

```
Element reference=document.createElement(elementName);
```

方法的返回值指向新建节点的引用,返回值是一个元素节点。新建的节点不会自动添加到文档里,只是存在于 document 里的一个游离对象。

12) createTextNode()

创建一个包含给定文本的新文本节点。这个方法的返回值指向这个新建的文本节点的引用,该方法有一个参数:新建文本节点的文本内容,它是一个文本节点。新建的文本对象不会自动添加到文档里,属于游离态的对象。

13) appendChild()

为给定元素增加一个子节点,形式如下:

```
Node newreference=element.appendChild(newChild);
```

给定子节点 newChild 将成为 element 的最后一个节点,方法的返回值指向新增节点的引用,该方法通常与 createElement()与 createTextNode()一起使用,新节点可以追加给文档中的任何一个元素(除了属性和文本)。

14) insertBefore()

把一个给定节点插入到一个给定元素子节点的前面:

```
Node reference=element.insertBefore(newNode,targetNode);
```

newNode 节点将作为 element 的子节点出现,并在 targetNode 节点的前面,节点 targetNode 必须是 element 的一个子节点,该方法通常与 createElement()和 createTextNode()结合使用。

15) removeChild()

从给定的元素里删除一个子节点,形式如下:

```
Node reference=element.removeChild(node);
```

返回值指向已经被删除的子节点的引用,当某个子节点被删除时,这个子节点所包含的子节点也被删除掉,如果想删除一个子节点,但不知道父节点,可以使用 parentNode 属性。

16) childNodes()

返回一个数组,这个数组由给定节点的子节点组成,形式如下:

```
NodeList nodeList=node.childNodes()
```

需要注意的是，文本节点和属性节点不可能再包含子节点，所以它们的childNodes()方法返回一个空的数组。如果想知道这个节点有没有子节点可以利用hasChildNodes()方法。一个节点的子节点有多少个可以调用数组的length来得到。如果这个节点还有子节点，那么这个节点肯定是元素节点。

17) getFirstChild()

属性返回给定节点的第一个子节点：

```
Node reference=node.getFirstChild();
```

文本节点和属性节点不包括任何子节点，所以返回值为null，该方法其实就获得子节点列表的第一个对象。

node.firstChild＝node.childNodes[0]

18) getLastChild()

该属性返回给定节点的最后一个子节点：

```
Node reference=node.getLastChild();
```

19) getNextSibling()

返回给定节点的下一个兄弟节点。

20) getParentNode()

返回给定元素节点的父节点，document没有父节点。

21) getPreviousSibling()

返回给定节点的上一个兄弟节点。

基本的知识就到此结束，更加具体的大家可以参阅JDK API文档。

13.2.2 加载XML文件

在Java中想要加载XML文件，首先要引入与XML相关的类包。

```
import javax.xml.parsers.*;
import org.xml.sax.*;
import org.w3c.dom.*;
import java.io.*;
```

在JAXP中DOM解析器称为DocumentBuilder，可以通过工厂类DocumentBuilderFactory获得，而document对象则可以通过类DocumentBuild获得，使用try catch指令建立解析错误处理。在建立DocumentBuild对象后，可以使用其Parser方法解析加载XML文件，file对象加载后就可以处理XML文件的节点内容。下面示范一下如何通过Java来加载读取XML文件。

首先在Java项目建立一个包package：src/lesson/xml/，并在该包中建立一个student.xml文件，XML的文件内容如下：

```
<?xml version="1.0" encoding="gb2312"?>  <!--文档声明-->
<students>
    <student id="1201">
        <name>王明</name>
        <birthday>1995-12</birthday>
        <email>wangming@163.com</email>
</student>
    <student id="1202">
        <name>李娟</name>
        <birthday>1996-1</birthday>
        <email>lijuan@163.com</email>
</student>
</students>
```

然后在同一个 package 中建立 TestXML.java,用于加载 XML,其代码如程序 13-1 所示。

【程序 13-1】 TestXML.java。

```
import javax.xml.parsers.*;
import org.xml.sax.*;
import org.w3c.dom.*;
import java.io.*;

public class TestXML {
    public static void main(String[] args) {
        try {
            //第一步: 获得 DOM 解析工厂
            DocumentBuilderFactory dbf=DocumentBuilderFactory.newInstance();
            //第二部: 获得 DOM 解析器
            DocumentBuilder db=dbf.newDocumentBuilder();
            //第三部: 解析一个 XML 文档,获得 Document 对象(根节点)
            Document document=db.parse(new File("src/lesson/xml/student.xml"));
            //输出 XML 的编码方式
            System.out.println(document.getXmlEncoding());
            //输出 XML 中的版本号
            System.out.println(document.getXmlVersion());
            //判断此文档是否为独立文档
            System.out.println(document.getXmlStandalone());

        } catch(SAXException se) {
            //解析过程错误
            se.printStackTrace();
        } catch(ParserConfigurationException pe) {
            //解析器设置错误
            pe.printStackTrace();
        } catch(IOException ie) {
```

```
                //文件处理错误
                ie.printStackTrace();
            }
        }
    }
```

程序运行后,结果显示如图13-2所示。

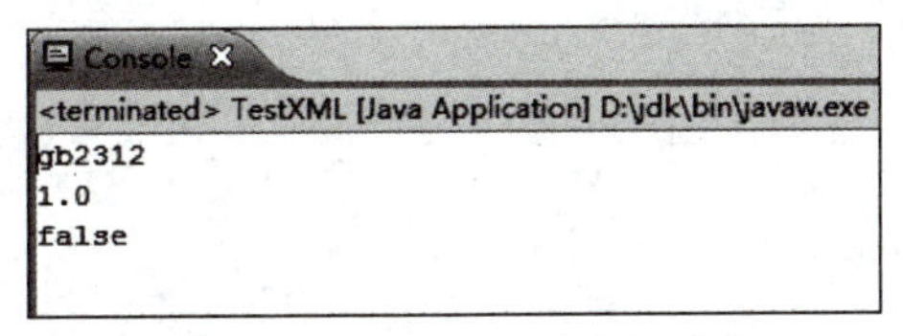

图13-2 程序13-1的运行结果

结果表明XML文件编码是GB 2312,XML的版本是1.0,同时该XML文件不是独立文档。需要注意的是:

```
Document document=db.parse(new File("src/lesson/xml/student.xml"));
```

以上语句需要指定读取的XML文件的路径是该XML在项目中的路径,如果路径不正确,将会抛出异常,也可以用该文件在磁盘上的绝对路径。例如:

```
Document document=db.parse(new File("D:/workspace/JAVALesson/src/lesson/xml/
student.xml"));
```

获得document实例后,就可以对DOM的文档树进行访问了,如果要遍历DOM文档,首先要获得根节点,然后获得根节点的子节点列表。

13.2.3 访问XML元素和属性

DOM解析是将XML文件全部载入,组装成一棵DOM树,然后通过节点以及节点之间的关系来解析XML文件,结合13.2.1节中的XML文件来进行DOM解析。

student.xml的XML元素从W3C DOM的角度来看,就是一棵树结构,以Java语言来说,就是一个Document对象,其树结构如图13-3所示。

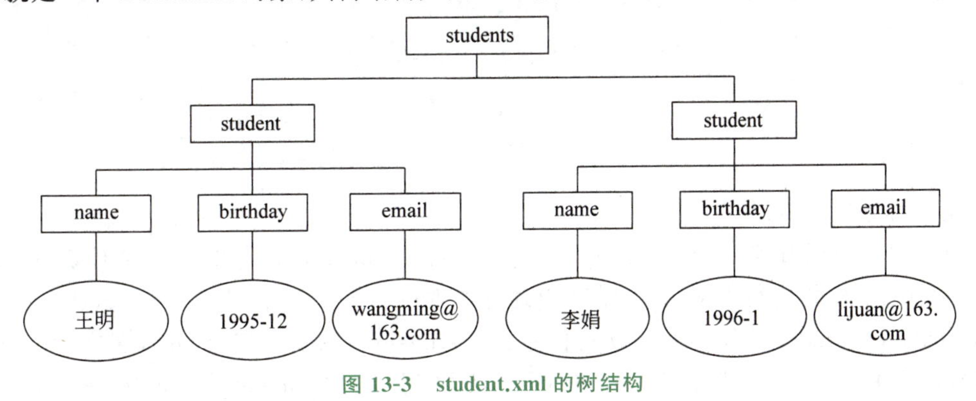

图13-3 student.xml的树结构

新建 parseXML.java,代码如下。

【程序 13-2】 parseXML.java。

```
import java.io.File;
import javax.xml.parsers.DocumentBuilder;
import javax.xml.parsers.DocumentBuilderFactory;
import org.w3c.dom.Document;
import org.w3c.dom.Element;
import org.w3c.dom.NodeList;

public class ParseXML {
    public static void main(String[] args) {
        try{
            //得到 DOM 解析器的工厂实例
            DocumentBuilderFactory dbFactory=DocumentBuilderFactory.newInstance();
            //从 DOM 工厂中获得 DOM 解析器
            DocumentBuilder dbBuilder=dbFactory.newDocumentBuilder();
            //把要解析的 XML 文档读入 DOM 解析器
              Document document = dbBuilder. parse (new File ( " D:/workspace/
              JAVALesson/src/lesson/xml/student.xml"));
             System. out. println ( " 处 理 该 文 档 的 DomImplementation 对象  = " +
            document.getImplementation());
            //得到文档名称为 Student 的元素的节点列表
            NodeList nList=document.getElementsByTagName("student");
            //遍历该集合,显示集合中的元素及其子元素的名字
            for(int i=0; i<nList.getLength() ; i ++){
                Element node=(Element)nList.item(i);
                System.out.println("id: "+node.getAttribute("id"));
                System.out.println("Name: "+node.getElementsByTagName("Name").
                item(0).getFirstChild().getNodeValue());
                System. out. println ( " birthday:  " + node. getElementsByTagName ( "
                birthday").item(0).getFirstChild().getNodeValue());
                  System. out. println ( " email:  " + node. getElementsByTagName ( "
                  email").item(0).getFirstChild().getNodeValue());
            }
        }catch (Exception e) {
            //TODO: handle exception
            e.printStackTrace();
        }
    }
}
```

运行程序后,运行如图 13-4 所示。

从程序中可以看到,在载入 XML 文件后,生成了 Document 对象,通过该对象,就可以对 XML 中的信息进行解析了。程序中通过“NodeList nList = document. getElementsByTagName("student");”获取了所有标签为<student>的节点集合,并放置在 NodeList 列表中。在 XML 文件中,<student>是放置在<students>标签内的,但是

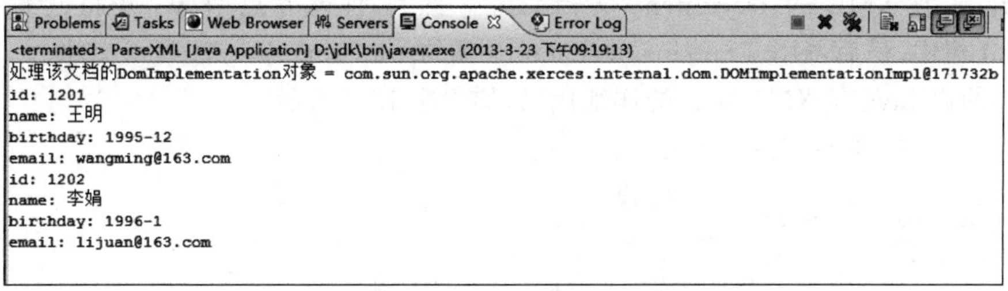

```
Problems  Tasks  Web Browser  Servers  Console  Error Log
<terminated> ParseXML [Java Application] D:\jdk\bin\javaw.exe (2013-3-23 下午09:19:13)
处理该文档的DomImplementation对象 = com.sun.org.apache.xerces.internal.dom.DOMImplementationImpl@171732b
id: 1201
name: 王明
birthday: 1995-12
email: wangming@163.com
id: 1202
name: 李娟
birthday: 1996-1
email: lijuan@163.com
```

图 13-4　程序 13-2 运行结果

getElementsByTagName(tagname)方法是可以直接通过指定 tagname 来读取某一层级的子节点对象集合，而不需要从树结构最上一层开始读取。

程序通过 getElementsByTagName("student")获取到两个<student>标签标识的子节点对象，接着就可以通过下面代码来依次读取每个子节点：

```
Element node=(Element)nList.item(i);
```

Element 是 Node 类最主要的子对象，在元素中可以包含属性，如 XML 文件中所示的 id="1201"就是其一个属性值。只需要知道其属性名称，读取这个属性值就可以通过下面代码实现：

```
node.getAttribute("id")
```

在 student.xml 文件中，如果说<student>…</student>标签标识的是一个 student 节点，而<student>内部的<name>…</name>标识的 name 节点是 student 的子节点，name 节点可以通过以下代码实现：

```
node.getElementsByTagName("name").item(0)
```

由于通过 getElementsByTagName()方法获得的是节点集合，因此必须要通过 item(0)来读取集合中的第一个节点。而“王明”对应的是 name 节点中的一个 Node，而不再是一个 Element，因此可以通过 node.getElementsByTagName("name").item(0).getFirstChild()来获得此 Node，而"王明"这个字符串可以通过下面的语句来获得：

```
node.getElementsByTagName("name").item(0).getFirstChild().getNodeValue()
```

因此，只要预知节点名称以及属性名称，就可以通过以上方法读取 XML 中的元素和属性，从而完成对 XML 的解析。

13.2.4　利用 XML 文件存储信息

完成了 Java 对 XML 文件的解析，接下来再来探讨如何利用 Java 来修改或者生成一个 XML 文件。DOM 创建或修改 XML 文档，主要通过 TransformerFactory 对象的 transform()方法。Java 中的 TransformerFactory 类有一个 transform(source, result)方法，它可以将一个 document 对象树，输出到 result 对应的输出流中去。使用时，用 DocumentBuilder 构造方法创建一个 XML 的 Document 文档对象。然后创建节点对象，并将它们添加到 Document 树中，最后调用 TransformerFactory 类的 transform()方法写入文件。

下面给出 Java 写 XML 文件的详细代码，如程序 13-3 所示。

【程序 13-3】 CreatXML.java。

```
package lesson.xml;
import java.io.File;
import javax.xml.parsers.DocumentBuilder;
import javax.xml.parsers.DocumentBuilderFactory;
import javax.xml.transform.OutputKeys;
import javax.xml.transform.Transformer;
import javax.xml.transform.TransformerFactory;
import javax.xml.transform.dom.DOMSource;
import javax.xml.transform.stream.StreamResult;
import org.w3c.dom.Document;
import org.w3c.dom.Element;

public class CreatXML {
    /*创建 XML 文档*/
    public static void main(String[] args) {
        Document doc;
        Element students,student;
        Element name=null;
        Element birthday=null;
        Element email=null;
        try{
            //得到 DOM 解析器的工厂实例
            DocumentBuilderFactory dbFactory=DocumentBuilderFactory.newInstance();
            //从 DOM 工厂中获得 DOM 解析器
            DocumentBuilder dbBuilder=dbFactory.newDocumentBuilder();
            //创建文档树模型对象
            doc=dbBuilder.newDocument();
            if(doc !=null){
                //创建 students 元素
                students=doc.createElement("students");
                //创建 student 元素
                student=doc.createElement("student");
                //设置元素 student 的属性值为 1203
                student.setAttribute("id", "1203");
                //创建名称为 Name 的元素
                name=doc.createElement("Name");
                //创建名称为"周兵"的文本节点并作为子节点添加到 name 元素中
                name.appendChild(doc.createTextNode("周兵"));
                //将 name 子元素添加到 student 中
                student.appendChild(name);
                //创建名称为 birthday 的元素
```

```
            birthday=doc.createElement("birthday");
            //创建名称为 1990-3 的文本节点并作为子节点添加到 birthday 元素中
            birthday.appendChild(doc.createTextNode("1990-3"));
            //将 birthday 子元素添加到 student 中
            student.appendChild(birthday);
            //创建名称为 email 的元素
            email=doc.createElement("email");
            //创建名称为 zhoubin@ 163.com 的文本节点并作为子节点添加到 email 元
              素中
            email.appendChild(doc.createTextNode("zhoubin@ 163.com"));
            //将 email 子元素添加到 student 中
            student.appendChild(email);
            //将 student 作为子元素添加到树的根节点 school
            students.appendChild(student);
            //添加到文档树中
            doc.appendChild(students);
            //创建一个转换的 TransformerFactory
            TransformerFactory tFactory=TransformerFactory.newInstance();
            //建立一个转换的实例,该转换可以将原树转换为结果树
            Transformer transformer=tFactory.newTransformer();
            //设置 XML 的版本和编码以及自动分行,如果不设置,则为默认值
            transformer.setOutputProperty(OutputKeys.VERSION, "1.0");
            transformer.setOutputProperty(OutputKeys.ENCODING, "utf-8");
            transformer.setOutputProperty(OutputKeys.INDENT, "yes");
            //创建带有 DOM 节点的新输入源
            DOMSource source=new DOMSource(doc);
            //建立一个输出结果对象,并设置输出文件地址
            StreamResult result = new StreamResult (new File ( "D:/workspace/
            JavaLesson/src/lesson/xml/student2.xml"));
            //执行从 source 到 result 的输出
            transformer.transform(source, result);
            System.out.println("创建成功");
        }
    }catch (Exception e) {
        e.printStackTrace();
    }
  }
}
```

程序运行结束后，就会在项目的 D:/workspace/JavaLesson/src/lesson/xml/文件夹下生成一个 student2.xml 文件，文件内容显示如下：

```
<?xml version="1.1" encoding="utf-8"?>
<students>
<student id="1203">
<name>周兵</name>
<birthday>1990-3</birthday>
```

```
<email>zhoubin@ 163.com</email>
</student>
</students>
```

至此,就完成了对 XML 文件的生成工作。如果需要对一个现有的 XML 文件进行修改呢,则可以先把已有的 XML 载入转换为一个 Document 对象,然后在 Document 对象的树结构上进行修改,修改完毕后再保存为原文件,就可以完成对 XML 文件的修改,程序代码如下。

【程序 13-4】 EditXML.java。

```
package lesson.xml;
import java.io.File;
import javax.xml.parsers.DocumentBuilder;
import javax.xml.parsers.DocumentBuilderFactory;
import javax.xml.transform.OutputKeys;
import javax.xml.transform.Transformer;
import javax.xml.transform.TransformerFactory;
import javax.xml.transform.dom.DOMSource;
import javax.xml.transform.stream.StreamResult;
import org.w3c.dom.Document;
import org.w3c.dom.Element;
import org.w3c.dom.NodeList;

public class EditXML {
    public static void main(String[] args) {
        Document doc;
        Element students, student;
        Element name=null;
        Element birthday=null;
        Element email=null;
        try{
            //得到 DOM 解析器的工厂实例
            DocumentBuilderFactory dbFactory=DocumentBuilderFactory.newInstance();
            //从 DOM 工厂中获得 DOM 解析器
            DocumentBuilder dbBuilder=dbFactory.newDocumentBuilder();
            //把要解析的 XML 文档读入 DOM 解析器
            File f=new File("D:/workspace/JavaLesson/src/lesson/xml/student2.xml");
            doc=dbBuilder.parse(f);
            System.out.println("处理该文档的 Dom Implementation 对象  ="+doc.
            getImplementation());
            //得到文档名称为 Student 的元素的节点列表
            NodeList nList=doc.getElementsByTagName("student");
            //遍历该集合,查找出属性 ID 为 1203 的节点元素,并将其 email 修改为 ZB@163.com
            for(int i=0; i<nList.getLength() ; i ++){
                Element node=(Element)nList.item(i);
```

```
        if (node.getAttribute("id").equals("1203")) {
            node.getElementsByTagName ( "email"). item (0). getFirstChild
            ().setNodeValue("ZB@ 163.com");
        }
    }
    //创建 student 元素
    student=doc.createElement("student");
    //设置元素 student 的属性值为 1204
    student.setAttribute("id", "1204");
    //创建名称为 name 的元素
    name=doc.createElement("name");
    //创建名称为王伟的文本节点并作为子节点添加到 name 元素中
    name.appendChild(doc.createTextNode("王伟"));
    //将 name 子元素添加到 student 中
    student.appendChild(name);
    //创建名称为 birthday 的元素
    birthday=doc.createElement("birthday");
    //创建名称为 1991-4 的文本节点并作为子节点添加到 birthday 元素中
    birthday.appendChild(doc.createTextNode("1991-4"));
    //将 birthday 子元素添加到 student 中
    student.appendChild(birthday);
    //创建名称为 email 的元素
    email=doc.createElement("email");
    //创建名称为 wanwei@ 163.com 的文本节点并作为子节点添加到 email 元素中
    email.appendChild(doc.createTextNode("wanwei@ 163.com"));
    //将 email 子元素添加到 student 中
    student.appendChild(email);
    //从 Document 对象中查找到 students 节点
    students=(Element)doc.getElementsByTagName("students").item(0);
    //将创建好的 student 对象加入到 students 节点中去
    students.appendChild(student);
    //创建一个转换的 TransformerFactory
    TransformerFactory tFactory=TransformerFactory.newInstance();
    //建立一个转换的实例,该转换可以将原树转换为结果树
    Transformer transformer=tFactory.newTransformer();
    //设置 XML 的版本和编码以及自动分行,如果不设置,则为默认值
    transformer.setOutputProperty(OutputKeys.VERSION, "1.0");
    transformer.setOutputProperty(OutputKeys.ENCODING, "utf-8");
    transformer.setOutputProperty(OutputKeys.INDENT, "yes");
    //创建带有 DOM 节点的新输入源
    DOMSource source=new DOMSource(doc);
    //建立一个输出结果对象,并设置输出文件地址
    StreamResult result=new StreamResult(f);
    //执行从 source 到 result 的输出
    transformer.transform(source, result);
    System.out.println("修改成功");
```

```
        }catch (Exception e) {
            //TODO: handle exception
            e.printStackTrace();
        }
    }
}
```

程序首先载入指定的 XML 文件,生成了 Document 对象,通过该对象获取了所有标签为<student>的子节点,并通过 if (node.getAttribute("id").equals("1203"))语句来查找到属性 id 为 1203 的 student 节点元素,并且通过“node.getElementsByTagName("email").item(0).getFirstChild().setNodeValue("ZB@163.com");”语句修改了 student 节点元素的 email 内容。然后为了增加一名学生的信息,程序中又新建了一个 student 节点元素,并且在该元素中添加了 name、birthday、email 元素,并且给这些元素赋值。

```
student=doc.createElement("student");
student.setAttribute("id", "1204");
name=doc.createElement("name");
name.appendChild(doc.createTextNode("王伟"));
student.appendChild(name);
birthday=doc.createElement("birthday");
birthday.appendChild(doc.createTextNode("1991-4"));
student.appendChild(birthday);
email=doc.createElement("email");
email.appendChild(doc.createTextNode("wanwei@ 163.com"));
student.appendChild(email);
```

新建好 student 节点元素需要添加到 Document 对象的 students 节点元素中去:

```
students.appendChild(student);
```

最后,通过 Transformer 将已经修改好的 Document 对象经输出流保存到原有文件中去。

```
StreamResult result=new StreamResult(f);
transformer.transform(source, result);
```

程序运行后,打开 D:/workspace/JavaLesson/src/lesson/xml/student2.xml,会发现文件已经被修改,结果如下:

```
<?xml version="1.0" encoding="utf-8"?>
<students>
<student id="1203">
<name>周兵</Name>
<birthday>1990-3</birthday>
<email>ZB@ 163.com</email>
</student>
```

```
<student id="1204">
<name>王伟</name>
<birthday>1991-4</birthday>
<email>wanwei@ 163.com</email>
</student>
</students>
```

XML是一种数据表示的格式,所有的语言都增加了与XML的交互技术。利用XML可以方便地对数据进行组织和存储,但是因为XML描述复杂关系型数据还有一定困难,因此一般用来保存少量的数据,例如用来保存软件的配置信息等。通过本章的学习,读者能认识XML文档,了解XML的文档结构,学会如何读取、创建、修改XML文档。

13.3 Java程序的发布

当一个Java项目完成后接下来的就是打包发布了。如在命令提示符cmd中利用JAR命令、利用Eclipse编程工具、利用专用打包工具打包等。本章将分别介绍利用命令提示符以及Eclipse工具中的打包方法,并给出实际的打包例子。

Java应用程序项目完成后是可以直接运行的,要运行程序先要将它打成一个JAR包。JAR文件就是Java Archive File,顾名思义,它的应用是与Java息息相关的,是Java的一种文档格式。JAR文件非常类似ZIP文件——准确地说,它就是ZIP文件,所以叫它文件包。JAR文件与ZIP文件唯一的区别就是在JAR文件的内容中,包含了一个META-INF/MANIFEST.MF文件,这个文件是在生成JAR文件时自动创建的。举个例子,如果有一个文件夹MyApplication,里面有三个类文件,如下所示:

```
MyApplication
|→MainClass.class
|→SubClass1.class
|→SubClass2.class
```

如果需要把这三个类文件压缩成ZIP文件MyApplication.zip,则这个ZIP文件的内部目录结构如下:

```
MyApplication.zip
|→MainClass.class
|→SubClass1.class
|→SubClass2.class
```

如果使用JDK的jar命令把它打成JAR文件包MyApplication.jar,则这个JAR文件的内部目录结构如下:

```
MyApplication.jar
|→META-INF
|→|→MANIFEST.MF
```

```
|→MainClass.class
|→SubClass1.class
|→SubClass2.class
```

其中，META-INF 文件夹下 MANIFEST.MF 文件包含相应的文件信息，并可用来指明运行环境如何处理特定的 JAR 文件，其内容如下：

```
Manifest-Version: 1.0
Created-By: 1.6.0_22(Sun Microsystems Inc.)
Class-Path: .
Main-Class: MainClass
```

说明：

第一行指定清单的版本，若无，则 JDK 默认生成 Manifest-Version：1.0。

第二行指明创建的作者，若无，则 JDK 默认生成 Created-By：1.6.0_22（Sun Microsystems Inc.）。

第三行指定主类所在类路径。

第四行指明程序运行的主类。

13.3.1 利用 cmd 工具打包

在 cmd 命令窗口下输入 jar，按 Enter 键，就会提示该命令的用法，其命令选项如图 13-5 所示。

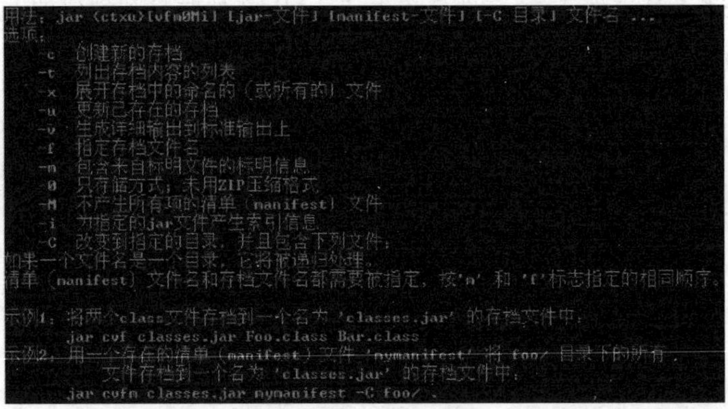

图 13-5 jar 命令选项

-c：在标准输出上创建新归档或空归档。

-t：在标准输出上列出内容表。

-x[file]：从标准输入提取所有文件，或只提取指定的文件。如果省略了 file，则提取所有文件；否则只提取指定文件。

-f：第二个参数指定要处理的 JAR 文件。在-c（创建）情形中，第二个参数指的是要创建的 JAR 文件的名称（不是在标准输出上）。在-t（表）或-x（抽取）这两种情形中，第二个参数指定要列出或抽取的 JAR 文件。

-v：在标准错误输出设备上生成长格式的输出结果。

-m：包括指定的现有清单文件中的清单信息。用法举例："jar cmf myManifestFile myJarFile *.class"。

-o：只储存，不进行ZIP压缩。

-M：不创建项目的清单文件。

-u：通过添加文件或更改清单来更新现有的JAR文件。例如，"jar-uf foo.jar foo.class"将文件foo.class添加到现有的JAR文件foo.jar中，而"jar umf manifest foo.jar"则用manifest中的信息更新foo.jar的清单。

-C：在执行jar命令期间更改目录。例如，"jar-uf foo.jar-C classes *"将classes目录内的所有文件加到foo.jar中，但不添加类目录本身。

jar的生成并不复杂，但是需要注意的是，在生成JAR文件后，需要注意包内的文件组织结构正确性。下面就对不同特点的Java工程如何进行JAR打包进行举例说明。

1. 没有包结构的工程

首先介绍如何在命令行对没有包结构的最简单的工程进行打包，没有包结构，就意味着CLASS文件是直接在JAR包的根目录下的。

（1）在C盘下新建文件HelloWorld.java：

```
public class HelloWorld
{
    public static void main(String[] args){
        System.out.println("Hello world!");
    }
}
```

（2）在命令行下输入javac C:\HelloWorld.java，在C盘下编译生成HelloWorld.class。

（3）在C盘下新建文件MANIFEST（没有后缀名），并用记事本打开进行编辑，输入以下内容：

```
Main-Class: HelloWorld
```

注意：在冒号后面有一空格，最后要有一个空行，否则到执行步骤的时候会出现找不到类的错误。

（4）打包：输入jar cvmf MANIFEST HelloWorld.jar HelloWord.jar HelloWorld.class，如图13-6所示。在C盘下生成HelloWorld.jar。

```
C:\>jar cvmf MANIFEST HelloWorld.jar HelloWorld.class
标明清单(manifest)
增加: HelloWorld.class(读入= 426) (写出= 288)(压缩了 32%)
```

图13-6　JAR文件打包实例

（5）执行：输入java-jar HelloWorld.jar。屏幕显示"Hello world!"，表示运行成功，如图13-7所示。

如果想要通过双击JAR文件直接运行，那会怎样呢。如果操作系统下安装了解压缩软

```
C:\Users\Administrator>cd\

C:\>java -jar HelloWorld.jar
Hello world!
```

图 13-7　JAR 文件运行实例

件,如 winRAR 等,则在默认状态下 JAR 文件就会与其关联,导致双击操作指定为解压缩,而不是运行 JAR 文件中的类。因此,需要编写一个批处理文件 runable.bat 指定其运行方式。在 C 盘下新建文件 runable.bat,并用记事本打开并进行编辑,输入以下内容:

```
java-jar HelloWorld.jar
pause
```

在 MS-DOS 环境下,批处理文件 bat 文件是可执行文件,由一系列命令构成,其中可以包含对其他程序的调用。在本例中,Java 用于默认执行 Java 程序,-jar 用于运行打包好的 JAR 包,HelloWorld.jar 则指明了包名。因为运行 bat 文件后可能一闪而过,看不到输出,所以在文件最后一行加上 pause。

将 HelloWorld.jar 和 runable.bat 放在同一目录下,双击 runable.bat 就可自动执行程序,如图 13-8 所示。

```
C:\>java -jar HelloWorld.jar
Hello world!

C:\>pause
请按任意键继续. . .
```

图 13-8　利用 bat 运行 JAR 文件实例

2. 有包结构的工程

一个 Java 项目通常都是有包结构的,因此 Java 文件也常常是存在某个包的文件夹下,接下来对有包结构的 Java 类进行打包,并且演示多个类如何进行打包。

(1) 在 C:\lesson\test 文件夹下新建文件 School.java:

```
package lesson.test;

public class School
{
    public static void main(String[] args){
        Student student=new Student("周杰");
        student.info();
    }
}
```

在 C:\lesson\test 文件夹下新建文件 Student.java:

```
package lesson.test;

public class Student
{
```

```
    private String name;
    public Student(String name) {
        this.name=name;
    }
    public void info() {
        System.out.println("学生姓名:"+name);
    }
}
```

（2）在命令行下输入“javac C:\lesson\test\ *.java”，在C盘下编译生成School.class和Student.class。

（3）在C盘下新建文件MANIFEST2（没有后缀名）：

```
Main-Class: java.test.School
```

注意：最后要有一个空行，冒号后面要一个空格，否则会出现找不到类的错误。

（4）打包：输入“jar cvmf MANIFEST2 School.jar lesson/test/ *.class”，在C盘下生成School.jar，其中lesson/test/ *.class表示C盘“lesson/test/”文件夹下的所有class文件都打包至JAR文件中，如图13-9所示。

```
C:\>jar cvmf MANIFEST2 School.jar lesson/test/*.class
标明清单(manifest)
增加: lesson/test/School.class(读入= 379) (写出= 278)(压缩了 26%)
增加: lesson/test/Student.class(读入= 632) (写出= 403)(压缩了 36%)
```

图13-9　JAR文件打包实例

（5）执行：输入“java-jar HelloWorld.jar”。屏幕显示“学生姓名：周杰”，表示运行成功，如图13-10所示。

在C盘下新建文件runable2.bat，并用记事本打开并进行编辑，输入以下内容：

```
java-jar School.jar
pause
```

双击runable.bat就可自动执行程序，如图13-11所示。

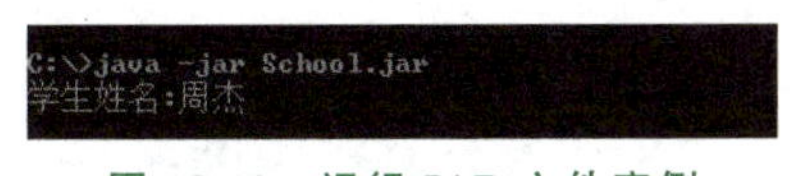

图13-10　运行JAR文件实例

图13-11　利用bat运行JAR文件实例

3. 引用外部包的工程

Java文件常通过引用外部包，来调用外部类的方法，从而达到功能复用，而引用外部包的文件在打包jar时，必须要在MANIFEST文件中标识出来，否则就无法打包。

（1）在C:\lesson\test3文件夹下新建文件StudentPrint.java：

```
package lesson.test3;
```

```
import lesson.test.Student;

public class StudentPrint
{
    public static void main(String[] args){
        Student student=new Student("王艳");
        student.info();
    }
}
```

程序中引入了上个例子所打包好的 School.jar,并调用了 Student 对象类的 info()方法。

(2) 在命令行下输入"javac-classpath C:\School.jar C:\lesson\test3\ *.java",在 C 盘下编译生成 StudentPrint.class。其中"-classpath C:\School.jar"就是表示编译时引用了外部的 JAR 包,在此处需要写入引用包的绝对地址。也可以将外部 JAR 包加入到计算机系统环境变量的 classpath 中,这样这里就无须添加" - classpath"命令。

(3) 在 C 盘下新建文件 MANIFEST3(没有后缀名):

```
Main-Class: java.test3.School
Class-Path: School.jar
```

注意:最后要有一个空行,冒号后面要一个空格,否则会出现找不到类的错误。

(4) 打包:输入"jar cvmf MANIFEST3 StudentPrint.jar lesson/test3/ *.class",如图 13-12 所示。在 C 盘下生成 StudentPrint.jar。

```
C:\>jar cvmf MANIFEST2 School.jar lesson/test/*.class
标明清单(manifest)
增加: lesson/test/School.class(读入= 379) (写出= 278)(压缩了 26%)
增加: lesson/test/Student.class(读入= 632) (写出= 403)(压缩了 36%)
```

图 13-12　JAR 文件打包实例

(5) 执行:输入"java-jar HelloWorld.jar"。屏幕显示"学生姓名:王艳",表示运行成功,如图 13-13 所示。

在 C 盘下新建文件 runable3.bat,并用记事本打开并进行编辑,输入以下内容。

```
java -jar StudentPrint.jar
pause
```

双击 runable3.bat 就可自动执行程序,如图 13-14 所示。

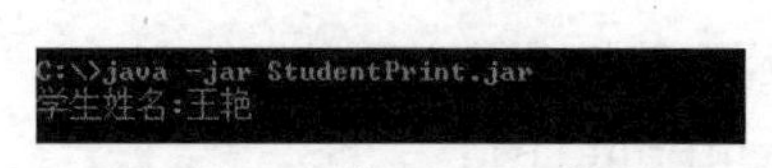

图 13-13　运行 JAR 文件实例

图 13-14　利用 bat 运行 JAR 文件实例

13.3.2 利用 Eclipse 打包

Eclipse 就集成了很多实用的工具，包括项目打包功能。下面就介绍如何使用 Eclipse 自带的 export 导出功能生成 JAR 文件，首先在 Eclipse 中新建一个 Java Project"School"，并将建立包路径 lesson. test，并在 lesson. test 包下建立两个 Java 文件 School. java 和 Student.java，代码如下：

```
//School.java
package lesson.test;

public class School
{
    public static void main(String[] args){
        Student student=new Student("黄鑫");
        student.info();
    }
}
//Student.java
package lesson.test;

public class Student
{
    private String name;
    public Student(String name) {
        this.name=name;
    }
    public void info() {
        System.out.println("学生姓名:"+name);
    }
}
```

1. Java 项目 Export

在准备打包的 Java 项目 School 上任何地方右击，并在弹出的快捷菜单中选择 Export→Java→JAR file，如图 13-15 所示，然后单击 Next 按钮。

2. 选择 JAR 文件选项

包括项目中需要打包的文件、文件类型、JAR 文件保存的地址、其他选项等。在本实例中填写 School.jar，如图 13-16 所示，填写完毕单击 Next 按钮。

其中，Compress the contents of the JAR file 复选框表示压缩 JAR 文件，如果程序中需要对资源文件进行读写操作，注意资源文件是否被压缩。

复选框 Save the description of this JAR in the workspace(见图 13-17)表示在工作空间保存 JAR 描述文件，下次需要更改选项时候可以勾选此复选框以保存 JAR 描述文件。

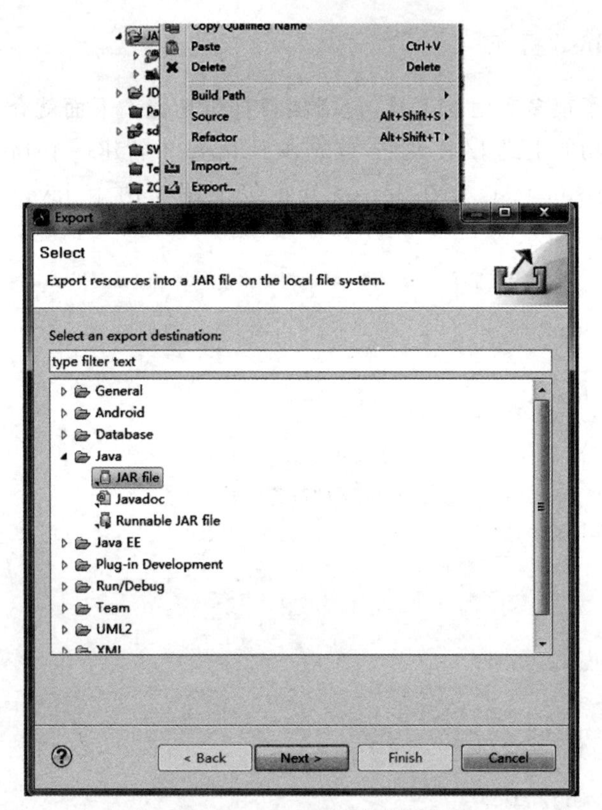

图 13-15　Eclipse 中打包项目实例

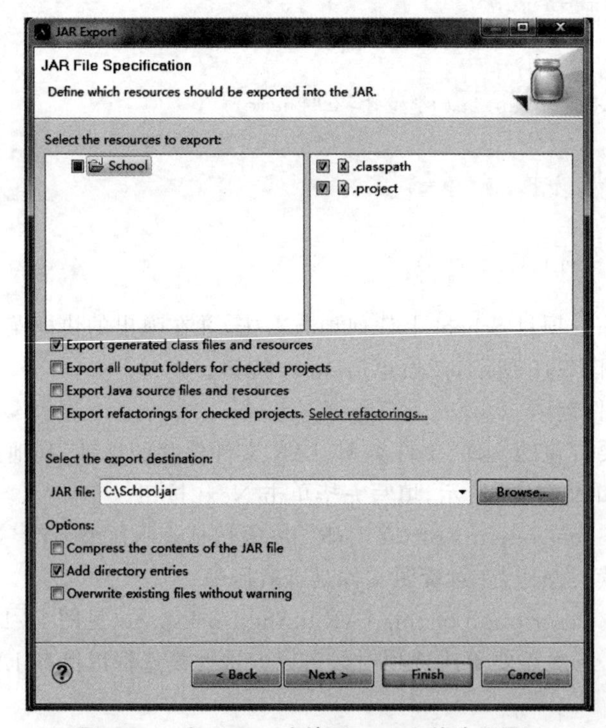

图 13-16　在 Eclipse 中填写 JAR 文件选项界面

3. JAR 描述文件

如果勾选了保存 JAR 描述文件，则在弹出的对话框中选择 JAR 描述文件的保存内容以及保存的文件地址、文件名，如图 13-17 所示。单击 Next 按钮完成选择。

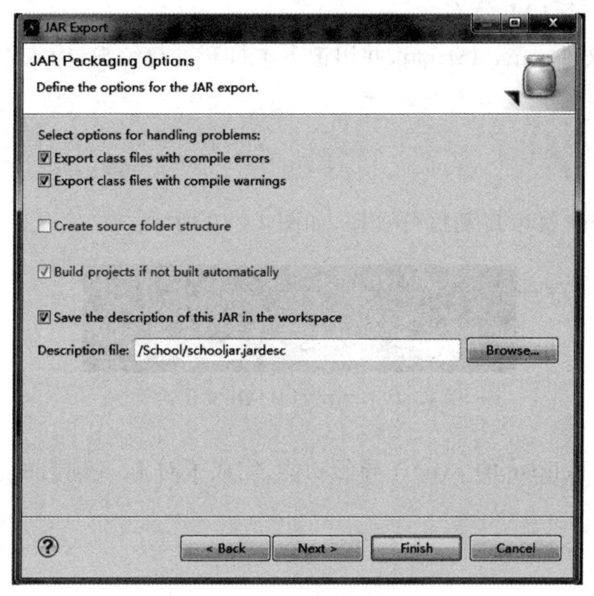

图 13-17 在 Eclipse 中填写 JAR 描述文件界面

4. 填写 JAR 的 Mainfest 选项

在 Eclipse 中填写 Mainfest 文件选项界面如图 13-18 所示。

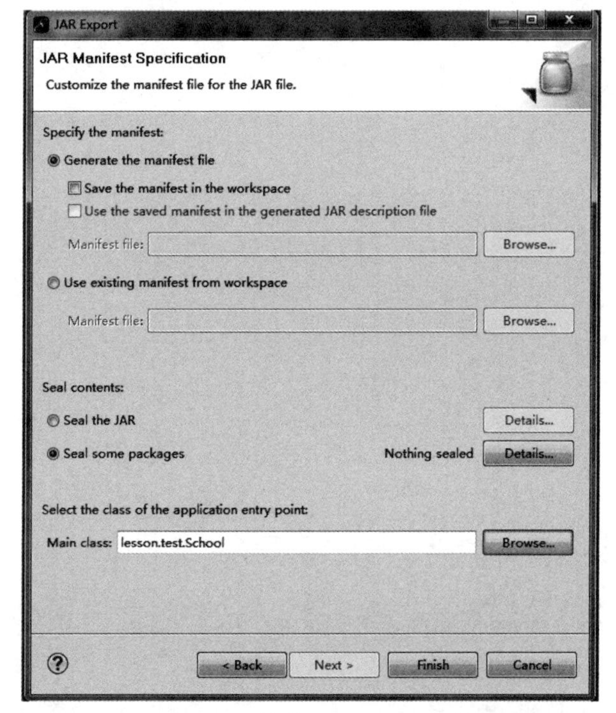

图 13-18 在 Eclipse 中填写 Mainfest 文件选项界面

在此处选择是否生成 Mainfest 清单文件;如果需要生成 JAR 可执行文件,需要在 Main Class 里选择一个包含 main 的类,此处选择 lesson.test.School。最后单击 Finish 按钮,如果此时指定文件夹内已经有同名的 JAR 文件,就会跳出提示框提示是否覆盖。选择确定后,会在指定路径生成一个 JAR 文件。

在 C 盘下新建文件 runable4.bat,并用记事本打开进行编辑,输入以下内容:

```
java -jar School.jar
pause
```

双击 runable4.bat 就可自动执行程序,如图 13-19 所示。

图 13-19　bat 运行 JAR 文件实例

到此,表示利用 Eclipse 的 export 导出功能,完成了对 Java 项目的 JAR 打包工作。

参考文献

［1］ 雍俊海.Java 程序设计教程［M］.北京：清华大学出版社，2007.

［2］ 耿祥义，张跃平.Java 大学实用教程［M］.2 版.北京：电子工业出版社，2008.

［3］ 龚永罡，陈昕.Java 程序设计基础教程［M］.北京：清华大学出版社，2009.

［4］ 李芝兴，杨瑞龙，朱庆生.Java 程序设计之网络编程［M］.北京：清华大学出版社，2006.

［5］ BRUCE E. Java 编程思想［M］.侯捷，译. 北京：机械工业出版社，2007.

［6］ DEITEL H M. Java 程序设计教程［M］. 施平安，等译. 北京：机械工业出版社，2004.

［7］ 常建功. 零基础学 Java［M］.北京：机械工业出版社，2012.

［8］ 达尔文，关丽荣，张晓坤. Java 经验实例［M］. 北京：中国电力出版社，2009.

［9］ 高宏静. Java 从入门到精通［M］. 北京：化学工业出版社，2009.

［10］ 丁新民. Java 程序设计教程［M］. 北京：人民邮电出版社，2006.

图书资源支持

感谢您一直以来对清华版图书的支持和爱护。为了配合本书的使用，本书提供配套的资源，有需求的读者请扫描下方的“书圈”微信公众号二维码，在图书专区下载，也可以拨打电话或发送电子邮件咨询。

如果您在使用本书的过程中遇到了什么问题，或者有相关图书出版计划，也请您发邮件告诉我们，以便我们更好地为您服务。

我们的联系方式：

地　　址：北京市海淀区双清路学研大厦 A 座 714

邮　　编：100084

电　　话：010-83470236　010-83470237

客服邮箱：2301891038@qq.com

QQ：2301891038（请写明您的单位和姓名）

资源下载：关注公众号“书圈”下载配套资源。

资源下载、样书申请

书圈

图书案例

清华计算机学堂

观看课程直播